U0036263

服務業行銷管理

李力、章蓓蓓◎編著

序

此書編寫歷時很長的一段時間，從資料的搜集、翻譯、整理，到結構的最後確定，以及語言文字的加工，都消耗了相當大的心血，現在回頭想想都覺得那是一段苦難的歲月。

摸著現在已經成書的「它」，眞是有點感慨萬千！當時國內有關此方面的書還是比較陳舊的，而且缺乏新鮮的實例，當然更沒有人將飯店業與旅遊業作爲一個整合的行業去看待，此書的編寫恰恰是在這樣的一個背景下醞釀的。

我們搜集了許多世界聞名的飯店、旅館、速食店、旅遊公司、遊輪公司、度假村等經典的行銷實例，並在理論體系中著重闡釋了此整合行業各部分之間的相互關係；爲了使本書在實務上更爲有效，還製作了相當多的圖、表，以使理論闡述更加細致化和具體化，使讀者更形象地理解本書理論，並能在工作實務中應用；繼承是爲了更好地創造，因此本書在結構上除了本章複習，還有延伸思考，讓讀者應用所學的東西去實踐、去思考，將普遍性的理論放到具體的環境中，會有更深刻的領悟和新的發現。

本書在編寫的過程中，得到了陳慈良老師的大力幫助，他給我們提供了很多資料，並以其獨到的市場眼光提供了很好的建議。當然，還要感謝在編寫過程中一直鼓勵我們的身邊的親人和朋友，是你們無私的奉獻，才促成這本書最終的問世。

本書在編寫的過程中可能還有一些不夠完善的地方或是錯誤，敬請各位讀者批評、指正。

章蓓蓓

（註：李力現在英國讀書，本文由章蓓蓓執筆）

目　錄

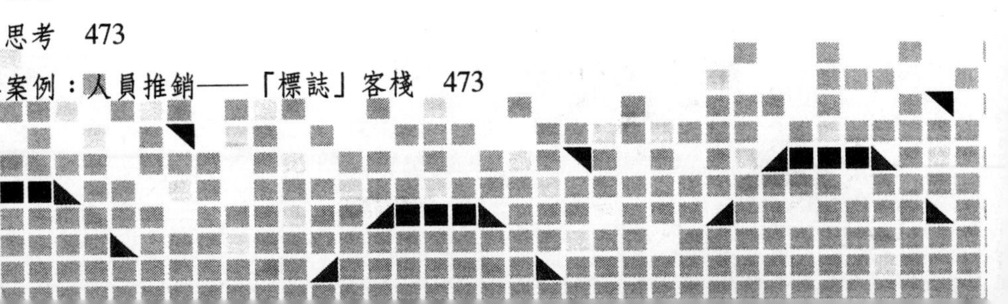

第1章
市場行銷概述

爲什麼市場行銷是今天的旅遊與飯店業如此熱門的一個話題？爲什麼它被預料成二十一世紀核心的管理功能？本章透過解釋市場行銷的發展來闡述這些問題。它不僅包括生產和市場行銷導向的區別，同時還強調了在今天的旅遊與飯店業日益激烈的競爭環境中市場行銷的重要性。

第一節　行銷的定義

你如何給市場行銷下定義？可以寫下你的觀點，並和這本書所做的定義相比較。如果你像許多人那樣對市場行銷並不了解，你可能會列上這樣一些東西，比如廣告、銷售和其他的促銷方法（例如贈券、傾倉展銷等），但你將很快意識到，這些表面的特徵只是冰山的一個尖罷了。更多的市場行銷管理工作是在幕後展開的。一個公司如何並且爲什麼決定花幾百萬元做廣告？促銷的原因是什麼？應該採用何種促銷方式？這些就是公司在幕後必須作出的幾個市場行銷決策。

這本書的定義是建立在如下六個市場行銷活動基本要素的基礎之上的：

(1)消費者需求的滿足：市場行銷活動的中心是滿足消費者需求。

(2)市場行銷活動的持續性：市場行銷是持續的管理活動，不是某一時期的一組決策。

(3)市場行銷是一個過程：好的市場行銷是遵循一些連續步驟的過程。

(4)市場調查的核心作用：運用市場行銷研究預測方法來確認消費者需求，這是有效的市場行銷的本質。

(5)旅遊與飯店業組織之間的相互依賴性：我們所在行業的各個企業或組織在市場行銷領域內有許多合作的機會。

(6)廣泛的組織和多部門的努力：市場行銷活動不是單一的某一部門的責任，爲了做到最好，它需要所有部門或組織的努力。

當你把這些市場行銷的基本要素結合在一起時，我們就可以得到市場行銷的定義：

> 市場行銷是一個持續的、有連續步驟的過程，透過此過程，旅遊與飯店業的管理者對活動進行計畫、研究、執行、控制和評估，以滿足消費者的需求和他們自己組織的目標。要想最為有效，市場行銷需要一個組織內所有人的努力，而且或多或少需要相關組織的合作。

從這個定義中你或許會看出市場行銷管理活動的五項任務是計畫、研究、執行、控制和評估。將這五個詞的英文（planning, research, implementation, control, evaluation）按此順序排列，你發現了什麼？原來這些詞語的首字母會拼成單字「價格」（price）。「市場行銷的價格」就是指所有的組織都必須做計畫、研究、執行、控制和評估。

第二節　行銷的發展

既然你了解了市場行銷是什麼，你或許對這一專業的一些歷史背景發生了興趣。雖然非服務業的市場行銷方式（見**表1-1**）和服務業（可以提供個人服務的組織，它包括旅遊與飯店業）的市場行銷方式是不同的，但就

表1-1　非服務業的市場行銷發展

大約的時期	市場行銷階段	
1920-1930	生產導向時期	
1931-1950	銷售導向時期	
1951-1960	市場行銷部門時期	市場行銷導向時期
1961-1970	市場行銷公司時期	市場行銷導向時期
1971-現在	社會市場行銷導向時期	

其發展階段而言，經歷大致都是相同的。

一、非服務業市場行銷的發展

在以製造業爲主的非服務業中，市場行銷有四個明顯的發展階段：(1)生產導向時期；(2)銷售導向時期；(3)市場行銷導向時期；(4)社會市場行銷導向時期。市場行銷在不斷地發展，其變化取決於多種因素，如技術的提高、產量的增加、競爭的日趨激烈、市場需求的不斷擴大、管理活動的日趨複雜，以及社會價值取向的變化等。

1. 生產導向時期

生產導向時期是市場行銷發展的第一階段，它開始於工業革命並持續到二十世紀二〇年代。在這一時期內，工廠的產品量跟不上需求，需求超過了供給，每一種製造產品都能被賣掉，管理的重點是儘可能生產更多的商品，消費者需求是相對次要的。此時期的代表公司是福特汽車公司。

2. 銷售導向時期

逐漸地，技術的提高和競爭的日趨激烈改變了企業的側重點，它開始於二十世紀三〇年代，此時已經有足夠的產量來滿足需求。隨著競爭的加劇，企業的重點從生產轉到銷售。以賣得更多來打敗競爭對手是組織第一優先考慮的問題，顧客的需要仍然是次要的。這就是銷售導向時期，它一直持續到二十世紀五〇年代。

3. 市場行銷導向時期

市場行銷導向時期是由更劇烈的競爭和技術進步引起的。此時供給超過了需求，而且管理日趨複雜，市場行銷開始作爲一門學科形成並發展。企業開始意識到僅靠銷售已不能保證消費者的滿意度和更大的銷售量。消費者比以往有更多的選擇，而且能夠選到最適合他們需求的產品和服務。因此在這一時期，組織開始採用市場行銷理念，將滿足消費者需要擺到了第一優先位置。

這一時期有兩個階段——市場行銷部門時期和市場行銷公司時期，在市場行銷部門時期，企業開始建立新的部門以協調市場行銷活動。銷售部被重新命名和重組，他們的責任擴大到廣告、客戶服務和其他的市場行銷活動。由一個部門來承擔所有的市場行銷責任比將他們分割在不同的部門更有效。在這一時期，市場行銷還沒有被看成是長期的活動。

「那不是我們的問題，那是市場行銷部的。」這或許就是市場行銷部門時期一個工廠基層管理員的典型聲明。這表明了一種滿足消費者需求僅是市場行銷部的責任，而與其他部門無關的態度。

一個廣泛的組織態度轉變，發生在二十世紀六〇年代，市場行銷公司時期從此開始。「如果客戶不滿意，那是企業每一個人的問題。」這是此時期的一個典型聲明。市場行銷部門有對於市場行銷活動的最基本責任，但是其他部門也應承擔責任並受到消費者滿意度的影響。市場行銷被看成是一個長期的、與所有部門或個人相關的活動。確保公司的存活，不僅要做到短期內滿足消費者需求，長期也應該滿足。本書所使用的市場行銷定義是以市場行銷公司導向爲基礎的。

4. 社會市場行銷導向時期

社會化的市場行銷導向是到目前爲止最後的發展時期。它開始於二十世紀七〇年代，此時管理者們開始認識到除了他們的利潤和消費者滿意的目標外，他們還有社會的責任。一個典型的例子就是釀酒商運用廣告反對酒後駕車。

二、服務業市場行銷的發展

旅遊與飯店業以及其他服務業的市場行銷發展也經歷了上述發展階段，但它並未遵循相同的市場行銷歷史發展時期。事實上，服務業使用市場行銷較之製造業和包裝業晚了十至二十年。

難道是旅遊與飯店業組織坐等，眼看一切發生的嗎？這一事實的發生有許多不同原因，最主要的一點就是許多經理都是按資歷排隊上去的。從前的廚師現在管理著餐館，飛行員創辦了航空公司，旅館的經理曾是前台服務人員，旅遊批發公司的董事過去是導遊等。這些人提升成了經理後所創造的商業環境、培訓和教育就會著重技術細節而並非滿足消費者需求。很少有製造和包裝業的市場行銷經理曾在他們工廠的基層做過。這種要想在市場上運作好一個企業，就必須從裡到外地了解企業的觀念，反映了我們行業中一個普遍的管理態度，「如果你不懂如何做飯，就不懂如何進行市場行銷」。現在，這一古老的格言應該被更正了。

我們行業落後的第二個原因便是較之製造業和包裝業，我們技術的變革也是落後的。量產的概念要歸功於二十世紀初的亨利·福特。量產一直到三十至四十年以後才在旅遊與飯店業中出現。第一個廣體的噴射飛機是在1970年上天的；1952年才出現了假日旅館（Holiday Inn）；現在人們熟悉的麥當勞的金拱門，是在1955年第一次歡迎來客；在同一年，迪士尼透過開放北美的主題公園——迪士尼樂園來變革它的商業形象。由於這種技術時間的拖後，我們的經理只有三十年左右的時間來完善他們的市場行銷技巧；而在製造業和包裝業中的經理則有六十至七十年的時間。另外，爲了實現更大的效率和利益，在這三十年的大部分時間中，更多的管理者都在集中力量來完善技術和營運系統。現在我們來看看服務業行銷的發展。

1. 生產和銷售導向

許多旅遊與飯店業以及他們的經理進行行銷活動是以生產或銷售爲導向的。你怎麼才能識別他們？有一點是十分清楚的，那就是生產和銷售導向的組織有很強的以內部爲中心的特點。他們的注意力僅僅停留在公司內部事務上。生產導向的企業將重點放在如何最便利、效率最高地生產這些服務上。這些公司可能提供僅僅是他們經理認爲最好的服務，或者以經理的觀念爲基礎，所推測的顧客所喜歡的服務。生產和銷售導向的組織有十三種表現症狀：

(1)計畫是短期的，認爲長期計畫沒有價值。

(2)僅在出現嚴重問題時有長期決策，當事情進展順利時，就不會制定這樣的決策了。

(3)不願意改變。

(4)認爲業務量可永久增長，並且現時的業務量不會下滑。

(5)認爲提供最好和最高品質的服務就是成功的自動保障。

(6)對顧客的需要和明確的特點所知甚少，沒有將對顧客需求的研究擺在第一優先位置。經理們沒有任何研究便假設他們知道顧客的需求是什麼。

(7)宣傳強調服務和產品的特徵，而不是顧客需要的滿足。

(8)給予顧客的僅僅是他們要求的，或通常該提供的——不多，也不少。

(9)決策制定的依據是銷售和生產預測，而非顧客頭腦中的需要。

(10)組織或部門被看成是「朝向自己的島嶼」，與其他部門或組織的合作未被看做是有價值的。僅在有緊急情況時，合作的需要才被認可。

(11)部門之間有與市場行銷相關的重疊的活動和責任。由於這種重疊性，造成各部門之間或明或暗的衝突。

(12)部門經理對於各自的領地有防禦和保護的傾向性。

(13)進行某種活動並且提供某種服務，只因爲擁有人自己喜歡它們。

我們行業中一些經理們的實際聲明，反映了上述一些症狀。仔細研究**表1-2**的聲明，可以識別出它是十三個症狀中的哪一個類型。

「市場行銷近視」一詞，是在1960年被創造出來的，它可以描述出上述十三個症狀中的許多類型。行銷近視的意思就是「目光短淺或者在思考／計畫上缺乏遠見」，另外還有一種解釋就是「不能也不願意超越短期來思考、觀察和計畫」。經理們沒有意識到永遠增長的行業是不存在的。那些認爲增長是必然的經理們承擔了長期則可能失敗的風險，因爲生產本身是無法保證成功的。但是我們卻可以透過確認和迎合消費者的需求，來做到這一點。

你能想到在旅遊與飯店業中「市場行銷近視」的一些實例嗎？當然會

表1-2　反映生產和銷售導向的典型聲明

旅館業實例	「在這一社區內房間的需要一直在增長，無論怎樣我們的房間和飯店都將是現有中最好的。」 ・假設增長是必然的。（症狀#4） ・假設擁有最好的和最高的品質是成功的保證。（症狀#5）
飲食服務業實例	「我的姐姐和我喜愛法國食品。我們準備開一家法式餐館，因爲這兒有足夠的人來享用我們的法式烹飪佳餚。」 ・假設客户與經理本人有相同的需求和嗜好。（症狀#6、症狀#13）
旅行社實例	「很抱歉，先生，但那是航空公司的錯誤，不是我們的，你從未讓我推薦任何可替換的路線或運輸方式。」 ・假設顧客認爲旅遊業組織之間是相互獨立的團體，一個組織對其他組織的錯誤不承擔責任。（症狀#10） ・假設顧客要求什麼，才提供什麼。（症狀#8）
遊輪業實例	「我們的船建得最大並且耗資也最多。這些在我們的廣告中都著重強調了，因爲我們認爲這對我們的乘客是很重要的。」 ・假設強調產品的特徵是最重要的。（症狀#7）
旅遊目的地實例	「我們眞的不能在夏季接待更多的遊客，所以我們正將我們的促銷努力放到這年的其他時期。」 ・假設現時的成功可以持續到未來。（症狀#1、症狀#2、症狀#4）

有一些這樣的例子。在六〇至七〇年代，世界旅遊業以每年至少10%的速度遞增，每一個人都充滿信心地預測，這種增長可以持續到八〇年代、九〇年代甚至更長的時間。旅遊業被認爲是一個「增長行業」，並且沒有人預計到這一擴大會逐漸衰落。美國的旅館業受到優惠稅法的鼓勵，在八〇年代初進行了史無前例的擴充，並且一系列的新旅館商標註冊了。我們行業的前途似乎是非常美好的。

但能源危機、廣泛的經濟問題、恐怖主義、稅法的變動以及軍事衝突在七〇年代中期到九〇年代改變了旅遊業的增長模式。百分比的增長逐年降低，一些地區的旅遊量實際減少了。美國的旅館業爭相於八〇年代吸納房屋，所以此時的客房居住比率直線下滑。

在餐飲業也時有「市場行銷近視」的案例發生。流行的新觀念以驚人的速度上揚和下滑，當某一獨特的需求觀念上揚時，企業總是預先擴充並達到某一生產效率，卻無法避免最終衰退的結局。所以，企業必須在下滑發生之前，找到滿足客戶需求的新方式。

生產導向的管理者將他們的行業狹隘地定義，並且錯過了盈利的市場行銷機會。例如，如果迪士尼公司將它的事業限定在影視業，而不是娛樂業，它就會失去進入營利性主題公園領域的機會。假日旅館若將自己限定於最初的模式，即路邊家庭暫住旅館，就會錯過建立豪華的全套服務的旅館，並從中獲利的好機會。

生產導向的危險是嚴重的，最終就會導致企業的失敗。不能理解顧客的需要並且不知道這些需要是變化的，是企業最嚴重的長期威脅。如此導向的結果，就是失去市場的份額，業務量降低，增加客戶的不滿意度，失去市場行銷的機會。管理者和員工的能量都放在了內部，就很容易忽視部門之間與相關企業之間合作的盈利機會。

專家用諸如導向、態度、理念和展望等詞彙來描述一個組織或個人的市場行銷觀點。無論經理或他的組織採用何種觀點，這種觀念都會滲透到員工的觀念之中。如果一個組織是生產導向的，那麼它的經理通常遵循這一導向。如果經理們是生產導向的，他們的員工就會模仿他們。

2. 市場行銷（或客戶）導向

市場行銷導向是今天競爭環境的本質，它將對你的事業有所幫助。那麼它涉及些什麼呢？市場行銷導向意味著市場行銷觀念的接受和採用——顧客的需要是第一優先的。市場行銷導向的組織和經理總有長遠的展望。

你怎樣才能判斷出一個企業是否是市場行銷導向的組織呢？既然有生產和銷售導向的症狀，那麼也有可以確認市場行銷導向組織的特徵。市場行銷導向組織的九大特徵描述如下：

顧客的需要是第一位的，並要理解這些需要是需恆久關注的　例如，一個連鎖飯店，它在店門口放了一個特大的建議箱；一個旅行社，它定期與十至十五名顧客進行會談。麥當勞和其他的速食業者推出了可生物分解的包裝就反映了顧客對於我們環境的關心。馬里奧特飯店（Marriott Hotel）

對於無家可歸者的關心就是另一個執行社會責任的好例子。這些例子清晰地表明了組織對於顧客需求的關注。企業對顧客需求加以關注，他們自己本身又具有豐富的服務實踐經驗，這樣就會產生更多滿意的消費者。滿意的消費者會再回來，並且會將這種愉快的體驗告訴他所熟悉的人。所有的部門、經理和員工的共同目標只有一個，那就是讓客戶滿意。

市場行銷研究是企業第一優先的活動 例如，主題公園業者每週與成百上千的公園遊客會面，看這些客戶是否感覺物有所值；另一個例子就是馬里奧特對他的財產交易所建立的電腦化客戶談論系統；第三個例子就是旅館的總經理一週一次或兩次去開機場的小型巴士，目的就是爲了調查一下客戶對他的旅館的印象。這種正在進行的市場行銷研究，有一個好處，就是它提供了「早期警報系統」，藉此，組織可以了解客戶需求和期望的變化；而且它還給出了比較精確的指示，用以評估客戶的滿意度。

客戶對於企業的感知的重要性 查明客戶對於企業的印象是很重要的。旅館和俱樂部透過客戶調查報告發現，客戶對於企業的了解並不總令人欣慰，他們與管理者本人對自己公司的了解不盡相同。如果客戶的感知被確認，那麼就能設計出與這些感知相匹配的設施、服務和宣傳。

經常檢測自身的優勢和弱點 今天行業中最大的危險之一就是自滿情緒。假日旅館發現，昨天的強項（標準化的產業、汽車旅館）就能變成明天的弱點（缺乏花樣、高的汽油價格）。俱樂部花樣繁多的娛樂活動（強項）給一些潛在顧客這樣的印象，即他們被強迫參加這些活動（弱點）。未來的市場行銷的成功通常來自於強調優勢和減少弱點。

長期計畫的價值被肯定 具有長遠觀點是旅遊與飯店業成功的主要因素。建立與客戶、分銷管道和行業的其他夥伴長久的關係——被稱作市場行銷的關係學——這比一次性的買賣重要得多。旅行社非常清楚高價票將產生高額的佣金，但爲了建立與客戶長久的關係，他們仍盡力爲客戶尋求最低價格的飛機票。市場行銷導向的組織，既要建立長久的合作關係，又要對未來進行五年或五年以上的展望，以決策出他們適應未來變化的方法。組織在進行長遠規劃的時候，就會預測客戶未來需求的變化，並採取行動，這樣就能捕捉到市場行銷機會，進而實現它。

積極擴大活動範圍，而且要認識到變化的必然性　如果鐵路運輸公司將行業設定為「運輸業」而不是「鐵路業」，他們將可能經營今天最大的航空公司。如果他們採用迪士尼的做法，就會更加成功。迪士尼將行業定義為娛樂業，而非僅電影業。這給了迪士尼更大的靈活性，以適應未來的發展趨勢和機會。市場行銷導向的組織不能抗拒變化，而只能圓滑地適應變化。變化會產生機會，而機會來源於服務範圍的拓展或相關領域的涉入。

各部門間的合作價值被肯定、被鼓勵　為了使市場行銷營運達到最佳狀態，組織內的所有部門都必須承擔責任。「團隊承擔責任」是非常重要的，在這方面，管理者與所有員工都與客戶緊密相連，行銷活動是全員的，其目的就是為了更好地服務客戶，並使自己的企業變成高盈利的公司。給為客戶服務的員工一定的「授權」，是部門間相互合作的關鍵。

與相關企業的合作被看做是有價值的　旅遊與飯店業不同的組織在市場行銷上有大量的合作機會。公司能夠合作，是因為每個公司只能提供客戶所需的一部分服務，合作對客戶有益。

市場行銷活動的測量和評估要經常進行　市場行銷導向的組織總是準備有關它的市場行銷成功或失敗的報告。有效的市場行銷活動被確認、被重複、被提高，無效的活動被重新評估或刪掉。做這些是為了確保有效地使用市場行銷的資金和人力。儘管澳洲的旅遊業曾經一度大肆宣揚它成功的市場行銷活動，但在1991年澳洲旅遊協會還是做了最為廣泛的市場行銷評估。成功的市場行銷組織是不會躺在功勞簿上休息的。

第三節　核心的行銷概念

現在你要看到對你的事業極為重要的一些基本的市場行銷概念。在行銷學中它們被稱作七項核心的市場行銷概念，主要包括：

一、市場行銷概念

旅遊與飯店業的經理採用市場行銷概念時，就意味著以滿足客戶的需要爲第一優先。他們經常將自己擺到客戶的位置上，並且問：「如果我是我們的客戶之一，該作何反應呢？」他們堅持讓自己將資源和努力放到滿足客戶需要上。當迪士尼坐在遊樂園的長椅上，觀看他兩個女兒騎木馬時，他意識到遊樂公園不僅該滿足孩子的需要，更該滿足整個家庭的需要。於是迪士尼創立了迪士尼主題公園概念，並證實了站在客戶角度上考慮問題會有豐厚的回報。

二、顧客導向

顧客導向即意味著經理或組織接受並且按照市場行銷的觀念來營運。馬里奧特飯店總經理的工作之一，就是待在馬里奧特公司閱讀來自顧客的每一張抱怨卡片，馬里奧特以此證實了自己的顧客導向。

三、滿足消費者需要

爲了確保在今天競爭激烈的商業環境中長期存活，所有的旅遊與飯店業組織都必須意識到他們存續的關鍵就是要滿足消費者的需要。在這個市場行銷導向時期，他們必須敏感地體會到顧客的需求，並盡力將這種需求轉變成盈利的機會。

四、市場細分

所有的顧客都各不相同。專家們提供這一名詞——「市場細分」，並描述了這個概念，即選擇特定的人群——或者說是目標市場，僅對目標市場進行市場行銷，這樣會更有效。一些人把它稱之為「步槍」，這是同「散彈獵槍」相比較而言的。假設你是個好的射手，那麼你就能瞄準特定的目標並擊中它。如果你使用散彈獵槍，或許你會擊中目標，但卻會浪費許多子彈。旅遊與飯店業的市場營運者不能支付浪費的子彈費用，因為進行市場行銷的資金和人力是有限的，所以他們必須瞄準目標市場，以確保最高的回報。

五、價值和交換過程

價值在今天的商業和日常生活中是比較常見的詞彙。儘管這些詞彙說起來容易，卻很難定義。價值（value）在麥當勞的四個標識字母QSCV中代表V字母，品質（quality）、服務（service）和清潔（cleanness）則代表其他的三個字母，QSCV是一種概念，在此概念上這個公司建立了一個巨大而又成功的事業。在麥當勞公司的眼中，價值意味著什麼呢？價值是對消費者利用旅遊與飯店業服務來滿足他們需求的能力，所做的一種心理上的估價。一些客戶將價值等同於價格，其他人卻並不這樣理解。

市場行銷是一個交換的過程。旅遊與飯店業的供應商和他們的客戶之間交換不同類別的價值。此行業給遠離家鄉的人提供服務和有價值的經歷；作為回報，客戶們預約並付款，這就使此行業的經濟目標得以實現。

六、產品生命週期

產品生命週期概念顯示所有的旅遊與飯店業服務都經歷了四個階段：(1)介紹；(2)成長；(3)成熟；(4)衰落。市場行銷要根據每一階段做不同調整。企業的產品／服務都有一定的生命週期，在產品／服務逐漸走向衰落時，就必須改變經營方針，以保證企業的繼續發展。

七、市場行銷組合

每一個企業或組織進行市場行銷都有一個市場行銷組合。傳統意義上，人們確認了市場行銷組合的四個因素，它們是：產品、分銷、促銷和價格。這本書還增加了另外的四個因素，它們在旅遊與飯店業市場行銷中特別重要，即：人、合作、包裝和特別規劃。

第四節　市場行銷環境

市場行銷的成功是以兩點爲基礎，一是市場行銷策略因素（市場行銷組合），二是市場行銷環境因素。這些因素組成了旅遊與飯店業市場行銷環境（當制定市場行銷決策時，所有的因素都應該被考慮）。市場行銷組合能夠以許多不同的方式被變換。例如，一個組織能夠將雜誌轉換成電視廣告，或者將收音機廣告變成贈券促銷。時間、資金以及客戶的反應是市場行銷的限制性因素。

市場行銷環境因素是市場行銷經理無法直接控制的因素。一些人稱這些因素爲外部環境，企業的外部環境塑造了企業營運方式的基本型態。從總體上說，有六大市場行銷環境因素。

一、競爭

市場行銷經理能夠影響競爭組織的行動，但卻不能控制競爭行爲。競爭企業的數量和規模也是不可控制的。競爭在我們的行業快速擴大。與以往相比，出現了更多的旅館、飯店、航空公司、旅行社、旅遊批發商和遊客管理局，旅遊目的地正投入更多的資金來吸引遊客。旅遊與飯店業的增長潛力是競爭加劇的主要原因。競爭正在國際化，因爲更多的公司在向國外擴展。

競爭是一個力量角逐的過程。一個公司執行一個市場行銷策略，那麼它的對手就會立刻以反策略作出反應。勝人一籌是競爭的永恆理念。一個航空公司給客戶提供經常的直飛航班，那麼它的對手也將跟上，仿效這一行爲。一個旅館將在它的旅館中設置一個辦公樓層，稍後也會被其他的旅館趕上。沙拉酒吧將加上簡餐服務，那麼很快同類酒吧也會加上這項服務。「如果這項服務對他們有效，那麼我們也將照搬這種做法」，此類觀念看來已成定律。

沒有人敢於在此行業中保持不變。市場行銷經理經常需要追蹤調查對手的市場行銷活動。爲了對對手的行動作出反擊，一個組織必須有足夠的靈活性以修正其市場行銷策略。

在此行業中有三種水準的競爭：(1)直接競爭；(2)可替代的服務；(3)間接競爭。我們剛才所談論的是直接的競爭形式——有相同服務的組織在滿足同一群體的消費者需求上的競爭。第二水準的競爭來自於可替代的服務。例如，對於一個家庭來說，如果不去度假，則可待在家裡，修剪一下草地，到後園的游泳池中游泳，或者看電視。電話會議是會議室會談的替代品，家庭製作的餐飲可以與外帶速食相競爭。

第三水準的競爭，是所有的公司和非營利組織都要在消費者的荷包上做文章，以分享其中的一份。抵押支付費用；食品雜貨、醫藥、牙科診療、保險和提高家庭設施的費用彼此之間屬於間接競爭。對於爭奪個體消費者稅後收入的競爭是相當激烈的；對於團隊性質的旅遊和娛樂資金支出的競爭也很激烈。市場行銷經理必須接受這樣一個事實，即他們同時面對直接和間接競爭。他們所做的必須高於競爭對手，並且當時機來臨時，要足夠靈活地應對變化。

二、立法和規定

市場行銷還受到本地立法和規定的直接或間接影響。有許多特定的法律，比如關於服務和產品怎樣上廣告、博彩業如何組織等，還有許多其他的項目規定。市場行銷必須在法律和規定的範圍之內營運，法律的制定是組織無法控制的。

一些立法和規定對於此行業比對其他的行業有更大的影響。美國航空業的非管制條例對航空業產生了巨大的影響，它使得各家航空公司爭相競價，並開闢出更多的航空路線；扣稅政策的變化對旅遊和娛樂業有很大影響；飲酒規定的最小年限變化對飲酒業也有影響。前面已經提到，關於旅館投資的優惠稅法對於美國八〇年代旅館業的擴大有很大影響。

法律和條例規定了業務該怎樣處理，它們直接影響服務和產品的市場營運方式。它們也是時常變化的，組織和市場行銷經理需要跟上法律和規定的調整步伐。工業和商業協會組織可幫助達成這一目標，但這種組織也必須發揮其內部的監督作用。

三、經濟環境

通貨膨脹、失業和不景氣，是在七〇年代和八〇年代困擾已開發國家經濟的三大因素，他們也傷害了旅遊與飯店業。因爲經濟環境不好，用於旅行的錢便少了，宴客的錢也被加以控制。在經濟較貧困時期，公司和個人傾向於尋找可替代的服務和商品。電話會談取代了會議室會談，國內會議變成地區會議，待在家中取代了假日旅行。

地方、地區、國內和國際的經濟環境是四個層次的經濟環境。地方和地區的經濟變化會給旅遊與飯店業組織帶來直接的影響。新工廠的建立是正面影響，而工廠的關閉則是負面影響。在一個工業區內，一個工廠的關閉可能對它的旅遊與飯店業產生致命的打擊。國際經濟事件對此行業有間接影響，七〇年代中期OPEC（石油輸出國組織）提出的「能源危機」是北美旅行業的轉折點——離家較近的短期旅行占了優勢，兩至三週的汽車旅行已經沒有了。能源危機改變了旅行方式，並間接影響行業內的許多個人和企業。

四、技術

技術永遠處在變化的前沿陣地。旅遊與飯店業的市場行銷者需要知道技術環境的兩個特點。第一，使用新技術會提供刀鋒般的競爭力。假日旅館是旅館業的技術先導，因爲它製作了一個衛星系統，公司成了第一批在每一間客房中安放黑白電視的企業。電腦技術在這一行業正快速發展，這樣，航空公司、旅行社和旅館就能夠給客戶提供更好的服務並享受電腦所提供的其他利益。

第二個特點就是技術對顧客的影響。人們被技術變革的大潮衝擊著，複雜的室內娛樂系統，包括影碟、CD、個人電腦等，已經變成可替代戶外娛樂和旅行的系列產品。技術對某一面是威脅，而對另一面則成了朋友——家庭設備技術的提高減少了家務雜活所需的時間，省出許多可以用於戶外娛樂和旅行的時間。

五、社會和文化環境

社會和文化環境也包括兩個方面。第一，一個組織必須認識到市場行銷活動必須是以某一社會和文化標準爲基礎的。例如，放映X級電影或許會受到某些人的喜愛，但是社會卻無法接受；儘管馬肉在法國很流行，但在北美的餐桌上卻找不到市場。另外，旅行社如果想從客戶那裡得到更多的佣金，就必須轉換觀念，多承擔一些社會責任，將眼光放得更長遠一些。

第二點，客戶本身會受到社會和文化變化的影響。經濟壓力和社會變化的雙重作用，使婦女出外工作變得必要而且可以接受；快樂主義的度假現在很流行；另外，有越來越多的人希望在他們的業餘時間學到有用的技巧。

六、組織目標和資源

組織目標和資源是最後一個不可控制因素。儘管市場行銷是企業長期成功的關鍵，但它並不是組織唯一關心的事情。我們應該在市場行銷活動中考慮資源的優先配置。我們可以將新的促銷小冊子設置到一個新的電腦系統中，也可以用一個銷售隊伍代替更多的預訂人員。

有些市場行銷觀念，對於組織的目標和政策，能反其道而行之。航空公司能對競爭對手噴射飛機的墜毀投資，促進旅遊發展的國家可以對競爭地的恐怖主義和城市暴亂給予金錢的支持。飯店和旅館可以在他們的折衷運動中，批判冒進的競爭對手。這些負面的方法很少使用，因為他們與一個公司的全局政策和目標相牴觸。

當你把上面所述總括起來時，就很容易看出，旅遊與飯店業經歷了快速的轉變。變化是必然的，市場行銷在組織應對變化中起到了核心作用。

現在市場行銷較以前更加重要。更激烈的競爭、更破碎和複雜的市場、更有經驗的消費者，使得市場行銷的重要性更為突出。市場行銷變得更加專業、更具進攻性。

讓我們來考慮一下競爭的增長。現在有更多的旅館、飯店、酒吧、旅行社、航空公司、主題公園、租車市場和遊輪航線。連鎖、特許或其他形式企業的增長又加劇了這種競爭，這些企業在我們行業的各個部分都存在，透過資源的聯合，他們使其市場行銷更加鞏固，並增加了競爭力。合併又使得更大的市場行銷權力掌握在更少的組織手中。

過去的市場很容易描述。度假意味著媽媽、爸爸、兩個孩子和休旅車。某個商務旅客，四十多歲，每次旅行都待在假日旅館，吃紐約肋排和法式油炸食品。這個常態的世界從那時起發生了翻天覆地的變化。人們想在旅行中得到更多的經歷和體驗，這種需要改變了我們的行業。生育高峰還引發了我們社會中的許多變化。婦女是現在旅行業中主要的增長點。家庭旅行團隊演變成更多的兩人或單人旅行。總體上說，市場的分割更加細緻。其原因有很多，比如經濟的、技術的、社會的、文化的和生活方式的改變，都在發揮著作用。旅遊與飯店業對新的服務和產品迅速作出反應，並進一步細分了市場。所以，市場行銷者必須掌握更多關於其客戶群體的知識訊息，並要更加明確地選擇他們的目標。

較之以前，今天的市場上有更多複雜的旅行者和外食人口。他們較上一代人，對旅行和外食有了更加複雜的品味，他們有更多的檢測旅遊與飯店業組織的經驗。這些人每天在家中、在辦公室和在路上，都會看到五花八門的宣傳和廣告。要想打動這些人，就需要更好品質的服務和產品，以及更加複雜的市場行銷。

最後一個使得市場行銷重要性增長的因素就是其他行業的公司也可從事旅遊與飯店業。例如，許多名牌企業都被飯店業的增長所吸引。這些大的老牌企業，對市場行銷的利益非常了解，於是迅速運用市場行銷導向觀念和方法，來爭奪這個新的可獲得的附屬品。所有的這些因素都意味著市場行銷正變得越來越重要，成功來自於滿足特定顧客群的需要和精彩的市場行銷方法的運用。

本章概要

旅遊與飯店業的市場行銷正日趨成熟並且變得更為複雜。人們已經認識到市場行銷對於企業最終成功的重要性。儘管落後於製造和包裝業許多年，但是我們行業也採用了七個市場行銷核心概念——市場行銷概念、顧客導向、滿足消費者需要、市場細分、價值和交換過程、產品生命週期以及市場行銷組合。由於競爭的加劇和市場行銷環境因素的影響，我們的行業越來越強調市場行銷的重要性。

加入我們行業的新經理光知道與產品相關的技巧和知識還不夠，必須有一些市場行銷知識，懂得他要運用什麼才能取得市場占有的成功。

本章複習

1.市場行銷在本書中是怎樣定義的？它的六個基本要素是什麼？
2.市場行銷的四個發展時期是什麼？市場行銷在這些時期是如何發展的？
3.旅遊與飯店業和其他行業一樣以同一步驟經歷了這些時期嗎？為什麼？
4.生產和銷售導向的十三個症狀是什麼？
5.「市場行銷近視」是什麼？怎樣才可以避免？
6.以市場行銷為導向意味著什麼？
7.市場行銷導向的特徵是什麼？
8.採用市場行銷導向的好處是什麼？
9.市場行銷的七個「核心概念」是什麼？
10.六大市場行銷環境因素是什麼？
11.為什麼市場行銷的重要性在逐步提高？

延伸思考

1.假設你從事旅館、旅行社、飯店、租賃業或者其他與顧客相接觸，並與旅遊相關的行業。你將採用何種方法，來讓你的高級管理人員和員工更加以市場行銷為導向？你將如何展示你在此方面的核心作用？
2.挑選一個在旅遊與飯店業中你所感興趣的企業，安排一次會面，與它的經理談論一下組織的市場行銷方法。這個企業是市場行銷還是生產／銷售導向？是什麼症狀或特點導致了你的結論？市場行銷的七個核心概念被應用了嗎？如果要求你給管理者提一些建議，那麼建議是什麼呢？

3.選擇三至五個主要的旅館或連鎖飯店、租車公司、遊輪公司或其他的旅遊與飯店業組織，分析他們是怎樣適應六大市場行銷環境因素的。哪一個公司做得最棒？

4.以這一章所學到的知識為基礎，準備一個標準化的圖表來評估這個旅遊與飯店業組織的市場行銷方法。

經典案例一：社會市場行銷導向

如果你喜歡的冰淇淋品牌是本和吉瑞公司的，那麼吃它時你就會有一個好理由。這個坐落在佛蒙特州的公司，製作冰淇淋並有大約一百家特許的「勺子商店」，它是在旅遊與飯店業中以社會市場行銷為導向的一個偉大的實例。本和吉瑞公司，1978年創立於佛蒙特州的柏靈頓市，此公司的名稱來自於它的兩位創立者——本和吉瑞。他們將稅前利潤的7.5%用於社區活動。公司的社會導向根植在它的責任聲明之中：「本和吉瑞公司要創立和證實一個新的公司概念，那就是相關聯的繁榮。我們的任務包括三個相互關聯的部分：

(1)生產任務：製作和銷售品質最好、全天然的冰淇淋，並使產品種類繁多，具創新風味。

(2)社會任務：使公司認識到企業在社會結構中所起到的中心作用，企業可以透過革新來提高社區的、地方的、本國的以及國際的生活品質。

(3)經濟任務：使公司利潤不斷增長，增加我們股東手中股票的價值，開創更多的就業機會，給我們的雇員更多的經濟回報。」

快速看一眼本和吉瑞公司的冰淇淋種類，你就會知道這不是一個普通的公司。「雨林碎末」和「和平爆」是menu上的兩個有趣的項目，它反映出公司對於社會問題的關注。但這些關注不僅表現在甜品奇異的名稱上，本和吉瑞公司還將社會評估報告作為年報的一部分。1992年社會審計表包括五個主要的部分——雇員、社會生態、消費者、社區和系統的開放性。審計表是由獨立的顧問鮑爾準備的，他說：「這個公司在社會責任方面是一個先鋒，能像它這樣的公司少得可憐。」

這個公司的社會市場行銷導向體現在它的「合作商店」概念中，一個「勺子商店」的標準特許費（約2.5萬美元）會被免除，前提是組織同意將一定百分比的利潤分配給它的社區內的非營利組織。例如在巴爾的摩，合作商店是透過人對人的鼓勵來營運的，這是一個消除精神障礙的規劃活動。在紐約，合作商店為二十一歲以下的年輕人提供動手實踐的機會並教授商業培訓課程。

本和吉瑞公司支持的其他項目包括家庭農場、環境及兒童機構。他們透過從家庭農場那裡購買冰淇淋和乳酸品原料來支持他們。公司加入了環境保護協會，它甚至正在種樹，以補償「和平爆」中木棍的耗費。公司是兒童問題的主要關注者，並加入兒童保護基金組織，這是一個非營利性組織，教育美國人要關心貧窮、犯罪、兒童保護、健康和教育這樣的類似問題。公司還有一個旅行巡迴車，它在本和吉瑞的冰淇淋店前玩雜耍來吸引顧客。透過在這些經過特殊裝備的巡迴車上售賣冰淇淋，公司賺得更多的錢，來贊助與兒童有關的項目。

這種社會市場行銷的導向，加之冰淇淋的售賣，給了本和吉瑞公司慷慨的回報。1984年，這個公司的銷售額僅400多萬美元。截至1994年，銷售額就超過了14億美元。1994年稅前利潤中的80.8萬美元回到本和吉瑞的基金中，這一基金是給予非營利組織的獎金。令人吃驚的是，本和吉瑞公司雖然獲得如此大的進步，卻並沒有參與大型的廣告大戰。在1994年，此公司第一次做了一次大型廣告，卻是關於社會活動方面的。

這樣一個在佛蒙特州柏靈頓市一個改裝後的車庫內建立的冰淇淋店，就變成了一個上億美元的冰淇淋巨人。當你再次看到本和吉瑞公司具有特色的黑白相間的乳牛標語，你就會記起這個成功的市場行銷故事，想起好的產品是如何與大量的「共同關心」相聯繫的。

經典案例二：市場行銷導向

快速看一眼這個受人喜愛的公司的合併收入聲明，你就會知道它的主題公園和遊樂場的重要性。他們所創造的收入，是總收入的34%，所創造的利潤是總利潤的35%。迪士尼樂園和迪士尼世界，以及東京迪士尼樂園、迪士尼電影製片場、迪士尼巴黎遊樂場的巨大成功是應用市場行銷導向的第一範例。

迪士尼本人是主題公園概念的創始人。一天，他和兩個女兒在一個娛樂公園遊玩時，想出了這個主意。他注意到當他的女兒耗費很長時間騎木馬時，他除了坐著觀看無事可做。於是他想到，要滿足消費者的需求，就必須創立一個為整個家庭服務的娛樂概念。自從迪士尼樂園1955年初次登台，迪士尼世界就發生了魔術般的變化。當公眾開始享受新的娛樂項目時，公司又聲明了其他項目的計畫。在迪士尼有這樣一種認識，那就是娛樂必須是永遠新鮮的。如果它有很長一段時間保持不變，那麼它就可能不再有趣了。

儘管迪士尼的發展歷史本身就是一個故事，但是在它的幕後所發生的事情更吸引著我們。當你讀到第2章時，你就會看到，我們這個行業的最大困難之一，便是服務品質的標準測定。當某個人說，「你不能往人的臉上塗微笑時」，你就會明白態度友好和精神振奮的雇員是多麼重要，他們能保證消費者的滿意度。既然提到了人的因素，那麼迪士尼是怎樣和他的員工們成功地做到這一點的呢？答案就是透過仔細編擬條例和設置培訓課程。

每一個新進員工都必須參加迪士尼的傳統培訓，經歷一段在迪士尼大學的全日制學習過程。他們學習迪士尼公司的理念和運作程序。他們要懂得迪士尼是一個娛樂行業——這種行業要使人們微笑和愉快。迪士尼甚至編製了一種新的語言以確保它的員工能記住基本的原理：

Backstage：幕後的部分。

Casting：個人服務。

Cast members：迪士尼的員工。

Costumes：制服。

Disney theme show：主題公園和遊樂場的經歷展。

Guests：消費者。

Host / Hostesses：每一個迪士尼的員工。

Onstage：對消費者的承諾。

Presenting the show：服務於顧客，使顧客高興。

Role：工作職位。

從這些條款中很容易就看出迪士尼將滿足顧客需要放到了第一位，而且它還能清晰地監察自身的服務行為。

新的迪士尼員工也懂得了他們的外表對反映迪士尼形象有多麼重要。為了幫助說明這些條款，迪士尼製作了四種不同顏色的小冊子，詳細描述了這樣一些內容，比如服飾、髮型和頭髮的顏色、鬢角、指甲、項鍊、名牌，甚至於潤膚乳和體香劑的使用也列了上去。無論是基層還是高級部門，迪士尼都用姓氏進行標識，員工們必須佩戴名牌以展示他們自身的身分。

另一個迪士尼市場行銷導向的表現，就在於使用固定的顧客調查報告，來決定顧客的滿意程度。每週都要調查成百上千的顧客，以確保公司高水準的經營。

在旅遊與飯店業這一領域，再沒有比迪士尼樂園更好的實例，它散發著特有的芳香。從他們極盡仔細地進行新的市場機會的研究，我們可以看出，這個公司是現代市場行銷導向的典範。

討論

1.本和吉瑞公司是怎樣論證了社會市場行銷導向的？

2.其他的旅遊與飯店業組織能從本和吉瑞公司那裡學到什麼？

3.其他還有哪一個旅遊與飯店業組織也表現出這種社會市場行銷導向，他們是如何證實這一導向的？

4.迪士尼公司曾經患過「市場行銷近視」症嗎？從案例中或者你所知道的知識中找出相應的證據，來證實你的答案。

5.在華德迪士尼案例中證實了哪幾點市場行銷導向的特色？

第2章
旅遊與飯店業的服務市場行銷

本章描述了服務市場行銷這一領域。它強調，儘管生產和服務的市場行銷在許多方面相同，但它們之間還有重要的區別。這些區別需要被確認和描述。對於旅遊與飯店業來講，受到關注的是其行銷的一般性的、可變化的和特定的一些差別。同時本章還描述了該領域所需的獨特的市場行銷方法。

第一節　什麼是服務市場行銷？

美國被看做是擁有世界第一流服務的國家。更多的人從事服務業，而非製造業。平均每個美國家庭的50%的預算用來購買服務。在1995年，69%的美國人，也就是八千四百四十萬人，從事於服務業。美國勞動局的統計數字顯示在1995年到2010年之間94%的新工作產生於服務業。其他的已開發國家也與美國趨勢相同。例如，**表2-1**顯示了說英語的國家中，服務業所占國內生產總值的比重。

財富的增長和更多的休閒時間，是服務業增長的原因。

旅遊與飯店業是服務業的一部分。其他的服務業包括金融業、法律業、會計和管理諮詢服務業、保險業、醫療和保健業、洗衣和乾洗業、教育和娛樂業等。美國的國家、州和地方政府也是服務的主要提供者。服務市場行銷是建立在對於服務的獨特性認知基礎上的概念，它是特別應用於服務業的市場行銷的一個分支。

第1章談到了市場行銷在製造業和包裝業上的發展。服務業的市場行

表2-1　英語國家中，服務業占國內生產總值的比重

國家	比重
澳洲	60%
加拿大	60%
紐西蘭	61%
英國	62%
美國	69%

銷沒能同步發展，拖後了將近二十多年。爲什麼會這樣呢？一個原因就是市場行銷的概念和理念在人們的意識中被限定在製造業的範圍內。許多市場行銷的書都是爲製造業編寫，很少有觸及到服務業的市場行銷。幾乎沒有這樣的市場行銷著作會將服務業列成特別的章節來講解。對於服務業市場行銷的緩慢發展，我們不能責怪作者和製造業的市場行銷經理。

延遲的另一個原因，就是本行業及其管理的某種特性。旅遊與飯店業的許多部分被嚴格地加以管制，美國國內的航空業就是一個基本的例子。半個世紀以來，國家航空委員會一直對該收取多少費用、該飛行什麼航線作出指示，這就阻礙了航空業市場行銷的發展。

1978年至1984年間，航空委員會被取消了。1978年的航空非管制條例打開了國內航空業市場行銷創始的大門，比製造業拖後三十年，該行業首次應用了市場行銷理念。

第三個原因就是旅遊與飯店業的結構。此行業主要是一些小的企業——小的家庭餐館、旅館、遊樂場、露營地、旅行社和旅遊批發商，其數量顯然要多於大的連鎖企業和特許企業。大部分的小企業，不可能有全職的市場行銷經理，市場行銷費用也相當有限。他們中的許多企業認爲市場行銷是只有「大企業」才能負擔得起的奢侈行爲。

在1950年，大的製造商開始使用市場行銷理念時，我們的行業還沒有眞正的「大企業」。麥當勞、漢堡王、溫蒂、假日旅館和馬里奧特——所有現在家喻戶曉的企業，直到1950年以後才開始營運。航空公司、旅行社、旅遊批發商和主題公園的營運時間都少於三十五至四十年。此行業早期的市場行銷都是由政府的旅遊部、遊客管理局以及其他的非營利組織執行的。與通用汽車公司和福特汽車公司相比，我們行業的領導人實踐市場行銷的時間要少得多。

如第1章所提到的，服務的市場行銷拖後的第四個原因是，創建和管理旅遊與飯店業組織的是由以技術和生產爲導向的人組成的。這些人中很少有人受過正式的市場行銷訓練，他們是邊做邊學的。在五〇年代，製造業的市場行銷部已處於繁榮階段，而我們這個行業才剛剛開始。

爲什麼對於服務市場行銷的理解如此重要？答案很簡單。某些適用於製造業市場行銷的方法需要被修正來適用於服務業。例如，旅遊與飯店業的包裝，就與包裝麥片粥或其他商品有很大的不同。麥片粥或可視商品的包裝僅是個容器，而旅遊與飯店業的包裝是我們行業服務的一個組合。旅遊與飯店業服務的分銷系統也與製造商給零售商及客戶的運輸系統有很大的差別。例如，一個旅行社不會以物質的形式將一個旅館或航空旅行賣給客戶，客戶必須去旅館或機場才能使用這種服務。

第二節　服務市場行銷的特殊性

旅遊與飯店業服務的市場行銷有幾個獨特的特徵。一些是所有服務業共有的特徵（一般性特徵），另外一些是由於服務組織被管理和規定而存在的特徵（可變化的特徵）。一般性特徵影響服務業的所有組織，而且永遠不會被消除。可變化的特徵也是服務組織的獨特特徵，但卻最終會由於管理、立法和規定的變化而消失。一般性特徵是所有服務組織共有的，可變化的特徵要隨服務組織的類型不同而變化。

一、一般性特徵

一般性特徵指影響服務市場行銷的不可改變的特徵，它包括：

1. 服務的無形性

在你購買商品之前，你可以從不同的方面來評估它們。如果你走進了一個食品雜貨店，你可以挑揀、觸摸、擺弄、聞氣味，並且有時可以品嚐許多商品。包裝及其中的商品能夠被很近地檢測。例如，在一個服裝商店中，你可以試穿衣服，看是否合身；像汽車或個人電腦這樣的東西，在你買之前，就可以加以測試。由於產品是物質型態的，你可以有許多評估方法。然而，服務卻不能用相同的方法被檢測和評估。它們是無形的，你只有親身經歷才能知道它們的品質如何。因爲顧客不能從物質上評估和抽樣調查大部分的服務，所以他們更傾向於依賴其他人對這種服務的經驗，這通常被稱之爲「口碑」訊息，而這種訊息在此行業中是很重要的。顧客通常都很注重旅遊與飯店業專家的建議，比如旅行社，他們有對旅遊景點和公司服務的更多的經驗。

2. 不同的生產過程

產品可以被製造、組裝並運送到指定的銷售地點，而服務業的生產過程卻無法分開進行。許多服務是在同一個地方被製作和出售並消費掉的。乘客可以乘坐飛機、客戶需要待在旅館、人們必須去餐館吃飯，才能親身經歷並感受到他們所購買的服務。速食食品市場是我們行業所有的部門中離製造業最近的，即便如此，它的服務也是就地售賣或被顧客挑走。速食所提供的送貨到家服務，也是一種就近的服務。

製造業的程序可以被精確地並綜合地加以控制。檢查員、稽檢員甚至於機器人都能確保生產的嚴密性以及與品質標準相符合。工廠的工人操作機器，並受過專業培訓，每次都可以生產出相同品質和數量的產品，而四周沒有消費者把關。服務的品質控制就不會那樣精確和容易達到，因爲提供服務涉及到更多的人爲因素。並非所有的員工都能和他們的同事一樣一致地提供相同水準的服務。服務水準的變化是存在的現實。儘管標準化的服務是企業應該盡力達到的目標，但卻並不現實。機器人不能提供有效的個人服務，從業人員即便是在檢查人員的凝視下也會漏掉一些服務細節。

顧客本身也更多地捲入了服務的生產過程。製造商由於安全和專利所屬權的考慮，不允許消費者進入工廠。服務組織無法將人們拒之門外，如果這樣做了，許多公司不久即會破產。旅館、飯店、航空公司、主題公園和旅行社是我們行業中的一些「工廠」。一個顧客的行爲可以破壞其他人的服務經歷。一個在飛機上吵吵鬧鬧的酒鬼、旅館隔壁房間喧囂的通宵舞會、禁煙區的一個吸煙者、飯店中鄰桌的大聲爭吵都能導致顧客的不滿。換句話說，我們的客戶本身可能阻礙了我們去達成市場行銷目標。例如，酒鬼們走進零售商店，這樣的商店就會充滿爭吵；在飯店中辦慶祝活動的人，同樣是被這種粗魯的行爲打擾，則會感到更加心煩。零售店的顧客會離開去別的地方，儘管浪費了一些時間，卻並未破費金錢。而旅遊與飯店業中的顧客顯然則投入了諸如情感的、經濟的及時間上的東西。一旦服務的經歷開始，顧客通常就不得不完成這一經歷。如果這種經歷被其他的顧客或服務人員破壞，顧客就不能被完全補償，尤其是他的情感和時間投入。

我們的行業提供了不同的自我服務選擇權，包括沙拉吧、咖啡館或自動販賣機等等。客戶自我服務的好壞程度能影響他們對於服務的滿意度。許多酒吧、遊樂場、飯館和娛樂設施依賴於一些顧客給予其他顧客的正面影響。如果顧客玩得很高興，就會消除對其他人的羞怯感，人們之間會相互吸引，尤其是那些明顯正玩得很高興的人。一個空的遊樂場、一個空的舞廳或者是沒有其他騎手的騎馬活動，都不可能吸引顧客。而充滿人的遊樂場、舞廳就會相對更吸引人。這就是人爲的因素。

當顧客在超市買牙膏時，他們幾乎百分之百地確信牙膏可以清潔他們的牙齒。當他們購買一項服務時，他們很難確保什麼。服務企業很難提供相同標準的服務。服務人員、其他的客戶以及客戶本身使得服務更加具有可變性。

3. 服務的易腐性

產品可以被儲存以供未來的銷售，服務卻不能。像卡式錄音機這樣的商品，只要商店開門，你哪天去購買都可以——現在、下週、下個月甚至是明年。而服務是不耐久的，沒有賣出的服務就像是流入下水道的水，無法挽回。如果一個空的旅館房間、一個飛機上的座位，此次未被賣掉，則此次的銷售價值就永遠都喪失了。服務和用來感受服務的可行的時間，都不能被儲藏。在1999年只有一次機會來享用一個假期、一個週年紀念或生日晚會僅在某一特定時間有價值，服務的存在生命可能只有一天或更短。

4. 分銷管道

卡車、火車、輪船和飛機是運送產品到倉庫、零售商和直接給消費者的運輸工具。製造業的市場行銷經理爲了有效地出售產品，必須選擇銷售管道並設計分銷策略。在我們行業中沒有物質上的分銷系統，因此，該行業的銷售管道也有其特殊性。事實上客戶要到服務「工廠」來購買，而不是透過零售商。

在旅遊與飯店業有許多中介機構，例如：旅行社、旅遊批發商、公司旅行經理、激勵性旅行規劃者和會議計畫人等。服務項目被購買，並不是在物質上從生產者那裡經由中介到了消費者手中。

大部分製造業商品的分銷管道是由三個明顯的地點構成的：工廠、零售商店和消費地點。旅遊與飯店業服務被購買時只涉及一個地點。例如，顧客到餐館，在那裡，食品和飲品被交易，顧客消費完他們所選的食品和飲品後就離開了。

許多製造商並不擁有販售他們產品的零售市場，我們行業則正好相反。連鎖店、特許店或其他類似的組織對提供服務的單個市場有直接的控制。

5. 成本控制

對於大部分的製造產品來說，固定和可變成本能被精密地估計，這種產品是物化的。而服務既是可變的又是無形的，一些客戶可能比其他人需要更多的關注，他們所需的服務性質並非確切地爲人所知。工廠的產量可以被仔細地計畫和預測，而我們行業的業務量卻無法這樣被控制。

6. 供應商和服務的關係

一些服務與提供服務的個人之間是不可分的。例如，爲專業球星所擁有的網球公開賽、由著名演員所進行的表演，以及由這個領域的知名專家所做的導遊。這些個人是服務主要的吸引力所在，沒有他們，那麼服務就沒有了等同的吸引力。

二、可變化的特徵

可變化的特徵是由於組織管理的理念和實踐的變化，以及外部環境的變化所造成的。它包括：

1. 市場行銷的狹隘定義

第1章解釋了市場行銷組織和社會市場行銷導向是最爲複雜和先進的，很少有旅遊與飯店業的組織進步到這種程度，許多仍然完全停留在市場行銷的部門時期。所謂的市場行銷部僅僅負責促銷（廣告、推廣促銷、交易展示、人員推銷和公共關係），定價、新的地點選擇、新的服務概念的發展和研究仍然需要其他部門或經理來做。這種情況正在變化，許多市場行銷的專家在我們的組織中正邁向高層主管職位。

在旅遊與飯店業中對市場行銷的強調比本應該做的要弱，市場行銷決策的價值還沒有完全被認識到。

2. 缺乏對於市場行銷技巧的認知

市場行銷技巧在本行業不如在製造業那樣被看重，食品配製、旅館住宿、景點的知識和售票系統的技術則被較高地認可。而每一個人似乎都有成爲市場行銷人員的技巧，只要他們眞的想成爲市場行銷人員。在這裡，市場行銷技巧和才能未被看做是獨特的，並且沒有完全被讚賞。

3. 不同的組織結構

許多旅遊與飯店業組織是由頭銜爲「總經理」的人來控制的。大部分的旅館都遵循了這一模式，旅行社、航空公司、飯店、旅遊批發公司的管理方式也是如此。企業屬於連鎖性質時，總經理通常會在經理辦公室對各營運部門發布訊息。這些經理要涉足於定價、發展新的服務，和管理與客戶接觸的事務。市場行銷或銷售經理則發揮其他的市場行銷功能，並向上彙報。在旅館業，有這樣一種傾向性，即把負責市場行銷的經理叫做「銷售經理」，而不是「市場行銷經理」。許多製造業公司則使用了一個不同的組織模式，即所有的市場行銷活動都由一個經理或部門來承擔。

4. 缺少關於競爭者行為的資料

對於競爭商品的大量銷售資料都是可以利用的。一個包裝商品的製造商能夠透過不同的調查方式，得到幾年來競爭商品的銷售歷史，而在旅遊與飯店業的許多部分，卻很難做到。可以利用的訊息，通常都是不太具體和比較普通的，除了航空業以外，你根本無法找到不同的公司和他們的

「品牌」的銷售數字。

5. 政府管制和非管制的影響

北美的部分旅遊與飯店業一直被政府部門高度管制著。嚴密的政府控制限制了許多組織的市場靈活性，這些組織包括航空公司、公共汽車、旅行社和旅遊批發商。定價、分銷管道、路線甚至於所提供的服務都需要得到政府的批准。許多製造業都沒有受到這種綜合性的控制。然而，在七〇年代和八〇年代之間，在美國和加拿大的部分行業，則出現了非管制趨向。

6. 非營利的市場行銷組織的約束和機會

非營利的組織，包括政府旅遊宣傳部門、遊客管理局、地方旅遊宣傳協會以及不同的自願組織，在我們的行業中發揮著關鍵性的作用。對它們通常都有一系列獨特的市場行銷約束機制。政治因素通常會影響非營利組織的市場行銷決策——這些決策對於營利公司可能是無法接受的、不可獲利的。例如，一個地區或者省可能只有一個旅遊景點吸引了大批的遊客。對於政府的旅遊宣傳機構來說，在它的宣傳活動中不能只突出那一個景點的特色，所有的景點或地區都必須宣傳，否則就有徇私或偏寵之嫌。而對於營利性組織來講，則正好相反，他們遵循的是「優勝劣汰」的法則。

第三節　旅遊與飯店業的行銷特點

旅遊與飯店業的服務有它獨特的特徵，這在其他服務業中是不可見的。所有的旅遊與飯店業的服務也是不盡相同的。旅遊與飯店業的服務行銷有服務時間更短、更多的情感購買動機、管理的「有形因素」、強調才能和意向、種類繁多的分銷管道、對相關企業的依賴、行業效仿和非高峰時間的促銷等八個特點。

一、服務時間更短

製造業的客戶可以使用他們所購買的大部分商品的服務時間可長達幾週、幾個月，有時也可以是幾年。經久耐用的購買品，如電冰箱、音響設備和汽車，是長期的投資品。教育計畫、居住房屋的抵押、銀行會計、個人的投資顧問等服務領域，提供的服務也都是長期的。許多從超市購買的商品可能幾個月都處於冷凍狀態；如果它不是食品類的，那麼它就可能被使用和儲藏長達幾年的時間。在旅遊與飯店業中，對客戶的服務時間則較短。在許多實例中，包括購買速食、短期的交通往返以及對旅行社的拜訪都是在一小時或更短的時間內完成的。因此，僅有很短的時間給顧客留下好的或壞的印象。許多製造商都對他們的產品提供了擔保，有時這種擔保的有效期有好幾年。但是，在旅遊與飯店業中，就沒有類似的可擔保的服務。未做熟的菜可以再拿回到廚房中，而許多不怎麼樣的旅遊與飯店業服務卻無法再重來一次。

二、更多的情感購買動機

你購買某種商品是因為知道他們可以為你提供某種特定的功能。購買動機是理性而非感性的因素。也有一些例外，一些人是結合了情感因素去購買特定的商品和品牌的。這種情感的結合因素更多地發生在旅遊與飯店業服務中，因為我們的行業是一個「人」的行業。人提供和接受我們的服務，人與人之間的相互接觸總在發生。

人們也傾向於購買符合自我形象的旅遊與飯店業服務。某人坐頭等艙，並且住在四季飯店裡，是因為這讓他感覺自己是個成功的商業人士。當人們購買這些服務時，理由既是理性的又是感性的。情感的因素在這些相接觸的服務中產生，並且影響未來的購買行為。

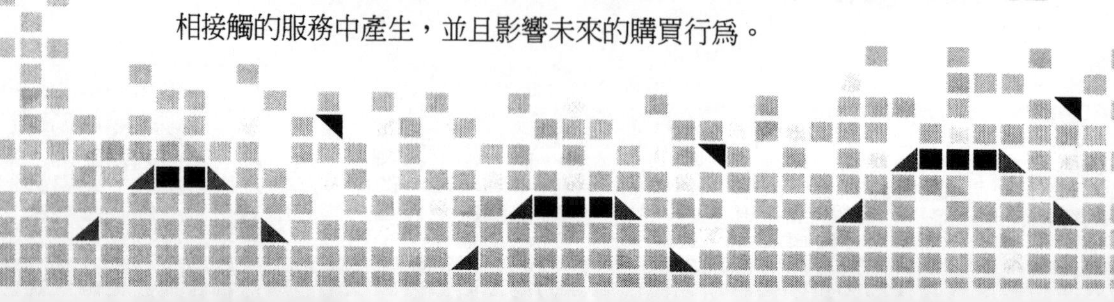

三、管理的「有形因素」

產品是有形的，而服務事實上只是一種行爲。顧客由於這種無形性，他們看不見，也無法抽樣調查或自我評估這種服務（購買前），但是他們可以看到與這些服務相關的有形因素。當顧客們購買服務時，他們會更依賴於這種有形的「證據」。這些有形的因素決定了他們對服務品質和需求滿意度的評價。

你認爲旅遊與飯店業的有形因素是什麼？如果你是這家旅館、餐館或航空公司的新顧客，那麼你對這些地方的印象是怎樣形成的？你或許可以猜到的「有形因素」有：(1)物質環境；(2)價格；(3)訊息；(4)客戶。

物質環境可以包括家具、地毯、壁畫、員工的制服和旅館及飯店使用的標誌。天花板上掛著一個巨大的水晶吊燈、旅館前廳的地板上鋪著漂亮的東方地毯，都是高品質服務的有形「證據」。服務的價格會影響客戶對服務的認知，高的價格經常被看做是奢華和高品質的標誌。對於一個公司服務的訊息溝通由公司本身決定，這種訊息來自於人們的口中，來自於專家的建議（旅行社）。像小冊子和廣告印刷品也給客戶提供了有形的依據，因爲他們畫出了顧客所期望的「圖樣」。客戶的種類是服務公司提供給潛在的新客戶的訊號。例如，如果一個十八至二十五歲的年輕人注意到一個本地餐館的顧客大部分都是年紀較長的人，那麼他就認爲那個餐館對他自己或他的朋友們並不合適。服務的市場行銷者必須管理好這四種「證據」，以確保顧客們做出正確的決定。他們必須確保他們所提供的所有「證據」是始終如一的，並且要和他們所提供的個人服務品質相匹配。

四、強調才能和意向

一個相關的概念就是旅遊與飯店業組織的才能和意向。由於所提供的服務主要是無形的，客戶的購買動機經常是感性的，所以管理者要加大力度開發這種心理因素。許多企業都透過具有豐富想像力的廣告和其他的促銷方法，使消費者認識到該企業的特點，並確認其在同行業中比較突出的地位。

五、種類繁多的分銷管道

對於旅遊與飯店服務業來講，沒有物化的運輸系統。代替運輸系統的，是我們行業中獨有的一系列旅遊中介，包括旅行社、旅遊批發商等。產品也有中介，但這些中介很少會影響客戶的購買決策。倉庫和卡車公司對顧客在零售商店選擇何種商品毫無影響。相反，許多旅遊中介則極大地影響了顧客的購買決策。旅行社、旅行計畫人可以提供建議告訴你哪些景點、旅館、旅遊節目和交通方式更適合你，顧客們將他們視爲專家，並且很認眞地考慮他們的建議。

六、對相關企業的依賴

旅行服務的整個過程是非常複雜的，它是從客戶看到一個特別的旅遊景點的廣告開始的。這些廣告或許是由政府旅遊宣傳部門和遊客管理局贊助的促銷活動。遊客看到廣告後，可能會去拜訪旅行社，去詢問一些細節和建議。旅行社可能建議一整套的內容，包括往返航程的費用、地面的交通工具、旅館住宿、當地的景點旅遊、娛樂和餐飲。在度假中，客戶可能會去買東西、到幾家餐館品嚐，或者去剪髮。額外加入的活動也是許多不同組織提供的旅行服務經歷的一部分。旅遊服務供應商之間是相互依存、相互補充的，旅客會評估建立在所涉及的每一個組織基礎上的總體服務品質，如果其中的一個做得不符合其他組織的標準，就會給整體帶來壞的影響。

七、行業效仿

許多旅遊與飯店業服務很容易效仿。而在製造業中，如果沒有詳盡的產品製作流程和材料知識，產品就很難被複製，就會是一家的專利。爲了保護它的工業秘密，競爭者被阻擋在工廠之外。而我們就不能將競爭者阻擋在外，因爲他們可以自由地拜訪我們的服務消費地。我們的行業所提供的服務不能申請專利，服務是由人來提供的，並且可以由其他的人效仿。肯德基著名的炸雞配方是我們這個行業長久擁有的較少的商業秘密之一。

八、非高峰時間的促銷

當出現需求高峰時，產品的促銷也最爲激烈。12月份的聖誕卡、裝飾品、聖誕樹；夏季的花園和游泳池提供；冬天的吹雪機、抵禦寒冷的醫療品和暖和的衣物都是需求高峰時的實例。然而，在我們行業中則更需要一個完全不同的促銷時間表，非高峰時間的促銷是一個法則。這有三點原因：

1. 客戶在度假中有較多的投入

這個假期給了他們寶貴的時間以遠離工作和日常的責任。假期經常涉及許多金錢的開支。投入這麼多的感情、時間和金錢，就必須進行預先的計畫。在顧客還處於計畫階段時，這是服務促銷的最好時間，當他們的假期已經到了才開始促銷就已經太晚了。

2. 生產的容量是有限的

當遊樂場、旅館、飛機、輪船和飯店已經客滿時，他們的容量不可能很快擴大。工廠可生產額外的替代品，或儲藏庫存品以應對需求高峰。而在我們行業的許多部分，這是不可能的。

3. 非高峰時期存在著更多的銷售壓力

聖誕製品的製造商能夠花費從1月到11月的時間來生產和儲存物品。旅遊與飯店業服務的「物品」不能被儲存，以待後銷。當他們可以消費時，就必須被消費。營業量在一年甚至一個月、一週或一天內都有較大的變化。因爲最高的容量是被限定的，所以促銷的重點不得不轉向非高峰時期。

第四節　旅遊與飯店業的市場行銷方法

旅遊與飯店業的行銷策略與製造業比較是有區別的。旅遊與飯店業服務的一般性和特定的區別將永遠存在，時間不能改變他們。正是由於這些現存的不同點，我們的行業就需要使用獨特的市場行銷方法。

以下便是旅遊與飯店業市場行銷的五個獨特方法：

一、使用更多的行銷策略

在許多製造業中，一般確認的市場行銷組合要素有產品、分銷、促銷和價格。而在我們行業中還有另外的四個要素：人、包裝、特別規劃和合作。

1. 人

旅遊與飯店業是一個人的行業。它是人對人提供服務的行業，服務的生產與消費是統一的。此行業的市場行銷者必須精心挑選與客戶直接接觸的員工，還必須仔細研究他們的服務目標——客戶。一些潛在的員工不合適，因爲他們與人相處的技巧很差勁。一些客戶群也不是很合適，因爲他們的存在會破壞其他人的愉快體驗。

從技術上來講，員工是旅遊與飯店業組織所提供的產品的一部分。但是，他們與那些無生命的產品有很大的區別，在市場行銷中，給予單獨的關注是很重要的。員工的募集、挑選、定位、培訓、監管和激勵在我們的行業中發揮著特別重要的作用。

「顧客組合」的管理對於服務的市場行銷者也很重要，一個原因就是客戶是他們所購買的經歷的一部分。客戶之間共同分享飛機、飯店、旅館、公共汽車和遊樂場的服務。這些顧客是誰、他們穿著如何、這些客戶的行爲如何，都是服務經歷的一部分。相對於在雜貨商店裡，客戶們需要更注重自己的衣著和行爲規範。市場行銷經理不僅必須考慮哪一個目標市場能夠生產最大的利潤，還要考慮這些客戶是否是可以共處的。

2. 包裝和特別規劃

這兩個相關的技術意義重大，原因有兩點：

第一，他們滿足顧客的不同需求，包括所有方面便利的需求，體現了以顧客爲導向的理念。

第二，他們幫助企業解決需求和供應相配合的難題，或者削減應放棄的項目。未售出的房間和座位、未使用的員工時間的浪費，就彷若珍貴的葡萄酒流入了下水道。他們不能透過再次售出而彌補損失。處理這個問題的兩個方法就是改變需求和控制供應。包裝和特別規劃能幫助改變需求。鬧區旅館的週末包裝、在飯店中給年長者打折、遊樂場的「電腦診所」、主題公園「鄰近居民的一天」活動，都是很好的例子。市場行銷的創新在我們的行業中是很受重視的，這是由本行業服務不耐久的性質決定的。

3. 合作

旅遊與飯店業的相關組織之間的共同的市場行銷努力被稱之爲合作，因爲在滿足客戶的需求上，許多組織之間是相互依存的。組織間的合作性質既有正面影響又有負面影響。客戶的滿意度通常與我們無法直接控制的其他組織相連。相關企業之間的關係需要被仔細地管理和監督。本行業的供應者（旅館、飯店、租車公司等）如果與旅遊中介（旅行社、旅遊批發商等）和運輸公司（飛機、鐵路、公共汽車、輪船等）保持良好的合作關係，就會有利可圖；相反，就很難獲利。當這個行業的不同部分合作得相當有效時，結果便可以預測——客戶的滿意度提高。

市場行銷者需要理解合作和相互依存的價值。旅行的經歷是需要某個地方的許多組織共同構劃的。當這些組織意識到他們是在一條船上時，就會在滿足客戶需要方面更有成效。

二、「口碑」的廣告效應

客戶想在購買之前抽樣調查某項服務的機會，在我們這個行業中是很有限的。人們必須租了旅館房間，買了飛機票，付了吃飯帳單，才能發現這些服務是否符合他們的需求。所以，在這個行業中，「口碑」廣告（從一個老客戶口頭傳給新客戶的訊息）是十分重要的。儘管詞彙「廣告」與口碑聯合使用，但在技術上，它並不是一種廣告。在我們行業中由於幾乎沒有抽樣調查和檢測的機會，人們不得不部分地依賴於其他人的建議，包括朋友、親戚和同事。好的口碑對於旅遊與飯店業組織的成功十分關鍵。

提供一貫的服務品質和協調的服務設施是取得良好口碑的關鍵因素，這是這個行業中基本的市場行銷原理。管理「證據」的重要性前面已經提到，非一貫的「證據」會破壞客戶的服務經歷。高品質飯店裡穿著髒制服的招待人員，或被稱作豪華旅館卻沒有舒適的客房服務，就是兩個非一貫性的例子。

一貫性需要組織所有單位的共同努力，因為客戶傾向於以在某一單位的經歷來對整個公司做出評判。許多包裝商品的公司成功地發展了有關他們產品的單獨的標識形象。如果客戶對某一種標識有了壞的印象，就不會再購買這個公司其他種類標識的服務。相對於製造業，顧客就不會將這一標識的子公司與母公司或其他的子公司聯繫得那樣緊密。

三、促銷中的情感因素

由於服務的無形性，顧客在購買時傾向於更多的情感因素。這就意味著在促銷活動中，強調這些情感上的吸引力，通常會更有效。為了使旅館、飯店、航空公司、旅行社、旅遊景點、度假的整套規劃對顧客具有吸引力，就必須具備某種特色和個性。光談論顧客的房間號碼、飛機的型號、交通工具的構造以及其他理性的現實和特徵是不夠的，還必須加入少許的感情色彩和個性特徵。

四、對於新概念的嘗試

服務比產品更容易效仿，這就使得旅遊與飯店業組織的服務要做經常性的創新。處於領先地位的公司認識到了這一點，經常去嘗試市場行銷的新概念。隨著社會的進一步發展，在我們的行業中保持原有狀態是不明智的。

五、與相關企業的關係

在我們行業的組織之間有幾個獨特的關係，它給旅遊與飯店服務業的市場行銷帶來了意義深遠的影響，這些關係描述如下：

1. 供應商、承運人、旅遊中介和旅遊目的地的市場行銷組織

供應商是在旅遊目的地內利用營運便利設施、吸引人的事物和事件、地面運輸和其他支持性服務的組織。便利設施包括旅館住宿、餐飲和支持性行業（零售商店、導遊和娛樂）。吸引人的事物和事件被分成六大類：自然、資源、氣候、文化、歷史、民族和可接近性。地面運輸公司提供租車、公共汽車和其他相關服務。承運人是提供運輸到旅遊目的地的企業，它們包括航空、鐵路、公共汽車和輪船公司。旅遊貿易包括一些中介、供應商和承運人利用它們將服務傳遞給客戶。旅遊目的地的市場行銷組織將他們的城市、地區或省以及國家推銷給旅遊貿易中介、個人或團體的旅客。他們爲服務於旅遊目的地的供應商和承運人的利益而工作。這四個行業組織的服務組合起來，共同來吸引客戶，並給客戶提供便利。

儘管一些旅遊或包裝的供應者比其他的組織冒更大的財務風險，事實上所有的組織都在這種包裝的成功或失敗上押了賭。從市場行銷的觀點來看，所有的組織都相互依存。如果航空公司或旅館的服務不好，就會給旅行社和旅遊批發商帶來壞的影響。如果旅行社誤傳了遊樂地的度假節目，那麼客戶就會對遊樂地有一個負面的印象。旅遊與飯店業不同組織的市場行銷者需要認識到他們之間相互依存的性質，以確保他們的合作者始終一貫地提供與他們自身水準一致的服務。

2. 目的地組合的概念

目的地組合是另外一個獨特的概念，有五個成分：

(1)吸引人的事物和事件。

(2)便利設施。

(3)基本設施。

(4)運輸。

(5)飯店資源相關的概念。

吸引人的事物或事件在旅遊目的地起到中心作用——他們吸引了客戶。既有商務的，又有快樂旅遊的吸引點。商務旅客來到某地的原因主要是以工業和商業事務爲基礎的，而快樂旅遊者主要是被上述所提到的五點所吸引。便利設施和地面運輸組織，比如說旅館、飯店和租車公司必須認識到客戶對於他們服務的需求，是來自於對吸引人的事物和事件的需求。如果沒有商業／工業事務基礎或愉悅遊客的事物，那麼他們大部分的業務就會消失。

3. 遊客和當地居民

第三個獨特而重要的關係存在於遊客和當地居民之間。雙方分享了相同的服務和便利設施。居民態度的正面影響會給旅遊與飯店業帶來附加價值。當進一步發展時，這種態度會加強此行業組織的市場行銷的努力效果。如果居民對遊客表現出不友好的、敵意的態度，結果就會相反。非營利組織，比如政府旅遊宣傳部門、遊客管理局，尤其需要明白這一關係的重要性。

圖2-1表明了前面所討論的三種關係。管理這三種關係是旅遊與飯店業組織的市場行銷者必須承擔的附加責任。對於前兩個關係，關鍵就是要理

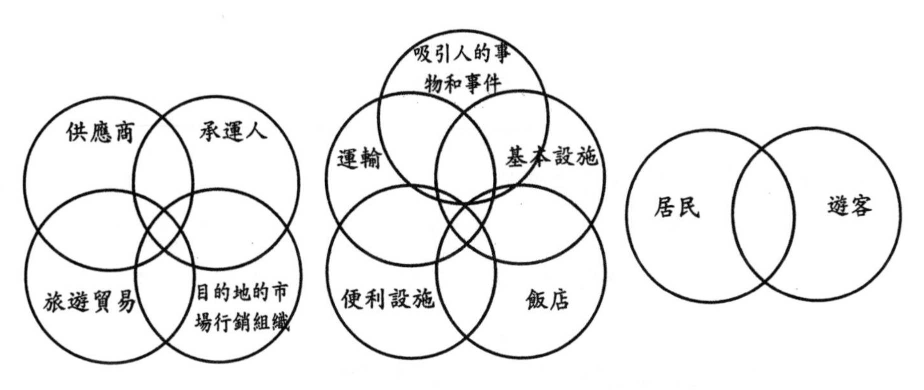

圖2-1　在旅遊與飯店業中的三個特殊關係

解你這個組織之外的其他組織對我們客戶的滿意度有直接影響。我們不僅要始終一貫地提供我們自己的服務，還要確保其他的合作者也這樣做。第三個關係，即遊客與當地居民的相互作用，也需要市場行銷者給予仔細的關注。不友好的或不熱情的當地居民會破壞遊客的旅遊經歷。

本章概要

關於服務的市場行銷是市場行銷的一個單獨的、有明顯特色的分支的認識，越來越受到重視。這種認識以服務業需要獨特的市場行銷方法這一理念為基礎，旅遊與飯店服務業只是其中的一個元素。服務業有共同的特徵，這種特徵使他們與製造業和包裝業有相當大的不同。服務是無形的，相當不耐久的，與供應者無法分割，並且很難估價。它們有不同的生產過程和分銷管道。

服務業的市場行銷相對於製造業和包裝業發展速度緩慢，並且在幾個例子中，可以看出是受到政府管制影響的。服務業經理不願意採用市場行銷的核心原理。

旅遊與飯店業首先是一個「人」的行業。人們了解到那些頂尖的組織，都對客戶和員工的滿足給予了極大的關注。

本章複習

1.服務市場行銷的涵義是什麼？

2.服務市場行銷應該與製造業的市場行銷一樣嗎？為什麼（不）？

3.服務市場行銷的一般性特徵和可變化的特徵各是什麼？解釋一般性特徵和可變化特徵的涵義。

4.影響旅遊與飯店業服務的市場行銷的八個特點是什麼？

5.本書說明對於旅遊與飯店業服務來講，有額外的四個行銷策略，它們是什麼？

6.在旅遊與飯店業市場行銷中所需的其他四個獨特的方法是什麼？

7.在旅遊與飯店業中的三個核心關係是什麼？

延伸思考

1.你最近被一家汽車公司雇用，這個公司新近得到一系列的遊樂設施。你的任務之一就是和公司的市場行銷部經理會面，向他解釋遊樂業市場行銷與行銷汽車之間的區別，強調你所要闡述的要點，包括市場行銷的普通方法和對於遊樂業市場行銷的獨特方法。

2.你的老師讓你去本地的超市和其他的零售商店，並給班上帶回一些產品，以證實服務與產品之間一般性的區別。你會挑選什麼？你將怎樣證實它們之間的區別。

3.你被要求在你的社區召開一個討論會，以強調在旅遊與飯店業的不同的組織和個人之間緊密的關係。你將邀請誰？在你的研討會上，你會著重說明什麼事情？研討會有效地證實了不同的組織和個人之間相互依存的重要性了嗎？

4.一個大的製造業公司需要一系列的旅行社。你被雇用作為新的旅行社的市場行銷經理，並且你被要求解釋產品和服務的分銷系統之間的區別。你將著重說明什麼區別？你將怎樣讓你的觀點更有說服力？

經典案例：服務的標準化——Red Lobster海鮮連鎖店

製造業和服務業之間的不同點之一就是對品質標準的控制。服務的標準化是相當困難的。Red Lobster海鮮連鎖店是我們行業中一個最好的實例，它付出了額外的努力，給予它的客戶一貫的菜單項目和個人服務。

Red Lobster海鮮連鎖店是由佛羅里達的一個餐館老板創建的。在1993年，它的二十五週年時，這個公司在四十九個州的六百家餐館中，供應給一億四千萬位顧客價值700萬英鎊的海鮮。Red Lobster還擁有五十七家加拿大餐館。

Red Lobster成功的部分秘密就是它穩定的價格，以及給人一種家庭式的吸引力。除了有合理的價格以外，此公司還建立了一個好的聲譽，即可以提供一貫品質和各種各樣的海鮮。一貫的品質並非偶然的結果，它來自於對於購買海產品的嚴格的品質規定，來自於經檢驗的廚房設施，來自於給每家餐館傳遞準備細則的獨特方法。

Red Lobster現在是全世界最大的購買海產品的餐館之一，它吸引了來自將近五十個不同國家的供應商。它使用了極為嚴格的購買手冊，並盡力與供應商建立長期的合作關係。Red Lobster的擁有者不僅要熟悉餐飲業，而且還需要有在海洋學、海洋生物學、金融學、食品製作過程方面的知識。他們與供應商和食品製作者共同工作，以確保他們的捕撈與製作符合Red Lobster的高品質標準。既然Red Lobster可以確保高品質的供應，那麼它是怎樣讓六百五十家連鎖餐廳一致地符合標準的呢？答案的重要部分之一，就是標準化的廚房營運系統。在這裡，人們嘗試了不同的食品準備方式，被推薦的烹飪法和備料準則進一步得到了發展。甚至關於碟子上食品如何切割和擺設的細節都被加以規定。Red Lobster是如何將這些細節傳遞給這個龐大系統的各個部分的？方法之一就是透過「Lobster電視網絡」的運作。在這裡，Red Lobster製作了錄影帶，教授備菜和服務技巧。將錄影帶放入錄影機中，所有餐館的經理和他們的員工就立刻會看到新的項目，新的組合菜餚，以及促銷和服務的新觀念。Red Lobster廣泛地採購高品質的海產品，使得以前在北美餐館沒有出現的玉米蝦、雪足蟹等也擺上了餐桌。儘管公司的規模龐大而複雜，它與供應商的許多交易還都是口頭形式的，而非書面的合同。毫無疑問，Red Lobster是北美最成功的連鎖餐館之一。證據就是，它的每週顧客評價在同類餐飲業中是最高的。這個公司的歷史和目前的持續增長，大部分要歸功於它完美的營運系統，這一系統確保了在合理價格上的一貫性、標準化的服務。

討論

1.Red Lobster海鮮連鎖店都採取哪些方式使它的生產方法和個人服務標準化？這些努力取得了怎樣的成就？

2.在旅遊與飯店業中，你還知道其他什麼組織標準化的生產方法和服務？

3.旅遊與飯店業服務標準化的一些核心優點是什麼？高標準的服務對客户是否會失去一些吸引力？服務是否顯得太呆板？你將怎樣將標準化的服務與靈活應變的吸引力結合在一起？

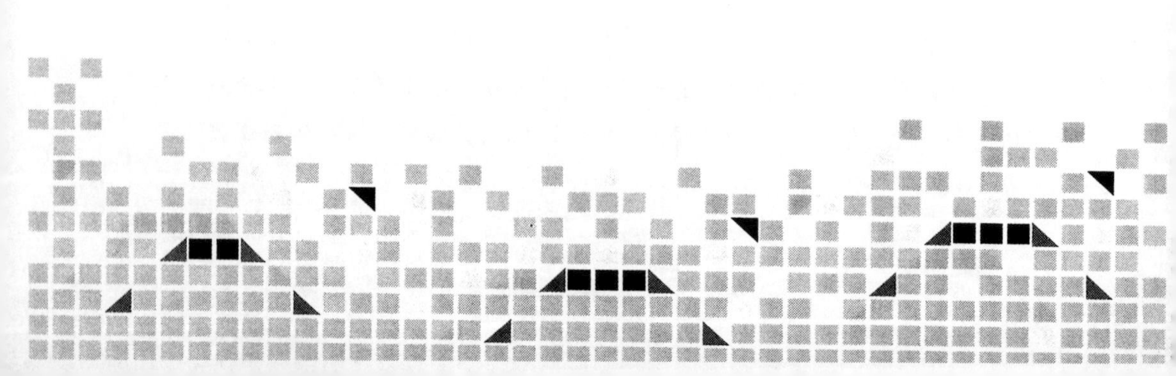

第3章
旅遊與飯店業市場行銷系統

你或許由於旅遊與飯店業的多樣化，已經被它所吸引。例如，旅館業的範圍從最小的「夫妻店」汽車旅館到擁有幾千個房間的大旅館；餐飲業的範圍從提供優雅餐桌服務的飯店到路邊的漢堡速食；旅行社的範圍從只有三、四個人的小的地方旅行社，到大的國家分支機構；航空服務業的範圍從國家航空公司比如美國、加拿大、英國的航空公司到一個人領航的飛行服務；在旅遊景點中，從主題公園比如迪士尼樂園、佛羅里達環球影城到一年只有幾百名參觀者的小博物館等等。在旅遊與飯店業中是否有一種普遍的方法來對所有不同的企業或組織進行市場行銷活動？這一章以研究這個問題為開始，並給出了每個人都可以使用的系統程序——旅遊與飯店業市場行銷系統。它描述了系統總的特徵並確認了使用市場行銷系統方法的利益。

第一節　系統的行銷方法定義

系統的行銷方法是一個可替換的方法，用此方法你可以觀察一個行業和組織。它是本書所推薦的方法。一個系統就是一個集合，在這個集合中相關的部分共同運作，以達到一個共同的目標。我們的「行業」包含著一組有著共同目標的相關組織，它是一個系統。同樣，每個個體組織也是一個系統——一個具有全局目標，相關的部門、區域和活動的集合。我們的行業和組織所共同分享的是什麼呢？共同點即都是滿足離家在外，或離開日常生活環境的那些顧客的需要。客戶或許是離家幾千英里正在海外度假，或僅僅到路邊的速食店就餐。我們的行業的建立，就是滿足各種離家在外形式的客戶需求。

在旅遊與飯店業，存在著一個宏觀系統和許多微觀系統。宏觀系統指的就是這個行業的整體，如你在第2章所看到的，在旅遊與飯店業組織之間有一些獨特的關係。我們可以將旅遊與飯店業這個宏觀系統比擬成一輛汽車，沒有發動機，車就不能開動；沒有吸引人的事物和事件，當地的旅遊與飯店業就不可能招徠顧客。然而，單獨的一個發動機還不夠，必須得配上底盤、車軸、輪胎、車身和其他的許多部分，這輛車才完整。同樣地，當地需要便利設施（旅館、飯店、商場）、運輸和基礎設施，以及吸引人的事物和事件的共同運作，才能產生最大的功效。那些營運吸引人的事物的組織，需要得到其他便利設施的供應商、承運人、旅遊中介的幫助，才能吸引客戶並滿足客戶的需求。

微觀系統指的是單個的組織。本書主要闡述宏觀系統，並討論單個的旅遊與飯店業組織應該在這個宏觀系統中怎樣行銷他們的服務。此宏觀系統的核心是旅遊與飯店市場行銷系統，它涉及每一個在其中運作的組織的市場行銷過程。

第二節　旅遊與飯店業的系統特徵

在我們行業中，有六個主要的系統特徵：開放性、複雜和多樣性、敏感性、競爭性、相互依存、衝突和不協調性。

一、開放性

此行業和它的組織是一個開放的系統。不像機械和電子這樣「嚴密」的系統，它們並不嚴密，系統部分不是很精密地以一種確定的方式來組織。這個系統是充滿活力的，經常經歷一些變化。人們總是會碰到新的、首創的旅遊與飯店業服務。航空公司「經常性的飛行」活動和旅館業「經常性的旅客」項目，就是八〇年代以來，爲了鼓勵顧客經常使用本公司服務，所創造的一種優惠新理念。二十世紀九〇年代和二十一世紀初，航空公司、旅館、旅行社、旅遊營運者和當地的市場行銷組織之間逐步建立了全球性的合作和策略聯盟。外部策略意義上的環境持續地影響著我們的系統，改變了我們做事的方式。例如，速食業的發展，就是迎合了人們對於便利性和省時性服務的需要。

本書推薦的一系列仔細排序的市場行銷步驟——即旅遊與飯店業市場行銷系統，並非是一個非常嚴密的市場行銷方法。這些步驟可以與人的骨骼相比較，他們是有效功能所需的基本框架。在骨骼與人相聯繫之前，還必須加上人體的組織和神經系統。同樣地，每一個旅遊與飯店業組織都必須有獨特的個性，以及求得生存的系列市場行銷活動。

二、複雜和多樣性

旅遊與飯店業組織是多種多樣的，它們的範圍從最小的「夫妻店」組織到大的國家聯合體。組織之間的相互關係很複雜，比如拿分銷管道的多樣性來說，一個遊樂場可以對顧客直接進行市場行銷，或者它也可能選擇一個中介，包括旅行社、旅遊批發商、旅遊策劃人等進行行銷。對旅遊與飯店業服務進行宣傳、促銷和定價，有許多不同的方法，沒有固定的成功模式。

三、敏感性

市場是經常變化的，所以我們的行業也必須不斷地變化。我們對變化必須很敏感，否則我們將無法生存。所有的系統都必須配置回饋機制，我們必須要從客戶或其他人那裡收集訊息，以了解客戶的需求，並對競爭活動的變化做出應對決策。在我們行業中保持靜止狀態，是注定會死亡的。市場行銷研究提供了大量新的訊息，幫助我們適應和存活。例如，在二十世紀七〇年代所做的市場行銷研究顯示，連鎖性質的旅館往往給客戶較差的印象。面對衰退的市場行銷景況，一些旅館決策者在產業中實施創新，連鎖旅館被分成了若干個具有不同特色的「品牌」。又例如Club Med在做完研究和對未來人口的預測後，於八〇年代推出了完全針對家庭和情侶的俱樂部服務。

四、競爭性

我們的行業是一個競爭激烈的行業。新的組織幾乎每天都在產生。因爲大的公司意欲吞併相關的企業，所以競爭的力度和強度在不斷地增長。較小的企業相互合作，以提高他們的競爭實力。它們組成協會、團體和市場行銷合作體，以取得市場中更牢固的地位。來自於系統內部的變化，與由外界因素所引起的變化一樣重要。八〇年代，大量的航空公司合併，航空公司、旅館、租車公司和其他提供旅遊者服務的公司聯合到了一起。到了九〇年代，在旅遊與飯店業中的全球性的競爭又開始了。國家的範圍已被打破，在旅遊與飯店業中，國內外的組織都形成了策略性的市場行銷聯盟和合作關係。英國航空公司與美國航空公司的合作，以及西北航空公司與KLM航空公司的合作，是全球市場行銷時期處於前列的典範。

五、相互依存

我們的行業包括多種相互依存和相互關聯的企業，他們共同滿足離家在外的顧客的需求。旅館業、飯店、旅遊目的地、運輸系統、旅行社、旅遊批發商以及零售商店都是這個行業的一部分。其他有關的組織是政府旅遊宣傳部門、遊客管理局和其他當地的市場行銷組織。

許多人對我們行業存在「近視」問題。對於此行業，需要有一種更廣闊的展望。許多企業和組織，甚至於國家，都是相互依存的。他們彼此支援，共同合作，創造出比單個組織努力的總和更大的效果。在這個行業中要想全面地理解市場行銷，需要了解這些相互的關係。關係的市場行銷是一個新的市場行銷名詞，它強調了與客戶以及分銷鏈上的其他組織建立長期關係的重要性。

相互依存也存在於個體組織之中。市場行銷不是旅遊與飯店業經理的唯一功能。其他的責任還有營運、金融和會計、人力資源管理和設備維護。市場行銷必須與其他功能相合作，它的成功依靠全體部門的共同努力。

六、衝突和不協調性

在我們行業和個體組織內，有許多衝突、壓力和緊張點。由於這些因素，系統就不能有效地工作。我們的系統並不完美，它們並不會如我們所願那樣準確地工作。在美國，航空公司繞過旅行社直接與大的團體聯繫，正在製造旅行社與航空公司之間的緊張關係。旅館公司經常由於旅遊批發商所帶來的人數少於允諾的人數，而懷有不滿情緒。本該合作的旅遊景點和企業現在正在相互作對。

這個不完美的旅遊與飯店業世界也擴展到個體組織中。不健康的內部競爭、個人衝突和溝通的困難使得這個系統不能有效地發揮作用。市場行銷部門允諾給顧客的某些東西，由於內部問題，而無法傳遞到顧客手中。市場行銷的許多工作是要讓組織的每一個人都知道，他們是「坐在同一條船上」的。

第三節　旅遊與飯店業市場行銷系統

圖3-1給出了旅遊與飯店業系統的模型。這種模型能應用於所有的組織，在此需要回答五個主要的問題，它們是：(1)我們現在在哪兒？(2)我們想要去哪兒？(3)我們怎樣才能到達那裡？(4)我們怎樣確保我們會到達那裡？(5)我們怎樣才能知道我們是否到了那兒？在討論每一個問題之前，你需要了解一些系統建立的基礎及其相關的利益。然後，我們可以分析系統的步驟。

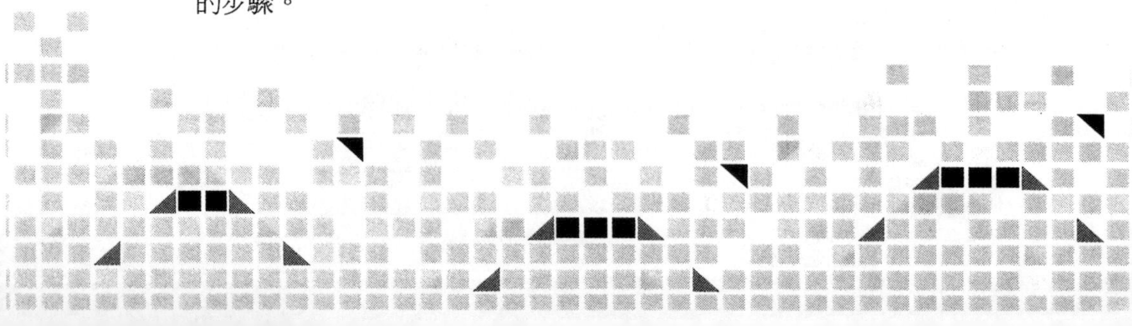

1	何爲市場行銷？
2	我們現在在哪兒？
3	我們想要去哪裡？
4	我們怎樣才能到達那裡？
5	我們怎樣確保會到達那裡？以及我們怎樣知道是否到了那兒？

圖3-1　旅遊與飯店業市場行銷系統模型

一、系統的基礎

旅遊與飯店業市場行銷系統的基礎由以下幾個部分構成：

1. 策略市場行銷計畫

旅遊與飯店業是充滿活力的，經常會感受到來自於內部和外部的各種變化。只有長期的計畫才能擔保一個組織的成功。「那些生活在現在的人，將來不久就會被淘汰掉。」這一描述對於我們的行業並不聳人聽聞。策略性市場行銷計畫，即長期市場行銷計畫，它包括選擇一系列被詳細說明的活動，以實現組織長期的生存與發展。

2. 市場行銷導向

採用市場行銷導向就意味著滿足客戶的需求在一個組織中占據優先位置。

3. 產品與服務市場行銷的區別

服務與產品的市場行銷有許多區別。我們的行業是一個提供服務，並著重市場行銷的行業。使用旅遊與飯店業市場行銷系統的前提是我們要了解這兩者的區別，第2章著重探討了這個問題。

4. 理解客戶的行為

理解客戶的行爲是第4章的核心問題。如果我們充分認識到那些影響客戶行爲的個人以及人與人之間的因素，就會更有效地使用這個系統。

二、系統的好處

對於使用旅遊與飯店業市場行銷系統的組織來說，有如下的利益：

1. 計畫優先性

計畫在今天的企業環境中，是一個必需的前提。使用旅遊與飯店業市場行銷系統的組織必須提前計畫，並預測未來可能發生的事情。因爲我們僅能確保一件事，那就是明天肯定會與今天不同。只提前做出一年的計畫還不夠，多年的、策略性的市場行銷計畫才是必需的。不管計畫是短期的，還是長期的，他們至少要有六個基本目標：

(1)確認可選擇的市場行銷方法。
(2)保持獨特性。
(3)創造需求環境（挖掘潛在需求）。
(4)避免非需求環境。
(5)適應始料不及的情況。
(6)使測量更容易檢測和評估市場行銷結果。

第一個目標是確認所有可選擇的市場行銷方法。達到目標並非只有一種辦法。全面考慮，並點明最有效的方法是基本要求。

第二個目標是保持一個組織的獨特性。市場行銷的秘訣之一就是要讓顧客領會到我們所提供的東西與衆不同。要想創造這種形象，就意味著需要更多的努力。

第三個目標是創造幾個需求環境。這些包括敏感地體察潛在客戶，有效並平衡地使用市場行銷資源和技巧，對新的市場機會投資，增加服務以加大市場占有，以及從合作的市場行銷冒險中得到更多的利益。

第四個目標是避免非需求的環境。大多數組織想要避免的典型情境包括失去市場占有、持續地提供利益已漸少的服務，以及與相關聯的組織和競爭者發生衝突。

第五個目標是適應始料不及的情況。我們以前說過旅遊與飯店業市場行銷系統是一個開放的系統，它會受到經濟、社會、文化、政治、立法、技術和競爭等一系列事件的顯著影響。組織必須爲始料不及的事做好準備，並提出相應的計畫。

一個好的計畫會便利對結果的測量、檢測和評估。成功與否，可以透過檢測組織達到這些目標的距離來判斷。

2. 具有邏輯性的努力過程

系統的第二個利益就是它製造出具有邏輯性的努力過程。由於在合適的時間提出了合適的問題，所以市場行銷的資金和人力能被更有效地使用。許多組織對於類似於「我們現在在哪兒？」和「我們想要去哪裡？」這樣的市場行銷基本問題，懶於理會，疏於回答。他們直接就跳躍到完成一個計畫的步驟上。而有些組織則不能協調和控制市場行銷的努力過程，他們任由事件的發展。他們忽略了這個問題──「我們怎樣確保我們會到達那裡？」他們也很少使用回饋系統，並且不考慮他們的市場行銷是否有效。他們不會提問，「我們怎樣才能知道我們是否到了那兒？」這個系統中的五個關鍵性的市場行銷問題具有邏輯性，而且前後相連，缺一不可。

3. 使市場行銷活動更加平衡

市場行銷活動的更加平衡是使用這個系統的結果。所列的五個問題具有同樣的優先權，所有可用的市場行銷技巧都被仔細地考慮。對活動要有一個恆久的評估，而不要持續地進行過時的市場行銷活動。

有效的市場行銷決策是建立在研究的基礎上的。旅遊與飯店業市場行銷系統的假設前提是組織認識到了市場行銷研究的價值，並意識到它所產生的重大利益。利益之一就是它指明了新的市場行銷機會，並幫助我們確認新的服務和客戶群體。它讓我們知道，相對於競爭者而言我們所處的位置。它還可以持續測量市場行銷活動的結果，指明什麼活動有效，而什麼活動並不奏效；同時，我們還可以知道客戶是怎樣看待我們的。我們要尋求各種不同的方法來增加客戶的滿意度。市場行銷研究給旅遊與飯店業系統提供了一個長期的資料來源。

這個系統被持續地使用，組織從每一次使用中都會得到新的經驗，每次都會學到不一樣的東西。

三、系統的步驟

許多傳統的教科書顯示，對於市場行銷，有一個具有邏輯的、有序的流程。然而，這些書的作者們卻在他們對於每一步驟和技能所使用的專業術語和複雜度上做文章。學生們被市場行銷的專業術語所迷惑，想知道到底哪一個定義和詞彙是正確的。我們則不會增加你的困惑！

現在需要的是更具常識性、更實用的方法。旅遊與飯店業市場行銷系統就是這樣的一個方法。它將市場行銷濃縮成五個基本的成分，即剛才所提到的那五個必須回答的問題。

讓我們以商業航班爲例，來看一下這個系統。

回答下述問題：

(1)飛機上的全體工作人員知道他們現在在哪兒？何時著陸嗎？
(2)飛機上的全體工作人員知道他們去哪兒嗎？
(3)全體工作人員對每一次旅程都有一個飛行計畫嗎？
(4)正駕駛和副駕駛是否檢控著他們的飛行過程？如有必要是否會對最初的飛行計畫進行調整？
(5)駕駛員每次都評估他的飛行旅程嗎？他是否寫飛行日記？

你應該對所有這些問題都回答「是」。爲什麼說商業航班就像是旅遊與飯店業組織的市場行銷呢？答案很簡單。確保安全和成功飛行的關鍵問題與有效的市場行銷所需要的那些成分是一致的，如下所示：

步驟	旅遊與飯店業市場行銷	飛機航班
我們現在在哪兒	目前情況	現在飛機的位置
我們想要去哪兒	想要的未來狀況	目的地

我們怎樣才能到那兒	市場行銷計畫	飛行計畫
我們怎樣確保能到達那兒	監督和調整市場行銷計畫	監督和調整飛行計畫
我們怎樣知道是否到了那兒	市場行銷計畫的評估和測量	評估計畫，填寫飛行日記

旅遊與飯店業市場行銷系統是一個計畫、執行、控制和評估一個組織的市場行銷活動的系統過程。它是系統化的，因爲五個問題按相同的次序被再三地回答。**表3-1**將市場行銷任務與系統的五個步驟或問題聯繫到一起。

1. 我們現在在哪兒？

每一個飛機駕駛員和飛機上的其他員工都知道他們現在的位置和他們所要遵循的路程。所以，一個組織也要知道它現在在哪裡。如果一個組織想要長期取得成功，它就必須經常評估它的長處和弱點，對目前的客戶、潛在的客戶以及競爭者要充分地了解。這就如同把一個組織放在顯微鏡下，日常容易被忽略的事情被放大，並被仔細地檢閱。可以使用狀況分析和不同的市場行銷研究工具，來幫助回答這個問題——「我們現在在哪兒？」光回答一次這個問題還不夠，每年都必須至少回答一次這個問題。

2. 我們想要去哪裡？

如果一個組織不知道它要去哪裡，或者一個不知道該達到什麼目標的組織，就像是不知道目的地而起飛的飛機。一個組織有許多可替換的市場行銷路線，關鍵是決定哪一個是最有效的。每一個組織都必須盡力確認它

表3-1　旅遊與飯店業市場行銷系統的任務和步驟

任務／功能	步驟／問題
計畫和研究	我們現在在哪兒？我們想要去哪兒？
執行	我們怎樣才能到那兒？
控制	我們怎樣確保我們到了那兒？
評估	我們怎樣知道我們是否到了那兒？

想要到達的目的地，即它的市場行銷活動的結果。爲了達到這一目標，可以使用市場細分、目標市場選擇和市場行銷組合等行銷方法，這些技巧可以幫助一個組織帶它到想要去的地方。

3.我們怎樣才能到達那裡？

決定了想要去哪裡，接下來，這個組織必須面對這個問題，即怎樣才能到達那裡？市場行銷計畫是解決這個問題的關鍵性工具，它就像是一個行動的設計圖。市場行銷計畫包括這個組織是如何使用傳統的四個市場行銷組合要素（產品、分銷、價格和促銷），以及旅遊與飯店業組織所獨有的四個組合要素（包裝、特別規劃、人與合作）來達到它的市場行銷目標的。一個沒有市場行銷計畫的組織，就像是一個沒有飛行計畫就起飛的飛機，它不是很確切地知道，它怎樣才能到達它想要到的地方。

4.我們怎樣確保我們到達那裡？

有了市場行銷計畫，並不意味著一個公司就會成功，必須進行檢查和控制，以確保事情按計畫發展。進行市場行銷的管理、預算和控制是十分必要的。每一架起飛的飛機都有飛行前檢查和飛行中檢查的程序，如果一架飛機碰到惡劣的天氣情況，它就會改變它的路線、速度或者高度。如果一個組織發現它的市場行銷計畫的一部分並不奏效，就會作出改變，以確保能夠到達它想去的地方。

5.我們怎樣才能知道我們是否到了那兒？

許多組織都花費很多努力來發展市場行銷計畫，卻很少測量這些計畫的結果。這樣就無法讓一個組織在失敗或成功中進行學習和提高。就像一個飛行駕駛員評估他的每一次航程，並塡寫飛行日記一樣，測量和評估市場行銷計畫的結果，就會產生有價值的訊息，這可以被用來回答下一輪的第一個問題——「我們現在在哪兒？」

四、系統的策略、戰術計畫之間的關係

市場行銷計畫是市場行銷經理盡力預測未來，並爲實現市場行銷目標

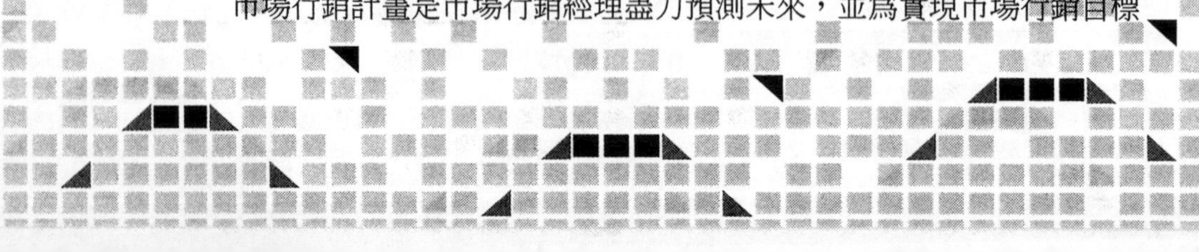

而發展的有程序的管理活動。許多教科書都使用名詞「策略」和「戰術」，來指出有效的市場行銷計畫的兩個分支。在這本書中，我們沒有使用「策略」和「戰術」這樣的詞彙，而使用了「長期」和「短期」來代替。長期指的是五年或更長一段時間，短期指的是一年或更短的一段時間，一年到五年是中期。

要想使市場行銷活動最有效，必須將市場行銷看成是長期的管理活動。它需要做五年或更長一段時間的計畫。長期的策略市場行銷計畫是必要的。由於變化如此迅速，短期的戰術計畫也是必要的。一個計畫是什麼？它是提前制定的，確保達到目標的一個程序。在本書中，計畫是書面文字的，但並非固定不變，由於某些原因，組織經常需要修改計畫。

這本書大部分所闡述的是市場行銷計畫，即短期計畫，這並不意味著市場行銷計畫比長期計畫（策略計畫）更重要，它只不過是本書所選擇的重點而已。

在討論策略性的市場行銷計畫之前，我們需要知道一些基本觀念。首先，你需要了解一個組織的成功比市場行銷本身更重要，市場行銷僅是管理功能之一，每一個組織都有許多不同的目標、計畫以及完成它們的方法。

目標和計畫體系存在於所有的組織之中，如圖3-2所示。在體系的最底層是組織的任務。任務是一個寬泛的概念，指的是一個組織的商務範圍、服務、產品以及市場行銷的全面觀念，它概括了組織在社會中的作用。組織的總體目標在階梯的倒數第二層，他們支持著任務指標。公司通常將組織的總體目標設置成利潤指標、市場占有和銷售量目標。再往上一層是為每一個管理功能設置的長期（策略）目標，即長期的市場行銷目標。這些必須與任務指標、組織的總體目標相一致。最上面一層是每一個管理功能的短期目標。對我們來說，他們就是短期的市場行銷目標。

為了達到目標，我們需要相應的計畫。對於每一層目標，就有一個相關的計畫，這就意味著同樣存在一個計畫體系，圖3-2說明了這一點。

策略市場行銷計畫排在何處呢？它處於圖3-2所示的體系中的第二層，

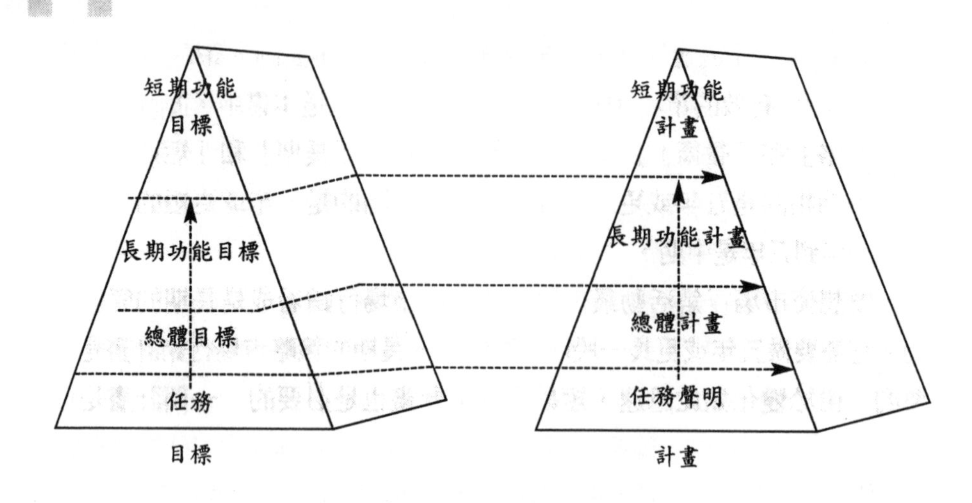

圖3-2　目標和計畫體系

策略市場行銷計畫包括設置長期市場行銷目標，以及達到這些目標的過程計畫。旅遊與飯店業市場行銷系統與策略市場行銷計畫是怎樣相聯繫的？共有兩種途徑。首先，策略市場行銷計畫本身使用這個系統程序。它需回答相同的五個問題，但眼光是長遠的。第二，策略市場行銷計畫需透過反覆回答這個系統的問題來達成。

讓我們來闡明更重要的一點問題。要想計畫得更爲有效，就必須是一個持續性行爲。策略性市場行銷計畫必須被經常地評估和調整。我們不會在第一年的第一天制定了這個策略市場行銷計畫，而到第六年的第一天還讓它保持原樣。同樣的，假設一個短期的市場行銷計畫不需要被更改，也是一個錯誤的觀念。變化幾乎瞬間就會發生，所以計畫總是準備著隨時被修正。

本章概要

這裡有一個普遍的方法，任何一個旅遊與飯店業組織都可以用來進行市場行銷活動。這個普遍的方法，即旅遊與飯店業市場行銷系統，包含了五個步驟。市場行銷者要在這個系統程序中找到這五個問題的答案：「我們現在在哪兒？」「我們想要去哪兒？」「我們怎樣才能到達那兒？」「我們怎樣才能確保我們到達那兒？」和「我們怎麼知道我們是否到了那兒？」

有效的市場行銷需要仔細地計畫——既包括長期的又包括短期的。計畫可幫助一個組織選擇可替換的市場行銷方法、堅持獨特性、創造需求環境、避免非需求環境、對始料不及的事採取適當的反應，以及檢測成功。如果使用了這個系統，那麼它就會確保計畫被擺在第一優先考慮的位置。

本章複習

1.系統的六個特徵是什麼？
2.哪五個關鍵性問題組成了旅遊與飯店業市場行銷系統？
3.旅遊與飯店業市場行銷系統的基礎是什麼？
4.遵循旅遊與飯店業市場行銷系統的程序有何利益？
5.在市場行銷期中，如何定義短期與長期？
6.策略市場行銷計畫和市場行銷計畫一樣嗎？如果不一樣，請解釋他們的區別。
7.在我們的行業中，既需要短期又需要長期市場行銷計畫，為什麼？

延伸思考

1.你剛剛被一家旅遊與飯店業的組織聘為市場行銷部經理。你很快發現，這個公司從未使用過市場行銷的系統方法。你將怎樣改變現狀，並採用旅遊與飯店業市場行銷方法？在你的程序中，將涉及哪些部門和個人？你將怎樣將這種變化向上層管理機構推薦？
2.挑選一個現存的旅遊與飯店業組織，並檢驗它的市場行銷程序和實例。使用市場行銷系統了嗎？如果沒有，那麼存在的問題是什麼，漏掉的機會又是什麼？如果系統被使用，是否做了修正，又加上額外的步驟了嗎？寫一個簡短的報告，來概括你所發現的問題，並提出改善的建議。

3.這一章列出了旅遊與飯店業的系統特點，比如開放性、複雜和多樣性、敏感性、競爭性、相互依存性以及衝突和不協調性。去圖書館查閱資料，並與旅遊與飯店業的管理者會談，來完成一篇論文，其中要舉出三個真實的實例，並論證旅遊與飯店業的這些系統特點。

4.「這是個既競爭又合作的時代」，討論一下這個論題。組織之間何時應該合作？至少用三個實例來例證。潛在的競爭組織在市場行銷的什麼方面聯合到了一起？你認為他們為什麼要聯合？

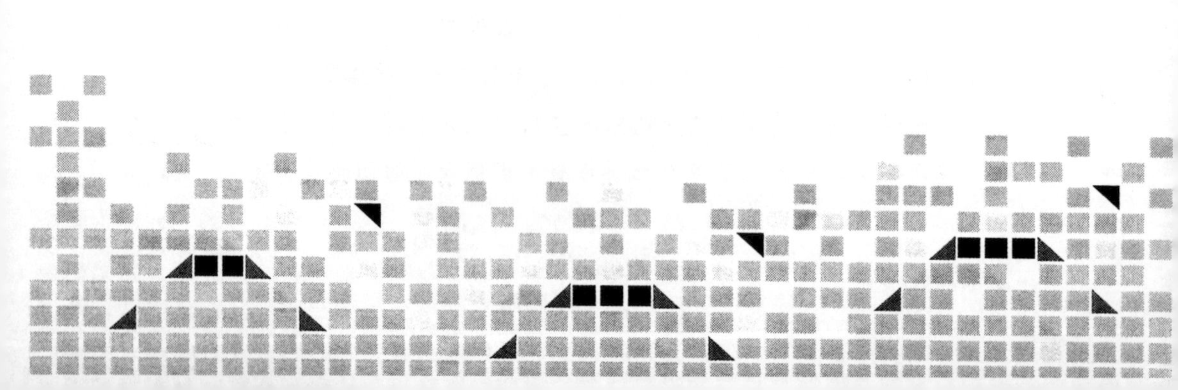

第4章
客戶行爲

爲什麼客戶會有這種行爲？這是市場行銷領域內每一個人都必須回答的問題。如果我們能夠理解客戶的行爲，我們就能生產出更迎合顧客需要的服務，制定出更好的價格，以及有效的促銷和分銷方式。

你曾仔細想過你所購買的產品和服務嗎？你最滿意的是哪一樣？是你的音響、汽車還是電腦？你完全是靠你自己的見解來決定購買這些產品的嗎？還是向你的朋友尋求了建議？當你選擇一家速食店的時候，你決策的時間不會比吃飯的時間長吧？你是否曾經爲了朋友的喜好而購買了某樣東西？

這一章指出了人們的行爲既受到個人因素，又受到人與人之間（社會）因素的影響。這兩種關鍵性因素都將加以討論，商業訊息和個人資料的重要性也會詳加評論。

當客戶決定購買一項旅遊與飯店業服務時，須經歷一系列的步驟。本章強調了客戶們正在使用的決策程序，這一點市場行銷者應尤爲注意。

市場行銷經理必須了解客戶的行爲模式及其發生的原因。這就意味著不僅要知道客戶是怎樣消費服務的，而且要知道他們購買前的動機和購買後的評價。

第一節　客戶行爲的個人因素

客戶行爲即客戶挑選服務、使用服務和購買完服務後的行爲方式。有兩種因素影響個體客戶的行爲：個人的和人與人之間的因素。個人因素指的是個人的心理特徵，它們包括：

一、需要、想要和動機

客戶所需是市場行銷的基礎，滿足客戶需要是企業長期成功的關鍵。需要是什麼？需要指的是客戶目前所有的和他們想要擁有的之間的缺口。

我們稱這種狀態爲「需要不足」。這些「缺口」存在於客戶對食品、衣服、居住、安全感、歸屬感和受人尊重的需要之中。需要可分爲兩類：生理上的和心理上的。乘坐頭等艙、待在最豪華的旅館套房裡，或者訂購菜單上最昂貴的菜是出於滿足被人尊重的需要（心理需要），以表明某個人相對於其他人的重要性。如果餓了或渴了（生理需要），最好還是到速食店更方便快捷。

「想要」是客戶爲滿足需要而表現出的明確的行爲欲望。例如，一個人需要感情慰藉，於是想要去拜訪朋友和親戚。另一個人需要得到朋友和鄰居的尊重，於是想要做一次橫越大西洋的旅行。就人的需要來講，相關的種類很少，但他們想要做的事卻很多。對於每一種需要都相對應有好幾種想要做的事。

人們旅遊和在外吃飯的原因其實表達得並不充分，他們沒有告訴我們他們想盡力滿足的需要。爲什麼呢？客戶們或許並沒有意識到他們心中眞正的需要或者不想暴露它們。對於一個人來講，說坐頭等艙是由於所提供的額外服務，要比說想要得到尊重更好聽一些。因此，對於人們選擇旅館、飯店、航空公司和其他旅遊與飯店業服務的原因的調查可能並不充分，而且多數會誤導市場行銷人的決策。客戶更願意提供理性的（價格、清潔、便利設施和服務）而非感性的原因。市場行銷經理需要理解各類行爲的原因，以發展和促銷他們的服務。

只有理解了人類行爲的動機，才能知道客戶是怎樣意識到他們的需要的。這裡有幾個動機理論，在討論它們之前，我們先來看看動機形成過程和客戶與市場行銷者之間是怎樣相互作用的。

每個人都有需要，包括生理上的和心理上的。人們對於這種需要，可能意識到了，也可能並未意識到。市場行銷者必須讓客戶意識到他們的「需要不足」狀態，進而提供方法來消除這種不足。只有先意識到這種不足，客戶才能開始想辦法來滿足相關的需要。

當客戶被驅動以滿足他們的想要時，市場行銷者必須對此提供目標和潛在的行爲動機。目標即旅遊與飯店業所提供的服務——住宿、餐飲、輪船、飛機、旅行顧問和娛樂。市場行銷者必須向客戶們明示使用某種服務的動機。麥當勞的「你今天休息了嗎？」這個商業廣告就是一個經典的實例，它提醒了人們的需要（你該休息一下了）、提供了目標（在麥當勞就餐），並且明示了動機（在餐館的桌子邊吃三明治和炸雞）。圖4-1說明了需要、想要、動機和目標之間的關係：需要透過提醒變成了想要，即形成了購買某種服務（目標）的動機，透過消費此服務，進而會滿足需要。

有兩個比較流行的動機理論是馬斯洛和赫滋博格提出的，它們部分地解釋了客戶本人是怎樣被驅使來做出購買決策的。

馬斯洛的「需求體系」是辨識力很強的人類動機理論之一。它假設客戶在行動之前進行了思考，並且運用了一種理性的決策過程。馬斯洛提出了五種需要：生理需要、安全感、歸屬感（社會性）、被人尊重和自我實現。

生理需要是最基本的，包括食品、水、居住、衣服、休閒和體育運動。在人們去考慮其他需要之前，這些需要首先應該被滿足。大部分的人都需要感到安全，不想受始料不及的事情的影響，這些就是安全感的需要。想要被不同的社會團體所接受，顯示了我們的歸屬感或者說社會性需要。在隨後談論人與人之間的因素時，會再次涉及這些內容。被人尊重的需要，即想要獲得地位、尊敬以及爲自己和他人所認可的某種成就。意識到我們成長的潛能，並發現我們自身的價値就是自我實現的需要。

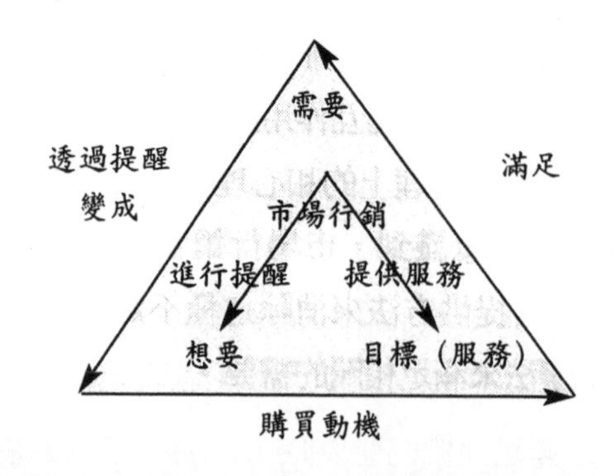

圖4-1 需要、想要、動機和目標的關係

馬斯洛的體系概念以一種金字塔的形式來表明，如圖4-2左邊所示。客戶必須滿足他的低級需要（比如生理和安全的需要），才能追求更高一級的需要──心理上的歸屬感、尊重和自我實現。看馬斯洛需要體系的另一個方式就是將它看做一個需求階梯，如圖4-2右邊所示。生理需要是最低的級別；在追求其他需要之前它首先應該被滿足。一旦某種需要得到滿足，人們就會追求更高一級的需要。馬斯洛認爲一旦一個需求水準被滿足，那麼它就不再成爲動機了。例如，如果客戶們了解到所有的旅館都爲食物、住宿和安全提供了充分的保證，那麼生理上的和安全的需要對他們的意義就不再重大，這就意味著在促銷中強調更高一級需要的滿足會更有吸引力。北美社會中的許多企業都已超越了對於生理和安全感這一層面的關注，這是一個普遍存在的事實。

階梯可以爬上去也可以爬下來。我們時常被驅動上到高一級階梯，但問題是較低層次的需要又會使我們下降。一個經典的例子就是1985年，美國居民大批地取消歐洲之旅。因爲這一年，恐怖主義襲擊了客機、候機室和輪船，並在美國有加劇的趨勢；利比亞衝突嚴重損害了歐洲和中東作爲旅遊地的安全感。這就讓許多人下到了梯子的第二層，即對於安全感的需

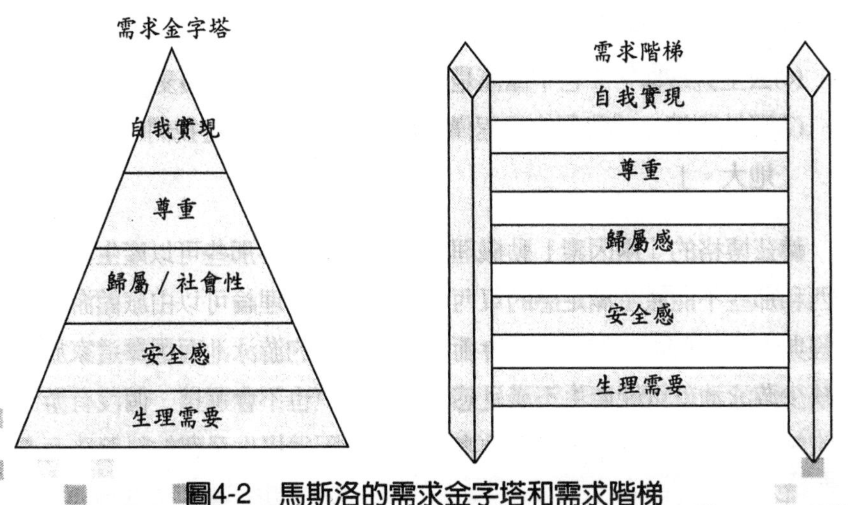

圖4-2　馬斯洛的需求金字塔和需求階梯

要上來。同樣地，在1991年科威特與伊拉克之間的「沙漠風暴」的軍事行動，也給那一年的國際旅遊帶來了不良的影響。人們可能會由於這樣的一些事件，比如飛機墜毀、自然災害、旅館中的犯罪和火災以及飯店中的食物中毒事件，引起對於較低層次的需要。地震對聖弗朗西斯科、龍捲風對邁阿密以及夏威夷的破壞，就是幾個自然災害的例子，它們使得遊客更加關注加州、佛羅里達和夏威夷的安全。

看一些旅遊雜誌或者報紙旅遊版部分，你就會發現許多旅遊與飯店業廣告都依據馬斯洛的需求體系，來吸引人們的注意力。接下來會有一些例子，看看它們都跟哪一層需求相關：

(1)北卡羅萊納：「這些水將我們的島嶼與海岸分開，也使你遠離擔憂。」
(2)四季飯店／遊樂場：「優美的環境，讓你得到完全的放鬆、休閒。」
(3)美國運通公司：「有一種爲夫婦所使用的旅行者支票，但它絕不會束縛你們。」
(4)澳洲航空公司：「事實上，飛機是在它（航空公司）的羽翼下飛行的。」
(5)檀香山：「愛所停留的地方。」
(6)公主號遊輪：「它不僅僅是一艘遊輪，它還是一艘愛之船。」
(7)野外訓練：「我們的課程僅限於十二個人，可是我們的課堂卻相當地大。」

赫茲博格的「兩因素」動機理論表明客戶關心那些可以產生滿足感的東西和那些不能產生滿足感的東西。赫茲博格的理論可以由旅館游泳池這個經典實例來解釋。人們很少會衝著一家旅館的游泳池而選擇這家旅館，但缺少游泳池就可能產生不滿足感，所以客戶也不會選擇一個沒有游泳池的旅館。另一例子就是，儘管乘客可能不會因爲提供免費飲料服務而選擇一家航空公司，但他們也不會決定去乘坐一家不提供此項服務的航班。

赫茲博格的理論顯示，市場行銷者需要知道他們可以滿足消費者的東西，比如服務和便利設施。但是，那還不夠，他們必須確認那些「不能滿足消費者的東西」，那些會使消費者轉身離開的因素。

二、感知

客戶運用他們的五種感覺方式——看、聽、品嚐、觸摸和聞來衡量旅遊與飯店業服務，以及此行業的促銷訊息。這一「衡量」的過程被稱之爲感知。決策是建立在客戶對事實的感知上，而非事實本身。客戶有了購買動機，並且感知到這項服務會滿足他們的需要，才會購買這項服務。

1. 具有差異的感知階段

感知是「一個過程，個人透過這個過程挑選、組織和解析訊息，再輸入，進而得到對於世界的一個總體的認識」。找到對世界具有同樣認識的兩個人幾乎是不可能的，爲什麼呢？專家們探討了幾種具有差異的感知階段：感知螢幕或過濾器、感知偏見、選擇後的保留和「關閉」。

感知螢幕或過濾器　客戶每天都要受到商業廣告文字的轟炸，他們中的許多人都受到商業廣告的蠱惑。晨間廣播和電視充滿了各種商業訊息，孩子們穿著T恤出現在早餐桌旁，以宣傳他們所喜愛的飲料、衣服以及其他的產品或服務，甚至於裝麥片的盒子都想盡力引起我們的注意。開車的時候以及下班回來後，我們都會受到各種廣告強烈的攻擊。電台節目、廣告板，甚至於公共汽車、火車、卡車、貨車以及建築物上都充斥著各種商業訊息。爲了進一步補充每日的商業訊息量，我們所看到的報紙、雜誌和信件，甚至於我們所看的晚間電視，都向我們源源不斷地輸送更多的商業訊息。根據統計，平均每個人每天要面對一千五百至二千個廣告，但人腦無法記錄所有這些訊息。

客戶篩選了大部分他們所接觸到的訊息，他們關注並且保留了其中很小的一部分。一些專家稱這爲選擇後的陳列，其他人將這命名爲感知螢幕或過濾器。市場行銷者必須盡全力來確保他們的服務是客戶所注意到的，在選擇後的陳列之中。

感知偏見　所有的客戶都具有感知偏見，他們扭曲了所接收到的訊息。即使廣告訊息以可感知的畫面傳播，但是人們還是將它改變了許多，使它與原本打算表達的內容毫無相似性。被改變了的訊息可能與廣告商的本意正好相反。

選擇後的保留　即使訊息原封不動地通過了感知螢幕和感知偏見這兩關，它們可能還是不會被長期保留。客戶們要經歷選擇後的保留這一關，他們會對可以支持他們的癖好、信仰和態度的訊息保留更長一段時間。

完成訊息處理　客戶們傾向於看到他們想要看到的東西。人的大腦不喜歡處理有關物體、人和組織不完整的影像。在訊息不足以形成某一影像的地方，大腦會自動加上那些漏掉的訊息，不管這個訊息正確與否。心理上的緊張狀態一直會持續到漏掉的訊息被加上的一刻。緊張會增加注意力，市場行銷者可以利用這暫時性的漏缺訊息，來吸引客戶。有幾個經典的實例就是美國航空公司的「飛在友好的美國天空中」、美國運通的「沒有它（信用卡）就不能離開家」和麥當勞的「你今天應該休息」，使用這些標題，並加上公司名稱的重複性廣告，會使它們在人們的腦海中根深柢固。這些標題是如此令人熟悉，以至於人們自動就將公司的名稱加了進去，而不管它們是否在訊息中被明確提及。人們透過廣告來勾畫這個公司的影像。「定位」是第8章的一個標題，主要是講盡力創造客戶腦海中想要的影像，而有效的定位則依賴於人腦在完成訊息處理時的這一思維方式。

研究證實了我們對於客戶感知的描述是恰當的，一些關鍵性的發現表明了客戶更可能：

(1)不再理會他們已經熟悉的訊息。

(2)注意和保留那些與他們所意識到的或他們正盡力想要滿足的需要相關的訊息。

(3)購買那些符合他們自身形象的服務。

(4)注意和保留那些超越常規的訊息（例如，比一般水準大得多的廣告）。
(5)看那些他們預期要看的東西（例如，旅行社中的促銷小冊子）。
(6)注意到那些讓他們曾有成功體驗的旅遊與飯店業組織所傳播的訊息。
(7)相對於商業廣告，更信賴人與人之間所傳播的訊息。

另一方面，客戶不太可能：

(1)運用感知偏見來扭曲人與人之間的訊息（家庭間的、商業夥伴等）。
(2)吸收那些複雜的、需要費很大勁才能掌握的訊息。
(3)如果客戶們已滿足於一個品牌，還會去注意和保留另一個競爭性品牌的服務。

市場行銷經理能夠使用多種工具和技巧，來操縱他們的銷售之路，以避免感知上的障礙。他們需要認識到有兩組因素會影響客戶的感知——個人因素和外界刺激性因素。個人因素是本章這一部分的論題。它們包括需要、想要、動機、領會、生活方式、自我概念和個性——即客戶想法的總體組成和架構。外界刺激性因素是那些與服務本身和促銷方式相關的東西。

2. 客戶行為的外界刺激因素

外界刺激性因素與第2章所談論到的管理「證據」概念有內在聯繫。客戶會從服務和便利設施的品質、價格及獨特性這些「證據」上進行推論。他們使用五種感覺方式（聽、看、品嚐、觸摸和聞）來評判所展示的「證據」。

刺激性因素透過服務本身，或者透過相應的便利設施，或以一種象徵性的方式透過詞彙和圖畫來表現（例如，廣告和其他的促銷方法）。為了達到最大限度的有效性，這些方法都應該被使用，而且還應該傳遞給客戶一個前後一致的印象。例如，一個商業旅館，提供給客戶一個商務中心、游泳池、網球場、健康俱樂部和幾個國際級的餐廳，所有這些設施都是為了給客戶一種奢華和高品質的感知，這也會給人一個客房費用高昂的印象。

規模、顏色、強度、運動、位置、對比、隔離性、織品、形狀和環境都可以被用來支持所需要的感知。這些因素也可以被用來接通客戶的感知螢幕。

規模 許多客戶將規模與品質等同。更大的旅行社、旅館或飯店、航空公司、旅遊景點或旅遊批發商，讓人感到提供更好的服務。如果平面廣告的規模更大，那麼就會吸引更多的注意力。

顏色 顏色也具有感知暗示性，彩色廣告比黑白廣告更能吸引客戶的注意力。在八〇年代，土石的顏色意味著品質，這一傾向性已逐漸降低；菘藍則意味著古老的時尚（復古）。刷上彩色並帶有標識語的飛機給人一種印象，即這個航空公司充滿活力並具有進取心。租車公司大量地使用色彩，以使他們的服務和廣告突出（例如，赫茲公司是黃色的、愛維斯公司是紅色的）。

强度 廣告訊息強度如果很大，就能吸引更多的人。許多電視上播出的為公眾服務的廣告，比如說禁毒、救助、嚴禁酒後駕車、使用安全帶和幫助飢餓的人等等，訊息的播出強度都很大。對於恐懼吸引力的使用在這類廣告中很奏效。美國運通的系列廣告（描述一對夫婦遺失了旅行支票）就是利用恐懼吸引力的經典例子。在國外由於沒有現金所造成的一系列問題，使許多出外旅行的美國人頭疼。

運動 作為刺激性因素，運動的物體比靜止的物體更可能吸引客戶的注意力，這就是電視成為最流行的廣告中介的理由之一。它會顯示可視的動感畫面，而電台廣告卻不能。具有運動部分的標誌和商品展示，會比固定的東西更引人注意。

位置 廣告、交易品的展示台及標誌的位置會影響人們對它的感知，例如，報紙、雜誌、菜單的某個或某幾個部分比其他的部分更容易被人讀到。

對比　公司透過使自己的促銷訊息和便利設施突出於它的競爭對手，來有效地吸引客戶的注意力，這種方法被稱作「對比」。例如，在平面廣告上使用一個特別大的標題，或者塗上其他廣告所未使用過的顯著顏色（例如，黑色、銀色或金色）。

隔離性　使用白色空間來隔離平面廣告和相競爭的訊息，這是一個比較有效的感知技巧。實際上，這種「隔離空間」可能是白色的、黑色的、紅色的、黃色的或其他任何一種顏色，而有效性都是一樣的。此觀念就是提供一個可視的邊界，以便和紙頁上的其他項目分隔開，從而使本廣告更為突出。

織品　織品是另一個影響感知的因素。椅墊、地毯、信箋、小冊子和直接郵遞的材質及菜單都可以給顧客創造某種感知。

形狀　以一種顯著的、不同尋常的形狀來設計便利設施或促銷資料，會使它們有別於競爭者而顯得格外突出。例如，許多餐館使用奇形怪狀的菜單——在瓶子上、棕色紙帶上和雕刻的畫板上，以使它們的營運獨樹一幟。

環境　環境作為一個刺激性因素，指的就是服務的便利設施和促銷材料所處的地理位置。例如，將一個飯店或旅館建在一個非公開的位置，或者將一個廣告登在一本高級雜誌上，就暗示著高的品質和價格。

三、領會

我們從每一件我們所做的事情上都會學到一些東西。在得到一些經驗之後，我們就會修正我們的一些行為模式。購買旅遊與飯店業服務與讀書和寫作是一樣的：人們必須經歷過才能領會。領會是透過綜合性因素——需要、動機、目標、訊息提示、反應和強化來達成的。

需要、動機和目標在本章的前面已經提到，下面用一個簡單的例子來解釋其他三個因素。蘇珊．瓊是一家電子公司前途看好的經理，長時間和繁重的出差計畫使她倍感疲憊。一天晚上在看電視的時候，她注意到了Club Med的廣告，它描述了鄉村的休閒生活。這個廣告使她產生了休閒這一行爲動機，以滿足她減輕疲憊的需要（生理上的）。但她還沒準備給旅行社打電話。在隨後的幾週內，她收到了這個俱樂部的一些直郵資料（訊息提示），讓她決定是否來此度假，並說明了時間、地點等。在一次商務會議上，她跟另兩個經理談到度假這一話題，結果發現這兩個人曾去過這個鄉村俱樂部，並且很喜歡那裡。而後蘇珊又碰到以前大學聯誼會的一位姐妹，由於戶外運動，她的皮膚微黑，而且還穿著Club Med的T恤。訊息提示有了累積的功效，所以蘇珊拜訪了旅行社，並預訂了去墨西哥Med鄉村俱樂部一週的旅程（她對訊息提示的反應）。

蘇珊用了很長時間去度假，回來時得到了很好的休整和放鬆的感覺。在她下一次於激烈的競爭中再度感到疲憊時，就又飛到了位於加勒比海的Med鄉村俱樂部。這一次，她又度過了一段美妙的時光，並強化了她第一次去墨西哥遊樂的正面感受，這樣就又完成了一次領會的過程。

四、個性特徵

一個客戶的個性，是我們前面所討論的許多因素的混合體，包括動機、感知、領會和情感。在本質上，它是使一個人獨一無二的，使其想法和行爲不同於他人的所有因素。

描述個性有兩種普遍的方式，一個是透過特徵，一個是透過種類。人們傾向於以相同的方式對發生在他們身上的事情和刺激做出反應，他們具有行動的某一特徵或方式。我們傾向於在人身上貼上各種個性種類的標籤，包括外向、自信、安靜、專制、無憂無慮、自我保護等等。

儘管心理專家認爲個性與購買行爲之間有較強的聯繫，但研究結果顯示並不存在決定性的關係。因此從個性上來預測購買行爲，並不是很恰當。

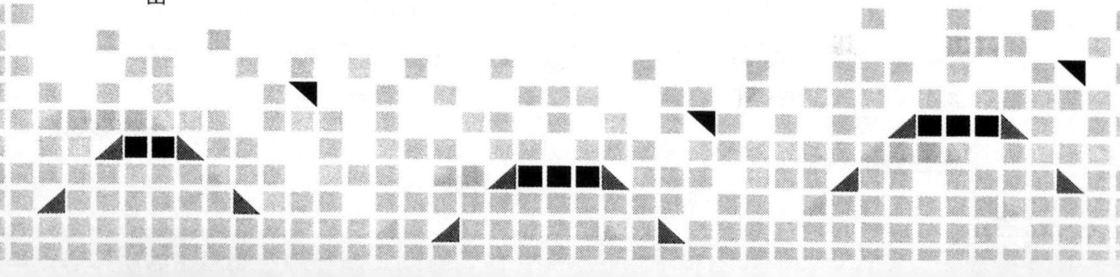

五、生活方式

在八〇年代以前所出版的字典裡，你將不會找到「生活方式」(lifestyle) 這一名詞。但到了八〇年代，每個人都很熟悉這個詞。人們開始談論這樣的一些事情：「那和我的生活方式不相符」、「我想要有一種更好的生活方式」、「在某些地方生活方式很不相同」或者「我不想要那種生活方式」等等。生活方式就是我們的態度、興趣和觀念的表現形式。態度就是「我們對某些信條、事物和世界的動態所持的贊成或反對的評價」。我們的興趣就是那些能吸引我們的注意力，並讓我們樂意耗費時間的東西。它們包括我們的家庭、工作、嗜好、娛樂、交往、衣服、食品和所喜歡的飲料等。觀念是我們所具有的廣泛意義上的信仰，它可能是精確的，也可能是模糊的，包括政治、經濟、教育、生產、未來、運動等不同的主題。態度、興趣和觀念相互作用——它決定了我們怎樣去生活。

市場行銷者逐漸感覺到了解客戶的生活方式或者心理圖景比知道他們的地理和人口統計資料（年齡、收入、職業等）更能完整而精確地預測他們的購買行為。透過生活方式或心理圖景來細分市場，在六〇年代和七〇年代很流行。最後，專家們感覺將心理圖景和人口統計資料結合使用會更有效，因為僅以生活方式為基礎來確定目標市場是很困難的。他們以1990年至1993年所做的大量研究為基礎，根據生活方式將美國人分成八類：

1. 掙扎者

年紀最老、收入最低、生活來源最少的群體，傾向於購買某一個固定品牌的商品。

2. 信徒

中等收入，保守的、可預知的消費者，喜歡美國製造的產品和固定的品牌；與家人居住於國內有教堂的社區內。

3. 實用者

成熟、負責，受過良好教育的專業人員，收入很高，但卻很實際，以

價值爲導向的群體。

4. 競爭者

仿效他們希望成爲的人物，形式對他們來講很重要；具有與成功者一樣相同的價值觀，但財源較薄弱。

5. 成功者

成功的、以工作爲重心的人，他們從工作中得到滿足。政治上較保守，尊重權威和地位階層，喜歡固定的可以向其同事炫耀其成功的產品和服務。

6. 自我滿足者

集中於所熟悉的環境——家庭、工作和自然的娛樂，對更廣闊的世界不感興趣。實際的、更看重自我滿足的群體，不爲物質財富所打動。

7. 體驗者

八個部分中最年輕的群體，平均年齡二十五歲，具有活力和熱情的消費者，將錢大部分花費於衣服、速食和音樂上。以更大的能量投入運動和社會交往活動。

8. 自我實現者

收入最高、自尊心最強的群體。「生活中精美的東西」對他們很重要，「那些東西並非是權力和地位的象徵，而是品味、獨立和個性的表達方式」。

六、自我概念

人們會購買那些他們感覺可以配得上自己形象的東西。兩種心理過程——感知和自我概念在同一時間發揮作用。一個客戶的自我概念，即對自己在心理上的勾畫，包括四個不同的要素：眞實的自我、理想中的自我、相關團體和自我影像。簡單地說明一下，它們代表了：(1)我們眞正的樣子；(2)我們想要成爲的樣子；(3)我們認爲其他人看我們的感覺；(4)我們看自己的感覺。很少人知道他們眞正的樣子，並且許多人不想知道這一點。

他們更不願與其他人談論這個話題。另一方面，客戶們喜歡思索和談論他們理想中的自我（想要成爲的樣子）。理想中的自我是一個很強的促動因素，我們盡力接近我們想要成爲的樣子。相關團體，即我們所屬的社會團體或者我們想要從屬的社會團體，我們很重視他們看我們的感覺。

人的自我影像是市場行銷自我概念理論中最重要的一條因素，它通常是眞實的自我、理想中的自我、別人眼中的自我的三者混合體。我們經常買一些會使我們的相關團體產生正面印象的東西。乘坐和平航空公司的航班、待在巴黎的喬治大旅館，都會增加我們與朋友和商務夥伴交往時的分量。我們也購買一些東西，以接近我們理想中的自我，有時我們恰恰是掩蓋了自己眞實的樣子。

第二節　客戶行爲的社會因素

社會因素，即人與人之間的因素，代表了其他人對你的外在影響。個人的和人與人之間的因素同時影響了我們的購買行爲。人與人之間的因素包括：

一、文化與非主流文化

文化是信仰、價值觀、態度、習慣、傳統、風俗以及某個團體所共有的行爲方式的混合體。我們本身形成了文化，但我們並非本來就具有這些文化特徵，我們從父母和其他的前輩那裡承襲某種文化。我們所吸收的文化影響了我們對旅遊與飯店業服務的購買決策，文化透過影響我們的動機、感知、生活方式和個性來影響我們的購買決策。

文化是人們所屬的最廣泛的社會團體。美國有許多不同的團體，但只有美國的文化是每個人所共享的。文化從面上來影響社會，它也影響了群體和個體消費者。它表明了社會所普遍認可的行爲和動機，我們所承襲的社會風俗和習慣，以及我們使用語言和形體動作進行溝通的方式。機會平等和個人創業是美國兩個主要的社會風俗。

社會慣例是爲某一文化領域內所有的人所廣泛接受的一些約定俗成的規範。例如，給家人和朋友送生日卡、不吃某種特定動物的肉，以及聚會要帶禮物等等。

每一個人都會被優勢文化所影響，這種文化決定了什麼是被普遍認可的，而什麼是不可接受的。美國人對城市生活的快節奏習以爲常，而這對大部分的歐洲人來講則無法接受。文化影響了我們表達感情的方式，例如，英國人傾向於以「緊閉的雙唇」來隱藏他們的內在情感，而美國人則以「將所有的東西都晾出來」來自由地表達他們的情緒。

文化並非是靜止的，他們經常會受到新一代的挑戰，以及經濟、技術、環境、政治和社會變化的影響。有一種「隱忍」的文化潮流，即不管多麼艱巨的壓力都要承受。例如，清教徒或新教徒的工作倫理觀深深印入了美國和加拿大的社會之中，也就是說要永無休止地追求物質財富和個人成就。儘管也有相逆的潮流，而且並非爲每一個人所稱頌，但這兩種價值觀仍然被完整地保留。

美國和加拿大有它們獨特的文化，但它們的國民並非共享相同的信仰、價值觀、態度、習慣和行爲模式。它們還有許多非主流文化，美國的非主流文化包括黑人文化、拉美文化、亞洲文化和某一地區的團體文化。加拿大有法式和英式文化、加拿大黑人文化和不同地區的團體文化。

美國黑人文化是美國最大的非主流文化，拉美文化位居第二。根據1994年的調查顯示，美裔黑人和拉美人占據美國總人口的四分之一。如果你以爲某一非主流文化範疇內的所有人都以相同的方式行動，那你就錯了。某一非主流文化內的大部分人，具有區別於標準文化的某種行爲模式。例如，研究顯示美裔黑人和拉美人比其他的美國人，對國內的品牌更忠誠。

二、相關團體

每一個顧客都屬於他們所確認的幾個團體。有兩種相關團體──主要的和次要的。

主要的相關團體包括一個人的家人和朋友；次要的相關團體包括職場和教堂內結識的人，以及需付費的會員關係（例如，鄉村俱樂部、愛好俱樂部、服務俱樂部等）。我們中的許多人都會受到相互促進和相互分離的相關團體的影響。許多人希望他們是體育明星或娛樂業明星，並且購買與他們的偶像相關的產品和服務（相互促進的團體的例子）。相分離的團體是那些我們不想與之有所瓜葛的團體，而且我們會避免購買這些團體經常購買的服務和產品。

這些社會單位都被稱作相關團體，因爲他們的成員具有共同的行爲方式。換句話說，客戶們在決定是否購買時，會把這些團體的觀念作爲參考。相關團體種類很多，一些對另一些會產生相對更大的影響。人們可帶著度假歸來的棕色皮膚、紀念品、衣服、照片等對其他的群體成員炫耀。他們可以透過讓其他的人看這些東西，或透過去了別人未去過的地方、做了別人未做的事情，來感覺贏得了尊重。旅遊儘管是一項無形的服務，卻會給我們就近的相關團體很顯著的影響。

三、社會階層

儘管北美的人不如其他洲的人的社會階層意識那樣強烈，但仍然存在一個確定的社會階層系統。研究者認爲美國的社會階層系統有六個部分：(1)上層社會的上部；(2)上層社會的下部；(3)中產階層的上部；(4)中產階層的下部；(5)下層社會的上部；(6)下層社會的下部。

社會階層是由其職業、收入和財產、受教育的程度、居住地和家庭背景決定的。不同社會階層的人會對不同的產品和品牌表露明顯的喜好，比如對衣服、家具、汽車和休閒運動都有不同的偏愛。這些社會階層對旅遊與飯店業的意義重大，主要是由於他們與休閒運動之間的關係決定的。不同的社會階層有不同的喜好、習慣和與他人相處的方式。

四、意見領袖

每一社會團體都有意見上的領袖，他們為其他成員輸送訊息。他們搶先收集訊息或購買服務和產品，以此來引導潮流。很少有一個總的意見領袖，相反，每一個社會團體都會有幾個意見領袖，每一個意見領袖對於不同種類的旅遊與飯店業服務都有專業的知識和訊息。例如，在一個釣魚俱樂部，可能就有意見領袖，他知道在哪裡可釣到鱒魚、鼓眼魚和梭魚。在一個遊艇俱樂部裡，這些領袖人物會被分成汽艇熱衷者、競賽帆船熱衷者和遊艇帆船熱衷者。意見領袖傾向於尋找和吸收有關他們「專業」領域的更多的訊息。被人看做是某個團體的領袖，會促使其擁有更多的知識。紐約的一個專業組織對五十年來美國的意見領袖做了調查研究，他們估計美國將近10%至12%的人是意見領袖，這些人的收入超過了平均水準，大部分人都上過大學。

有兩種關於旅遊與飯店業服務的訊息來源——商業的和社會的。商業訊息來源是公司及其他組織設計的廣告和促銷材料。社會訊息來源指的是人與人之間的訊息溝通管道，包括意見領袖。來源於商業的訊息以不同的方式傳到目標客戶那裡。有時它是直接就傳到了客戶那裡，沒有意見領袖的參與。其他一些訊息則先傳到一組意見領袖這裡，然後再傳到其他的客戶那裡，這被稱之為兩步式訊息傳送。再一種就是訊息透過兩組或兩組以上的意見領袖傳遞，這被稱之為多步式訊息傳送。

產品採納者是一個與意見領袖和人與人之間的訊息交流這一主題相關的概念。如圖4-3所示。這個曲線的涵義，即將人口分成創新者（2.5%）、較早採納者（13.5%）、大多數緊跟者（34%）、後期跟隨者（34%）和落後者（16%）。意見領袖通常在創新者和較早採納者之中，因為他們比其

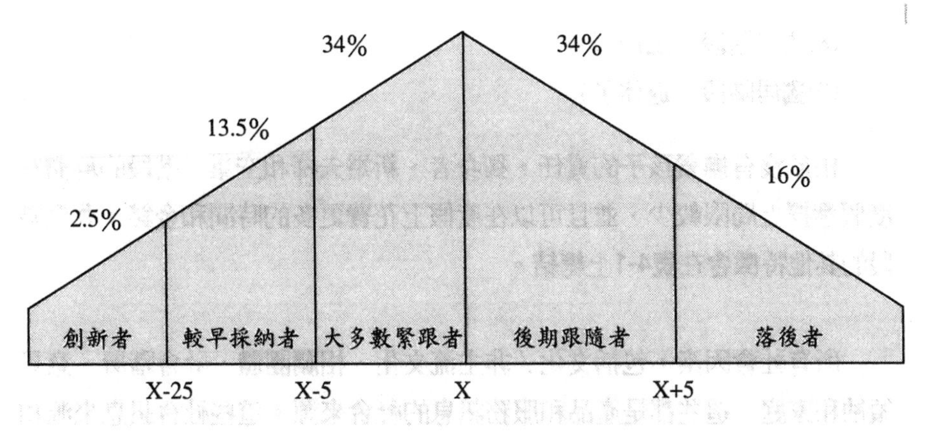

圖4-3　產品採納者曲線

他人更易嘗試新的產品和服務。

意見領袖對市場行銷者最爲重要，因爲他們影響了其他人的行爲，需要花費一些時間來確認和吸引他們。

五、家庭

家庭對消費者行爲起到了最強烈的（人與人之間）影響。傳統家庭要隨時間的流逝而經歷幾個不同的階段，專家稱之爲家庭生命週期概念。隨著生命週期階段的不同，購買行爲也會隨之變化。主要包括如下九個階段：

(1)獨身階段。
(2)新婚階段。
(3)滿巢一階段（最小的孩子在六歲以下）。
(4)滿巢二階段（最小的孩子六歲或更大）。
(5)滿巢三階段（老夫老妻和尚未獨立的孩子們）。
(6)空巢一階段（戶長工作著）。
(7)空巢二階段（戶長退休了）。

(8)獨居階段（工作著）。

(9)獨居階段（退休了）。

由於沒有撫養孩子的責任，獨身者、新婚夫婦和空巢一階段的群體在度假選擇上局限較少，並且可以在度假上花費更多的時間和金錢。九個階段的其他特徵會在**表4-1**上總結。

所有社會因素，包括文化／非主流文化、相關團體、社會階層、意見領袖和家庭，這些都是產品和服務訊息的社會來源。這些社會訊息來源和旅遊與飯店業組織所產生的訊息相比，誰更重要呢？

由於社會的傳播訊息更為可信，所以較少會受到某個人感知偏見的歪曲。購買行為越重要，客戶就會越依賴於人與人之間的訊息。當一個客戶第一次接觸某項服務或對可替代的服務的好處所知甚少時，也會利用人與人之間的訊息管道。由於社會訊息來源無利益的附加，所以一般認為它比來自於旅遊與飯店業組織的訊息更為客觀和準確。

第2章表明了客戶在購買服務之前比在購買產品之前更難做出評價，所以客戶購買服務會更依賴於人與人之間的訊息。許多研究都證實了口碑效應的影響力。旅遊與飯店業是一個對口碑訊息最為依賴的行業。

第三節　客戶的購買程序

客戶行為的另一重要方面即客戶的購買或決策程序。這些是客戶在購買之前和之後所必經的階段。不同種類的廣告和促銷的有效性隨著購買程序階段的不同而變化。理解這個程序對市場行銷者至關重要。這個程序有五個顯著的階段：需要覺醒階段、訊息調查階段、可替換品的評價階段、購買階段和購後評價階段。並非每一個客戶都經歷這五個階段，有時會漏掉一個或更多的階段。

表4-1　家庭生命週期階段和購買行為概觀

家庭生命週期階段	購買行爲模式
獨身階段	離家的單身年輕人，無經濟負擔，時尚觀念的先行者，娛樂導向。 購買：基本的廚房設備、基本的家具、汽車，以及用於遊樂和度假的設施。
新婚階段	年輕，沒有孩子，較好的經濟狀況，最高的購買率，最願意購買耐久品。 購買：汽車、冰箱、爐具、耐久的家具以及度假。
滿巢一階段	家居用品購買達到高峰，流動資金較少，最小的孩子在6歲以下，令人不太滿意的經濟狀況和存款。對新產品較感興趣，比如廣告產品。 購買：洗衣機、烘乾機、電視、嬰兒食品、擦傷藥和咳嗽藥、維他命、玩具、嬰兒車、雪橇、溜冰鞋。
滿巢二階段	經濟狀況較好，一些妻子開始工作。最小的孩子在6歲或更大些，較少受廣告的影響，購買大宗和系列產品。 購買：許多食品、清潔用品、自行車、音樂教程和鋼琴。
滿巢三階段	老夫老妻和尚未獨立的孩子，一些孩子有了工作。經濟狀況仍然不錯，更多的妻子開始工作。更難受廣告的影響，願意購買耐久品。 購買：新的更具品味的家具、休旅車和非必需品。
空巢一階段	老夫老妻，孩子已不在身邊，户長在工作。家庭財產擁有量達到高峰，經濟狀況非常好，有更多的存款，對旅遊、娛樂和自我教育感興趣。經常買禮物和做一些慈善的事。對新產品不感興趣。 購買：度假、奢華品和家居用品。
空巢二階段	老夫老妻，孩子不在身邊，户長已退休，收入銳減。 購買：醫療設施和有助於健康、睡眠和消化的醫藥品。
獨居階段（工作）	工作收入不錯，但卻可能賣掉房子。
獨居階段（退休）	退休，需醫療品，收入銳減，特別需要別人的關注、感情和安全。

一、需要覺醒階段

必須有誘發客戶行動的一個刺激性因素，這樣才能開始一個購買程序。首先要認識到「需要不足」這一狀態的存在。公司要利用促銷（來自於商業來源的訊息）來使客戶意識到這種需要不足。另一方面，這種刺激性因素可能來自於人與人之間的訊息，比如說意見領袖、朋友、親屬或商業夥伴向你傳播的訊息。再有一種刺激的來源就是你內在的動力，比如飢餓或者口渴。許多人在飢餓或口渴時，是不需別人提醒的。

客戶可能是由於幾種刺激性因素的混合而認識到了需要不足。蘇珊．瓊是一個志向遠大的電子公司經理，由於幾種刺激性因素（Club Med的廣告、來自於兩個商業夥伴和前大學聯誼會姐妹的建議），蘇珊開始意識到她需要放鬆。

二、訊息調查階段

當一個客戶意識到了某種需要，那種需要就變成了想要。如果存在了想要，客戶通常就會開始訊息調查。四種訊息來源會被查詢：商業的、非商業的、社會交往的和內在的。商業的和社會的前面已經談論到了。非商業訊息來源會對旅遊與飯店業服務提供獨立的、客觀的評價，內部訊息來源是儲存在客戶腦海中的訊息，包括以前服務的經歷和對相關促銷品的回憶。

客戶調查訊息的強度是在變化中的，從需要覺醒逐漸過渡到主動的訊息調查。客戶在調查訊息時，會注意到那些可以滿足他們需要的可替代的服務，這些可替代品可能是度假景點、旅館、遊樂場、航空公司、飯店、租車公司或套裝的旅行。並非所有的可替代品都會被考慮到。缺乏了解、感覺成本太高、以前糟糕的經歷和負面的口碑訊息，都是一些可替代品未被考慮在列的原因。這份單子經常被稱作客戶的「提醒單」，上面的可替代品被選來做進一步的考慮。

三、可替代品的評價階段

下一個階段就是客戶要自我評判一下小單子上的可替代品。一些人將權衡的因素寫在紙上，而其他人則在大腦中考慮。評判標準可能是客觀的，也可能是主觀的。客觀標準包括價格、地點、設備的物理特性（例如，房間的數量、飯店的菜餚品種、是否可使用游泳池以及所提供的服務——例如，免費早餐、從飛機場到旅館的接駁服務）；主觀標準是無形的因素，比如對某一服務組織的形象感知。

客戶使用他們的評判標準來做取捨。他們對每一項可替代的服務都顯示了不同的態度和偏好，他們甚至可能從服務的第一選擇評到最後一個選擇。這一過程結束時，客戶已選定其中一項服務，而將其他服務排除在外。

四、購買階段

現在客戶們知道哪一個旅遊與飯店業服務最符合他們的標準了。他們顯示出購買此項服務的明確意向，但是他們的決策過程尚不完整，他們是否會買還會受到其他因素的影響。客戶可能會與家庭成員或其他朋友談論他們的意向，或許有一些人並不同意他們的選擇，這會導致購買的拖延或再一次評估此項服務。客戶本人、職業或經濟環境或許會改變，可能會失業，或者家中有了一個病人，那麼購買決策也會再一次被延緩。

另一個阻礙購買的因素是「感知風險」概念。所有的購買都有風險，風險可能是經濟上的（錢花得值得嗎）、心理上的（它會提高我的形象嗎），或者是社會的（我的朋友會覺得好嗎）。如果感到風險太高，客戶通常會採取一些辦法降低這種風險。他們會延遲他們的購買，繼續查詢更多的資料，或者選擇一個代表形象和聲望的組織。透過持續使用相同組織的

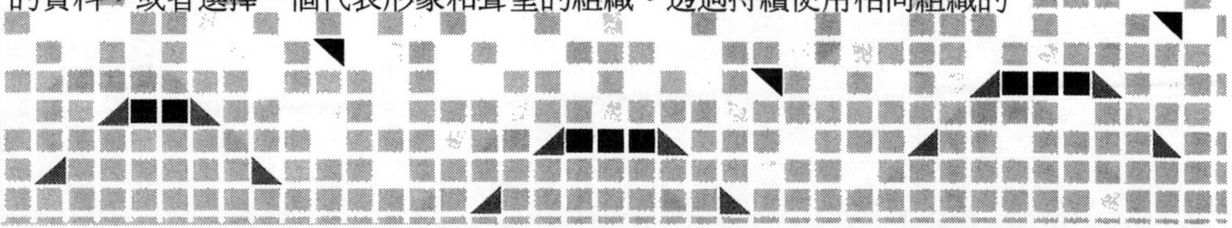

服務，也會降低風險。市場行銷者必須盡力降低這種「感知風險」。

在消費者購買之前，會做不同的次一級決策。對於一個家庭的度假來講，這些次一級決策可能包括何時旅行、怎樣花費、怎樣和在哪兒預訂、待多長時間、花多少錢、怎樣到那兒、走什麼路線以及在當地做些什麼。這些決策並不簡單，而且許多不同的人都會參與決策（例如，媽媽、爸爸和孩子們）。

當然並非所有的購買決策都是相同的，他們需要來自於客戶的不同程度的努力。決策被分成三類：

1. 常規的購買決策

常規的購買決策是客戶經常使用、較少花費力氣的。客戶經常很機械地，並遵從某種習慣來購買產品或服務。這種購買決策經常會跳過一個或幾個購買程序階段，並且很少涉及感知風險，也不需要什麼訊息。此類服務並不昂貴，並且客戶知道所有的可替代品，還設定了評價他們的標準。選擇一個購買漢堡的速食店，就是一個常規決策。許多客戶在麥當勞、漢堡王或者溫蒂購買漢堡時，都清楚地知道他們需要什麼，他們不會向他人詢問訊息。在這些飯店中的任何一家吃飯都不昂貴，並且客戶經常會去拜訪。

2. 有限參與的購買決策

有限參與的購買決策需花費更多的時間和努力。客戶在購買時要經歷全部五個購買程序階段。儘管客戶不會經常購買這些服務，但是以前也曾經嘗試過這些服務或類似的服務。感知風險和所花費的金錢都要高於常規購買。客戶知道評價標準和許多可替代的服務，並且會向別人諮詢可替代服務的情況。出門在外，在一家較好的飯店裡吃飯就屬於這一類的決策。客戶們知道他們喜歡何種食品、服務和環境，但他們也清楚這要比在速食店裡花費更多的錢。他們較少拜訪好的飯店，對他們的訊息也知之很少。有限參與的購買決策也通常被使用在客戶第一次購買此項服務時。

3. 全面參與的購買決策

全面參與的購買決策是三類決策中需要時間和努力最多的一種決策。

客戶在這一過程中被完全捲了進去。服務很昂貴又很複雜；感知的風險是很高的。開始時客戶對此項服務幾乎沒有什麼訊息和先前的經驗，並且尚未形成評價標準。購買程序的所有階段都將涉及，並且客戶會從商業廣告和親戚朋友那裡全面地收集訊息。客戶更容易拖延或重新對購買決策進行評估。歐洲旅行、非洲狩獵和環球旅行都屬於這一類決策，因爲這些旅行既昂貴又複雜，不滿意的風險是很高的。客戶會利用專家的服務，包括旅行社和政府的旅遊官員，來降低這種風險。

五、購買後的評價

與所感知的不協調是許多客戶購買服務後腦中留存的印象，那並不是一種愉悅的感覺。客戶們並不能確定他們是否作出了一個正確的決策。不協調程度會隨此次購買的重要性和金錢價值的提升而提升，一個客戶選擇了漢堡王而未選擇麥當勞，去那裡吃過之後，那種不協調的感覺，要比爲二十五週年紀念日挑選一家昂貴的餐館後所體驗到的不協調感淺得多。市場行銷者的任務就是透過提供詳盡的訊息，確保客戶購買的正確性，以減少這種不協調感。

當客戶使用了服務後，他們會將此與先前的預期作一番比較。預期是來自於商業廣告和周圍人的建議。如果與預期相符，那麼客戶就會滿足；反之，客戶就不會滿足。服務組織的秘訣就是從不空許諾。少允諾是更好的策略，這樣你就會超越你的客戶的預期。當客戶對服務滿意時，回報是很大的。滿意的客戶很可能會再次成爲你的客戶，因爲他們知道那種服務會滿足他們的需要，並與預期的相一致。滿意的客戶會透過告訴朋友、親戚和熟人他們的成功經歷，來影響其他人的購買決策。反之亦然，不滿意的客戶就不太可能再次購買，他們會告訴其他人他們的經歷，其他人就不會再去購買這種服務了。

社會來源的訊息通常比商業訊息更讓人信服。因爲我們所提供的是無形的服務，市場行銷者必須特別關注那些不滿意的客戶。第2章曾提到，服務業的品質控制相對於製造業和包裝業會更難，我們的行業是一個人與人之間關係的行業，人及其行爲很難被標準化。監督客戶的滿意度是至關重要的，這在第6章中會被詳細討論。

第四節　團體客戶的行爲

團體客戶和個體客戶對旅遊與飯店業服務面臨同樣的決策，但他們如何作出這一決策卻並不相同。團體客戶的購買行爲會更複雜，因爲有更多的人捲入決策程序中來，經常要使用競標方式，同時會更強調諸如成本和服務設施的舒適性等理性因素，而非感性因素。

傳統的教科書將市場分成兩大類：個人和團體。個人和團體所受到的約束和影響不同，所以這兩者的行爲方式也不一樣。例如，個人旅行者可以選擇任何一個旅遊景點。然而，一個團體的計畫人要將計畫呈給別人審閱，一個循環下來，可能先前的旅遊景點已被改變。

團體市場的四個成分是：生產者行業、貿易行業、政府和公共團體。

生產者行業包括買來產品和服務，再加工成其他產品和服務的營利性組織。貿易行業是那些買來商品和服務，再賣給其他人的批發商和零售商。公共團體包括醫院、大學、學校、協會和其他非營利性組織。

旅遊與飯店業的生產者包括供應商、承運商和地面運輸公司。飯店買來食品和飲料，加工後再賣給客戶；航空公司買來飛機，再來承載客戶；旅館買來磚和水泥、家具和設備來創造旅館服務。

旅遊中介代表了我們的貿易行業，旅行社和旅遊批發商是此行業中的兩大主力。不像其他的批發商和零售商那樣，這兩個主力直到客戶消費完服務之後，才能爲他們所預訂的服務付款。他們從我們的生產者手中「購買」服務，再賣給個人和團體客戶。

政府和公共團體是我們行業服務的主要消費者，國家的、州的和地方的旅行社在這些團體經常會找出一批批的旅遊者，協會是公共團體市場中需求最大的部分。

本章概要

理解個體客户和團體客户的行為方式是有效的市場行銷的前提。個人的和社會的因素影響了客户對旅遊與飯店業服務的選擇。個人因素包括需要、想要和動機、感知、領會、個性、生活方式和自我概念。社會的，即人與人之間的影響來自於文化和非主流文化、相關團體、社會階層、意見領袖和家庭。與旅遊與飯店業服務所提供的訊息相比，客户更相信來自於朋友和親屬的建議，口碑效應在我們行業中的力量是很強大的。

客户要經歷決策的不同階段，實際所遵循的階段以及階段順序，要隨購買量和可替代品之間的差異度的變化而變化。要想成功，市場行銷者必須了解他們客户的決策程序。

本章複習

1.為什麼旅遊與飯店業組織要理解他們客户的行為？
2.影響客户行為的個人因素是什麼？
3.影響客户行為的人與人之間的因素是什麼？
4.刺激性因素是什麼？它們怎樣影響客户的感知？
5.購買決策程序的幾個階段是什麼？
6.客户作決策時，總要經歷相同的階段嗎？為什麼（不）？
7.為什麼市場行銷者理解這一決策程序很重要？
8.為什麼團體客户不同於個體客户？

延伸思考

1.對你自身和你的家人做一下調查研究。什麼樣的人與人之間的因素影響了家人的購買決策？什麼樣的個人因素會影響這些選擇？旅遊或飯店業組織如何有效地吸引了你和你的家人？

2.選擇一家旅遊或飯店業組織，並盡力勾畫一下它的客户的行為模式。它的客户正處於什麼決策階段？他們的人口統計資料、生活方式、文化背景、社會階層和家庭生命週期階段怎樣？這組織怎樣才能對這些客户更具吸引力？

3.收集一些旅遊與飯店業的廣告。廣告中使用了哪一刺激性因素？這些因素被有效地使用了嗎？怎樣才能提高這些廣告對顧客感知的影響力？

4.想一想你在過去的一年中所購買的大宗和小件商品。你使用了三種決策程序的哪一種？在你決策時，社會性訊息和商業廣告訊息哪一個更重要？你將怎樣應用從本章節中所學到的知識？

經典案例：理解客戶的行為——「花被單」鄉村旅館

在我們這個快節奏的社會中，許多人都利用他們的週末和假期來逃避日常的緊張和壓力。他們需要放鬆，來舒緩他們的生活節奏。由於這種心理需要和行為趨勢，經營「床加早餐」服務以及農場度假的旅館發展並流行起來。與其他同類旅館相比，在這裡花同等的錢能夠得到更高的滿足。

這個名為「花被單」的鄉村旅館坐落在印第安那州的北部，是一個經營「床加早餐」服務的經典實例，它投資於人的基本需要，並獲得了巨大的成功。1962年，這個旅館在快樂農場上開業，此時快樂農場已吸引人們來到這個方圓二百六十英畝的地方度假。快樂農場的女主人的烹調手藝非常聞名，所以這個家庭決定開一家小餐館。小餐館取得成功後，在整修後的農舍裡就開始經營設有三個房間的「床加早餐」服務。旅館現在共有九間客房，大部分客房都有私人淋浴室，而且還有一個客廳。餐廳有八十個座位。購買「床加早餐」服務的客人會享受一份完備的早餐，午飯時間餐廳對外開放。這個小旅館以衛生、新鮮的菜餚配料而聞名，事實上，所有用於烹飪和烘烤的配料都是手工製的。有幾個配菜很獨特，包括奶油胡桃雞和一些餡餅（咖啡派和櫻桃酥）。旅館有嚴格的禁煙政策而且不提供酒類。

為什麼名字叫做「花被單」呢？首先，這個旅館坐落在印第安那州，方圓一百五十英里，是美國第三大阿米詩人的居住地。被單，是與北美阿米詩居民聯繫緊密的一項手工藝品。另外，旅館的主題要透過旅館的裝飾物和相應的廣告資料表達出來，這個旅館床上鋪的是漂亮的鑲花邊的被單，而且被單還被用來裝飾餐廳的牆壁和旅館的其他部分。被單和其他的當地手工藝品可以在旅館中買到。

在旅館的促銷冊子上，印有這樣的廣告宣傳口號（或者說是定位聲明）——「做好飲食過量的準備吧！」以及邀請標語「請回歸到鄉村生活的簡單快樂中」。這些聲明向想拜訪小旅館的潛在客户表明了某種「動機」。看了促銷小冊子或其他的廣告之後，讀者可能就會意識到他們需要「躲開所有繁雜的事情」，到一種更簡單的生活中放鬆。這是圖4-1所示的一個經典實例。小旅館的「目標」（服務）被行銷給了潛在客户，意識到這些服務的存在後，這些客户的「需要」變成了「想要」。他們中的一些人被小旅館的市場行銷和服務極大地促動了，並且認識到了自己的「需要不足」狀態，所以決定預訂這些服務。

透過刊登在導遊雜誌，比如《鄉村旅館》和《僻遠之路》上介紹流行的「床加早餐」鄉村旅館的不同特色的文章，我們可以看出「花被單」鄉村旅館得到了國內廣泛的認可。儘管旅館的大部分廣告是針對中西部地區的，特別是密西根和印第安那州，但實際上的客户卻來自於全國各地。廣告被登在諸如《五大湖旅遊》、《鄉村之家》、《中西部生活》這樣的雜誌和當地的報紙上。目前的店主馬克西姆和蘇·托馬斯，也在嘗試做電視廣告。儘管旅館沒有使用電視廣告，它還是收到來自於電視台的許多徵詢。客户主要被分成兩類：年老、退休的人和較年輕的情侶（度週末）。大部分的人收入水準都較高。多數的業務量都來自於「口碑」廣告（社會訊息來源）。

在八〇年代早期，旅館開始提供阿米詩僻遠之路的旅遊。這是有導遊的四小時旅遊，遊客乘坐著小型的篷車，觀光並拜訪幾户阿米詩家庭和商店。遊客被迎進家中，可以觀看阿米詩人的工藝製作過程和生活的其他片斷。這一特別規劃非常符合旅館對於旅遊的總體吸引力，即讓人們回復到一種更為簡單的生活方式之中。

從本文你可以看出，「花被單」鄉村旅館是如何提供了簡單、健康的生活方式；其他類似的「床加早餐」服務也為步伐匆匆的城市居民提供了一劑舒緩神經的「良藥」。這些人必須將他們的大部分生命耗在交通堵塞和繁重的工作計畫上，而此時花上一兩天時間到一個更令人放鬆的環境中，可以極好地恢復精力。「花被單」鄉村旅館是此行業的一個經典實例，它使人們意識到自己的需要，並且用關懷的、高品質的服務和優美的設施來滿足他們的需要。

討論

1.「花被單」鄉村旅館的營運為什麼如此吸引人？什麼樣的人最喜歡鄉村旅館和「床加早餐」服務？
2.你相信任何一種人與人之間的因素都會影響人們來拜訪這樣的休閒設施嗎？人與人之間的因素是怎樣影響了人們的選擇？
3.「花被單」鄉村旅館在探索需要、想要、動機和目標的關係上成功嗎？在這一方面他們都做了些什麼？

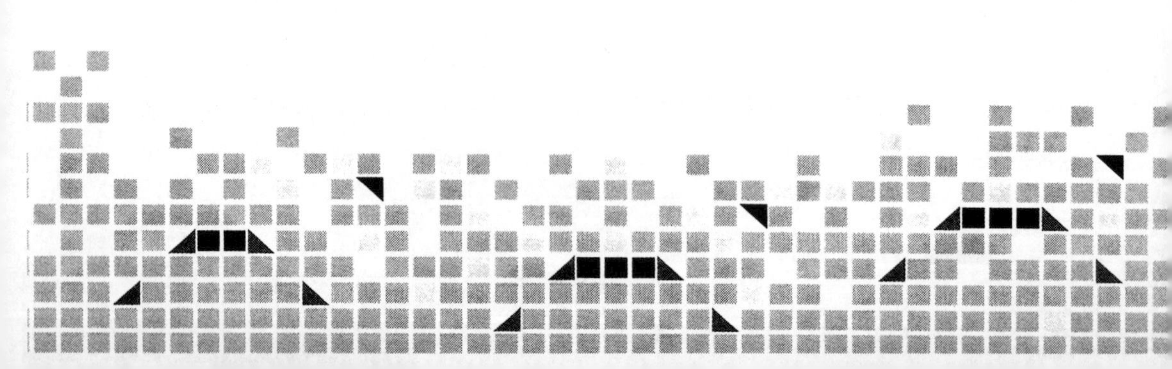

第5章
行銷機會分析

本章開始就強調了行銷分析的重要性，它是制定正確市場行銷決策的基礎。有三種分析技術——狀況、市場和可行性分析。狀況分析是旅遊與飯店業市場行銷系統五個階段的第一步，組織遵循這一步驟來回答「我們現在在哪裡？」這個問題。

人們已經確認了進行行銷分析的利益所在，分析的結果是長期和短期市場行銷計畫的基礎；本章還提供了分析的工作板實例。

第一節　成功必備的分析

成功必備的分析，也就是市場行銷機會和問題的分析，它是一個企業取得成功的基礎。有三種分析技術——狀況、市場和可行性分析。我們如果沒有徹底的市場或可行性分析，一個新的企業就不可能開業；同樣，沒有至少每年一次的狀況分析，這個組織也就不會存在。

狀況分析事實上與市場分析類似，但狀況分析是爲已存在的企業所使用的，它是對市場機會、優勢、弱點和來自於其他企業的威脅的分析。市場分析是爲一個新的旅遊與飯店業組織所使用的分析技術，它要對潛在需求進行研究分析，並要判斷出市場需求是否足夠大。可行性分析是對潛在需求和一個組織的經濟可行性的研究，它包括市場分析再加上幾個額外的步驟，它調查開始營運一個企業所需的全部投資和預期的經濟回報。考慮開始創立新企業的人會使用市場分析和可行性分析。

許多作者既談論狀況分析又談論市場和可行性分析，卻沒有人將這三者聯繫起來看。本書將這三者放在一章中討論，就是因爲它們是相互關聯的。第一步狀況分析要建立在市場和可行性分析的基礎之上。第二步狀況分析要以第一步狀況分析爲基礎，依此類推，如圖5-1所示。如果最初的市場和可行性分析就是在玩花架子，而且被忽略在一邊，那麼企業就失去了一個使用有價值的研究訊息和分析的機會。如果每一次狀況分析都未建立在上一個分析的基礎之上，那麼功夫就白費了。使用這些分析工具應該是

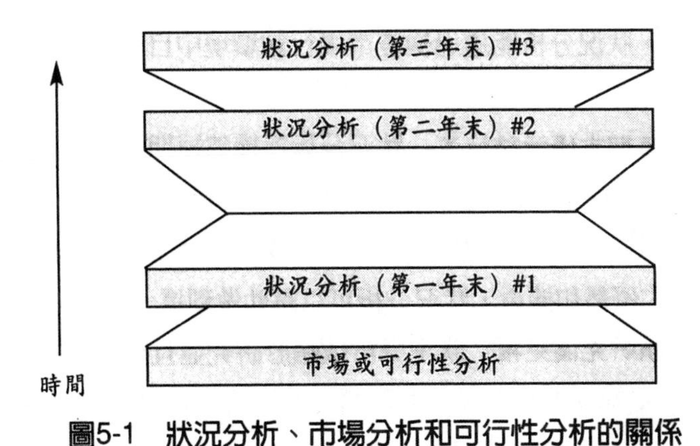

圖5-1　狀況分析、市場分析和可行性分析的關係

一個連續的過程，就像市場行銷本身一樣，進行這些分析應該被看成是一個長期的活動。

第二節　狀況分析

我們剛才定義了狀況分析，它是對一個組織市場行銷的優勢、弱點、機會和威脅的研究。它是一個業已存在的旅遊與飯店業組織的市場行銷系統的第一步，它回答了這個問題──「我們現在在哪兒？」狀況分析可以爲組織帶來如下五個好處：

將注意力集中到優勢和弱點上　每年做狀況分析的最大好處就是它可以持續將注意力集中到一個組織的優缺點上。在一個繁忙的組織中，市場行銷者很容易丟失「大畫面」的觀念，整日疲於奔命在日常事務中。做狀況分析與到牙醫那兒做檢查，或去醫生那兒做體檢很相似。兩種專家都會給你進行徹底檢查，並且可能告訴你要改變生活習慣。儘管你可能不喜歡他們給你的建議，但是你知道那將對你有益。給組織做一個常規的檢查對一個組織持續的健康很有益。

幫助建立長期計畫　第二個好處就是完整的狀況分析有助於建立策略

市場行銷計畫。狀況分析能透過檢查市場行銷環境中目前的潮流，來確保長期計畫的現時性。

幫助發展短期市場行銷計畫 狀況分析對構建短期市場行銷計畫很重要。計畫是建立在環境分析的結果之上的，沒有狀況分析而準備了計畫就類似於搭了一個沒有牆的房子，那肯定是會倒的。短期市場行銷計畫必須反映一個組織的優勢和機會，狀況分析可以幫助做到這一點。

給市場行銷研究優先權 狀況分析依賴於研究並且高度重視市場行銷的研究結果。組織需要進行研究來調查新的市場行銷機會、追蹤客戶的滿意度、評價競爭者的優缺點和衡量過去市場行銷計畫的有效性。人的身體能持續發揮功能，是因爲對食品和水的不斷補充，市場行銷研究對一個組織的營運也起到類似的作用。狀況分析將組織的注意力集中在市場行銷研究上，並保持了研究過程的持續性。

有「副產品」利益 狀況分析提供了一個商品清單、一個對組織目前狀況的報告，以及一個提高便利設施及服務的建議表。這些「副產品」對於準備配套的印刷品很有用，例如旅館所使用的制度小冊子。

狀況分析更顯著的產品是：

(1)對優勢、弱點、機會和威脅的確認。
(2)對主要競爭對手的優勢和弱點的確認。
(3)一個團體的寫照，包括組織目前所存在的機會和問題。
(4)對市場行銷環境因素的影響進行評估。
(5)爲市場行銷活動的過程及其成功和失敗做一個歷史記錄。

像市場行銷計畫（短期）一樣，狀況分析應該是一個書面的文件。每次需要一個新的市場行銷計畫時，它都需要被更新。

狀況分析應該包括六個步驟。這個過程跟給某個人拍照類似，它從觀看「大畫面」（市場行銷環境分析）開始，然後縮小範圍（位置和社區分析），最後聚焦在組織的市場行銷地位和計畫上。

狀況分析的完整步驟與市場分析所遵循的步驟有些區別，如**表5-1**所

表5-1　狀況分析和市場分析的步驟

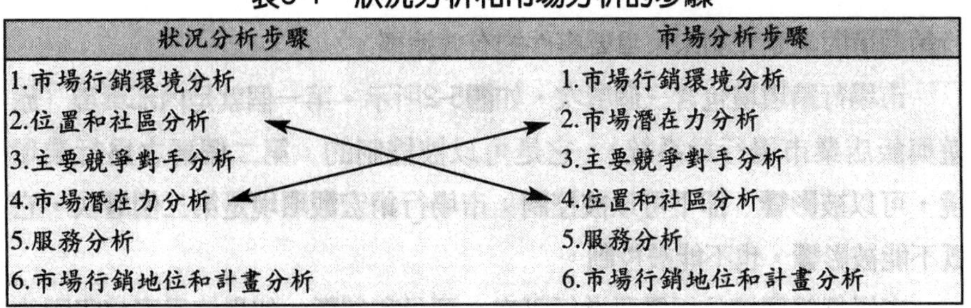

狀況分析步驟	市場分析步驟
1.市場行銷環境分析	1.市場行銷環境分析
2.位置和社區分析	2.市場潛在力分析
3.主要競爭對手分析	3.主要競爭對手分析
4.市場潛在力分析	4.位置和社區分析
5.服務分析	5.服務分析
6.市場行銷地位和計畫分析	6.市場行銷地位和計畫分析

示。

如你所見，在這兩組分析中，位置和社區分析與市場潛在力分析的順序恰好是顚倒的。狀況分析是爲業已存在的企業所用，企業的位置是設定的，而且可以使用老客戶的訊息；而市場分析是爲創立一個新企業所做，此時客戶的明確特徵還不爲人所知，位置也可能尙未設定，所以環境分析和市場分析的步驟就會出現上述的狀況。

因爲旅遊與飯店業組織的多樣性，所以他們的狀況分析有可能不一樣。例如，一個旅館要在服務分析中對幾百間客房和其他的物質設施進行評估，而一個旅行社可能只有一個小房間；一個輪船公司可能擁有幾艘船，船上可能有幾千個床位，而一個遊客管理局除了它的辦公室和遊客訊息中心，就沒什麼服務公衆的物質設施了。除了這些區別，下述的六個步驟應該是所有旅遊與飯店業組織所共同遵循的。

一、市場行銷環境分析

市場行銷是一個長期的活動，需要持續的計畫和不斷地更新。第1章曾強調市場行銷者需要仔細考慮市場行銷環境。沒有一個組織能完全控制市場行銷環境未來的發展方向，而市場行銷環境因素卻決定了這個組織所要遵循的路線。市場行銷環境分析是要調查這些因素及其產生的影響，它有助於長期市場行銷機會和威脅的確認。對於一個組織來講，忽視可以改變未來經營的市場行銷環境是致命的，在環境分析中反覆檢查每一個市場行銷環境因素是預測未來重要事件的有效途徑。

市場行銷環境包含三個層次，如圖5-2所示。第一個就是內部環境（旅遊與飯店業市場行銷系統），它是可以被控制的；第二個稱之為行業環境，可以被影響，卻不可以被控制；市場行銷宏觀環境是第三個層次，它既不能被影響，也不能被控制。

市場行銷環境分析需要進行研究、預見和判斷。如果使用事前印刷的工作板，那麼更新一個市場行銷環境分析就比較容易。表5-2就是一個市場行銷環境分析的工作板，它可以被修正來配合個體組織的需要。在左邊一欄中列出了五個市場行銷環境因素，每個因素都給出了兩到三個問題。做環境分析的人就要回答這些問題，並將答案寫在「答案」和「影響評價」一欄中。他們必須持續進行追蹤和研究，以提供新的答案。許多環境分析的訊息資料來自於二級研究（已出版的雜誌、專刊）；有專門的研究組

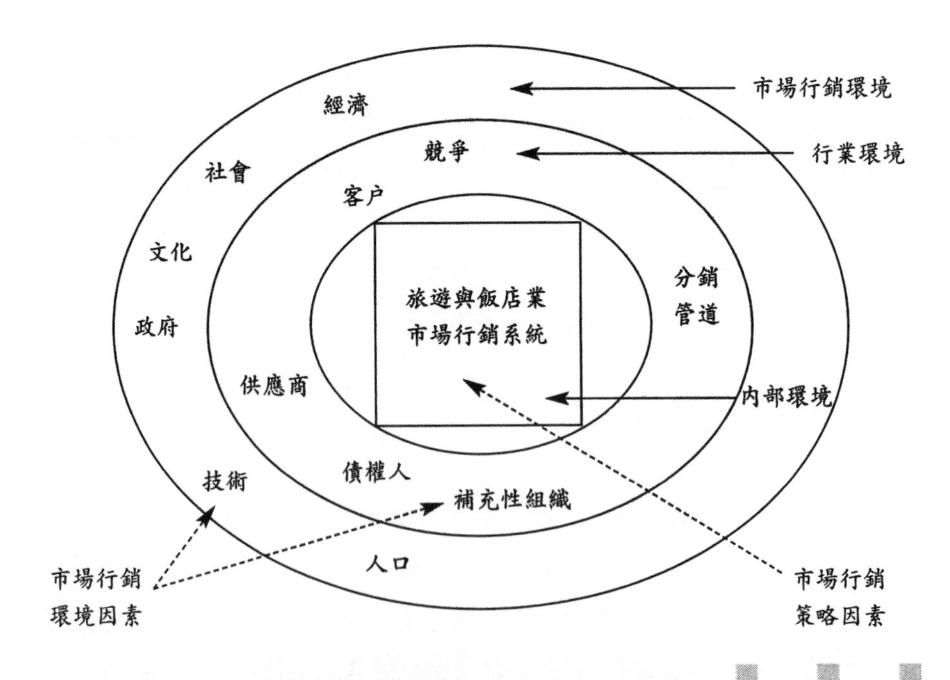

圖5-2　旅遊與飯店業市場行銷環境

織，比如美國旅遊資料中心，對旅遊與飯店業主要的潮流趨勢進行追蹤調查，購買他們的年報可以替代我們的內部研究。

這種趨勢對一個組織可以產生正面的還是負面的影響？表5-2所示的工作板中的下一欄就要說明這個問題。做市場行銷環境分析的人需要使用他們的判斷力，來決定這一趨勢是否會對組織產生影響，是正面影響，還是負面影響。這樣就能判斷出這種潮流是機會還是威脅。如果影響效果是正

表5-2　市場行銷環境分析工作板

不可控制因素	問題	答案	影響評價	+	-	分數（+10到-10）
競爭和行業趨勢	此行業的增長圖樣是什麼？					
	這個行業的哪一部分取得了巨大的成功？					
	有沒有新的、可行的替代品？					
經濟趨勢	國家的經濟前景如何？					
	這一地區的經濟特徵如何？					
政治與立法趨勢	有無任何規定和立法提案可以影響我們？					
社會和文化趨勢	流行的生活方式是什麼？					
	人口的哪一部分增長最快？					
	我們的目標市場發生了什麼潮流趨向？					
技術趨勢	整個國家最主要的技術進步是什麼？					
	我們行業主要的技術進步是什麼？					
	在他們的發展階段中有什麼新技術？					

面的（機會），就在「+」的一欄中註明，反之則在「-」的一欄中註明。下一步，就要給每一個機會或威脅打分，範圍從+10至-10，註明在「分數」欄中，以反應此項潮流的影響度。機會或威脅越大，給的分數就越高。

二、位置和社區分析

狀況分析的範圍被限制到社區和本企業的具體位置。儘管具體位置分析是市場或可行性分析的一部分，但它很少被作爲狀況分析的一個元素。然而，假設具體位置的優勢永遠存在是危險的，高速公路設計的變化、新建築物的構造、新的主要的競爭對手和其他的因素會削弱此地理位置本來的吸引力。一個地理位置可以建成一個旅遊與飯店企業，也會毀了這個企業。這個位置與市場行銷相關的特徵必須經常被重新評估。對潛在客戶來講，它的可接近性、可見性是特別重要的。

位置和社區分析是一個兩步驟的過程。第一步先出來一個總體形象，它包括社區的資源，第二步是對社區的趨向和他們所帶來的影響進行評估。**表5-3**展示了一個位置和社區分析的工作板圖樣，這個表格更適合那些大部分業務量直接或間接來自於他們地方社區的旅遊與飯店業組織，這些組織包括旅館、飯店、主題公園、旅行社、租車公司和商店。表5-3所分析的因素是社區的工業和其他行業部分、人口特徵、鄰近的住戶情況、交通運輸系統及設施、吸引遊客的景點及娛樂設施、大事件、醫療機構、教育設施和地方新聞媒體。

做狀況分析的人首先要在表5-3所示的「位置和社區形象」一欄中寫出答案來完成這一構劃，這些訊息的大部分來自地方經濟發展局、商業協會或者是遊客管理局。下一步他們將在「趨勢」一欄中記錄自上一次狀況分析以來，這九個位置和社區因素所發生的變化。例如，這可能包括一個新工廠的開業或一個現存的旅遊景點的擴大開發。最後一步，要在「影響」一欄中塡上每一趨勢預期將如何影響企業的營運。一個地方工廠的關閉會對企業的發展產生負面影響，而一個新社區的建構則會產生正面效應。

表5-3　位置和社區分析工作板

位置和社區形象		趨勢	影響
工業和其他行業部分	主要的雇主　　雇員 1. 2. 3. 4. 5.		
人口特徵	人口規模 年齡結構 收入結構 信仰結構 性別結構 職業結構 居住規模結構		
鄰近的住戶情況	單身家庭 多人家庭		
交通運輸系統和設施	飛機場 高速公路 公共汽車站 其他		
吸引遊客的景點和娛樂設施	1. 2. 3. 4. 5.		
大事件	1. 2. 3. 4. 5.		
健康設施	醫院 醫藥／牙醫中心 家庭看護中心		
教育設施	大學 高中 初中 商貿學校		
新聞媒體	報紙 收音機 電視 新聞人物		

三、主要競爭對手分析

競爭在市場環境因素中已被分析，但主要的競爭對手還需仔細調查一下。市場潛在力分析已經確認了，社區中大量分享目標市場的企業，包括遊樂場、主題公園、航空公司、旅遊批發商、旅行計畫人和旅遊景點。他們主要的競爭對手比較分散，可能處於幾個不同的國家內。

應該將主要的競爭對手放置在「顯微鏡」下，以查找出他們的優缺點；應該使用不同的訊息來源進行這一評價。研究競爭對手的廣告和促銷材料是一個好的開始（他們的促銷中所強調的服務和優勢是什麼），下一步要對競爭對手進行客觀的、物質的考察和取樣，許多旅館和飯店使用一種標準的檢測表來客觀地考察競爭對手的營運情況。客觀地檢驗競爭對手的營運模式及其客戶是另外一種技巧，例如，計算一下經過競爭對手餐館而未停的車輛數目，以及餐館內就餐的總人數。對競爭對手的服務進行取樣是另一種評估他們的方式。

表5-4給出了一個主要競爭對手分析的工作板實例。這一特別的表格是被設計用來考察一家旅館設施的，將表格中「目標市場和市場行銷活動」一欄進行修改，它就可以應用於飯店、旅遊景點、旅行社、租車公司和商店等。

不同的競爭對手應該有分開的工作板，即一個競爭對手一個工作板。做狀況分析的人首先應該提供有關競爭對手的地理位置、目標市場和市場行銷活動方面的訊息。完成這一表格，並非只是為了描述事實情況；事實很重要，但對於事實的解釋則更重要。對事實的解釋要填在表5-4右邊的一欄中。競爭對手在市場行銷活動中的主要優勢是什麼？他們的弱點是什麼？我們怎樣來比較這些因素？這是工作板中對每一個主要競爭對手需回答的三個核心問題。

為完成對主要競爭對手的分析，也應該完成如**表5-5**所示的表格（服務分析工作板，一個競爭對手一個）。這個工作板是為旅館設計的，但經過

表5-4　主要競爭對手分析工作板

名稱：______
地址：______
電話號碼：______
業主：______
經理：______

地理位置

鄰近的項目	(最小) 到達所需的時間	接近性 + －	可見性 + －	
⊢ ⊣ 商業區	___	⊢ ⊣	⊢ ⊣	優點：
⊢ ⊣ 主要的雇主	___	⊢ ⊣	⊢ ⊣	
⊢ ⊣ 高速公路	___	⊢ ⊣	⊢ ⊣	
⊢ ⊣ 飛機場	___	⊢ ⊣	⊢ ⊣	
⊢ ⊣ 城郊	___	⊢ ⊣	⊢ ⊣	
⊢ ⊣ 購物中心	___	⊢ ⊣	⊢ ⊣	
⊢ ⊣ 其他購物區	___	⊢ ⊣	⊢ ⊣	缺點：
⊢ ⊣ 飯店區	___	⊢ ⊣	⊢ ⊣	
⊢ ⊣ 吸引人的事物#1：___	___	⊢ ⊣	⊢ ⊣	
⊢ ⊣ 吸引人的事物#2：___	___	⊢ ⊣	⊢ ⊣	
⊢ ⊣ 吸引人的事物#3：___	___	⊢ ⊣	⊢ ⊣	
⊢ ⊣ 大學／學院	___	⊢ ⊣	⊢ ⊣	
⊢ ⊣ 醫院／醫療機構	___	⊢ ⊣	⊢ ⊣	比較：
⊢ ⊣ 其他#1：___	___	⊢ ⊣	⊢ ⊣	
⊢ ⊣ 其他#2：___	___	⊢ ⊣	⊢ ⊣	
⊢ ⊣ 其他#3：___	___	⊢ ⊣	⊢ ⊣	

目標市場和市場行銷活動

1.所服務的目標市場

	客房	餐飲	會議	評論：	優點：
目標市場#1	⊢ ⊣	⊢ ⊣	⊢ ⊣		
目標市場#2	⊢ ⊣	⊢ ⊣	⊢ ⊣		缺點：
目標市場#3	⊢ ⊣	⊢ ⊣	⊢ ⊣		
目標市場#4	⊢ ⊣	⊢ ⊣	⊢ ⊣		
目標市場#5	⊢ ⊣	⊢ ⊣	⊢ ⊣		比較：

2.市場行銷活動

主要的活動：	評論：	優點：
廣告______		
促銷______		缺點：
人員推銷______		
公共關係______		比較：
旅遊貿易______		

表5-5　服務分析工作板

設施和服務清單		
1.客房（#） 單人房 雙人房（單床） 雙人房（雙人床） 單雙套房 總統套房（女） 總統套房（男） 帶客廳的套房 可改造的套房 工作室 連接部 其他：＿＿＿ 其他：＿＿＿	評論：	優點： 缺點： 機會／提高：
2.餐飲設施（#） （#座位）1 2 3 4 餐廳 咖啡館 小吃店 休息吧 酒吧 特許的室外用餐處 其他：＿＿＿＿	評論：	優點： 缺點： 機會／提高：
3.集會、會議以及宴會設施（#） （#座位）宴會 劇場 其他 房間＿＿＿＿ 房間＿＿＿＿ 房間＿＿＿＿ 房間＿＿＿＿ 房間＿＿＿＿ 房間＿＿＿＿ 房間＿＿＿＿	評論：	優點： 缺點： 機會／提高：
4.娛樂設施 室內 游泳池 桑拿／蒸汽房 網球場 健身房 遊戲廳 舞廳 保齡球館 其他 其他 戶外 游泳池 高爾夫球場 網球場 海灘 租船 遊艇 高山滑雪 越境滑雪 其他	評論：	優點： 缺點： 機會／提高：

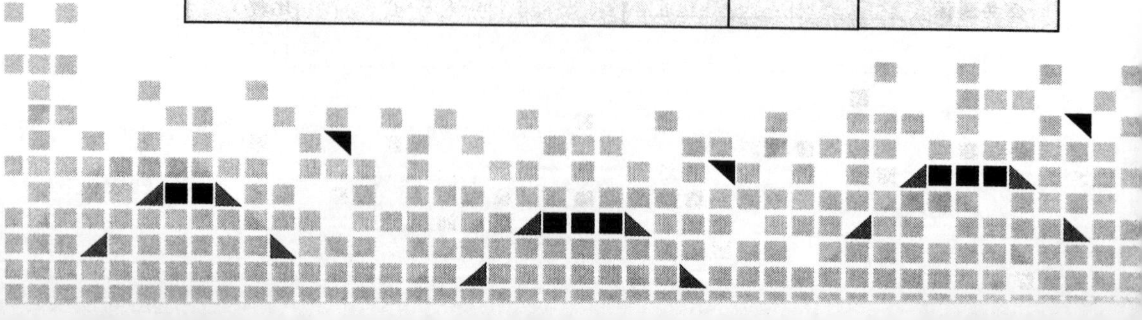

（續）表5-5　服務分析工作板

5.客户服務		評論：	優點：
飛機場轎車	免費停車場		
會客咖啡	叫醒服務		
臨時托嬰	免費紙張		
客房服務	乾洗服務		缺點：
刷鞋服務	按摩		
門僮	樓層經理		
髮廊	停車場隨從		機會／提高：
翻譯	其他		
辦公中心	其他		
聽鈴服務員			
其他			

調整，也可以適用於其他旅遊與飯店業組織。左邊一欄是設施及服務清單，右邊一欄是對競爭對手的優缺點分析。

四、市場潛在力分析

市場潛在力分析既要考慮這個企業的老客戶，又要考慮它的潛在客戶。它是對於市場潛力，或者說是目標市場的研究。

市場潛在力研究要使用二級和初級研究相組合的方式。二級研究來自於已出版的訊息，包括內部的（例如，一個旅館的客人登記簿資料），也包括外部的。初級研究是第一手的資料，採集方法不同於二級研究，收集到的資料被用來回答特定的問題。

做狀況分析的人應該使用系統的步驟來準備市場潛在力分析，這些步驟包括：

(1)決定所要研究的問題。

(2)收集並分析二級訊息。

(3)設計初級研究、收集資料的方法及表格。

(4)設計樣品並收集初級訊息。

(5)分析和解釋初級訊息。

(6)作結論並提出建議。

表5-6顯示這一過程是如何應用到市場潛在力研究上的。列出關鍵性的問題是研究過程的第一步。表5-6就是有關組織的過去和潛在客戶的七個核心問題，這是狀況分析必須要說明的。

透過表5-6，我們現在知道我們所需訊息的種類了。下一步，我們必須要做出選擇，我們應該使用二級研究還是初級研究，還是兩種的組合方法？二級研究相對成本低，採集也比較方便、快捷。初級研究相對更難做，成本更高，所費時間更長，但所提供的訊息較明確和可信。

最好是以收集二級研究訊息作為市場潛在力研究的開始。對已存在的訊息再調查是毫無意義的，如果有人已經收集到可以使用的訊息，就不需要再做初級研究了。二級訊息可以幫助我們來計畫初級研究，它會指明訊息缺口、市場細分的方法和客戶總體的形象；它還能幫助建構初級研究的問題。第6章詳細說明了主要的訊息來源和使用它們的快捷方法。

現在讓我們來仔細看一下過去的客戶分析和潛在的客戶分析所涉及的內容。

1. 過去的客戶分析

每一個旅遊與飯店業組織都應該持續地追蹤客戶的數量和特徵，這對於衡量成功和計畫未來的市場行銷活動十分必要。過去的客戶是一項新業務的重要來源，許多人已成為反覆使用本企業服務的老客戶，並會影響其他人成為新客戶。一個組織應該投入時間和資金去儘可能地了解老客戶的訊息。現在如此強調「市場行銷關係」和「以資料庫為基礎的市場行銷」，這就使得組織進一步了解過去的客戶變得更加重要。

表5-7提供了一個市場潛在力分析的工作板實例，它被用來對過去的客戶進行調查。做環境分析的人要將答案填在工作板右邊的部分，填完後要仔細地檢查每一個題目。

表5-6　市場潛在力分析的研究步驟

(1)誰？誰是客户？ (2)什麼？要滿足什麼需要？ (3)在哪裡？客户在哪兒生活和工作？他們在哪兒買東西？ (4)什麼時候？他們什麼時候買東西？ (5)怎樣？他們怎樣買東西？ (6)多少？有多少客户？ (7)怎樣感覺？他們感覺我們的組織怎麼樣，對競爭對手的感覺呢？
步驟1　決定研究問題
・誰？誰是客户？ ・什麼？他們正盡力滿足什麼需要？ ・哪裡？客户在哪裡居住和工作？他們在哪裡購買？ ・什麼時候？他們什麼時候購買？ ・怎樣？他們怎樣購買？ ・多少？有多少客户？ ・怎樣感覺？他們怎樣感覺我們的組織和主要的競爭對手？
步驟2　收集和分析二級訊息
・在我們自己組織的記錄中有哪些與客户有關的訊息？ ・其他組織都收集了有關這些客户的什麼訊息？ ・我們需要進一步研究或做初級研究嗎？
步驟3　設計初級研究資料收集方法及表格
・應該使用哪項研究方法來收集資料（實驗、觀察、調查表還是聚焦群體）？ ・應該使用哪個特定的研究技巧（例如，郵寄、電話、面談或自我填充的調查表）？ ・應該在資料收集表格中設置什麼問題和其他資料？ ・資料收集表格應該怎樣被管理和分析？
步驟4　設計樣品並收集初級訊息
・誰是研究客體（例如，店內的客户、公司旅遊經理、旅行社或户長）？ ・研究客體有多少？ ・應該使用什麼抽樣方法和多大的抽樣規模？
步驟5　分析和解釋初級訊息
・應該使用什麼程序來譯碼、編輯、登錄或將資料製表？ ・應該使用哪一個統計分析技巧來分析資料？ ・結果是什麼？我們應該怎樣解釋這些結果？
步驟6　下結論並提出建議
・我們從結果中可以得出何種結論？ ・我們能提出什麼建議？ ・需要什麼報告形式？

表5-7　市場潛在力分析工作板：過去的客戶

誰？　1.誰是我們過去的客户？	
[ ]目標市場	＿＿＿＿
[ ]人口資料	＿＿＿＿
[ ]旅行目的	＿＿＿＿
[ ]生活方式／心理影像	＿＿＿＿
[ ]團隊規模	＿＿＿＿
[ ]以前拜訪或使用我們服務的次數	＿＿＿＿
什麼？　2.過去的客户想要盡力滿足什麼需要？	
[ ]需要	＿＿＿＿
[ ]追求的利益	＿＿＿＿
[ ]購買的服務	＿＿＿＿
[ ]購買金額量	＿＿＿＿
在哪兒？　3.過去的客户住在哪兒，在哪兒工作？	
[ ]居住地址	＿＿＿＿
[ ]工作地址	＿＿＿＿
[ ]使用前位置	＿＿＿＿
[ ]使用後位置	＿＿＿＿
什麼時候？　4.過去的客户什麼時候購買的服務？	
[ ]每隔幾天或每天、每週、每月	＿＿＿＿
[ ]工作日還是週末	＿＿＿＿
[ ]停留或拜訪的時間長度	＿＿＿＿
怎麼樣？　5.過去的客户怎樣購買這些服務？	
[ ]使用旅行社和其他的中介機構	＿＿＿＿
[ ]訊息來源	＿＿＿＿
[ ]決策者和影響者	＿＿＿＿
[ ]使用的預訂方式	＿＿＿＿
[ ]使用的運輸方式／路線	＿＿＿＿
多少？　6.我們擁有多少過去的客户？	
[ ]客户總數	＿＿＿＿
[ ]市場細分部分客户數	＿＿＿＿
[ ]重複購買服務的客户數	＿＿＿＿
[ ]每隔幾天或每天、每週、每月和每年的客户數	＿＿＿＿

(續) 表5-7　市場潛在力分析工作板：過去的客戶

怎樣感覺？　7.過去的客戶對我們組織感覺怎樣？競爭對手呢？	
[ ]我們滿足他們需要的情況如何？	______
[ ]我們怎樣提升以更好地服務於他們的需要？	______
[ ]他們將我們的服務推薦給其他人了嗎？	______
[ ]我們的服務方式與客戶所喜歡的有何出入？	______
[ ]我們在他們心目中的形象如何？	______
[ ]競爭對手滿足他們需要的情況如何？	______
[ ]競爭對手有何問題？	______
[ ]他們將競爭對手的服務推薦給其他人了嗎？	______
[ ]競爭對手的服務方式與客戶所喜歡的有何出入？	______
[ ]競爭對手與我們有何不同？	______

2. 潛在客戶分析

組織經常要留心新的客戶來源，狀況分析可以用不同的方式幫助達成這一點。位置和社區分析能夠指出來自於這一區域的和來自於相關組織的合作機會。主要的競爭對手分析能指明競爭對手的目標市場及其市場行銷活動的成功所在，因爲沒有反對模仿的法律條文，所以企業可以坦然地對這些成功的技巧和方法進行複製。服務分析點明了企業的優勢和所存在的機會，其中的一些可能尚未被足夠地投資。過去的客戶分析能夠產生一些提高重複性購買次數或者讓客戶增加他們的消費額的新方法。最後，市場行銷環境分析能夠指明新的潛在市場。

一旦潛在市場被確認，就應該立刻去研究它，這可能發生在環境分析時或其他時間內。研究新的市場是一個以市場行銷爲導向的組織的經常性活動。潛在客戶分析包括：

誰是潛在的客戶？我們怎樣選擇潛在的客戶來研究？　通常要透過指定某一個或某幾個市場細分部分（其中組織可以看到一些潛在的業務需求）來做到這一點。我們將在第7章中詳細地說明有關市場細分的內容。大體上說，有許多可替代的方法來細分一個市場，有些傳統方法已經成爲多年來這個行業的細分準則。透過旅行目的來劃分住宿旅客就是一個實例，把旅行目的作爲細分標準在航空業、旅行社、飯店和其他行業也很普遍，首先將客戶分成因公出差和純粹爲玩樂的旅行者，然後再根據價格和團隊規模這樣的因素將這兩個部分進一步細分。按生活方式和利益進行細分，是比較新的細分方法，它們較爲複雜，推廣的速度也很慢。

潛在客戶想盡力滿足的需要是什麼？ 要回答這個問題比較困難，因爲很難回答，所以經常會被跳過。還記得我們將市場行銷定義爲滿足客戶的需要嗎？一個組織如果不知道這些需要是什麼，又怎能滿足潛在客戶的需要呢？只有一種可靠的方法，可以得到有關潛在客戶需要的眞實訊息，那就是直接跟潛在客戶交流。使用初級研究方法，問一問你的潛在客戶，他們的需要和他們想要的好處是什麼。

潛在客戶住在哪兒？在哪兒工作？ 二級訊息會首先給出潛在客戶的工作地址和居住地址。旅館業市場研究協會（LMA）是旅館業市場研究的二級訊息來源，貿易區域和能力範圍人口資料分析是旅館、旅行社和零售商店進行市場分析的兩個二級訊息來源，這三種工具能爲組織提供潛在客戶的居住和工作地址。

美國運通公司給接受其信用卡的旅館提供LMA服務。LMA的服務不能回答潛在客戶分析中的所有問題，但是它卻可以幫助計畫初級研究。LMA的報告可以提供客戶的居住或工作地址，還會告訴你這個區域中哪種地理環境的市場可以產生最大的旅館業務，組織應該在這些被建議的業務區域內進行初級研究。

貿易區域和能力範圍人口資料分析是兩個相關的二級研究工具。他們是以人口普查資料爲基礎的客戶的人口統計狀況，可以單獨或一起被使用。這些工具對業務量主要來自於當地市場的企業最爲有效。某一專家確信許多飯店70%至80%的客戶來自於周圍三至五英里的區域（約十分鐘路程），一個飯店通常不必要到更遠的地方去尋找它的潛在客戶，他們就在飯店的「後院」裡。貿易區域是一個地理上的概念，它是以企業的地理位置爲圓心，指明某一半徑的圓區域，在此區域中企業能吸引它的大部分客戶。貿易區域可以被確認爲一個或幾個能力範圍。有幾個研究公司可以提供訂做的貿易區域分析。

他們在哪兒？何時和怎樣進行購買？　要想回答這些問題，我們需再次從二級研究上獲得一些依據，但最精確的答案來自於初級研究。初級研究的訊息相對更難採集、更昂貴，而且更費時；它必須經過仔細的計畫。許多可替代的初級研究工具都是可以使用的，選擇正確的工具是計畫的關鍵所在。第6章討論了可替代的工具，它將這些工具分成四類：調查、觀察、實驗和模擬研究。調查的方法在潛在客戶分析中是使用頻率最高的，面談、打電話和郵寄是最常使用的調查方法。

我們以旅館和飯店爲例，來展示一下一個初級研究計畫的制定過程。我們假設做潛在客戶分析的人已經分析了LMA的報告，並且挑出了最大的業務量市場。下一步，就要和公司旅行和會議計畫人、專門做團體旅行的旅行社、協會會議計畫人、旅遊批發商和激勵性旅行經理會談。會談是調查的另一種說法，可以面對面進行或者透過電話進行。作者以自身經歷認爲，面談比打電話更有效。在這些會談中，需要回答一些關鍵性的問題，如**表5-8**所示。

遵循貿易區域或能力範圍人口統計資料分析，會談者可能會調查一下這個區域特定部分的人群。這些人可能居住在一個單獨的能力範圍內或者

表5-8　分析潛在客戶的工作板實例

他們在哪兒購買？	・旅行去哪些景點？ ・喜歡哪一種旅館形式？ ・喜歡哪一種地理位置？ ・哪種旅館設施經常被使用？ ・旅行者最喜歡這些設施的哪些方面？ ・他們感覺這些設施主要的問題和缺點是什麼？
他們什麼時候購買？	・旅行何時進行？
他們怎樣購買？	・誰會對參觀哪個景點、住怎樣的旅館作出決策？ ・誰會參與決策過程？ ・使用旅行社嗎？ ・使用其他的旅行中介嗎？

此企業周圍的一帶，他們可能會由於其人口資料特徵，比如年齡、家庭收入、家庭結構或職業而被選中。將上述問題中的一些用語進行一下更換，也可以問出同樣的「在哪兒、何時和怎樣進行購買？」的問題。例如，第二個問題可能會變成「喜歡何種形式的飯店？」

我們可以吸引多少潛在客戶？ 所有的二級和初級研究被完成後，就可以做結論並提出建議了。還記得那些——誰、什麼、哪裡、什麼時候、怎樣、多少和怎樣感覺的問題嗎？這些是累積的研究必須回答的關鍵性問題。回答「多少」的問題是特別重要的，因為答案決定了潛在市場是否足夠大、組織是否值得去開發。無論答案是什麼，那都僅僅是一個估計。最好的估計來自於研究的結果、對某種行業的特別經驗以及卓越的判斷。

五、服務分析

組織的優勢和弱點是什麼？他們所表現的機會和問題是什麼？這些是服務分析所表述的兩個最重要的問題。如果在做完主要競爭對手和市場潛在力分析之後，再進行這一分析，那麼這種自我分析就更現實和有益。它分成兩步驟，第一步要列出一個設施和服務清單，第二步要對這些設施和服務進行客觀的審查。

六、市場行銷地位和計畫分析

最後要從所有先前的步驟中採集資料，它是訊息收集和分析過程的最高點。要考慮兩個關鍵性的問題：「進行了過去的和潛在客戶的分析後，可以看出我們的組織占據怎樣的位置？」以及「我們的市場行銷的有效性怎樣？」這兩個話題將在隨後的章節中仔細討論，現在讓我們看一看所需的訊息和研究結果。

表5-9是一個旅館的市場行銷地位和計畫分析的工作板。它提供了過去的市場行銷活動及其有效性的歷史資料。在工作板的第一部分，需要註明

表5-9　市場行銷地位和計畫分析

1.市場地位分析	
所有的目標市場	優點、獨特性和利益
目標市場#1	______
目標市場#2	______
目標市場#3	______
目標市場#4	______
目標市場#5	______
目標市場#6	______
地位說明：	______

2.計畫分析和計畫歷史			
市場行銷組合要素	實際支出	目標市場	效果評價和其他評論
(1)廣告	19－19－19－19－	|1|2|3|4|	
a新聞報紙	$－$－$－$－	______	______
b雜誌	______	______	______
c旅遊指南	______	______	______
d貿易刊物	______	______	______
e海報	______	______	______
f電台	______	______	______
g電視	______	______	______
h合作廣告	______	______	______
i反擊廣告	______	______	______
j	______	______	______
k	______	______	______
l	______	______	______
總額	$－$－$－$－	______	______
(2)促銷			
a直郵	$－$－$－$－	______	______
b小冊子	______	______	______
c明信片	______	______	______
d時事通訊	______	______	______
e貿易展示	______	______	______
f	______	______	______
g	______	______	______
h	______	______	______
總額	$－$－$－$－	______	______

（續）表5-9　市場行銷地位和計畫分析

(3)人員推銷			
a銷售電話	$—$—$—$—	______	______
b	______	______	______
c	______	______	______
d	______	______	______
e	______	______	______
總額	$—$—$—$—	______	______
(4)公共關係及宣傳			
a	$—$—$—$—	______	______
b	______	______	______
c	______	______	______
d	______	______	______
總額	$—$—$—$—	______	______
(5)交易展示			
a	$—$—$—$—	______	______
b	______	______	______
c	______	______	______
d	______	______	______
e	______	______	______
總額	$—$—$—$—	______	______
(6)旅遊貿易市場行銷			
a	$—$—$—$—	______	______
b	______	______	______
c	______	______	______
d	______	______	______
e	______	______	______
總額	$—$—$—$—	______	______
(7)其他市場行銷			
a	$—$—$—$—	______	______
b	______	______	______
c	______	______	______
d	______	______	______
e	______	______	______
總額	$—$—$—$—	______	______
七項總計	$—$—$—$—	______	______

優點、獨特性和客戶可以得到的利益（好處），在第二部分，要寫明各項市場行銷活動的費用支出及其有效性的評論。

第三節　市場分析

並不是每一個組織都有市場和可行性分析。一些業主和經理沒有意識到這些分析的價值；而其他人做這些分析，也並非爲了市場行銷的目的，他們完成這種分析通常只是爲了滿足貸款人的需要，他們經常在開業的當天便把這一分析擱置在一邊；當然還有一些人做分析既是爲了市場行銷的原因，也是爲了滿足貸款者的需要。

做市場研究有許多理由。當考慮開辦一家新企業時，有幾組人需要看這個分析報告，包括發展商和投資商。他們是對這個企業投入資金的人，他們要確保他們的錢花在刀口上。有時在我們這個行業中，發展商和投資商並不營運企業，他們雇請一個經理班子來做這件事，許多新旅館都以這種方式營運。提供貸款的人也對市場分析感興趣，他們必須確保到期時企業可以償還貸款。市場分析與狀況分析一樣，共有六個步驟：

(1)市場行銷環境分析：市場行銷環境和可控制因素怎樣影響企業的方向和成功？
(2)潛在市場分析：潛在市場足夠大嗎？
(3)主要競爭對手分析：主要競爭對手的優勢和弱點是什麼？
(4)位置和社區分析：這個位置和社區對企業的成功有何貢獻？
(5)服務分析：提供什麼樣的服務能滿足潛在客戶的需求？
(6)市場行銷地位和計畫分析：企業在潛在市場中該如何給自己刻畫一個適當的形象？

通常要雇用外面的專家來準備市場和可行性分析，因爲他們和新企業沒有經濟利益關係，所以他們的觀點和建議是客觀的。而且他們對做這樣

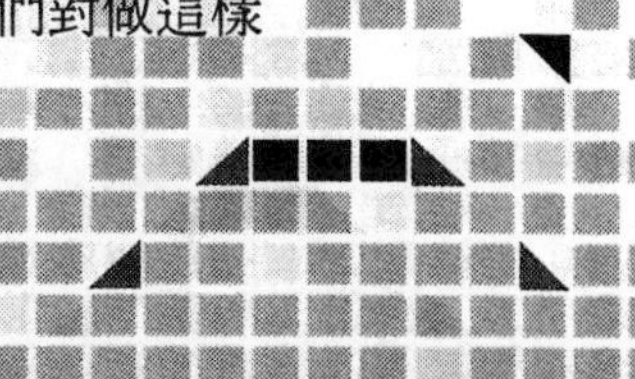

的研究很有經驗，他們更容易得到關於企業營運和競爭的訊息，而其他感興趣的組織卻無法做到這一點。外面的顧問和研究者有完成市場和可行性分析的標準化方法，而且只做別人讓他們做的事。新企業的市場行銷經理還需做額外的分析，也就是說外部的專家分析並非第一個策略市場行銷計畫的唯一要素。

市場分析的這六個步驟與先前所描述的狀況分析的過程非常類似，但也有一些差別。市場行銷環境分析和主要競爭對手分析的步驟與狀況分析所使用的步驟幾乎是相同的，而其他的四個分析則並不完全相同。

一、市場潛在力分析

在潛在客戶分析中，必須對主要競爭對手的能力和整個市場需求做出推測。對一個新旅館來講，這就意味著要知道主要競爭對手目前存在多少間客房和將來還會有多少間客房。比較一下未來的供應和需求，就可以看出是否存在著新企業可塡補的空缺部分。

決定一個新企業潛在市場規模大小的方法有許多，而且各不相同。新企業的市場份額與它的市場占有能力（例如，可使用的旅館房間、飯店就餐座位數、飛機上的座位數等等）是對等的。例如，一個新旅館在社區內有20%的可使用房間數，那麼它就占有20%的市場份額，這種方法很容易被應用。然而，它並不精確，在使用它來決定一個新企業潛在市場規模大小時，還應伴隨更精確和複雜的計算。還有一種方法就是估計每一個市場細分部分的需求，並預測新企業在其中所占的份額，這種預測是建立在對每一個市場細分部分的研究基礎上的，例如，必須詢問每一位被調查的客戶，以估計他或她使用新企業服務的可能性。

二、位置和社區分析

好的位置是一個新的旅遊與飯店業組織成功的關鍵因素。周圍社區的環境是一個組織主要的資源，它未來的狀況會影響組織的成功。市場分析必須仔細考慮這兩個因素。

位置分析在市場分析中是非常重要的。無論一個組織的市場行銷有多好，如果它的地理位置很差勁，也終究會失敗。評價和選擇一個位置的標準隨企業種類的不同而變化，都市旅館需要接近辦公大樓和工業區；汽車旅館必須接近高速公路；飯店需要二者的組合，再加上一點就是接近住宅區；遊樂場必須在娛樂資源或吸引人的景點周圍。無論這個企業是什麼樣的，選擇一個位置的標準都被分成三種：與市場相關、與位置相關和其他。與市場相關的標準是那些影響客戶使用此種服務的便利性的因素；與位置相關的標準著重於這個位置的自然特徵；其他標準包括立法和土地成本的考慮等。

與市場相關的標準對市場行銷來講是最重要的。對於許多旅遊與飯店業組織而言，成功就意味著儘可能地離他們的客戶近。正如以前我們所說的，某一專家確信飯店中75%至80%的客戶來自於方圓不到十分鐘路程的區域。新的旅館以透過更接近客戶的位置來占據更大的市場份額。毋庸置疑，企業的位置對客戶越便利，那麼它潛在的成功性就越大。

對於多數的旅遊與飯店業組織來講，最好的位置不僅是離客戶最近的，而且也應該是容易接近和可視性很強的。例如，許多速食店，高度依賴於店面的可視性和可接近性。

三、服務分析

新的企業能提供什麼樣的服務來滿足潛在客戶的需要？回答這一問題需要將先前的訊息和對於何種服務能最好地滿足客戶的需要結合起來考慮，一些作者稱之爲產品分析或產品服務組合分析。服務分析一詞能更好地符合我們行業的特徵。將研究發現與此行業中實際工作的知識結合在一起，我們就能有效地完成這一分析。

第一步是決定服務的形式和品質。是一個汽車旅館還是一個全方位裝備的旅館更能滿足客戶需要？這個社區需要一個全面服務的旅行社還是一個專門做公司／團體旅遊的旅行社？基礎的研究結果應該是服務形式和品質的決定因素。

決定設施規模的大小是第二步。設施規模的大小應該以潛在市場的規模大小為基礎。對於旅館來講，這就意味著客房數、餐館和酒吧的就餐位數以及會議室的數目。其他的內部空間，比如門廳和接待處的大小、廚房以及娛樂設施，也要隨之被規劃和設計。

四、市場行銷地位和計畫分析

新企業所占據的市場地位怎樣？它是怎樣贏得這個位置的？這是在市場分析中的最後兩個問題。這一步也要建立在研究發現和人們對市場的總體判斷的基礎之上。這兩個問題的答案定義了一些新企業獨特的特徵，這些特徵可以被用來決定此企業的市場位置，位置決定概念將在第8章中詳述。

第四節　可行性分析

在進行可行性分析時，還要再加上四個步驟：價格分析、收入和支出分析、發展成本分析，以及投資回報和經濟可行性分析。**圖5-3**說明了可行性分析和市場分析的關係，它表明市場分析是可行性分析的一部分。

一、價格分析

新企業應該制定什麼樣的價格？回答這個問題需要仔細地考慮主要競爭對手的價格，以及潛在客戶所希望的價格。通常這需要分別分析每一個特定的目標市場。例如，旅館經常會對團體旅遊者、與會者、公司旅遊者

可行性分析
市場分析
1.環境分析
2.市場潛在力分析
3.主要競爭對手分析
4.位置和社區分析
5.服務分析
6.市場行銷地位和計畫分析
7.價格分析
8.收入和支出分析
9.發展成本分析
10.投資回報和經濟可行性分析

在可行性分析中涉及四個額外的步驟

圖5-3 市場和可行性分析的關係

和政府人員實行特價。另外，價格通常要隨著特別的時間段來變化。

價格的決策者需要有旅遊與飯店業相關部分的定價系統的深層知識、相當的經驗，以及深思熟慮的判斷。使用獨立的顧問進行價格分析非常有效，因爲他們具有合乎標準的知識、經驗和判斷力。

二、收入和支出分析

下一步就是預測新企業的收入、營運支出和利潤。要準備一個涵蓋五至二十年的計畫收入表。每一個目標市場的預期需求乘以適當的價格，就能得到每一個目標市場的銷售預期量，所有這些數字加起來就會得出總的預期收入。營運支出是直接營運一個企業的成本，包括勞動力、食品／其他材料、能源、管理、市場行銷和維護費等等。

二級訊息對於價格、銷售量和營運成本的估價很有用處。幾個組織出版了旅遊與飯店業平均的運轉統計數字，亞瑟．安德森、歐內斯特和揚格、PKF諮詢公司、D.K.協會，以及史密斯旅遊研究機構是五個生產美國旅館業的週期報告和統計資料的公司。史密斯旅遊研究機構的《旅館業展望》提供了有關房間占有百分比、平均房間價格、客房銷售量、客房提供量和客房需求量的資料，這一資料是針對全美旅館業的。D.K.協會的《旅遊訊息系統指南》提供關於本行業和遊客的深層知識，包括客戶的人口統計資料、旅行目的、運輸方式、旅館選擇、花費水準和對所使用的旅館設施的滿意度。

三、發展成本分析

發展一個新企業需要花費多少錢？這一預測被稱之爲資金預算。在我們行業中，發展成本通常包括建築物建構、設備、家具和備用品、專家費用（例如建築師和設計人員費用）、基礎設施（例如，公路、電和排水系統服務）以及偶然事故支出。具有多種學科的隊伍，包括顧問、建築師、工程師、內部設計人員和風景建築師的協力合作，能夠產生最精確的資金預算。

下一步是與資金相關的支出，包括長期金融借貸、稅收、折舊和固定資產的保險費，也要被估算出來。將與資金相關的支出從營運利潤中扣除，就能得到淨收入和現金流量數字。

四、投資回報和經濟可行性分析

可行性分析的最後一步涉及投資回報預測，在此基礎上，可以判斷出新企業的經濟可行性。淨收入、現金流量以及資金預算之間會被加以比較。可以利用一種時間價值的金融分析技巧，比如淨現值或內部回報率，來進行這一分析。這種分析技巧可以指明新企業的生產回報率，如果回報率足夠高，那麼這個企業就具有經濟可行性。

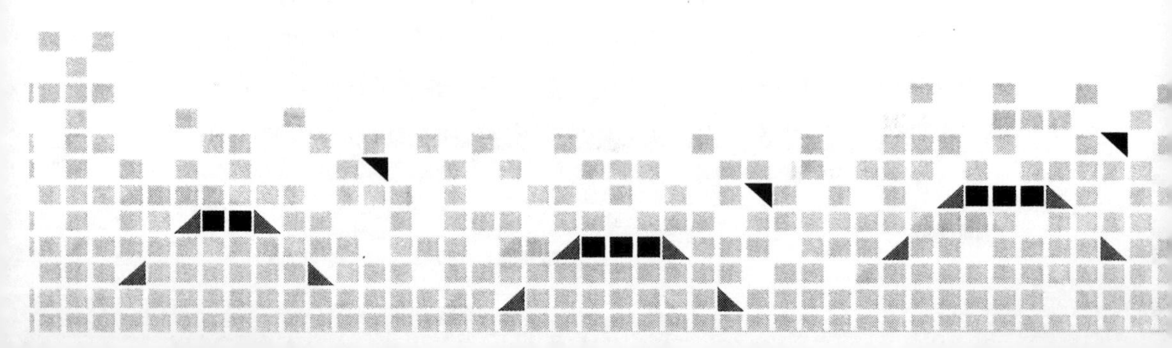

本章概要

好的市場決策通常是研究和對研究的發現進行仔細分析的結果。狀況分析是現存的企業必須做的，是旅遊與飯店業市場行銷系統的第一步。

狀況分析將一個企業的注意力放在它的優勢和弱點上，有助於長期計畫的制定、短期市場行銷計畫的發展，以及市場行銷研究重要性的強調。這一分析包括六個步驟，分別是市場行銷環境分析、位置和社區分析、主要競爭對手分析、市場潛在力分析、服務分析以及市場地位和計畫分析。

市場和可行性分析是決定一個新企業最佳方案的方法。

本章複習

1.市場分析、可行性分析和狀況分析之間的區別是什麼？

2.這三個分析之間相互關聯嗎？怎樣關聯？

3.進行這些分析的頻率怎樣？

4.這三種分析技巧與市場行銷研究之間的關係怎樣？

5.狀況分析應如何適應於旅遊與飯店業市場行銷系統？

6.進行狀況分析的好處是什麼？

7.準備狀況分析所涉及的步驟是什麼？

延伸思考

1.選一家旅遊與飯店業組織，並決定你將怎樣準備一份狀況分析？你從哪裡收集必要的研究訊息？誰將會捲入這一準備過程？如果時間允許的話，盡力準備這份狀況分析並評估這個組織主要的優點、缺點和機會。

2.你被要求為一個新的旅館（飯店或旅行社）做一個市場分析。準備一個計畫，概述你在做這種分析時所遵循的步驟。你將使用什麼訊息來源？你需要花多長時間來完成它？做完這個市場分析後，你會對組織的發展提供什麼建議？

3.在市場分析、可行性分析和狀況分析之間有許多相似點，但也有重要的不同之處。請你以旅遊與飯店業某一特定部分的組織為例，來比較這些相似點和不同之處，並解釋每一級分析是怎樣建立在前一個分析基礎之上的。

4.一個發展商讓你為一個新飯店、旅館、旅行社或其他旅遊與飯店業組織準備一份可行性報告。發展商讓你寫一份詳細的計畫，描述一下可行性研究的過程。準備這份計畫，儘量明確地說明你在每一步可行性分析中所使用的方法。

經典案例：旅遊對紐約市的影響

紐約一直都是遊客光顧的旅遊景點。早期為商貿而來的遊客使這個城市成為一個大的港口和金融中心。隨著時間的流逝，越來越多的遊客來到紐約市，來親身感受一下這個世界上最有活力的城市那令人興奮的跳躍節奏。結果，旅遊業成為這個城市經濟和文化的一個重要的組成部分。

紐約市每年都吸引了成百上千萬的遊客。《紐約2000年旅遊》的參與者編寫了一個城市優勢方向的清單，它們是：

(1)產品的多樣性：這個城市提供了數目眾多的吸引遊客的景點，包括博物館、劇場、音樂、可視的藝術、建築和歷史遺址。

(2)廣泛的各種級別的商店和就餐選擇。

(3)交通便利：紐約市是全球的陸路、海運、鐵路和航空樞紐，它還是美國的國際門户。紐約市也以內部的交通運輸系統引以為豪。

(4)國際認證的旅館基本設施、會議室和服務：紐約市現在有將近七萬間旅館房間，從廉價旅店到豪華客房，與美國的其他城市相比，有

更多的會議是在這裡召開的。

上述因素使得紐約具有特別的吸引力，招來了大批的遊客。

旅遊業是一個目前具有130億美元資產的行業，它影響了城市生活的每一個方面。在1990年，有二千五百多萬遊客，包括一日遊的遊客，來到了紐約。根據美國旅行資料中心提供的訊息顯示，在1990年，所有過夜的旅行者達到了一千五百九十萬人，總共花費90.6萬美元，比1989年增長了4.9%。遊客的這種花費會產生「增值效應」，為紐約市帶來了30億美元的利潤。

在1990年來自於遊客花費所產生的稅收收入達到18億美元，比1989年增長了6.0%。紐約市從遊客所產生的總收入中拿出了51.57億美元，作為城市居民的服務基金。平均每個遊客的1美元就會產生5美分的稅收收入。紐約市的旅遊業還產生了43.3億美元以上的州收入和83.5億美元以上的政府收入。

紐約的五個區中有將近十二萬四千人的工作，是由旅客支持的，占紐約市整個就業量的3.5%。沒有遊客來支持這些工作，紐約1990年的失業率就會從6.8%增長到將近10.1%。

紐約市的國際遊客

紐約市是美國的國際門户和國際遊客的旅遊景點。在1990年，紐約市吸引了五百六十多萬國際遊客，其中包括四百萬海外遊客，這個城市還滯留著14.4%想要旅遊美國其他地方的遊客。

儘管國際遊客的市場部分在過去幾年的紀錄一直在增長，但是紐約市作為海外遊客量第一的位置，卻在被削弱。在1990年，紐約市的遊客增長量（3.7%）就比不上全美遊客增長量的平均數（7.5%）。結果，城市遊客的份額（相對於全美）從1988年的24%下滑到1990年的23.2%。

來自東歐的旅遊在二十世紀末開始影響美國，紐約市將作為主要的接納者。

紐約市的國內遊客

美國居民的旅遊花費超過了60億美元，紐約州的國內遊客支出占其中的三分之一，比其他的三十六個州和哥倫比亞區的國內遊客支出要多。儘管國內遊客支出的增長在1990年緩慢下來，比1989年只增長了2.7%，但這一市場細分部分仍然占據著所有紐約市遊客支出的63%。

會議和集會

會議和集會市場是紐約市旅遊業的一個重要的組成部分。與其他的美國城市相比，在紐約市召開的會議和集會最多。

在1990年，由紐約的集會和遊客管理局登記或確認的會議和集會有七百六十一個，比1987年下降了11.2%。集會代表的參加人數增長了13%，達到三百三十萬人；城郊會議的代表人數下降了14.5%，達到一百三十萬人。儘管那一年的代表花費下降了4.5%，但紐約市這一市場細分部分的收入額仍然連續三年排在全美的前列，約有10億美元。花費額的下降部分是由於整個國家的經濟下滑。

世界經濟一體化將刺激更多的國際會議和貿易展在美國召開，透過積極的市場行銷，紐約市將變成首要的接納者。

紐約市旅遊的未來

儘管九〇年代初期的經濟具有不確定性，紐約市旅遊業的未來仍然很光明。

(1)到2000年的遊客花費量被估計可以達到165億美元，比1990年增長70.8%。

(2)城市稅收收入被估計可以增長到8.253億美元，提高59.9%。

(3)州的稅收收入被估計可以增長到6.6億美元，提高56.1%。

(4)遊客所產生的薪資總額被估計可以增長到49億美元，提高70.6%。

競爭

許多旅遊目的地都對準潛在客户進行市場行銷，因而市場行銷的競爭性持續地增長，而且趨於國際化。目前，為了吸引國際遊客，有三十八個國家在市場行銷上所花費的資金都超過了美國。國內的競爭來自於市場行銷預算大於紐約市和紐約州的那些州和城市。

特別值得注意的是，紐約政府旅遊部的資金預算正極大地被削減。在1989年，紐約州的資金預算位居五十個州之首，高達2000萬美元。自那以後，資金預算被多次削減，下降了73.6%，到了1992年只有530萬美元。紐約州在旅遊資金預算方面目前排到第二十八位，正在失去由成功的「我愛紐約」活動所帶來的競爭優勢。

因為紐約市從政府的促銷和廣告活動中可以極大地獲利，所以這種大幅度的預算削減給紐約市的旅遊業帶來了負面影響，使得它面對其他旅遊目的地的競爭時，顯得脆弱而無反抗力。

到目前為止，紐約的旅遊發展預算將這個城市擺到了一個相對於競爭者不利的位置上。在1990年財政年度，紐約市在旅遊資金預算方面排在美國主要城市中的最末一位，只有350萬美元。紐約的習俗和遊客管理局(NYCVB)的資金預算（主要來自於城市旅館業的稅收收入）在1991年大幅度地提高。但是NYCVB現在必須追上，並與它的競爭對手建立長期的平衡。

這將是一個困難的任務。即使它的旅遊發展預算加倍（目前的預算是710萬美元），紐約市仍然落在主要的競爭對手，比如邁阿密（1270萬美元）、聖弗朗西斯科（1100萬美元）、亞特蘭大（1000萬美元）和洛杉磯(990萬美元）的後面。

如果紐約市想要在旅遊業中保持增長的趨勢，就必須對競爭採取積極的攻勢。另外，由於競爭的激烈化，我們還要說明一下其他的主要趨勢。

未來的旅遊模式

美國旅遊資料中心的報告《展示2000年的美國》，說明美國變化的人口統計狀況和人們的生活態度對於美國旅遊業具有很大的影響力。在美國從年齡上劃分有七代群體，透過對他們的研究，我們可以推測出2000年時人們的旅遊行為。

第一，經濟蕭條期出生的孩子以及一次大戰中出生的孩子到2000年將達到六十六歲以上，占人口總數的16%。儘管這些人對於旅遊的喜好不大，但是他們將是「大旅遊」，即與孫子／孫女一同旅遊的好的候選人。

第二，二次大戰出生的孩子到2000年將達到五十五至六十五歲，占人口總數的11%。他們是活躍的旅行者，這個群體將成為團體旅遊、遊艇和旅遊俱樂部的一個好市場。

第三，早期生育高峰出生的孩子到2000年將達到四十六至五十四歲，占美國人口總數的18%。他們是目前最富有的旅行者，這一群體到2000年將成為首要的旅遊市場。

第四，晚期生育高峰出生的孩子到2000年將達到三十六至四十五歲，占人口總數的21%。他們對特別旅遊表現出濃厚的興趣，不會帶孩子旅遊，也不會去常去的旅遊目的地。

第五，目前的青少年群體到2000年將占人口總數的17%，屆時他們年紀達到二十四至三十五歲。這一群體對旅遊有強烈的需要，但是他們缺少自由決定的收入，只有有限的時間，而且負有家庭生活的責任，所以在旅遊方面有較大的約束性。

第六，目前的兒童群體到2000年將達到十二至二十三歲，占人口總數的17%。他們有限的經濟來源將說明他們是一個相對較小的旅遊市場，這種狀況將持續到新的世紀第一個十年結束時。

討論

1.為一個像紐約這樣大的城市做狀況分析可能會碰到一些什麼問題？

2.紐約市這個實例包括狀況分析的哪六個步驟？

2.你認為這個狀況分析在哪方面還應該被提高？

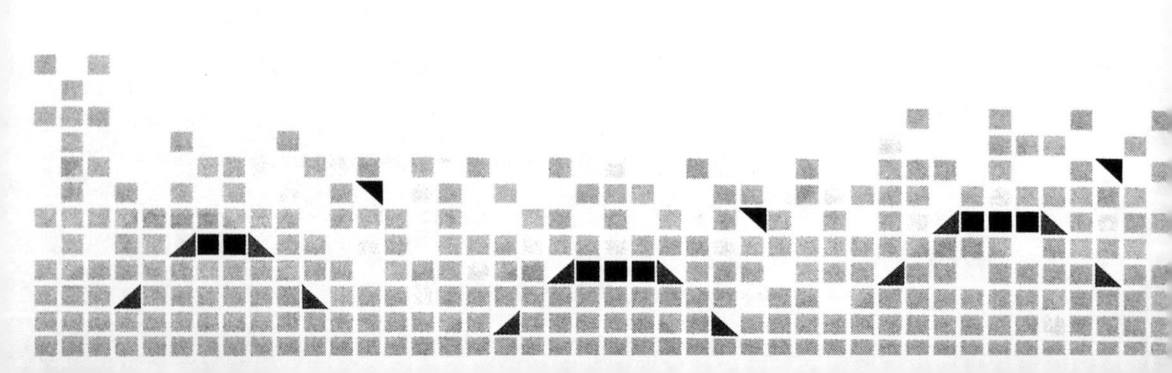

第6章
行銷研究

本章探討了運用研究結果制定市場行銷決策的重要性，並提出幾個大型旅遊與飯店業公司運用市場行銷研究的實例。本章具體闡述了做市場行銷研究和不做市場行銷研究的理由，以及市場行銷研究在旅遊與飯店業市場行銷系統中的作用，還說明了做市場行銷研究所需的系統程序。

第一節　市場行銷研究的定義

你可能想知道在市場行銷研究中，一個載滿統計資料和技巧的研究主題是怎樣成為旅遊與飯店業市場行銷系統的力量源泉的。市場行銷具創造力的各種方法，比如廣告和促銷，難道不更重要嗎？答案顯然是不。好的市場行銷決策是建立在行銷研究基礎之上的。下面的引文證實了這一點：

- 必勝客：「新廣告的策略方法建立在仔細的客戶研究的基礎之上，這在必勝客的歷史中是最具廣泛性的。研究發現的東西總是令人大吃一驚。」
- Ramada客棧：「它建立於1974年，以為家庭提供住宿而聲譽日隆。但是1976年至1980年的調查顯示，它們的形象很差勁；在人們眼中，它們只是具有粉刷磚牆和粗毛地毯的汽車旅館。」
- Amtrak公司：「Amtrak公司在過去的四年裡，透過它自己的預約和免費訊息系統建立了一個具有幾百萬客戶名單的資料庫。這一資料庫將被用來給Amtrak公司的大部分潛在市場傳遞明確的旅行機會。」
- 馬里奧特：「馬里奧特按慣例在倉庫中建造模擬的旅館客房，透過對遊客們的調查發現，在一個房間的寬度上縮小一英尺會使顧客不滿，而在長度上減少十八英寸卻幾乎不為人所知。」
- 麥當勞：「根據麥當勞的調查發現，96%的美國兒童認識麥當勞。」

這些引文證實了市場行銷研究在主要的旅遊與飯店業組織中的應用。他們證實了對於策略方向、廣告、服務／設施的種類、菜單項目和許多其他東西的成功決策都是建立在市場行銷研究結果之上的。旅遊與飯店業市場行銷系統需要市場行銷研究。

行銷研究不僅運用在狀況、市場和可行性分析中，它也可以在旅遊與飯店業系統的其他方面發揮作用。運用行銷研究的狀況、市場或可行性分析可以幫助我們進行計畫，例如，必勝客的研究顯示，需要一個計畫來塑造一個連鎖店的新形象；Ramada客棧的研究顯示了一個同樣的結論；Amtrak公司的資料庫將被用來進行未來的促銷活動；馬里奧特的研究被用來計畫新的旅店；麥當勞也可以以它的調查結果爲基礎，保持其良好的營運狀況。

行銷研究在回答這個問題──「我們想要自己在哪兒？」時發揮著重要的作用。在這裡行銷研究可以考察各種行動過程的優缺點。組織在考慮新的市場行銷策略──即新的目標市場和在這些市場中吸引客戶的方法時，會使用這種研究。一個飯店可能在考慮增加送貨上門的服務；同時一家旅館可能在調查增加一個新「品牌」資產的可行性。許多「如果我們做這個會怎樣」的問題可以運用市場行銷研究來找到答案。我們使用研究，可以幫助判斷哪一個是最佳的市場行銷策略。

市場行銷研究還可以幫助回答這個問題──「我們怎樣才能到達那兒？」運用市場行銷研究可以調查所使用的市場行銷組合的有效性，看其是否能幫助達到市場行銷目標。例如，組織發展了幾個不同的廣告策略和主題，想透過測試潛在客戶來判斷哪一個是最佳的方案。通常一個廣告方法的選擇，是要建立在客戶回饋的基礎之上的。

市場行銷研究在旅遊與飯店業市場行銷系統的後兩步中也是必需的，它是管理和控制市場行銷計畫的必要方法。我們必須監督市場行銷計畫的進展（「我們怎樣知道我們是否到了那兒？」）。要記住一點，那就是不奏效的市場行銷計畫必須被調整。我們怎樣才能知道一個計畫是否能達到市場行銷目標呢？必勝客透過調查客戶，來判斷連鎖店的形象是否由於新的廣告運動而發生了改變。市場行銷研究顯示這個公司的計畫正在奏效，儘管顧客對於必勝客的感知是不相同的。

當市場行銷計畫快要結束時，還必須回答最後一個重要的問題——「我們達到我們的目標了嗎？」市場行銷研究可以幫助測量和評估結果。行銷計畫的目標可以透過目標市場客戶的數量、銷售金額或其他的方式來表述。檢驗市場行銷計畫的結果與政治選舉中計算選票數很相似，但它並不是簡單的yes-no的過程，行銷計畫的結果需要被仔細地評估。此結果對於未來的市場行銷計畫意味著什麼？市場行銷活動怎樣被調整，才能使其更有效？什麼奏效？什麼不奏效？我們需要市場行銷研究來幫助回答類似這樣的問題。

圖6-1總結了我們剛才所說的觀點，它展示了市場行銷研究與市場行銷管理過程（計畫、研究、執行、控制和評估）以及與旅遊與飯店業市場行銷系統之間的關係。正如你所看到的，研究結果被應用到了旅遊與飯店業市場行銷系統的五個步驟之中，同時我們還提出了市場行銷研究的定義。

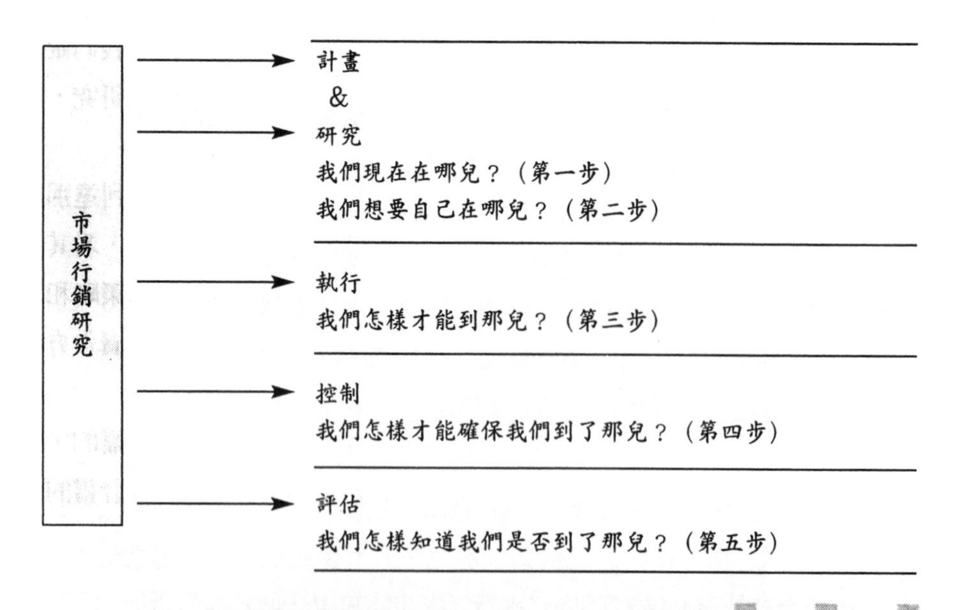

圖6-1　市場行銷研究和旅遊與飯店業市場行銷系統的關係

根據美國市場行銷協會的解釋，市場行銷研究是「透過訊息將客戶與市場行銷組織連結在一起的一種功能」。這種訊息被用來：

(1)確認和定義市場行銷機會和所存在的問題。

(2)產生、改善和評估市場行銷行為。

(3)監督市場行銷活動。

(4)增進對於市場行銷過程的理解。

我們希望你能看出，這一定義證實了市場行銷研究在旅遊與飯店業市場行銷系統的五個步驟中所發揮的作用。美國市場行銷協會的定義還表明了：「市場行銷研究詳細說明了對陳述某一主題所需的訊息、設計了收集訊息的方法、管理並執行了訊息收集過程、分析了結果，並傳達出所發現的結果及其涵義。」

第二節　市場行銷研究的必要性

市場行銷研究幫助一個組織制定更有效的市場行銷決策，這是它主要的目標。好的市場行銷決策來自於較好的訊息溝通，而行銷研究正好可以提供這樣的訊息。做市場行銷研究主要有五個原因：客戶、競爭、信心、可靠性和變化。

做市場行銷研究最重要的原因，就是它可以幫助組織得到有關它的客戶的詳細資料，包括以前的和潛在的客戶資料。它會告訴組織，是否滿足了客戶的需要以及組織在市場中的地位如何。新的目標市場也須經過市場行銷研究來調查；新的服務和設施需要透過市場和可行性分析等被評估和檢驗。

競爭研究在今天競爭激烈的旅遊與飯店業中也是必備的方法。市場行銷研究會確認主要的競爭對手，並指明他們的優缺點。

一個設計精確的市場行銷研究可以增長一個組織和它的市場行銷合夥

人在制定市場行銷決策時的信心，如果一個組織可以比較深層次地了解客戶的需要和特徵，以及競爭對手的優勢和弱點，就能減少感知風險。

研究結果可以被用來增加一個組織廣告活動的可靠性。例如，由組織本身或其他人所做的市場行銷研究能夠被有效地用來支持廣告聲明——金獅子旅館的廣告建立在店內調查的基礎之上，而西北航空公司的廣告則建立在由J. D. Power & Associates研究公司1993年所做的調查基礎之上，此次調查涉及六千三百三十九個經常性的商務旅客。另外，爲市場和可行性分析所做的研究也增加了廣告贊助商提案的可靠性。

國內和國際旅遊市場是經常變化的，這和全球的旅遊與飯店業性質是一樣的。旅行者的需要和期望也會快速地發生變化，組織必須緊跟這些變化，而研究是做到這一點的主要工具。

現在我們已經知道做市場行銷研究的基本原因了。下一步我們要仔細研究一下，對於旅遊與飯店業市場行銷系統來說，每一個步驟所需要的典型訊息和研究問題。

一、我們現在在哪兒？

旅遊與飯店業市場行銷系統的第一步需要研究和分析市場行銷環境、位置和社區、主要的競爭對手、過去的和潛在的客戶、服務、市場地位以及過去的市場行銷計畫——即對狀況分析的研究。所需的一些最重要的訊息以及相關的研究問題見**表6-1**。

二、我們想要自己在哪兒？

市場行銷研究幫助一個組織選擇目標市場、市場行銷組合和定位方法，它有助於市場行銷策略的發展。有許多可選擇的行銷策略，而市場行銷研究則幫助這個組織選擇出最好的一個。所需要的典型研究問題和訊息如**表6-2**。

表6-1　我們現在在哪兒

需要	研究問題
市場行銷環境的趨勢	市場行銷環境因素怎樣影響了這個組織的方向和未來的成功？
影響位置和社區的趨向	位置和社區將怎樣對組織未來的成功做出貢獻？
主要競爭對手的設施、服務、優勢和弱點	組織的主要競爭對手的優勢和弱點是什麼？
現在目標市場的特徵和滲透力	誰是組織的客户，他們的特徵是什麼？
潛在目標市場的特徵和規模	組織應該開發這個特定的新目標市場嗎？
目前的市場地位	組織的客户對組織的印象如何？
對過去的市場行銷計畫的估價	組織過去的市場行銷活動的有效性怎樣？

表6-2　我們想要自己在哪兒

需要	研究問題
整個市場的需要和特徵	市場應該怎樣被細分？
細分市場的趨向	在每一個市場細分部分最近所發生的潮流是什麼？
符合細分市場客户需求的利益和服務	哪一個市場細分部分是組織現有的？
在指定的目標市場中，客户使用你的服務的可能性及數量	哪一個市場細分部分可作爲組織的目標市場？
可選擇的定位方法的潛在有效性	不同的定位方法對於組織可能產生怎樣不同的效果？
對每一個目標市場來講，可選擇的市場行銷細分的有效性	不同的市場行銷細分對於每一目標市場來講可能產生怎樣不同的效果？

三、我們怎樣到達那裡？

市場行銷研究透過評估特定的促銷活動和其他特定的市場行銷細分活動的潛在有效性，來幫助一個組織制定自己的市場行銷計畫。這種研究可以透過檢查和驗證可選擇的方法，以在未來的市場行銷計畫中，幫助決定如何使用市場行銷組合的八個要素（產品、價格、分銷、促銷、包裝、特別規劃、合作和人)。一些典型的研究問題和所需訊息如表6-3。

四、我們怎樣確保我們到達那裡?

我們不該有這樣的認識，即市場行銷計畫的執行不需要做研究。事實上，要花費很大的力氣去研究、分析和發展一個市場行銷計畫。這種努力不能在一個市場行銷計畫制定的當天就停止。事實上，一個計畫必須經常被監督，以確定它是否在一步步地向著市場行銷目標邁進，以及是否需要調整計畫的某些部分。在市場行銷計畫的執行階段，需要使用研究來檢查特定時間的進展情況。一些典型的研究問題和訊息如表6-4所示。

表6-3　我們怎樣到達那裡

需要	研究問題
特定的促銷活動的潛在有效性	組織該使用哪一個促銷活動?
特定的分銷組合的潛在有效性	組織該使用哪一種分銷管道?
特定的定價方法的潛在有效性	組織該使用哪一種定價方法?
特定的包裝和特別規劃的潛在有效性	組織該使用哪一種包裝和特別規劃方法?
特定的合作安排的潛在有效性	在某個市場行銷活動中，組織該與特定的其他組織合作嗎?
特定的服務品質培訓規劃的潛在有效性	組織應該使用什麼樣的服務品質培訓方法及規劃?

表6-4　我們怎樣確保我們到了那兒

需要	研究問題
在達到市場行銷目標時的進展情況	看起來組織是否能夠達到它的每一個市場行銷計畫的目標?
使用定位方法的進展情況	所選定的定位方法像被計畫的那樣奏效嗎?
使用特定的促銷活動和其他特定的市場行銷組合活動的進展情況	促銷活動和其他所選定的市場行銷組合活動像被計畫的那樣奏效嗎?
顧客滿意水準的變化	自從服務品質培訓計畫被執行以來，客户的滿意度發生了怎樣的變化?

五、我們怎樣知道我們是否到了那兒？

市場行銷計畫只有在達到預定目標時才會是有效的。市場行銷研究幫助測量計畫的結果，它經常被稱作評估研究，其中典型的研究問題和所需訊息見**表6-5**。

現在，你可能想知道一個組織如果沒有市場行銷研究該怎樣存活？現實地講——許多有效的市場行銷決策根本未建立在研究的基礎之上，決策人的直覺和判斷在一些實例中被證實是極其準確的。難道市場行銷研究就不重要了嗎？管理者的直覺和判斷能代替行銷研究嗎？答案顯然都是否定的。直覺並非是研究的好的替代品；而另一方面，研究也不能替代直覺和判斷。最好的市場研究決策來自於研究、直覺和判斷三者的組合。效率高的市場行銷經理知道市場行銷研究的優點，並知道如何去使用它。他們也清楚市場行銷研究的局限性，並運用他們自身的直覺和判斷來彌補其不足的地方。

研究可能由於時間、成本或可靠性的原因而被擱置，主要的研究設計，比如說一次調查研究，需要花費幾個月的時間來完成，而決策所需的研究訊息可能必須在幾週內得到；研究可能很昂貴，並且它的成本可能會超過它的價值；也可能沒有可靠的途徑來回答特定的研究問題。當這些情

表6-5　我們怎麼知道我們是否到了那兒

需要	研究問題
達到每一個目標市場的市場行銷目標的成功度	組織達到每一目標市場的市場行銷目標的程度如何？
特定的市場行銷組合活動和其他活動的成功度	促銷活動和其他特定的市場行銷組合活動在達成目標時所發揮的有效性程度如何？
客户滿意度的變化	自從市場行銷計畫執行以來，客户的滿意度發生了怎樣的變化？

沉發生時，研究或許就不得不完全被直覺和判斷所取代。

還有一些其他的不能做研究的原因。一個考慮促銷某項新服務／產品的公司可能會擔心在公眾中做研究會給它主要的競爭對手提供有價值的訊息；如果組織者知道自身沒有資金來對調查項目的結果採取行動，也會決定放棄這個研究項目。

有許多經理並不喜歡研究或者不理解它的價值，他們滿足於單獨一人，坐在椅子上，運用直覺和判斷來作出決策。直覺和判斷建立在過去的經驗基礎之上，而未來與過去並不一樣。這些經理很少能看到一個問題或機會的全方面，他們經常無法確認所有的可選擇的方法，所以他們的市場行銷決策就不如做了研究那般有效。

第三節　市場行銷研究的訊息

對市場行銷研究來說，符合行銷研究需要的好的研究訊息是非常重要的，其主要的必備條件是：

一、有效性

市場行銷研究可能很昂貴，並且很耗費時間，只採集可以使用的訊息，可以節省一些資金和員工的時間。許多研究活動都傾向於採集那些「容易知道」和「必須知道」的訊息。「容易知道」的訊息通常價值有限，關鍵是要有明確的研究目標，這些目標可以以一系列問題來表述，只有能明確回答這些問題的訊息才應該被收集。

二、適時性

研究結果的適時性也很重要，它需要一些事前計畫，來決定使用研究結果作出決策的時間。決策可能在月底就需制定，而調查可能要花費三個月的時間才能完成。在這種情況下，決策人就必須依賴二級研究，因爲它幾乎立刻就可以被使用。

三、成本有效性

一些全國範圍的研究項目需花費上百萬美元，這種支出比較合適，因爲它們所影響的決策值上千萬，甚至幾十億美元。然而，你要花費10萬美元來研究只值1萬美元的問題和機會，就毫無意義了。研究支出必須與所調查的機會或解決的問題的預期價值直接相關，市場行銷研究的資金必須物有所值。

四、精確性和可靠性

兩個相關聯的必要條件即研究訊息必須精確且可靠。無論是初級訊息還是二級訊息都要有一定的精確度，決策人必須確保收集資料所使用的方法和計算方法在技術上也是精確的。隨後我們會看出，做初級研究要達到這一點比較容易。可靠性意味著如果做相同或類似的研究，結果應該大體相同。如果研究訊息不可靠，那麼它就無法眞實地對未來做預測。

第四節　市場行銷研究的程序

市場行銷研究的程序參見圖6-2。

一、問題陳述

市場行銷研究程序的第一步就是定義所要研究的問題或機會。市場行

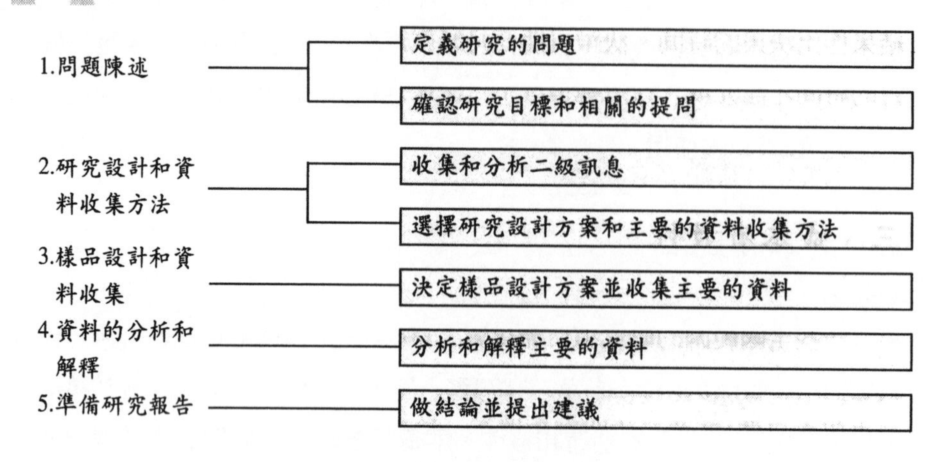

圖6-2 市場行銷研究程序

銷規劃勾畫了所要研究的東西的輪廓。例如，Taco Bell飯店決定調查客戶對於它的廣告和店內交易展示的感知。它的研究問題就是客戶對促銷的感知程度，這是一個粗略的問題陳述。在決策怎樣研究這個問題之前，還需要更多的細目。要從這個粗略的問題陳述中抽取一個或更多的研究目標。例如，Taco Bell飯店決定找出注意到海鮮沙拉電視廣告的被調查客戶的百分比，以及有多少人知道Taco Bell飯店對玉米羹提供了特價。透過確認研究目標，一個組織就會更好地決定所採用的研究方法和所提出的問題。圖6-2展示了第一步的兩個任務——定義研究問題和確認研究目標。

二、研究設計和資料收集方法

確定了研究目標和相關問題之後，組織的下一步就要選擇研究設計方案及資料的收集方法。第一個需要回答的問題就是：「我們是使用初級研究，還是二級研究，還是兼而有之？」

第5章警告了重複採集訊息的錯誤做法會造成大量的浪費，有些答案可以透過二級研究得出。**圖6-3**表明了旅遊與飯店業組織可以使用的二級研

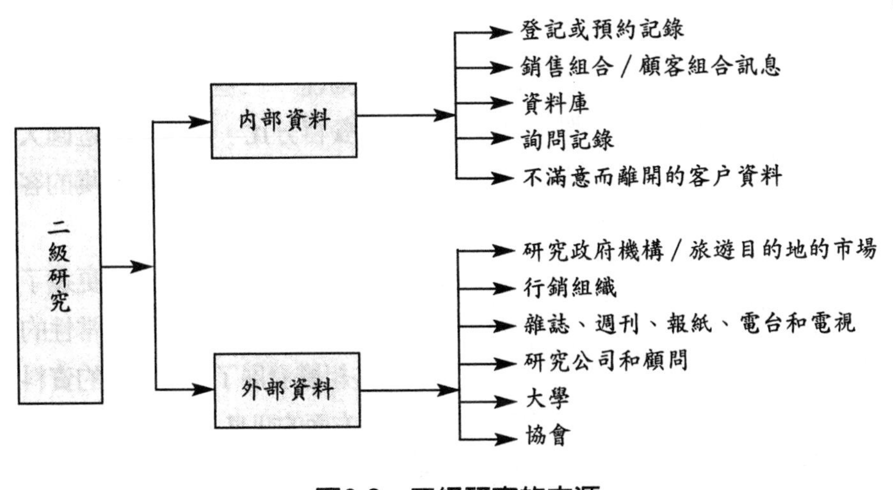

圖6-3　二級研究的來源

究資料的種類。二級研究可以分成兩大類──內部（訊息來自於組織自身的記錄）和外部（外面的組織所發行的資料）二級研究資料。

1. 研究內部二級資料

內部二級資料的例子包括登記或預約記錄、銷售組合／顧客組合訊息、資料庫、詢問記錄和不滿意而離開的客戶統計資料。大多數的旅遊與飯店業組織，包括旅館、航空公司、租車公司、飯店、旅行批發商和輪船公司，都有事先預訂的程序。當然，旅行社也可以代他們的客戶預訂。一些旅遊與飯店業組織，比如旅館，則在法律上需要旅客進行住宿登記。這種登記訊息是二級研究訊息的重要來源。近來有人詢問你的郵遞區號嗎？許多主題公園和其他的旅遊景點都在他們的入口處收集郵遞區號訊息，這樣這些景點不僅會知道他們的遊客住在什麼地方，如果聯合使用來自外部公司的郵遞區號資料庫，還會得到有關景點遊客的人口統計資料和生活方式方面的訊息。

銷售和顧客組合記錄是另一個重要的內部二級研究資料的來源，因爲它們是行業趨向和市場行銷成功的指數。由於市場行銷目標經常以銷售或客戶量來體現，所以銷售和客戶組合記錄就是市場行銷控制和評估的一個重要工具。銷售組合數據提供有關營利中心（例如，房間、餐飲、電話、租車和一個旅館的其他收入項目）的銷售量的訊息。一些關於供給使用量和客戶量的測量，比如旅館住宿百分比、就餐百分比、旅客量和遊園人數，也應該是可利用的。顧客組合數字應該包括銷售收入和目標市場的客戶數。

一些旅遊與飯店業組織，包括俱樂部、旅館和航空公司，比這更進了一步，他們建立了大型的有關個體客戶的內部資料庫。在產生「經常性的遊客」和建立「客戶俱樂部」的活動中，這些組織發展了訊息龐大的資料庫，包括有關個體客戶銷售、人口統計和偏好方面的訊息。

許多旅遊與飯店業組織直接從客戶那裡或者從旅遊貿易中介那裡收到查詢，這些查詢可能是透過電話、郵寄、傳眞或面對面交談的方式進行的。因爲查詢是市場行銷成功的另一個指數，所以對一個組織來講，保留這些記錄也很重要。今天的旅遊與飯店業的廣告大都需要潛在客戶直接作出回饋：潛在客戶必須使用給定的電話號碼、寄信給給定的地址，或者寄出一個塡好的附單（連在廣告上可訂貨或索取樣品）。回答這些查詢的過程被稱之爲「答疑」，而且組織還要提供給旅行社一個重要的有關潛在客戶的資料庫。印第安那州旅遊發展局的報告顯示，它從1997年至1998年的促銷活動產生了三十一萬九千二百零一個查詢者，平均每個查詢者的成本爲2.24美元。

2. 研究外部二級資料

圖6-3顯示，外部的二級研究資料，能從政府部門、旅遊目的地的市場行銷組織、雜誌、週刊、報紙、電台、電視台、貿易和旅行協會、研究公司、私人顧問組織以及大學中獲得。政府部門和旅遊目的地的市場行銷組織包括遊客管理局，它是旅遊與飯店業市場行銷研究的主要提供者。在北美，這些組織包括美國旅遊局、加拿大旅遊局、墨西哥旅遊部以及在這些國家中許多州和省的旅遊辦公室。

雜誌、週刊、報紙、電台和電視給市場行銷者提供了有關他們的訂閱者、讀者、聽衆或觀衆的資料訊息。另外，這些組織可以對客戶的特徵、喜好以及「行業狀況」做特定的調查或其他的研究。一些更爲重要的「行業狀況」研究定期由旅遊與飯店業的雜誌和報紙來進行。中介研究訊息也可以透過特定的私人研究公司獲得。

貿易和旅行協會支持和出版了大量關於旅遊與飯店業的研究，其中一些研究是定期製作的，而其他的則是對特定的話題或主題進行的一次性研究。國際遊輪協會（CLIA）定期對輪船的承載能力、乘客量和客戶滿意度進行研究。國家飯店協會與Delete & Touch顧問公司合作，製作出美國餐館的平均營運水準的年報。

研究公司和其他的私人顧問是旅遊與飯店業研究的主要提供者，這些公司要麼將他們的研究報告賣掉，要麼僅限於售給出資做研究的特定群體。一些研究公司專門做特定的旅遊與飯店業部分的市場行銷研究，而其他的研究公司則提供關於旅遊量和模式的較粗略的統計資料。

大學和學院對於旅遊與飯店業也做了大量的研究，並有增長的趨勢。其中許多都發表在學術週刊上，比如《旅館與飯店經營旬刊》、《旅遊研究年刊》和《旅遊管理》等，或者發表在主要的研究和教育者會議上。

正如你所看到的，在旅遊與飯店業中，有大量可以利用的二級研究訊息。以收集和研究二級資料來開始一個研究項目，是一個不錯的習慣。收集和研究二級資料可能會回答一些研究問題，也可能根本就回答不了。但是，以收集二級資料來開始一個研究項目，意味著組織正在以最有效的方式來使用研究經費。徹底地尋找一遍後，組織可能會發現所需要的訊息透過內部和外部的二級資料是無法獲得的。當一個組織得出這種結論時，如果資金允許的話，就會進行初級研究。在進行初級研究之前，你可能想知道二級研究的優點和缺點是什麼，如下所示：

二級研究的優點：

(1)便宜（與許多初級研究相比）。

(2)容易獲得（尤其是內部二級研究資料）。

(3)時效迅速（初級研究需要更多的時間來收集資料）。

二級研究的缺點：

(1)經常會過時（畢竟，二級訊息是其他人的初級研究結果，可能花了幾個月或幾年才出版）。
(2)潛在的不可靠性（因爲對於它的原身的初級研究訊息資料的收集，沒有一定程度的控制）。
(3)可能並不適用（無法應用；訊息太具一般意義，可能與企業的位置或特定的服務不相配）。

初級研究要收集第一手資料，所使用的方法與二級研究不一樣，也要回答特定的問題。它通常要在一些二級研究訊息被收集和分析之後才能做。與二級研究相比，初級研究的優缺點如下：

初級研究的優點：

(1)適用性（研究訊息被特別製作，以適應組織決策的需要——它可以被使用）。
(2)精確而可靠（如果遵循恰當的程序，組織就可以收集到精確而可靠的資料）。
(3)時效新（初級研究所獲得的訊息肯定比二級研究訊息時效新）。

初級研究的缺點：

(1)昂貴（初級研究通常要花費幾千美元，而二級訊息的成本通常只有幾百美元）。
(2)不能立刻得到（初級研究經常需花費幾個月，有時是幾年的時間來完成，二級研究訊息則幾乎立刻就可以得到）。
(3)不易獲得（二級研究很容易做，而初級研究則要決定做什麼研究、對誰做研究、怎樣做研究等）。

所以你現在知道剛才所設置的那個問題——「我們應該使用初級還是二級研究，還是兼而有之？」的答案了吧。我們希望你已經猜到了答案，當然應該是兼而有之的。儘管有一些這樣的情況，即某個組織無法支付初級研究所需的時間和費用，但是二級研究對制定市場行銷決策還是不夠充分，它可以給初級研究訊息的收集確立方向，卻無法取代它的位置。

現在讓我們繼續討論市場行銷研究程序。選擇初級研究方法是下一步需要戰勝的難題。存在兩種研究方案：探究性的和結論性的研究。二級研究和幾種初級研究方法（例如，聚焦群體）屬於探究性的研究。探究性的研究旨在確認問題或機會，結論性的研究則幫助解決問題或評價機會。在結論性的研究中，有四種訊息收集方法：實驗、機械觀測、調查和模擬。

透過初級研究所提供的資料種類，可以將初級研究進行分類，這是另一種分類方法。圖6-4表明資料的兩大分類：定量上的和定性上的。總的說來，結論性的研究產生定量的資料，而探究性的研究則提供定性的訊息。

選擇最恰當的研究方案和研究方法要依賴於幾個因素，這幾個因素包括研究問題和目標、已掌握的訊息量的大小，以及研究結果的使用方法。

Taco Bell飯店需要對促銷活動進行結論性的研究，即需要知道促銷活動是否奏效。研究的結果一般會導致有關堅持、修改或停止特定促銷活動的決策。這個公司需要一種適時的資料收集方法，主要針對二十個不同地

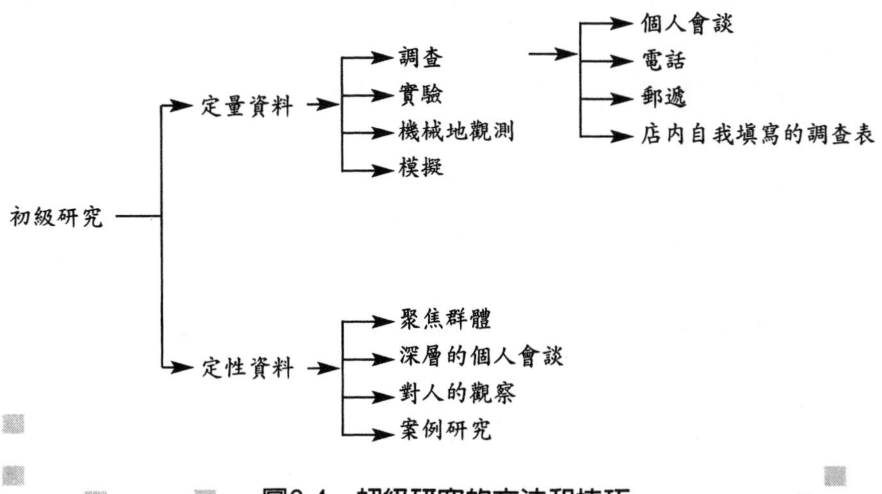

圖6-4　初級研究的方法和技巧

理區域的潛在客戶代表進行。它選擇了調查這一方法，並主要採用電話會談的方式。

三、樣品設計和資料收集

市場行銷研究的第三步就是進行樣品設計，並收集資料。樣品設計包括：樣品範圍；樣品選擇程序和樣品規模三個元素。

1. 樣品範圍

樣品範圍決定了哪一個群體將被研究。迪士尼世界將公園內的遊客作爲研究對象；許多旅館和飯店也將館內和店內的顧客作爲研究對象。

2. 樣品選擇程序

主要採用抽樣調查，抽樣調查是一種非全面調查，就是從調查對象的總體中隨機抽取一部分單位進行調查，用這一部分單位的指標數值推斷總體指標數值。由於它從全部總體中抽取一部分單位時，遵守隨機原則，完全排除主觀意識作用，以保證總體中的每個單位都有同等的中選或不中選的可能性，所以也被稱之爲同等可能性原則。抽樣調查包括以下幾種：

簡單的隨機抽樣　所有的回答者都有相同的機會被選擇。一種技巧是，將所有寫上名字的紙籤放到一個碗中，充分混合後，從中逐個抽取，直至抽到預定的單位數目爲止，所抽到的回答者就用來做樣品。另一種技巧就是使用隨機數字表（由存有潛在客戶名單的電腦隨機產生一組名單）。

系統抽樣　將全體潛在客戶按某一標誌順序編號排列，列出有關的人名、地點、企業單位或地理位置的目錄，然後按照固定順序和相等的間隔，從中抽取樣本單位。這在電話調查中很普遍，隨機選擇一個數字，比如七，那麼就將每一頁電話記錄中的第七個名字作爲樣品。

類型抽樣　先將全體的潛在客戶按某一主要標誌分組（或分類），然後在各組中採取隨機抽樣的方式，抽取一定數目的調查單位構成所需的樣本。

整群抽樣　將全體劃分成若干群或組，然後按隨機抽樣方式，從中成群或成組地抽取樣本單位，對抽中的群或組的所有單位進行全面調查。例如，一個旅館可能從一年中隨機地抽出幾天來調查它的過夜旅客，即調查這幾天所有的旅客情況。

地區抽樣　這也是一種整群抽樣方法，當手邊沒有潛在客戶名單時，就使用這種方法。隨機選擇幾個地區，這些區域中所有的人或家庭都將被調查。

3. 樣品規模

選擇樣品規模，要依賴於所需要的資料的精確度。最精確的資料來自於使用一個已設定的數學公式。描述這些公式已超越了本書的範圍，但是你能在許多市場行銷研究的教材上找到詳盡的描述，所以下一步我們要講一下資料的分析和解釋。

四、資料的分析和解釋

原始資料的價值是有限的，它必須經過仔細的分析和解釋才會有用。它涉及四個任務：

(1)編輯：檢查資料是否有錯誤、遺漏和模糊不清的地方。
(2)編寫程序：確定答案輸入電腦的方式，例如，對於yes-no的問題，yes－1，no－0。
(3)製表：計算並把答案填在表格中。
(4)應用統計分析和程序：運用不同種類的統計分析和程序，比如相關分析、回歸分析和聚類分析。

五、準備研究報告

此次研究意味著什麼？最後一步要做結論，給管理者提出建議，並將它們寫到報告文件中。

第五節　市場行銷研究的方法

市場行銷研究的基本方法主要包括如下內容：

一、實驗研究

你可能會將實驗一詞與你在學校中所上的科學類的課程聯繫起來。事實上，科學家要做許多實驗來驗證他們的理論；而我們行業中的實驗研究通常涉及不同種類的檢測，以判斷出客戶對於新服務或產品可能的反應。

實驗可能與測試一個概念一樣簡單，也可能與測試一個全面展開的市場行銷活動一樣複雜和昂貴，讓我們以溫蒂的沙拉吧爲例。溫蒂使用了概念測試，它簡單地寫了一兩段描述沙拉吧的文字，並讓潛在客戶讀這段文字。客戶的回饋可以透過調查或聚焦群體的方式被收集。我們發現客戶眞的很喜歡這個主意。此時，溫蒂應該繼續前行並推出沙拉吧，還是應該做進一步的研究呢？

溫蒂此時的困境是，客戶僅對紙上的概念做出了反應，他們喜歡眞實的沙拉吧嗎？這個吧賣的東西怎麼樣？它將怎樣影響漢堡和其他菜單項目的售賣？它將怎樣影響整個溫蒂餐館的銷售情況？顯然還需進一步的研究。

下一步，公司決定做一個人爲的檢測，比如在它的一家飯館旁建起一個沙拉吧，並邀請客戶或員工來試一試。這對溫蒂來說還不夠，即使這種人爲的測試結果是確定的。最後一步是要在實驗城市中推出沙拉吧。衆所周知，這些實驗城市所具有的人口在美國和加拿大是極具代表性的。這一完整的市場行銷測試將花費溫蒂上萬美元，但它提供了人們對沙拉吧的一種眞實的反應。溫蒂選擇了市場行銷測試——沙拉吧在實驗城市中被證實非常受人歡迎，因此溫蒂決定在全國推廣沙拉吧。

二、觀察研究

人工的和機械的檢測是觀察研究的兩種主要形式。第一種觀測需要人來做，而第二種觀測則需要使用機械和電子裝置。

在研究中使用人來觀測，就意味著要觀察並指明客戶的行爲方式，它是評估競爭對手的重要工具。如果溫蒂的一個競爭對手已經有了一家沙拉吧，那麼公司的研究者就要觀察對方客戶的反應。下面是使用人工觀測研究的幾個方法：

(1)計算人們再添菜的次數。
(2)計算競爭對手停車場中的車輛數。
(3)觀察有多少人從架子上拿了小冊子。
(4)計算在一天的不同時間裡使用游泳池的人數。
(5)計算客人在飯店裡就餐的平均時間。

你可以盡力多想出幾個辦法來。你會發現我們利用觀察所得到的結果是驚人的。無論我們觀察自己的，還是競爭對手的客戶，觀察的方法都給我們提供了制定決策的豐富而又便宜的資料。

你應該意識到觀察研究是實驗所使用的一個部分。讓我們再來看溫蒂的例子。溫蒂發現由於開設了沙拉吧，在餐館就餐的年輕婦女人數增加了，它對此很感興趣。它能在它的實驗飯店中，數出午餐時的年輕婦女人數，然後再將這個數字與沒有開沙拉吧的店中的人數進行比較。

在旅遊與飯店業的特定部分也可以使用機械的觀察方法，它可以提供客戶數或銷售訊息。主題公園的旋轉門和其他「設門」的旅遊景點都是使用機械觀察方法的典型例子。現金記錄器，尤其是由電腦系統支持的電子設備，是客戶購買行爲強有力的「監測者」。掃描儀被廣泛地使用在零售商店中；手動計數器被輪船公司和一些旅遊景點所使用；而對公路上通過的車輛數目的計量，則是透過放置在路表面的計數器來完成的。

機械觀測設備也被用來追蹤電視收視率、檢測廣告和其他促銷活動的有效性。多種多樣的設施，包括監視器、音調分析儀和心電測試儀等都被用來評估消費者對於廣告和其他促銷資料的身體和心理反應。

儘管所有這些設備都能產生很精確的數字化的資料，卻無法提供人工觀測所能給予的深層次的定性訊息。他們也無法解釋客戶的行爲，無法表示出客戶的動機、態度、觀念和感知。

三、調查研究

你們中的許多人已經對調查很熟悉了，或許你在商店購物時被人叫住，問你最喜歡的洗髮精品牌是什麼；或許你收到了從學校寄來的表格，問你對課程的安排有何意見；也或許你接到來自人壽保險公司的電話，問你關於未來計畫的各種私人問題；又或許你在餐館的餐桌上會看到一些意見卡。說到此，你可能已經確認出完成調查的四種方法了：面談、郵寄、打電話和店內的自我塡寫方式。

調查研究在我們行業中是最流行的一種研究方法，因爲它較靈活，而且容易使用。儘管這種方法很流行，但弄不好這種調查研究就會做得很粗劣而且毫無效果。知道如何做一個好的調查研究，確切地講應該是一門科學，甚至還是一門藝術。

1. 面談

郵寄收到的調查表可以很容易地被扔到垃圾箱內，掛斷採訪者的電話也並不困難。然而，當人們處於面對面交談的境況時，就很難拒絕回答問題了。所以面談的優點之一，就是相對更高的回答比率——幾乎100%的被調查者都會對研究者的問題進行回答。

面談有較高的靈活性，而且能夠展示或證實更多的事情。假設我們是一家旅館，正在考慮一個新的、以電視爲基礎的結帳系統，我們可以將這個系統描述在一張紙上，把它寄給老客戶，問一問他們的意見如何，或者打電話徵詢一下。然而，更為有效的方法莫過於面談，我們可以將這一描述展示給我們正在住宿的旅客看，並問一問他們的感想如何。

面談調查者可以全面地解釋特定問題的涵義，他們透過闡述問題和進一步的研究，可以收集到更完整的答案。

面談和電話調查都能提供比較適時的資料。可是，郵寄調查卻由於郵寄與收到問卷表之間的一段時間差而造成一定的延誤。這樣，如果很快就需要一份訊息，那麼就採用面談或電話調查吧。

面談調查也有一些缺點，如：

(1)相對比較昂貴。
(2)在提問中，可能存在調查人的偏見。
(3)回答者可能不願意回答個人問題。
(4)回答者可能當時較緊張，因而答案可能不夠確切。
(5)面談的時間可能會給回答者造成不便。

2. 郵寄調查

郵寄調查不像面談那樣，它沒有人與人之間的正面接觸。儘管如此，它還是有幾個明顯的優點：

(1)如果回答率較高的話，那麼這種調查方式就比較便宜。
(2)不存在調查人的偏見。
(3)問題與答案之間的契合性較高。
(4)他們可以調查大量的客戶。
(5)調查表可以透過郵寄的方式抵達每一個被採訪者。
(6)回答者可以不具名。
(7)回答者可以選擇最方便的時間來回答問題。

郵寄調查主要的缺點之一就是相對較低的回答率。儘管面談和電話調查通常也僅能產生50%的回答率，但對於郵寄調查來說，30%至40%的回答率就已經相當棒了，低於這個範圍的回答率是相當普遍的。在許多方面，這種調查技巧和直郵廣告一樣存在許多缺點，一樣都可能被人丟到垃圾桶裡。然而，對直郵這種方式，有一些步驟可以幫助提高回答率，這些步驟包括：

(1)具有個性特徵，避免成批郵寄（例如，信封上寫明個人地址、信的開頭寫上親切的寒暄話、信的內容要多次提到被調查者的名字、用郵票郵寄，而不要採取郵資總付的方式）。
(2)在最初的一批郵寄完成後，要跟上幾次追蹤問候，以提醒回答者來完成問卷。
(3)對完成問卷的回答者要允諾某些東西（例如，給其一份研究結果報告或者是金錢／非金錢的某種鼓勵）。
(4)使用精確和快捷的郵寄方式。
(5)避免較長的問卷。
(6)郵寄時附帶郵資和已經寫好地址的回郵信封。

仔細遵循這些指導，那麼一個旅遊與飯店業組織就能提高它的回答率，以接近面談和電話調查所產生的比率。

3. 電話調查

電話調查的優點與面談的優點有許多類似的地方，他們比郵寄調查更具靈活性，因爲調查者可以更換詞語以使問題更清晰明瞭，也可以跳過那些不適用的問題。調查者可以很快收集到訊息，而且如果是給當地的人打電話，還會很便宜。線路如果暢通，並且是一個專門經過訓練的電話調查者進行的調查，就會達到很高的回答比率。

另一方面，就像面談一樣，電話調查比郵寄方式顯得更爲冒失。許多人認爲電話調查是在侵入他們的私人領地，並且很快就會掛斷電話。與面談相比，電話調查更可能產生一種不信賴的感覺。如果要打長途電話，則電話調查就變得相當昂貴了。在這種情況下，電話調查的問題必須保持較少的數量。

和郵寄調查一樣，電話調查也有特定的程序，可以幫助提高回答比率和訊息品質。這些程序來自於電話銷售或電信市場行銷的領域，這將在第17章中進行討論。

4. 店內的自我填寫方式

這種調查通常是顧客還在旅遊與飯店業的範圍之內時所完成的，它們包括飯館餐桌上的意見卡、旅館客房中的調查表以及遊輪前廳中的意見簿。這些調查有助於確定顧客對服務品質及設施的滿意度。

店內的自我填寫方式的缺點與郵寄調查的缺點有些類似，主要的一點就是它的回答率很低。我們研究了一下旅館中的意見卡的使用，發現許多旅館意見卡的回答率都小於1%。在過去的幾個月裡，你在飯館中填了多少意見卡？你的回答很可能是「沒有」或者「很少」。不幸的是，許多客戶都感覺沒有人會對他們的評價感興趣，並且在許多情況下，也沒有什麼其他的鼓勵措施，讓人們花費時間來表達他們的觀點。

在關係的市場行銷時期，目前的和過去的客戶被看成是未來市場行銷的核心資源，出現上述情況（回答率極低）是不可接受的，組織必須儘可能地促使消費者填上這些調查表。馬里奧特旅館使用了一個新穎的解決方法，即讓它的顧客在結帳時，將他們的答案輸入前台的電腦中。其他機靈的市場行銷者則爲完成調查表的顧客提供免費的甜品或其他的小獎品。

5. 調查表的設計

所有的四個調查方法——個人面談、郵寄、電話和店內的自我填寫方式，通常都需要一個印刷好的表格，列上問題，並提供答題的空間。這些表格形狀和大小各不相同，都被稱之爲調查表。一個好的調查表是得到高品質研究訊息的關鍵要素之一。令人吃驚的是，在我們行業中，使用著很多設計粗劣的調查表。普遍的一些錯誤就是：

(1)問題中使用了術語或專有名詞。

(2)太多的問題。

(3)問題太長而且囉嗦。

(4)本來是兩個問題，卻包含在一個問題中。

(5)問題模糊而且籠統。

(6)沒有清楚地告訴客戶怎樣填每一個問題。

(7)問題過於個人化，並且使人困窘。

(8)問題的答案選擇項不夠全面。

(9)問題的答案選擇項設計得過於籠統。

如下的指導會幫助你設計有效的調查表：

長度

(1)儘可能地簡短。

(2)確保每一個問題言簡意賅。

結構

(1)包含日期。

(2)將個人問題設在末尾（例如收入水準、年齡等）。

(3)告訴被調查者該如何回答每個問題。

(4)如果合適的話，提供「不知道」或者「沒有考慮」這樣的答案選擇項。

問題所使用的詞彙

(1)每個問題中只含有一個疑問。

(2)儘可能明確。

(3)避免專業詞彙。

(4)使用意思清晰的詞彙。

(5)確保可供選擇的答案中沒有重疊性。

四、模擬研究

研究的第四種方法就是使用電腦來模擬市場行銷環境。可以發展一個模擬現實狀況的數學模型，可以用這個模型來預測銷售量、顧客人數或者對管理很重要的其他可變因素。

五、聚焦群體

聚焦群體是一種研究方法，研究者用此方法直接向一小群人提問，通常只有八至十二個人。名詞「聚焦」意味著，研究者將群體的注意力放到一個特定的主題或者系列問題上，並且邀請這些人來討論。從那一刻起，研究者就要傾聽被調查者的評論並觀察他們的行爲，如果必要的話再重新設定話題加以討論，並盡力概括出這個群體的觀點和所提供的建議。

聚焦群體方法的最大優點就是可以使組織深層次地理解客戶的觀念、態度、感知及行爲。與前述的面談方式相比，此類研究方法的探究程度更深。

聚焦群體方法可以應用於許多方面，其功能如下所示：

(1)產生創造新服務或產品的靈感。

(2)評價一個組織的新服務或產品概念。

(3)確定客戶對於組織及它的服務產品的態度。

(4)提出在隨後的調查中所使用的問題。

(5)檢驗所計畫的廣告或促銷活動。

(6)能夠更深層地檢測客戶對先前調查的反應。

(7)確認顧客在選擇某一個特定的旅遊與飯店業組織時所使用的標準。

(8)確定客戶對競爭對手的態度。

(9)檢驗新的或已經修正的產品或服務。

(10)確認顧客在制定購買決策時所使用的決策過程。

聚焦群體方法被廣泛地使用在旅遊與飯店業中，尤其是想知道客戶對於某特定公司和旅遊景點的印象時，這種方法更爲有效。儘管它有多方面的功能，但是聚焦群體方法僅能產生定性的訊息。從聚焦群體中所收集到的訊息並不具有代表性，它不能準確地代表所有客戶的觀念、態度、感知或行為。如果一個組織需要擁有能夠代表所有客戶的整體性觀念的定量資料，就應該採用調查的方法。

六、個人深層次會談

個人深層次會談與聚焦群體一樣有類似的目標和程序，但是只涉及一個採訪者和一個被採訪者。這種面對面的單獨會談會持續四十五分鐘到一個小時。在會談中，研究者會問許多問題，在得到話題範圍內的答案後，還會進一步探究額外的問題。當所討論的話題比較秘密或敏感時，或者當邏輯化的問題對群體回答不適用時，通常就會採用這種方式，而不進行群體化的討論。

七、案例研究

案例研究的目標是從類似於本組織問題狀況的一個或多個其他組織中獲取訊息，這些組織具有處理相同或類似研究問題的經驗。當一個組織想要調查新服務或設施，以及想要評估潛在的新目標市場和市場行銷組合時，經常就會使用案例研究。要想有效地進行案例研究，就必須得到被研究組織的相應合作，這種研究能夠從對方的經驗中吸取豐富的、深層次的訊息。

本章概要

有效的市場行銷研究可以幫助旅遊與飯店業組織制定正確的決策。它不能取代經營者的經驗和判斷，卻可以減少由於沒有足夠的先期研究，而制定了粗劣決策的風險。市場行銷研究在旅遊與飯店業市場行銷系統的每一步都必須做，尤其是在早期階段。

研究資料的兩大分類是初級和二級研究資料。有許多可行的研究和統計方法，從這些方法中進行選擇，並使用系統化的市場行銷研究過程。這一過程的步驟是：問題陳述、研究設計和資料收集方法的選擇、樣品設計和資料收集、資料分析和解釋，以及研究報告的準備。

本章複習

1.市場行銷研究在本書中是怎樣定義的？

2.做市場行銷研究的原因是什麼？

3.有時候在看起來似乎該做市場行銷研究時，經理們沒有做市場行銷研究。不做市場行銷研究的原因是什麼？情有可原嗎？

4.好的研究訊息所需的五個條件是什麼？

5.市場行銷研究過程的五個步驟是什麼？

6.二級研究資料的來源是什麼？

7.初級研究方法有哪些種類？

8.面談、郵寄、電話和店內的自我檢測方式各有什麼優缺點？

9.聚焦群體是什麼？他們是怎樣被用來制定市場行銷決策的？

10.完成最有效的問卷需採取什麼步驟？

延伸思考

1.與當地的飯店經理或店主面談一下。企業正在執行的市場行銷研究是什麼種類的？它利用了初級還是二級研究？你會提出什麼建議，來提高或擴大這個市場行銷研究規劃？

2.從航空公司、旅館、飯店和其他旅遊組織選擇收集一些評論和客戶調查表。你注意到有一些什麼普遍性的問題或其他特徵？你能看出類似的缺點或錯誤嗎？哪一個最棒，為什麼？你會提出什麼建議，來提高這些問卷的品質？

3.你被一家旅遊與飯店業組織邀請，來為他們做一些研究。他們最近的客户抱怨比率一直在增長，但是並未指出明確的原因。你將使用哪一種研究方法，為什麼？你將怎樣設計你的研究程序？草擬一份或幾份你要使用的問卷。你將怎樣使你的上級主管採納你的研究訊息？

4.你剛開始在一家旅遊與飯店業組織的市場行銷部工作。使你吃驚的是，你發現這裡根本就不做市場行銷研究，因為你的老板——市場行銷部的經理，認為研究是在浪費時間和金錢。你將怎樣向你的老板證實市場行銷研究規劃的有效性？你將推薦什麼研究項目？你能證實你的研究規劃和項目既可以節省資金，又可以提高銷售量嗎？如果可以，將怎樣進行？

經典案例：強調市場行銷研究的馬里奧特公司

在我們行業中，馬里奧特是將市場行銷研究擺在第一優先位置的最好的實例之一。它持續發揚著它的創立者馬里奧特先生的傳統，此人非常理解「傾聽客户需求」的重要性。他親自閱讀來自於快速擴大的連鎖旅館中客户的抱怨卡片，這說明馬里奧特公司是以市場行銷為導向的。公司遵循馬里奧特的理念來發展事業，使用市場行銷研究來指明新的市場行銷機會，是市場行銷研究的一個經典實例。

由馬里奧特創建的第一個庭院式旅館在1980年首次發布廣告訊息，在1983年於亞特蘭大市開業。在1980年以前，馬里奧特公司調查了成千上萬的人，以確定旅館業的擴充空間。在亞特蘭大開始建造庭院旅館前，馬里奧特建造了一個牆壁可以移動的旅館客房，並向所選擇的旅客展示不同的構造型態，然後調查他們對不同的房間構造的觀點。研究程序一直持續到第一家亞特蘭大庭院旅館開業時，因為要使用市場行銷研究來檢測庭院旅館概念的市場情況。

馬里奧特既使用了二級研究（主要是競爭對手分析），又使用了初級研究，依此提出了庭院式旅館的概念。另外，它使用了四種初級訊息的採集方法：實驗（透過在亞特蘭大建庭院式旅館來檢驗其市場行銷情況）、觀察（觀察客户對於模擬房屋的反應）、調查（包括對主要的市場細分部分的研究和使用聚類分析來調查客户所喜歡的產品特徵）以及模擬（房屋模型）。

經過幾年的研究和分析之後，馬里奧特得出了主要的結論，那就是市場需要新型的旅館。經常性的旅客願意住在這樣的旅館中，比如有一個比較大的前廳、食物和飲料種類廣泛、有較好的客房、多居所的「感覺」等，哪怕因此要支付一些額外的費用也可以接受。

庭院旅館相當小（大約一百五十間客房），通常有一個設了九十張座椅的餐廳和遊樂室。它們看起來更像公寓，而不像旅館。客房圍繞在一個中心游泳池周圍，游泳池和客房之間是庭院。客房是按照商務旅客的想法設置的。馬里奧特市場行銷研究顯示客人們不喜歡躺在床上工作，他們想要一個舒服的會客區來與他們的商業夥伴交談。所以每一個庭院旅館客房，都包括一個寫字台和一個單獨的會客室。

馬里奧特繼續進行其他的旅館概念的研究檢測和介紹，包括他的馬里奧特套房、小間客房旅館和平價客棧，它們都是以經濟實惠為定位的旅館概念。在對大量的消費者調查之後，馬里奧特的第一家套房旅館於1987年3月在亞特蘭大開業了。

馬里奧特從對它自身所進行的全國性調查結果中得到啓示，開始著重促銷週末的旅館包裝。調查顯示來美國的73%的旅行者只停留三天或更短的時間，這些短期旅行將近60%是在週末進行的。基於這些調查結果和其他的發現，公司開始在1986年至1987年冬季推出「兩份早餐」的服務，並且從那時起每年都要推出這個節目。1998年的報告提供資料顯示，馬里奧特大部分的旅館，平均每個房間每晚的費用低到了69至89美元，這包括週末連續兩個早晨（星期四的晚上到星期天早晨）為兩個人準備的整套早餐。馬里奧特的研究證實了，美國人的生活方式已從傳統的兩到三週的度假轉變成時間更短、更頻繁的旅行。隨著這些包裝的推出，就表明了馬里奧特事實上正在實行生活方式的市場細分策略，這將在下一章中進行討論。

討論

1.馬里奧特使用了哪一類研究方法？哪一種特定的市場行銷技巧被使用？這些研究發現是怎樣被應用的？

2.馬里奧特公司對於市場行銷研究的使用是其他旅遊與飯店業組織仿效的好例子嗎？馬里奧特所使用的研究方法的優點是什麼？馬里奧特的研究方法怎樣才能在旅遊與飯店業的其他部分被應用？

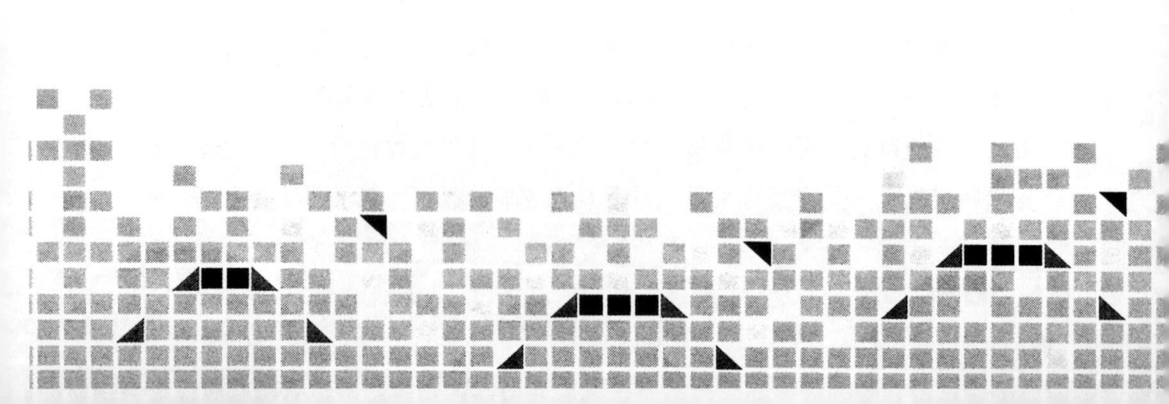

第7章
市場細分及趨勢

一位智者曾經說過，你能使一些人在所有的時間都高興，或者使所有的人在某一段時間裡高興，但卻不能使所有的人在所有的時間裡都高興。這種情況與市場行銷的核心概念之一——市場細分有著異曲同工之妙。

這一章解釋了市場細分的作用和好處，並說明了旅遊與飯店業市場被細分的幾種不同的方法，還評論了今天的旅遊與飯店業市場的趨勢。它解釋了將不同的消費者群分類的傳統依據，並描述了最近比較流行的細分方式。

你曾經考慮過你和你的家人屬於哪些群體嗎？我們不妨這樣開始，先列出你與其他人所共有的要素。問一個問題：「你家在哪裡？」或許你會告訴我一個街道地址和郵遞區號，以及其他的聯繫方式。要知道，可能有成千上萬的人與你住在同一個鎮或同一座城市。再問個問題：「你的年齡有多大？」你知道有許多人跟你一般大，甚至一些人與你是同年同月同日生的。除了家庭住址和年齡，還有一些其他的情況，比如收入、教育背景、家庭組成和宗教等。儘管你自認爲是個特別的人，但事實上，有許多人與你有相同的特徵。

將上面所說的列到一張單子上，你會看到你可以從屬於很多類群體，但是還沒完。你可能還不知道，你與許多人一樣具有相同的文化、次主流文化特徵、相同的心理圖景和生活方式、對某種產品或服務相同的使用頻率和方式，以及喜歡相同的運動等，你與許多人一樣都會從某種產品或服務中找到類似的利益。

到現在爲止你的單子可能已經列到第二頁了，你可能想知道這樣做到底用意何在？其實很簡單，每一個人，甚至是一對雙胞胎，都應該是獨一無二的；但是每一個人都與許多其他人一樣擁有某些共同的特徵，因而被歸到了某個群體之中。有效的市場行銷研究應該確認出那些對我們有利的群體，也就是說我們的服務在這樣的群體中最受人歡迎，當然也應該剔除那些可能對我們的服務置之不理的群體。

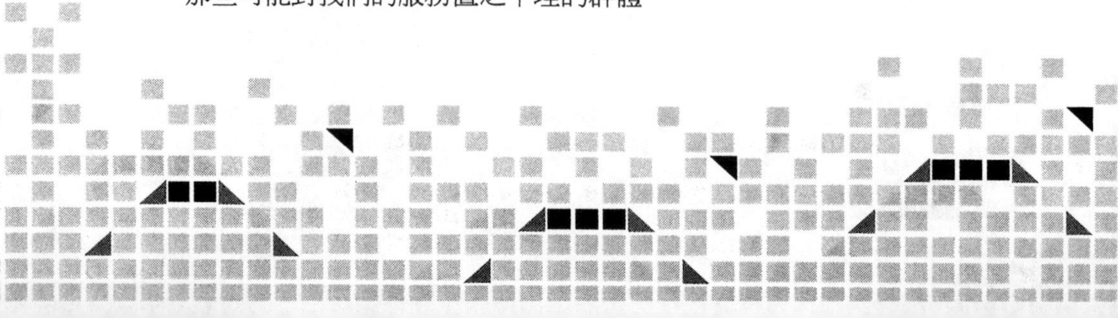

第一節　市場細分的標準和作用

市場細分是指將整個市場劃分成若干個具有相同特徵的群體，這些群體被稱之為市場細分部分，例如，居住在西雅圖的商務旅客是一個具有相同特徵的群體，這個群體中的客戶對某一特定的服務感興趣。目標市場是旅遊與飯店業組織所選擇的市場細分部分，組織會對這一市場集中進行市場行銷活動。

你可以看到，在市場細分中有兩個明顯的連續步驟：

(1)將整個市場分成幾個具有共同特徵的群體（市場細分部分）。
(2)挑選那些組織能夠對其提供最好的服務的市場細分部分（目標市場）。

這個過程被稱之為市場細分（細分這個市場，並且選擇目標市場），它需要許多好的研究資料和分析過程——這在第5章和第6章已經探討過了。

一、市場細分的原因

第1章將市場細分確認為市場行銷的核心概念之一。它將市場行銷的兩種方法比作「步槍」（目標化）和「散彈獵槍」（非目標化），並建議我們使用第一種方法。為什麼呢？市場細分的基本原因就是為了盡力吸引所有的潛在客戶，而非目標化的方法則是一種浪費，因為有一些客戶群體對我們的服務並不感興趣。

好的市場行銷的本質要求就是選擇一些對特定的服務最感興趣的市場細分部分，並瞄準它們來進行市場行銷活動。這與洗牌和發牌有些類似。牌被發給不同的人，不同的人一起來玩牌，而贏家則只有一個。牌呢，就像客戶，能夠以不同的方式被組合，同一群體的客戶可能擁有類似的服飾、價值觀或類似的高貴血統。在玩牌的遊戲中，玩牌的人要以最可能贏的方式來重新組合他手中的牌。他們知道牌的選擇與組合對是否能贏牌很關鍵，有效的市場行銷者認識到這一法則對市場行銷也很適用。

所以，市場細分的主要原因就是以最有效的方式集中市場行銷的人力和資金。想一想「誰」、「什麼」、「怎麼樣」、「在哪裡」和「什麼時候」的問題，可以幫助我們做出選擇。

(1)誰？我們該追求哪一個市場細分部分？
(2)什麼？他們要在我們的服務中尋求什麼利益？
(3)怎麼樣？我們怎樣進行我們的市場行銷活動，以更好地滿足他們的需要和想要？
(4)在哪兒？我們在哪兒促銷我們的服務？
(5)什麼時候？我們什麼時候促銷？

一旦目標市場被選定，還得相應做好其他的決策。經過研究，我們確認了這些群體的需要。接下來所做的事情與攝影有些相似，一旦攝影師選好了客體，他就會去找一個好的攝影環境（光、布景和位置），然後對準客體轉動光圈。要想快速而又清晰地拍攝好一張照片，首先需要一個好的客體，還要有適當的設備、輔助品、合適的攝影環境以及相應的事前準備，並要精確地確定拍攝的時間。有效的市場細分與拍照（片）非常相似。市場行銷者必須知道怎樣吸引、在哪裡吸引，以及什麼時候去吸引已選定的目標市場。當攝影師使用了不恰當的設備或環境，或者沒有做相應的事前準備而急匆匆地拍了一張照片，那麼結果就可想而知了，拍出的片子肯定是模糊不清的。同樣，市場行銷者如果沒有確定恰當的時間來計畫如何（怎樣、在哪裡和什麼時候）更好地吸引目標市場的話，就無法有效地進行市場行銷活動，還會浪費許多人力和資金。

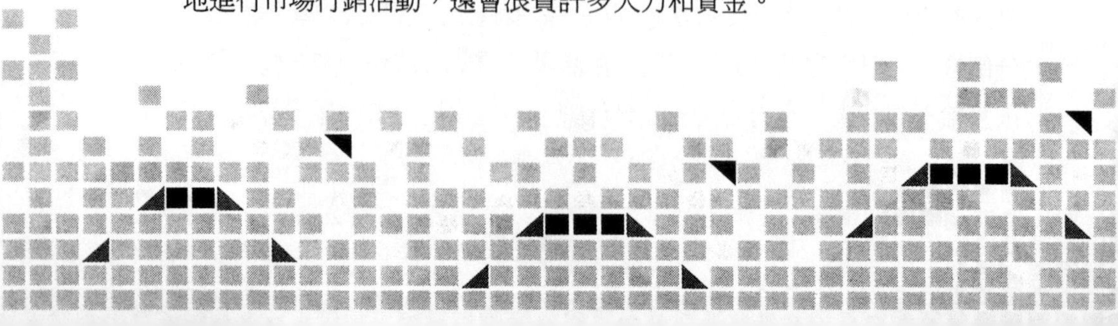

二、市場細分的好處

使用市場細分的好處是：

(1)更有效地使用市場行銷資金。
(2)更清晰地理解所選擇的客戶群體的需要。
(3)更有效地定位（發展一個特定的服務和市場行銷組合，以在目標市場的潛在客戶頭腦中占據一個特定的位置）。
(4)更精確地選擇促銷媒介和技巧。

下面我們來看看經濟划算的旅館概念是怎樣流行起來的，從中你可以看出市場細分的利益所在。旅館的發展商意識到，有一些遊客群體對於典型的路邊假日旅館所提供的整套服務並不感興趣，這些潛在客戶需要比較便宜，而又清潔、舒適的旅館，這樣的旅館只有有限的服務，但位置卻很方便。這些發展商爲了迎合客戶的需求，定位了一種標準化的服務，這種服務由典型的汽車旅館提供，價格比較便宜。更強調「經濟划算」的旅遊者群體成了這些公司的目標市場，公司集中力量來滿足這些客戶的需要，並在最恰當的時間和地點進行促銷活動。「無花邊裝飾」的概念也被其他許多旅遊與飯店業組織成功地使用，這樣的例子包括Rent-A-Wreck租車公司、「最後一分鐘」旅行俱樂部和西南航空公司，速食業市場也被看成是這一相同主題的變異形式。

你現在知道市場細分的利益所在了吧！好，讓我們再來看看一個簡單的例子。西南航空公司在它所有的促銷活動中都使用了相同的標語，你知道那是什麼嗎？如果你說是「低價格的航空公司」，那你就對了。公司非常清楚它的客戶所尋求的利益——便宜的飛行旅程，所以就廣泛地宣傳這一點。西南航空公司在美國人的心目中占據了一個特定的位置，航空公司的低價格和衆所周知的標語給了消費者一個鮮明而又固定的形象。

三、市場細分的局限性

你現在可能感覺每一個旅遊與飯店業組織都應該使用市場細分。在90％以上的案例中，你是絕對正確的。大部分的組織發現細分的市場行銷策略（選擇特定的目標市場，並針對每一個目標市場設置市場行銷組合）是最爲有效的。幾乎所有的全套服務旅館、餐桌服務飯店、航空公司和旅行社都意識到他們的顧客群有不同的需要，對他們應該使用特定的促銷方法。集會／會議計畫人想知道一個旅館是否具有安裝了視聽設備的會議室，而休閒的旅行者卻不會對這樣的服務感興趣；休閒旅行者更可能訂購《旅遊與休閒》這樣的雜誌，而會議計畫人則更喜歡《會議與集會》一類的雜誌。看來細分的市場行銷策略確實意義重大。

現在讓我們來看看速食業者。麥當勞曾經聲明，每一個美國人和加拿大人都曾在它的餐館中吃過飯。當某種服務的吸引力是如此廣泛時，還要對不同的客戶群體使用不同的市場行銷方法嗎？還是應該對所有的客戶使用相同的方法？我們將這個問題留待後敘。

市場細分也具有如下的局限性和問題：

1. 價格昂貴

市場細分最明顯的局限性就是它附加的費用。每一個目標市場都需要得到特別的關注，這就意味著必須擴大服務範圍，並設置相應的價格。要專門設計廣告和其他的促銷，以投合每一個市場細分部分的習慣和喜好；要使用一種以上的分銷管道。因爲每一個附加的目標市場都會帶來額外的成本，所以必須單獨地檢測每一個目標市場，以判斷追求這一目標市場是否值得。

2. 很難選擇最好的細分依據

細分一個市場有許多依據，比如地理位置、旅行目的、人口統計資料、生活方式、所尋求的利益和使用情況等。市場行銷者的困境就是，應該選擇哪一個或哪幾個細分依據，才能使其市場行銷資金獲得最高的收益。對這個問題沒有固定的答案，每一種狀況都需要做仔細的研究和計畫。

3. 很難知道該怎樣精細地或粗略地細分一個市場

市場細分可能會被執行得過了頭。有太多的目標市場與沒有目標市場的效果是一樣的，它們都會造成很大的浪費。一些人發現投入一個特定的目標市場的資金量要高於所產生的回報；另一方面，如果一個市場被劃分得太粗略了，可能就無法有效地達到某個細分部分。這有點像淘金，如果使用細網眼的沙網，則只有最細的沙子才能通過網眼；如果使用的沙網網眼較大，就只能網住較大的顆粒了。只對幾個目標市場進行市場行銷與用網眼大的沙網採金類似——一些潛在客戶從市場行銷者的手中漏了出去；而對很多目標市場進行市場行銷，則與使用細網眼的沙網淘金類似，在這種情況下，幾乎所有的潛在客戶都被網住了，但組織卻很難分辨出哪一個目標市場更有價值。採礦者使用網眼太小的沙網可能並不會發現更多的金子，同樣，如果市場細分被執行得過了頭，市場行銷者就有可能只發現價值有限的市場細分部分。

4. 傾向於吸引那些不可行的市場細分部分

有些市場細分部分是不可行的。比如說，沒有特定的促銷和廣告媒體可以接觸到的市場細分部分、群體規模太小的市場細分部分（進行投資不太合理）、變化無常的市場細分部分，以及被一家或幾家大公司控制的市場細分部分（對於一個新來乍到的公司來講，追求這些部分會很昂貴，而且幾乎沒有回報）。

四、有效細分的標準

你現在知道了什麼是市場細分的陷阱了，但它們怎樣才能被避免呢？答案就是要仔細地篩選目標市場，以確保它們符合下述八個標準：

1. 可測量性

選擇一個不能被測量的目標市場是不明智的。本書強調了要用數字化的詞彙來設定市場行銷目標，並要測量市場行銷計畫的結果。如果市場行銷者僅能猜測出一個目標市場的規模，就無法知道什麼水準的投資是合理的，同樣，測量市場行銷計畫的結果也就沒有了充分的依據。

2. 有實質價值

一個目標市場必須足夠大，以保證對其單獨的投資。要大到什麼程度呢？答案就是它必須產生高於投資量的附加利潤。

3. 可接近性

市場細分的實質就是能夠選擇並接觸特定的消費群體。但是，有一些目標市場無法按照市場行銷者想要的精確度被接觸。在這種情況下，對服務不感興趣的客戶群體也會得到促銷訊息，從而造成了人力和資金的浪費。

4. 可防衛的

在有些情況下，可以對兩個或兩個以上的目標市場使用相同的市場行銷方法。但是，市場行銷者必須確保每一個目標市場都能得到單獨的關注。市場行銷者必須充滿信心，讓自己的每一個目標市場都具有可防衛性，不會受到來自於競爭對手的衝擊。

5. 持久性

一些市場細分部分是短期或中期的，這就意味著他們只能存在不到五年的時間。有些市場需求是變化無常的，只能在短期內流行。對呼拉圈、麥可．傑克森、迪斯可舞廳和滾軸溜冰的狂熱，就是這樣的實例。儘管有一些項目的冒險盈利性可能很大，會很快地對投資產生足夠大的回報，但大多數項目都無法收回投資。謹慎的市場行銷者應該確保每一個目標市場都具有長期的潛在購買力。

6. 競爭性

我們的服務在市場細分部分中應該具有競爭力。市場行銷者必須長期地、仔細地觀察所選定的目標市場，以判斷他們提供給消費者的服務／產品是否是獨特的。服務越精確地滿足特定的市場細分部分的需求，就越可能獲得成功。如果服務不能很好地滿足消費者的需要，那麼追求這個市場細分部分就毫無意義了。

7. 同質的

將整個市場分成幾個市場細分部分，組織必須確保細分的市場部分各不相同，也就是說要儘可能不同質。但同時，也要確保在每一個市場細分部分的客戶都相似，或者說儘可能同質。

8. 可相容的

當一個組織選擇一個目標市場時，它必須確保這個市場不論怎樣都不能與業已存在的市場相衝突。這就意味著要確保一個新的目標市場與已經存在的顧客組合（一個組織所服務的目標市場的組合）相容。

五、市場細分在市場行銷策略中的作用

你可能記得先前我們討論過的細分的市場行銷策略，並且你可能還會想起第3章所講的策略市場行銷計畫。儘管第8章仔細描述了市場行銷策略和定位，你還是應該知道市場細分在策略選擇過程中的重要作用。

市場細分在選擇和詳述一個市場行銷策略中發揮著核心作用。事實上，一個策略決策通常涉及選擇一個單獨的目標市場、一些目標市場的組合，或者決定忽略細分的差別（無差別的市場行銷）。爲集中人力和資金而選擇目標市場是一個長年的決策，它要依賴於狀況分析和市場行銷研究每年所做的報告。

第二節　市場細分的依據

該使用什麼依據來將一個市場分成幾個部分呢？這是所有的旅遊與飯店業組織所要面對的最困難的問題之一，它對市場行銷的有效性很重要。可選擇的依據很多，包括如下七個大類：(1)地理因素；(2)人口統計；(3)旅行目的；(4)心理圖景；(5)行爲；(6)相關產品；(7)分銷管道。

這七大類的每一種都包括幾個可選擇的特徵，可以用來將市場分成幾個部分。例如，一個飯店可以使用地理細分依據，將它的潛在客戶按照他們的郵遞區號、電話的頭三位數、他們居住的環境或者街道地址進行分類。因爲可以使用七大類的不同組合，例如，地理、人口統計和旅行目的這三項細分依據可以組合在一起，可行的選擇組合能達到一百多個。如你所見，從這些廣泛的可能性中選擇，是市場細分的一大難題。在描述每一個細分依據之前，你應該認識到細分的三個不同方法：

單一階段的細分　如果你只選擇了一個細分依據進行市場細分，那麼就屬於單一階段的細分。例如，一個旅行社可能將它的潛在客戶群分成快樂旅行者和商務旅行者（旅行業的細分依據）。

兩個階段的細分　在初級細分依據（決定顧客選擇某項服務的最重要的特徵）被選擇之後，再用第二種細分依據進一步細分市場。傳統上旅館業透過旅行目的分割他們的市場，再使用地理因素更精細地指明目標市場。

多階段細分　初級細分依據被再次選擇，但是還要使用兩個或更多的其他的細分依據。例如，旅館透過旅行目的分割它的市場，它所確認的一個細分部分是會議市場；由於它的會議室容量有限，所以旅館進一步縮小它的聚焦範圍，只考慮開會人數小於一定數字的協會或公司；最後，它使用地理因素來指明這些組織的位置。

這三種方法哪個最好？通常，使用兩個階段或多個階段的細分方法會更有效。專家們認爲對於初級細分依據的選擇在有效的市場細分中至關重要，它應該是最能影響客戶購買行爲的某種特徵。下面我們來具體分析市場細分可選擇的七個重要的依據。

一、地理細分

這是在旅遊與飯店業中使用最廣泛的細分依據。地理細分意味著按地理位置將市場分成幾個客戶群體，區域可以很大（例如，幾個國家或大洲）

或者很小（例如，居住地的周圍環境）。一些旅遊市場行銷組織，包括美國旅遊局和加拿大旅遊局，使用國家作爲初級細分依據；而另一方面，飯店則需要較爲精細的和具體的地理位置來作爲細分的依據，比如他們城鎮的郵遞區號等。

爲什麼地理細分如此流行呢？首先，它很容易被使用，有全世界都可以接受的地理區域概念，地理市場又能很容易地被測量，並且通常對於這些市場有許多可以使用的人口統計、旅行和其他的統計資料。這種細分如此流行的另一個原因就是，大部分的媒介（電視、電台、報紙、廣告板和一些雜誌）都服務於特定的地理區域，將促銷訊息對準目標客戶群就不可避免地要涉及對地理細分的使用。在一個或多個國家內進行市場行銷的組織會感到不同的國家或居住地區有不同的行爲模式。

表7-1列出了細分所使用的不同的地理因素。地理因素的實際選擇要受到貿易區域〔某個地理區域，在此一個組織或與它類似的組織可以吸引它（們）的大部分客戶〕的影響，許多旅館、遊樂場、航空公司和旅遊目的地都有一個涵蓋幾個國家的國際貿易區域。而其他的，比如速食和客棧連鎖經營，其優勢市場則在國內。更多地方經營的企業，比如獨立經營的飯店和旅行社，其貿易區域則更爲狹窄，只包括幾個街區。

表7-1　地理細分中所使用的因素

<table>
<tr><th rowspan="3">1.社區水準</th><th>2.州／省／郡水準</th></tr>
<tr><td>・郡
・州／省</td></tr>
<tr><th>3.國家和國際水準</th></tr>
<tr><td>・周圍鄰居
・郵遞區號
・大都市的統計區域
・主要影響的區域
・市場區域
・運輸區城
・貿易區域
・城市／城鎮</td><td>・地區
・國家
・大洲</td></tr>
</table>

二、人口統計細分

人口統計細分意味著在人口統計的基礎上將市場進行分割，這些統計數字——主要來自於統計調查訊息——包括年齡、性別、平均收入水準、家庭規模與結構、職業、教育水準、宗教、人種／民族、住宅種類和其他因素。其他的變化性因素，比如家庭生活週期階段、有效的購買收入和購買力指標，都是建立在人口統計的組合資料基礎之上的。

人口統計和地理細分都是由於相同的原因而流行起來的。統計資料是現成的，而且很容易使用。人口統計，伴隨著地理細分一起被使用是很普遍的，被稱之爲地理人口統計細分（使用地理和人口統計特徵的兩個階段的細分方法）。

三、旅行目的細分

第5章介紹了旅行目的細分的概念（根據客戶旅行的基本目的將旅遊與飯店業市場進行細分）。這種細分依據的使用是很廣泛的，旅館、飯店、旅行社、航空公司和旅遊目的地的市場行銷組織傳統上都使用它作爲細分依據的一部分。

初級細分依據代表了對客戶行爲最具影響力的因素。將旅遊與飯店業市場分成兩個主要的群體——商務旅行市場和休閒旅行市場——這是被普遍接受的。商務人士喜歡離他們商務活動地點較近的地方，在旅行時，他們會去尋找靠近商務活動地的旅館；花自己錢的休閒旅行者比商務旅行者對價格更敏感。所以旅遊與飯店業組織都將旅行目的作爲初級細分依據，並經常採用兩個階段或者多個階段的細分方法。

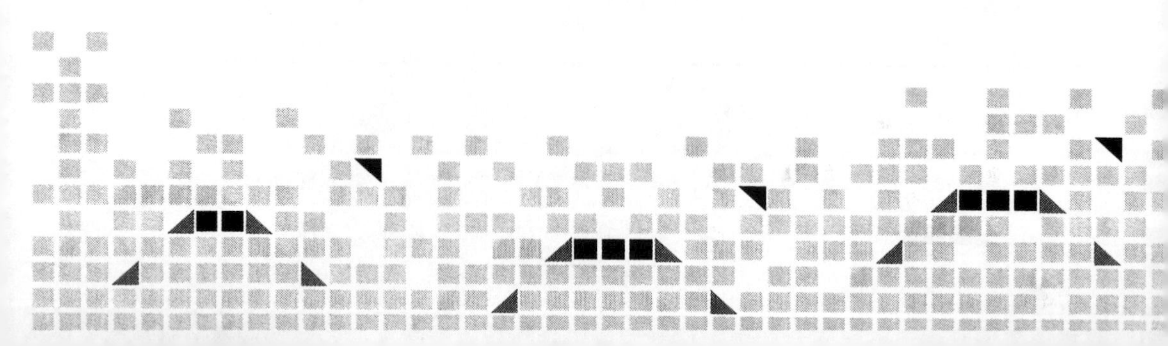

四、心理圖景細分

這種細分形式最近比較流行，它是建立在對人們的生活方式的判斷基礎之上的。生活方式是一種具有特定生活態度的生存形式，這包括人們花費時間所做的事（行動）、他們認為重要的事（興趣），以及他們怎樣感覺他們自身和他們周圍的世界（觀念）。

人們的行動、興趣和觀念是各不相同的。你在大學裡所做的事與在家中、在度假時或者晚間外出時所做的事肯定是不一樣的。你可能有許多興趣，一些是在校園生活中進行的，一些是你所喜愛的嗜好、運動或者其他的休閒活動。你也擁有各種各樣的觀念，比如說對教育體系、政治事件、特定的產品／服務、社會問題以及環境，你都有特別的看法。**表7-2**是一組大部分人所共享的行動、興趣和觀念。

當我們使用人口統計和地理細分依據時，可以遵循相應的較固定的定

表7-2　大部分人共享的行動、興趣和觀念

行動	・工作 ・嗜好 ・社會活動 ・度假 ・娛樂	・俱樂部活動 ・社區活動 ・購物 ・運動
興趣	・家庭成員 ・家 ・工作 ・社區 ・娛樂	・時尚 ・食品 ・媒體 ・成就
觀念	・他們自身 ・社會問題 ・政治 ・商務 ・經濟	・教育 ・產品 ・未來 ・文化

義和法則。在旅遊與飯店業中，人們對旅行目的細分的理解也很相似。可心理圖景細分卻沒有統一的標準，有許多方式可以定義或描述心理圖景或生活方式細分。

一個組織可以在市場行銷的基礎上發展自己的心理圖景細分，可以發展一組與客戶的行動、興趣和觀念相關的問題，然後使用因質或聚類分析，將對特定問題有類似回答的人歸到一個市場細分部分。例如，美國旅遊局和加拿大旅遊局聯合對潛在客戶進行了一次研究，其中的部分工作是將法國、日本、英國、德國和其他國家的遊客細分成不同的「旅遊理念」群體。這些國家的被採訪者需要回答有關他們對旅遊的認識和感想之類的問題，然後研究者對問題的答案進行了聚類分析，並由此確認了七個市場細分部分。

儘管心理圖景細分較之地理、人口統計和旅行目的細分是更爲複雜的方法，並且被認爲是對顧客行爲較好的預測工具，但是它主要的缺點之一就是缺少一致的細分標準。另一點需要小心的就是它不能單獨被使用，它必須是兩個階段或者多階段細分方法的一部分。儘管心理圖景能夠作爲初級的細分依據，但是其他的因素，比如地理和人口統計特徵也必須被用來指明目標市場。

五、行爲細分

行爲細分是透過客戶的使用頻率、使用時機、使用情況、所尋求的利益和品牌偏愛狀況來細分一個市場。

1. 使用頻率

使用頻率細分意味著以一種服務被購買的次數爲基礎，或者以每一個細分部分占總體需求的份額爲基礎，來對整個市場進行劃分。像心理圖景細分一樣，這一概念在旅遊與飯店業也很流行。它建立在一個簡單的認識基礎之上，即有一些細分部分，其中的客戶傾向於比其他人頻率更多地購買特定的服務或產品。因爲這些細分部分通常在一個組織的業務中占據很大的份額，所以對他們投入大比例的市場行銷資源是很有意義的。下面我們來看一下有關啤酒消費的實例。一個在1962年所進行的研究調查顯示，美國有88%的啤酒是由16%的人口來消費的。這一細分部分被定義成高強度使用部分，也就是說小量的使用者卻購買了大部分的產品或服務。這個研究也定義了「輕度使用者」和「非使用者」市場細分部分。在啤酒消費的實例中，非使用者占人口的68%，而輕度使用者則占人口的16%，這些人消費的啤酒量占總消費量的12%。

直到二十世紀七〇年代，旅遊與飯店業才開始使用這種細分方法。然而，由於航空業的非管制狀態、過剩的旅館業環境、資料庫市場行銷流行性的提高和其他因素所引起的劇烈競爭改變了這一切，組織開始更加關注老客戶以及他們重複使用服務的次數。研究顯示有一些客戶旅行的頻率超過平均水準，這些人被稱之為「頻繁的旅行者」。幾乎所有主要的航空公司和旅館現在都對頻繁使用他們服務的客戶給予特別的回饋。假日旅館的優先俱樂部創立於1983年，它是美國旅館業進行這種活動的第一例。美國航空公司經常會收到一些可以打折的信用卡，這些信用卡是為鼓勵重複購買而特製的；租車公司也介紹了同樣的活動，其他的供應商也開始加以效仿。這些活動的目標很簡單，即鼓勵頻繁的旅行者重複使用租車公司的某項服務，並建立對這個公司「品牌」的偏愛。

在北美，對於頻繁的旅行者活動的主要焦點是在商務旅行者身上。由美國旅遊資料中心為《每週旅遊》所做的頻繁的旅行者調查報告可以揭示其中的原因，它發現有四百萬美國居民每年要進行十次或十次以上的商務旅行，儘管他們只占整個商務旅行者的11%，但旅行量卻占據1995年至1996年所有商務旅行的45%。這些頻繁的商務旅行者中每一個人每年都有平均十六．九次的商務旅行，大約每三週一次。相同的調查報告發現，13%的商務旅行者參加了航空公司的「經常飛行」活動，7%的商務旅行者參加了旅館的「經常住宿」活動，還有7%的商務旅行者則參加了租車公司的「經常租車」活動。根據美國旅行資料中心顯示，頻繁飛行的旅行者的90%都是商務旅行者。

由美國飯店和汽車旅館協會所做的1998年的旅館客戶調查報告強調了頻繁旅行者（在過去的十二個月中做了五次或五次以上旅行的群體）對旅館的重要性。這些頻繁旅行者中32%的人在1998年做了十幾次旅行，他們中35%的人一年中在旅館住了三十一個或三十一個以上的夜晚。由航空運輸協會在1996年所做的調查報告發現，在美國國內旅行的乘客8%的人在1996年飛了至少十次。儘管頻繁旅行者所占乘客總數的比例很小，但是他們的旅行量卻占據了整個航空旅行的46%。

「使用頻率」的細分方式對市場行銷者有很強的吸引力——對頻繁的使用者進行市場行銷的資金投入，要比投在其他的目標市場上產生更好的回報率。儘管這看起來好像很合乎邏輯，但仍然應該謹慎一些。有些頻繁的旅行者可能會選擇不同於常規的旅程，以使自己顯得與衆不同。顯然，並非所有的頻繁旅行者都相似，所以還需進一步細分。這樣，伴隨著心理圖景細分，「使用頻率」應該被選擇作爲兩個階段或多階段方法的一部分。例如，使用頻率、旅行目的和地理細分的組合，對許多旅遊與飯店業組織來講是非常有效的。在我們行業中增加對電腦資料庫的使用，可以幫助市場行銷者指明目標市場。

這一細分的另一個潛在的缺點就是會引起對於頻繁旅行者業務的劇烈競爭。這一方法傾向於將大部分注意力集中到對產品／服務使用強度高的客戶身上，而遠離旅遊中介、輕度使用者和非使用者。而事實上，一些組織如果瞄準其他的市場細分部分，也會取得巨大的成功。

2. 使用情況及潛在性

客戶可以根據他們對服務的使用情況被劃分成幾個群體，可以使用這一依據將市場分成非使用者、以前的使用者、經常的使用者和潛在的使用者。另一個應用就是可以根據他們購買一個組織的服務次數來劃分客戶（例如，第一次客戶、兩次客戶等等）。

在旅遊研究及市場行銷中，有更多的注意力放在了潛在旅行者身上，一些專家稱之爲「使用潛在性細分」。通常，要對還沒有拜訪或者使用服務的人做一下研究。在客戶回答的基礎上，他們被分成了高、中和低這三種潛在性使用者。顯然，高潛在性使用者的細分部分會得到最多的關注。

當這種方法用在旅遊與飯店業中時，它就傾向於是兩階段或多階段細分方法的一個部分（例如，地理、旅行目的和使用情況及潛在性的細分組合）。

3. 品牌偏愛

品牌偏愛是在旅遊與飯店業中剛開始進行的一個概念，儘管它在消費品工業中已經存在好幾年了。根據客戶對某一待定品牌的偏愛以及他們對於競爭對手品牌的使用，可以將他們分割成幾個部分。有四個品牌偏愛的細分部分：忠貞的偏愛者、部分的偏愛者、轉換的偏愛者和易變的偏愛者。來看一個旅館業的例子，忠貞的偏愛者是那種只要離家在外，就待在某一品牌（比如假日）旅館的人。部分偏愛者是那種一致地使用兩種或三種旅館「品牌」的人，例如，假日旅館、馬里奧特和平價客棧，這個人的偏愛在這三種旅館連鎖店中被分割。轉換的偏愛者是那種週期性地將偏愛從一個品牌轉換到另一個品牌上的人，例如，這個客戶可能連續三次都待在假日旅館，而下三次則待在馬里奧特，然後再回到假日，如此往復。易變的偏愛者對任何特定品牌都沒有偏愛，這些人可能是中間商，或只是簡單地喜歡多種多樣的品牌，任何吸引他們的努力通常只有短期的利益。

另一種品牌偏愛的細分方法，如圖7-1所示。這個矩形陣的創始人認識

停留頻率 ＼ 態度	正面	中性	負面
經常	眞正的偏愛	人爲（不自然）的偏愛	
偶爾	部分的偏愛	高度的異變性	
很少	非意識的不偏愛	潛在嘗試者	放棄目標

圖7-1　旅館偏愛矩形陣

到，即使一個旅客經常待在某一特定的連鎖旅館中，他也可能並不偏愛那個連鎖店。事實上，他可能對那個連鎖店只持中性的態度，甚至很討厭它。「眞正的偏愛」，指的是經常待在某個旅館連鎖店中，並對這個公司持正面的欣賞態度。圖7-1展示了九種品牌偏愛的細分部分，它將「停留頻率」和「態度」作爲兩把斧頭，使矩形陣分成了九個部分。九個部分需要不同的市場行銷方法，最終的目的就是吸引高比例的「眞正偏愛」的客戶。

「品牌偏愛細分」概念在旅遊與飯店業已成了一個熱門話題，尤其是在旅館連鎖店、速食公司和航空公司。儘管品牌偏愛細分的使用在目前是有限的，但在未來它將變得更流行。

4. 使用時機

以使用時機爲基礎的細分方法是根據客戶的購買時間以及購買目的，將他們分成幾個部分。在此，主要的旅行時機是商務、度假和其他的家庭或個人原因。使用時機細分的一個經典實例就是蜜月旅行，當一對情侶結婚時，通常都要進行這一傳統的節目。針對週年紀念、生日、退休、假日以及授獎所舉行的特別宴會，是飯店與旅館業的另一個使用時機的細分部分。

5. 利益

許多市場行銷專家認爲利益細分是最好的細分依據。它根據客戶從特定的產品／服務中所尋求的利益而將他們分成幾個部分。爲什麼這種形式的細分如此有效呢？答案就是人們不僅是在買服務，更是在買這種服務所包含的一整套利益。

利益細分觀念的創建者曾經說過，利益可以促動購買行爲，而其他的細分依據則僅僅是描述性的。換句話說，利益應該被選作初級細分依據，與其他的依據諸如旅行目的、地理位置和人口統計因素組合使用來更精確地確認目標市場（兩階段或多階段方法）。

儘管在旅遊與飯店業中有許多研究方法，可以用來確認客戶在特定的服務中所尋求的利益，但是利益細分的使用直到今天還是很有限的。例如，對旅館客戶的研究顯示，位置、清潔和價格是客戶選擇旅館的三個首要因素；會議計畫人也從研究中得知，食物的品質和相關的服務是會議旅行者所尋求的最重要的利益之一；而對於商務航空旅行者來說，便捷、較低的價格和準時啓程則是十分重要的。問題是，儘管存在這方面的研究訊息，但很少有市場行銷者去確認和追求特定的利益細分部分。看起來好像許多人都在使用這種方法，但事實上，他們只是在宣傳與客戶所尋求的利益相關的產品／服務的特徵罷了。與心理圖景細分一樣，這種細分的主要缺點之一就是缺少一致的旅遊與飯店業利益細分的定義。儘管牙膏市場有幾乎全世界都接受的利益細分依據，可是我們行業卻沒有。

六、與產品相關的細分

與產品相關的細分使用某些服務／產品的特徵來將客戶進行分類，它在旅遊與飯店業中是比較流行的。想一想速食業市場、激勵性旅遊市場、遊輪業市場、滑雪市場、經濟型旅館市場、全套服務旅館市場、包價旅遊市場、奢華旅遊市場、賭博娛樂業市場等是根據什麼劃分的？顯然，是根據特定的服務對不同客戶的吸引力來劃分的。

與產品相關的細分和「品牌」細分在這個行業中變得越來越流行。這在二十世紀八〇年代的北美旅館業體現得最爲明顯，主要的公司，比如馬里奧特、假日等，都在公司的大旗下經營不同種類的資產。馬里奧特有它的馬里奧特庭院式旅館、平價客棧和馬里奧特套房旅館等。越來越多旅館形式的出現，是由於競爭的加劇，以及市場行銷者對於不同資產形式會吸引不同人群的認識的提高。

你可能在想這種細分依據似乎具有以生產爲導向的特徵，而這是我們以前所批評的。客戶的需要、想要和所尋求的利益難道不應該比服務本身更重要嗎？你的想法是正確的，我們並不主張單獨使用與產品相關的細分。事實上，它是描述以特定的旅遊與飯店業服務來滿足特定的客戶群體需要／想要的一種方法。例如，創建全套服務旅館概念就是爲了滿足長期住宿的旅客的需要，特別是那些出門在外的經理或董事長的需要。速食業概念的出現，就是為了迎合顧客對於便宜、高品質、標準化和快速就餐的需要。

與產品相關的細分應該作為兩階段或多階段細分方法的一部分來使用，而且只有服務的使用者具有與非使用者顯著區別的特徵時，或者透過一種促銷形式可以被直接接觸到時，這種細分才會有用。

七、分銷管道細分

分銷管道細分與前面所講的六種細分依據不同，因為它所細分的是旅遊貿易中介，而不是客戶。第2章講了服務和產品在分銷管道上的主要差別，第13章又詳述了旅遊與飯店業的分銷管道。兩個章節共同強調了一點，那就是旅遊與飯店業組織可以在下述三點中進行選擇：(1)直接對顧客進行市場行銷；(2)透過中介組織進行市場行銷（例如，旅行社）；(3)是(1)與(2)的一種組合。對於客戶和中介組織的市場行銷，應該使用不同的方法。

旅遊中介或者旅遊貿易具有不同的特徵和功能，透過這些特徵和功能將其細分就是分銷管道細分。旅行社主要是來零售旅遊與飯店業服務的，旅遊計畫人可以為客戶組裝激勵性旅程，而旅遊批發商則可以發展和協調旅遊和度假包裝，這三類組織的規模、所服務的地理區域、專業化程度以及與供應商打交道的政策等都各不相同。旅遊與飯店業組織應該仔細考慮，該選擇哪一個分銷管道的細分部分來配合自己的目標市場。也就是說，旅遊與飯店業組織應該先將客戶細分，然後再將分銷管道細分。

下面我們用一個實例來進一步闡釋這個做法。例如，有一個主題公園，傳統上一直對客戶直接進行市場行銷，但後來它開始尋找旅遊中介來促銷其非高峰期的活動節目。這個公司首先調查了它的顧客，確定出可以提供主要業務量的城市或城市的街區（地理細分）。然後，公司找出了這些城市中的一些旅行社，要麼這些旅行社的專業區域是主題公園所在的旅遊目的地，要麼他們具有很高的度假旅遊量，要麼他們的總體旅遊量很大，要麼就是三者的組合。最後，公司經理會與旅行社接觸，給它們一定的佣金，讓它們代爲促銷公園的新節目。

儘管有一些組織（例如，旅遊批發商）只與旅遊中介打交道，但大部分的組織都需要既對客戶又對中介進行市場行銷。分銷管道細分可以使目標市場與最合適的分銷群體相連接。由於分銷管道細分本身的特徵，它總是被用來作爲兩階段或多階段細分方法的一部分。

第三節　市場變化趨勢與市場細分

許多幽默大師將二次大戰後的一段時期（從1946年到二十世紀六〇年代）描述成媽媽、爸爸、兩個孩子、一隻狗和一輛旅行車的時期。這個所謂的家庭市場成爲大部分市場行銷者的促銷目標。在這段時期內，許多以家庭命名的連鎖店，包括假日旅館、迪士尼和麥當勞都開始營運。自二十世紀六〇年代起，世界發生了劇烈的變化，這種變化使得旅遊與飯店業市場比以前分割得更加細致。儘管家庭市場仍然很強大，但還有許多其他可以追求的目標市場。這樣，細分技巧的正確使用在市場行銷中就變得越來越重要了。

一、市場需求變化趨勢

在二十世紀五〇年代，我們的行業強調標準化，也可以說是「同一性」。今天所強調的則是它的反面，即多樣化。市場行銷者從客戶行爲的變化中發現了這一點，並快速作出反應，以滿足這一新出現的需求。市場趨勢指的就是供需趨勢，讓我們先來看看需求趨勢。旅遊與飯店業的需求趨勢有六個重要的變化：

1. 需求變化中的年齡結構

北美人口在老齡化，這對我們行業來講應該是正面的趨勢，因爲這樣就有更多獨立而又有經濟能力的旅行者和外食的顧客。

市場行銷者應該特別關注這兩個人口統計細分部分，一個是「嬰兒潮」時出生的人，一個是年齡在五十五歲以上的人，他們的增長水準已經超過平均値。「嬰兒潮」時出生的人就是那些在1946年至1964年間出生的人，即戰後出生的人。截至2000年，他們將達到三十六至五十四歲。「嬰兒潮」時出生的人被如此關注，是因爲他們被預計到2000年，將占據人口的39%。「嬰兒潮」時出生的人與他們的父母不同，他們是經常的旅行者，並認爲旅行是一種必需品而非奢侈品。

在1900年到2010年這二十年中，最高的人口增長率將出現在年齡五十五歲或五十五歲以上的客戶群體中。這些老年人截至2000年會達到五千九百萬，到2010年會達到七千五百萬。他們較之他們的前輩有更多的錢、更高的教育水準、更好的身體，而且更想出外旅行。對於旅遊與飯店業的市場行銷者來說，他們是一個規模巨大而且吸引力在不斷增長的目標市場。

許多航空公司、旅館、租車公司和飯店連鎖店都在發展並向較老的顧客促銷他們的特別活動。例如，假日旅館預計在它的老年顧客活動中，有將近一百萬名年齡五十五歲或五十五歲以上的成員，而天天旅館的天天俱樂部則有二十五萬名會員。許多飯店也開始行動，給年長的就餐者提供優惠價格。旅遊與飯店業組織正在《現代成年人》這一雜誌上做廣告，其目標市場就是年長的消費者。《現代成年人》雜誌是由美國退休人協會（AARP）出版的，在1997年上半年全美消費者雜誌訂閱量統計中發現，它所擁有的訂閱者最多。美國有幾個協會，尤其是AARP，在安排並向他們的成員促銷旅遊項目上很活躍。AARP有它自己的AARP旅遊服務，它可以提供整套的旅遊，其中包括在北美和歐洲的導遊服務。

2. 需求變化中的家庭結構

現在的家庭結構有了更大的多樣性。從1990年到2000年，單身家庭和單親家庭的增長比率要快於夫婦式的家庭。結婚夫婦的比率從1990年的

56.3%下降到2000年的53.2%。有孩子的家庭數量從1990年的二千四百四十萬下降到2000年的二千一百三十萬。

「單身」市場比家庭市場引起商家更大的關注。結婚以後的高離婚率，以及更多單獨生活的老年人，是單身成年人數目增長的原因。在二十世紀八〇年代，離婚比率已達到歷史最高點。1985年的一份調查預測，60%三十歲左右的婦女和32%的早婚青年（不到二十歲）都將面臨離婚問題。

許多旅遊與飯店業的市場行銷者將單身市場作爲首要的目標。Club Med作了這一行動的先驅，隨後幾個其他的公司也進行了相同主題的活動。你可以查看一下你當地雜貨店的貨架，就會發現許多特別的包裝上寫著「僅供單身者」使用的字樣。

3. 需求變化中的家庭作用和責任

婦女在北美社會中的作用正在發生著變化。就業的婦女人數越來越多了，在美國就業的已婚婦女入數在過去的三十年裡急劇地增長。在1960年只有30.5%的已婚婦女就業，而到1988年就業婦女則達到56.5%，到2000年預計會達到62.6%。旅遊與飯店業感受到了這一趨勢的影響力。1970年旅遊調查顯示，婦女旅行者占總商務旅行者的比例小於5%，到1997年，這一比例突增到40%。一些專家相信截至二十一世紀早期，婦女將占據商務旅行者總人數的45%至50%。大部分組織認識到，婦女商務旅行者是商務旅行市場中增長最快的市場細分部分。爲了順應這一潮流，許多旅遊與飯店業組織都修改了他們的設施和服務，以更有效地滿足職業婦女的特別需要。這些變化包括額外的裙子掛鉤、更多的化妝用品、吹風機、房間中可以照全身的穿衣鏡，以及二十四小時房間服務。還有一些旅館更別出心裁，他們爲自己的旅館特設了一個婦女經理的樓層。

職業婦女人數的增長導致了雙薪家庭的增長。全美幾乎一半的家庭屬於雙薪家庭，這給家庭的餐飲習慣和度假模式帶來了深遠的影響。工作計畫及其責任使得人們的時間越來越緊張，於是人們對旅遊的便捷性和外食有了大量的需求。一些歷史學家把二十世紀九〇年代看成是進入二十一世紀的「動力推進期」，此時有越來越多的北美人在小旅館的餐廳內吃飯，微波爐在家庭中的使用也很普遍。最近一些年，週末外出和其他簡短的度假又流行起來了，因爲有一些繁忙的夫婦修改了他們的工作計畫。

4. 消費群體少數派的重要性在增加

人種和民族的少數派以高於平均線的比率在增長，越來越受到市場行銷者的關注。根據1990年的統計調查報告，美國12.1%的人口是黑人，同時還有9%的人將自己歸類爲拉丁美洲人（他們中的一些也是黑人），多數派（白人、非拉丁美洲人）在1990年占全美總人口的75%。目前少數派的人口比例增長很快，主要是由來自於拉美和亞洲的新移民造成的。

在本行業以內和以外的幾個公司透過瞄準一個或多個少數派群體進行市場行銷取得了極大的成功。另外，少數派的人種或民族更多地成爲商業廣告的主角，促銷活動中也越來越多地使用拉美語言。

5. 需求變化中的社會／文化模式和生活方式

北美的文化模式也發生了徹底的變化，美國人較之以前在社會和文化方面有了更大的多樣性。大部分專家認爲這是由於財富的增長、教育水準的提高、脫離日常生活複雜性願望的增長，以及對清教徒／基督徒信仰接受程度的降低造成的。一些變化如下所示：

(1)更強調身心健康的提升和外形的健美。
(2)更多地使用休閒和度假時間進行自我提升。
(3)更多快樂主義的生活方式和度假。
(4)更多地強調婦女的職業成就。
(5)更流行回歸自然的經歷和生活方式。

下面我們來看幾個例子。「健康狂熱」在北美的生活中是顯而易見的。人們進行更多的運動，對營養更加關注，並且躲避著諸如香煙和烈酒這樣對健康有害的東西。飯館中的禁煙區部分，以及旅館中的禁煙樓層或房間是很普遍的。在美國和加拿大的國內班機中，吸煙是被禁止的。低酒精含量的飲品，比如葡萄酒和低度啤酒，其銷售量正在增長，而烈酒的銷售量則在下降。低熱量和不含咖啡因的軟飲料現在占整個軟飲料市場很大的份額。低熱量或低糖的菜餚現在在許多飯館都很流行。另外，更多的旅館正爲他們的客人提供運動設備或者是全套的健康俱樂部。每一個城鎮或城市都有一個或多個健康俱樂部，以及數目衆多的「健康膚色」沙龍（將皮膚曬黑）。每年都有更多的人在健美療養區度假，以提升他們的外觀、身心健康水準或調整他們的飲食結構。

人們越來越希望能利用休閒時間來提升一些特別的技巧或者擴大教育面。許多遊樂場提供了特別的活動，包括網球和高爾夫球教程，以及旨在加強攝影和美食烹飪技術的課程。成年人現在對進一步推進他們的教育更感興趣。

6. 對於特定的旅遊替代品的需求在增加

旅遊與飯店業這部分的增長率已經高過了平均値。由於客戶需求的增加，而導致了更大的供給量。這些包括遊輪業、會議市場、激勵性旅行、汽車旅行、賭博娛樂旅行，以及剛才提過的短期小旅行和提升教育／技巧的度假。

二、市場供給變化趨勢

在過去的二十至三十年中，公衆的需要和喜好都發生了很大的變化，這爲旅遊與飯店業組織提供了廣闊的市場行銷機會。此行業爲特定的目標市場提供了一系列的創新服務，他們已經學會了實行市場細分。有十種特定的供應趨勢値得注意。

1. 更加重視經常的旅行者

剛才已經提到的一個供應趨勢，就是航空公司、旅館、租車公司甚至是一些信用卡公司越來越注意經常性的旅行者。幾乎每一家航空公司和主要的旅館連鎖店都對經常使用他們服務的人進行獎勵。在二十世紀八〇年代末期，開始出現國內和國際航空公司之間互惠的活動項目。在1993年，像馬里奧特和假日旅館這樣的旅館公司在他們的經常停留的規劃活動中提供給客戶在指定航空公司進行經常飛行的選擇權。一個複雜的相互獎勵的活動網絡被進一步發展了。

2. 更加注意營養和健康的需要

本行業眞正地關注那些關心健康的旅遊者。速食業者經常由於他們菜餚的低營養價值而受到批評，它們透過修正它們提供的食品或者公布它們食品的內容，來改善它們的形象。Hyatt和Stouffer旅館是兩家將注意力集中在營養、低熱量／糖分菜餚上的旅館業者，Hyatt透過雜誌廣告促銷它的「均衡營養」菜餚，而Stouffer則主要介紹它的飯館中「清淡而瘦肉居多」的主菜。

在二十世紀八〇年代和九〇年代，強大的禁煙運動和政府對於吸煙有損健康的認可，導致了旅遊與飯店業一些主要的變化。現在，吸煙在許多國家的國內飛行中都被禁止了，在國際飛行中的限制也在增加。事實上De1ta航空公司在1994年宣告，吸煙將在他們的所有飛行中被禁止，無論是國內的還是國際的。在公衆場合中，對吸煙者的公衆壓力一直在增長，包括在飯店和旅館的前廳內。

3. 對經理和奢華旅遊者投入更多的市場行銷資源

一段時間以來，大部分的旅遊與飯店業公司對所有的商務旅行者都一視同仁。但在二十世紀七〇年代末和八〇年代早期，市場行銷者開始改變了策略，他們發現經理級的商務旅行者和以奢華爲定位的休閒旅行者，具有潛在的獲利性。當一些航空公司提高他們的頭等艙服務時，另一些航空公司則推出了「經理級」艙位部分。一些旅館特設了經理或管理人員樓層，在那裡他們向客戶提供特別的服務，比如私人休息室、免費的晨間報紙、免費的早餐、高舒適度的客房，並對「經理們」提供更個人化的關注。例如，Westin旅館的首席樓層、希爾頓的「塔樓」、Hyatt旅館的政治俱樂部和馬里奧特的管理者樓層等。

有些休閒旅行者願意爲奢華的享受付款，於是許多特別的包裝就應運而生，比如招攬遊客到奇異的或不容易接近的地方旅行。

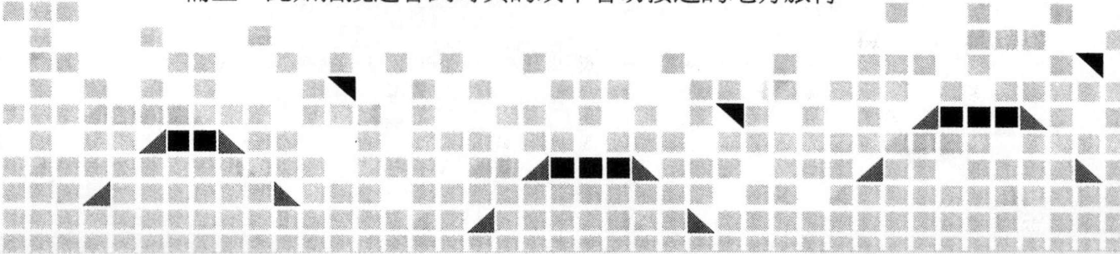

4. 更加重視週末包裝和其他的短期旅行

隨著雙薪家庭市場的不斷擴大，旅遊與飯店業組織瞄準契機提供了更多的短期度假安排。在旅館連鎖店中，馬里奧特和假日旅館對於短期度假的廣告促銷十分活躍。

5. 更加關注女性商務旅行者

正如前面已經提到的，航空公司、旅館和飯店現在正全力關注如女性商務旅行者的特別需要，特別的廣告運動現在正瞄準這個群體。

6. 更關注長期停留的旅行者

二十世紀八〇年代旅館業的主要革新之一就是全套服務概念的出現。儘管全套服務的旅館隨後擴大了他們的市場行銷對象，但是剛開始他們只是想爲遷移地址的經理和其他久住的旅客提供更令人滿意的服務而已。

7. 更多的價格和費率選擇權

旅遊與飯店業日益擴大的價格和費率範圍，使旅遊公衆眼花撩亂。在非管制以後，對於大量經常變化的飛行費用最簡便的查詢是透過電腦進行的。這種情況並非只有航空公司存在，旅館也開始以客戶的種類和停留的時間爲基礎，提供更多特別的價格。

8. 提供的服務具有更大的便利性

我們中的許多人都想當然地看待由這個行業所提供的服務的便利性和省時性。幾乎所有速食連鎖店都有一個「外賣窗口」，快遞和外賣食品服務正快速地擴大；便利商店也開始出售速食食品；快捷的登記和結帳在許多旅館都變得很普通，並且許多旅行社都透過「送票（飛機票）上門」服務，來爲客戶提供某種便利。

9. 所提供的食品更加多樣化

當我們步入二十一世紀，墨西哥的胡椒餅就可能超過漢堡，成爲北美最受人喜愛的速食食品項目，參與競爭的還有來自於義大利的比薩。1998年的飯店調查顯示，每週在外吃飯的人有28.7％會選擇一家墨西哥速食店。百事墨西哥速食店，在1998年的銷售額將近43億美元，其業務量在美國連鎖飯店排行榜中位居第四位。

10. 特別旅遊的供應正在增加

在我們剛剛談論到的需求趨勢中，我們提到了某種特別旅遊項目的流行，這些包括遊輪旅行、會議旅行、激勵性旅行、汽車旅行、賭博娛樂之旅和提高教育／技能的度假活動，我們還談論到週末和短期度假包裝供應的增加。旅遊與飯店業透過提供更多項目的設施、包裝和服務，來滿足客戶變化的需求和旅行喜好。例如，專門從事於激勵性旅遊的公司數量從幾家增加到了幾百家；專門迎合小型會議的會議中心已經適時地填補了會議市場的一個空白。幾乎每一個城市現在都有一個旅遊管理局來負責吸引遊客。旅館業中所謂的「品牌細分」運動，則是另外一個對變化的客戶需求作出反應的指示。

你可以看出，在市場的變化和本行業所提供的服務的變化之間有一個推和拉的環境。

綜上所述，在過去的二十年中，對於市場細分的需要和它所提供的機會正在不斷提高。可以肯定旅遊與飯店業在使用市場細分方面會越來越複雜，這個行業的市場行銷者已經越來越意識到有效細分和多階段細分方法的好處。

傳統上，旅遊與飯店業的市場行銷者更傾向於使用人口統計資料、地理因素和旅行目的細分依據，但是他們現在也開始嘗試使用其他的細分依據。電腦在預約和建立客戶資料庫方面的應用越來越普遍，因而組織想要確認和追蹤他們的客戶特徵就變得很容易了。這種新技術特別有助於確認經常性客戶以及宣傳經常性客戶的獎勵活動。

本行業也在提高它對於市場行銷研究的使用，包括那些爲心理圖景、生活方式、利益和品牌偏愛的細分鋪平道路的技術。儘管它大多還處於實驗階段，但這些細分依據的使用可能會在未來爲公司提供刀鋒般的競爭力。

本章概要

旅遊與飯店業在對市場細分的使用中不斷成熟。人們已越來越認識到選擇特定的目標市場，並瞄準它們來進行市場行銷活動的重要性。同時，市場正變得越來越多樣化，為旅遊與飯店業的市場行銷者提供了越來越多的活動範圍。當本行業步入二十一世紀時，大贏家很可能是在他們的目標市場上磨練得最細致的那些組織。

逐步提高的市場行銷研究和電腦技術的更多應用，為本行業更有效的細分提供了保證。多階段細分的應用也越來越多，它為更有效的市場行銷蘊蓄了強大的潛在力。

本章複習

1.本書是怎樣定義市場細分的？

2.為什麼市場細分對於有效的市場行銷如此重要？

3.使用市場細分的利益是什麼？

4.市場細分有局限性嗎？如果有，它們是什麼？

5.確定市場細分可行性所使用的八個標準是什麼？

6.單一階段、兩個階段和多階段細分方法之間的區別是什麼？

7.能被用來細分旅遊與飯店業市場的七個依據是什麼？

8.這個行業傳統上使用七個細分依據中的哪一個？

9.本行業對市場細分的使用正變得越來越複雜嗎？引用幾個最近的供需趨勢的實例來證實你的答案的合理性。

延伸思考

1.選擇一家現存的旅遊與飯店業組織，並分析它是如何進行市場細分的。這個組織的目標市場是什麼？在使用什麼細分依據？這個組織使用的是一階段、二階段還是多階段的細分方法？為了更精確地確定目標市場，是否介紹了新的服務／設施和包裝？這個組織怎樣才能提高它的市場細分實踐活動？

2.你剛剛被雇為一個航空公司、旅館、飯店、旅行社、集會／遊客管理局，或者其他旅遊與飯店業組織的市場行銷部經理。你的第一個任務就是要彙報一下你這個區域主要的供需趨勢。在你的報告中還要寫明公司對這一變化趨勢該怎樣進行投資。你的報告將提及什麼趨勢，並且你將怎樣盡力讓公司從這些趨勢中獲利？

3.選擇旅遊與飯店業的一個部分（例如，旅館、航空公司、租車公司或飯店），看看這些公司正在做些什麼以吸引經常性的旅行者或就餐者。活動節目的數量是在增加還是在減少？公司遵循的是標準化的方法，還是應用了許多變異的形式？這些活動是怎樣被促銷的？都提供了什麼鼓勵性措施？這些活動在提高品牌偏愛方面有成效嗎？

4.選擇這個行業的一個部分，並與幾位市場行銷經理或總經理面談，討論一下他們進行市場細分的方法。現在所使用的細分依據是什麼？是一階段、二階段還是多階段細分？為什麼會這樣？近年來，細分方法有什麼改變嗎？組織正在嘗試使用不太普遍應用的細分依據（例如，心理圖景、利益和行為細分）嗎？

經典案例：市場細分——Contac假日公司

Contac假日公司是一個旅遊批發公司，它提供了有關市場細分和定位的大量實例。Contac旅遊主要是為十八至三十五歲的年輕人設計的；這是使用人口統計資料作為細分依據的一種細分形式。Contac假日公司在1961年創始於歐洲，現在這個公司的客户每年可以達到六萬人，旅行次數二千次。70%的Contac旅遊都集中在歐洲、澳洲和紐西蘭。現在，還包括一些其他的旅遊目的地，比如美國、加拿大、埃及和以色列等。1995年，公司第一次帶團去了南非。旅遊團通常包括三十至四十五個年輕人，他們來自於不同的國家，包括澳洲、加拿大、德國、紐西蘭、南非、美國、英國和其他歐洲國家。Contac假日公司在三十個不同的國家出售它的旅遊項目。

Contac的每一個旅遊成員的年紀都在十八至三十五歲，甚至是導遊和司機的年齡也在這個範圍內。旅遊團的平均年齡大約二十四歲，將近三分之一的人來自於美國。Contac的現代汽車隊配有飛行器式的靠椅、全景的大玻璃窗、電視螢幕、立體聲系統以及淋浴室。許多活動都是在車上或車外進行的，其中包括比其他旅行更多的夜生活娛樂。Contac旅遊還有許多觀光和其他活動，遊客可以從活動和遊覽的自選單中進行選擇。

Contac公司提供三種旅遊：「奢華」旅遊、「簡樸」旅遊和「露營」旅遊。「奢華」旅遊提供高水準的住宿條件；「簡樸」旅遊者則多住在便宜的旅館中；而「露營」旅遊時，遊客則兩人合用一個帳蓬，並可以接受露營地的全套服務。Contac旅遊價格相當合理，每人每天費用從50至100美元不等（不包括飛機票），包括住宿、早餐、大部分的正餐、陸上運輸以及旅遊觀光和活動。

Contac公司的美國辦公室透過旅行社將主要的努力集中在貿易促銷上，並將消費市場設定在大學生、年輕的專業人員和大學生的父母身上。所有的Contac業務都透過零售旅行社被預訂，而且Contac公司每年都舉辦許多期旅遊代理人培訓研究班，以向這些代理人介紹Contac的旅遊活動。根據旅行社預訂的顧客人數，Contac公司付給旅行社10%至16%的佣金。

為了支持美國分部對大學生的市場行銷，Contac公司在1993年推出了Contac碩士信用卡，擁有信用卡的學生可在與Contac合作的航空公司中買到打折的飛機票（為旅行），而且還能獲得「Contac貨幣券」，Contac公司可以對出示這種貨幣券的客户實行優惠。公司還發展了一項「口碑」市場行銷活動計畫。同意與未來的Contac客户通話的老客户，形成了一個「聯絡網」名單，他們給Contac的潛在客户極大的購買信心。

Contac公司想使它的名字在它所服務的國家的市場中與「年輕人旅遊」同義。隨著對安全性考慮的增強，Contac公司進一步鞏固了它作為主要的旅遊營運人的地位，因為它具有三十五年的實踐經驗和高度組織化的旅遊營運，可以為年輕人及他們的父母提供更大的保障。全世界有大約十二個旅遊營運公司，盯準了十八至三十五歲的年輕人旅遊市場，但只有Contac公司向全世界銷售它的旅遊項目。這種多國籍組合的旅行隊伍是Contac公司的競爭優勢之一。在任何一次旅行中，都有來自於十五個不同國家的旅行者結伴而行。

為了進一步將自己定位成年輕人旅遊市場中的首席旅遊營運公司，Contac公司將它的重點從貿易廣告轉成了消費者廣告，並繼續保持對旅行社的人員推銷和促銷活動。這一行動包括在諸如《四海為家》這樣的消費者雜誌中刊登廣告，在以年輕人為導向的音樂電台中播出商業廣告，以及在大學報紙上展開廣告活動。

在現代的市場行銷術語中，Contac公司在美國大部分市場的客戶都被稱作「X世代」，即那些十八至三十五歲的年輕人群體。根據某個消息來源看，這是個消費量逐步在增長的有實質性價值的市場。有將近四千萬這個年齡結構的年輕美國人，每年在商品和服務上花費1250億美元。瞄準這個有利可圖的市場的特定媒介正在快速地擴大。「X世代」的大部分都是在學的大學生，這給像Contac這樣的公司提供了許多瞄準這一市場的機會。

Contac假日公司是與特定的目標市場建立長期而又穩定的商業關係的一個經典實例。有30%的客戶會再進行Contac度假旅遊，遊客數和旅遊次數在穩步增長。這個公司清楚地證實了在激烈競爭的旅遊營運業中，遵循「特定範圍」的市場行銷原則會帶來成功。

討論

1.Contac假日公司的旅遊是特為哪一類群眾設計的？

2.Contac假日公司的旅遊有何特色？它是如何向目標群體促銷的？

3.其他的旅遊與飯店業組織能從Contac假日公司的組合策略中學到什麼？

第8章
市場行銷策略

當市場行銷者做計畫時，即回答「我們將怎樣到達那裡？」時，他們會考慮幾個可選擇的市場行銷策略，並選出一個最適合他們的組織和資源配置的策略。他們將他們的預算資金和人力資源投入到市場行銷活動中，以求得到最大的預期收益。中間進展的階段性目標也被加以設置。如果每件事情都按計畫發展，那麼市場行銷者就為再次成功奠定了基礎，就像那些成功並活著返回的探險者一樣，他們的經驗為後人的再次探險提供了寶貴的財富。

本章更加詳細地描述了前面的章節中所強調的一些市場行銷技巧。在開始進行之前，讓我們先來明確一下他們的涵義。

市場行銷策略　市場行銷策略是從幾個選項中選擇的一組行為，它涉及特定的消費群體、促銷方法、分銷管道和價格結構。也就是說，它包括目標市場和相應的市場行銷組合。

目標市場　選擇目標市場是建立市場行銷策略的一個部分。一個目標市場就是由一個旅遊與飯店業組織所選擇的，想要對其投入全部市場行銷努力的市場細分部分。市場細分（將客戶分成具有共同特徵的幾個群體）必須是目標市場選擇的前提。

市場行銷組合　正如可以用許多方法來調配原料，以製成受人喜愛的雞尾酒一樣，幾乎有無窮無盡的方法可以被用來展示、定價、分銷和傳遞某種服務。市場行銷組合包括那些被選來滿足客戶需要的可控制性因素，本書介紹了八個可控制性因素：產品、價格、分銷管道、促銷、包裝、特別規劃、人和合作。遵循細分的市場行銷策略的組織會為所選定的每一個目標市場設立獨特的市場行銷組合。

定位　定位是組織對某項服務及其市場行銷組合的發展，其目的就是為了在目標市場中占據一個特定的位置。這通常意味著具有鮮明的服務特色，並以一種特別的方式來傳達這一特色。

市場行銷目標　市場行銷目標指的是一個旅遊與飯店業組織在一年中針對某個目標市場所要達成的一個可以測量的目標。

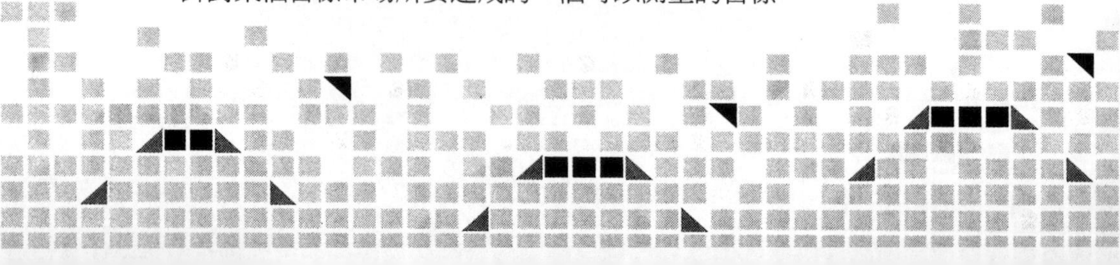

第一節　市場行銷策略的選擇

面對地圖，任何一個探險者都會意識到，到達一個選定的目的地有許多可選擇的路線，狀況分析（我們現在在哪兒）、市場行銷研究和市場細分的分析都是市場行銷者的地圖。這個地圖定義了組織的市場行銷機會的邊界，市場行銷者在地圖上所選擇的路線就是市場行銷策略。市場行銷策略是從幾個選項中所選擇的一組行爲，它涉及特定的消費群體、促銷方法、分銷管道和價格結構等。也就是說，它包括目標市場和相應的市場行銷組合。

對於所有的旅遊與飯店業組織來講，有許多可選擇的市場行銷策略，這裡討論了其中的一部分。

一、四種可選擇的市場行銷策略

1. 單一目標市場策略

它指從幾個市場細分部分中選擇一個目標市場，並專門對它進行市場行銷。正如我們隨後將看到的，這個策略對於較小的和低市場份額的組織來說是非常流行的。這種市場行銷策略的最大優點就是具有針對性，可以投合某個特定目標市場的需要。大部分其他的旅館可以容納各種規模的會議團體，而且還要招待其他的商務和休閒旅行者，他們要滿足幾個目標市場的需要。「會議中心」靠複雜的視聽設備、專門的會議設施、高水準的安排以及協調客戶會議的人員服務，來吸引規模較小的公司／協會的會議。他們跟客戶進行額外的接觸以提供更貼切的服務，這是許多飯店所忽視或無法做到的。

單一目標市場策略的本質就是儘量避免與行業領導人之間發生直接的競爭衝突。選擇這種行銷策略的組織通常會挑選一個細分的市場部分，其目標就是能比競爭對手更綜合地滿足這一特定部分的需要。長期的目標，就是可以與這個目標市場建立起強有力的聯繫，並在這個市場中享有「服務一流」的美譽。

2. 多個目標的市場策略

這一策略與單一目標市場策略唯一的不同點，就是它所追求的是幾個目標市場。大部分獨立經營的旅館和娛樂中心都使用這種策略。他們提供獨特設計的設施、額外的服務或者是個人接觸，來吸引商務和休閒旅行者，並抵禦來自於國內連鎖企業的直接競爭，他們提供的是可以滿足於幾個旅館市場細分部分需求的單一產品。幾個主要的旅館連鎖店則有幾個不同品牌的資產，他們的目標是吸引全部或大部分的市場細分部分。

3. 全面的市場行銷策略

它指吸引某個市場中的所有市場細分部分，對其中的每一個都採取特定的市場行銷方法。這一策略是四個可選擇性策略中最昂貴的，通常是由行業領導者使用。那些具有許多「分支」的全國性連鎖企業也經常使用這一策略，他們爲每一個目標市場提供服務，對每一個目標市場都使用獨特的市場行銷組合。

在這個行業中，如北美主要的一些航空公司，他們在八〇年代末和九〇年代初，緊緊地抓住了國內和地區間的飛行市場。他們的目標是用增加的一系列設備、人員、路線和飛行計畫服務所有的地理區域。在加拿大，西太平洋航空公司透過與加拿大太平洋航空公司和東省航空公司的聯合，創立了加拿大國際航空公司。在美國，美國航空公司吸納了Allegheny和Biedmont航空公司，同時西北航空公司接管了共和航空公司。在澳洲，Qantas航空公司透過與澳洲航空公司的合併，增加了一個國內航線系統。所有的這些聯合都旨在以增加的路線、設備和人員等，來服務所有的地理區域。

4. 無差別的市場行銷策略

所有前三種方法都是細分的市場行銷策略，或者也可以說是區別性市場行銷策略，即認識到目標市場之間的區別，並對每一個目標市場使用獨特的市場行銷組合的策略。那麼無區別的市場行銷策略是什麼呢？它是一個忽略了細分區別，並對所有的目標市場使用相同的市場行銷組合的策略。你或許認爲，使用無區別的市場行銷策略的組織一定是以生產爲導向的，因爲他們沒有認識到市場細分的概念。你的想法既正確又錯誤。有些東西從開始就想成爲對所有人都適用的東西，結果到最後它對任何人都毫無意義；而另一方面，一些行業領導人卻很有效地運用了無區別的市場行銷策略。

這種策略著重在客戶之間的類似性上，並盡力用一種市場行銷組合來增加產品的選擇項和促銷的吸引力。他們雖然也認識到不同目標市場的需求之間有差別，但他們卻將注意力集中在這些目標市場的相似需求上。這些目標市場被組合成一個「超級目標市場」，並要專門爲它設計一個市場行銷組合。

無區別的市場行銷策略有何意義呢？第7章曾經提到，市場細分有一定的缺點（附加的成本、選擇最好的細分依據的困難等），透過無區別策略可以減少這些缺點，因爲他們只用一種市場行銷組合來瞄準幾個目標市場。

在旅遊與飯店業有一些使用無區別策略的組織。你還記得第7章中，講到速食業者時提到的一個問題嗎？問題是，「當一種服務的吸引力是如此廣泛的時候，對於不同的客戶群體使用不同的市場行銷方法還有什麼意義嗎？或者是否應該對所有的目標市場使用相同的方法？」麥當勞曾經宣稱，幾乎每一個美國和加拿大居民都曾在他們的餐館中吃過飯。事實上，像麥當勞這樣領先的速食店都部分地使用無區別的市場行銷策略。他們的國內廣告和促銷被設計用來吸引幾個目標市場，他們提供高度標準化、有限選擇的菜餚，來適合普通的、離家在外吃飯的人的需要。他們使用強大的電視廣告攻勢，顯示來自於各種生活節奏的客戶都喜歡速食食品。我們說他們部分地採用了無區別的市場行銷策略，是因爲麥當勞和一些它的競爭對手都允許他們的特許店發展地方的市場行銷活動。這些當地的廣告、公共關係和促銷都有確定的地理目標市場。麥當勞還爲「少數派」市場

（黑人和拉美人）進行了特製的廣告活動。

你能想像溫蒂、漢堡王和麥當勞爲接觸到每一個市場細分部分，將需要多麼驚人的預算，以在所有的報紙、雜誌、電台和電視上做廣告嗎？對他們來說，使用涵蓋面較廣的促銷會更經濟實惠一些。爲產生更多的經常性客戶，這些使用無區別策略的組織經常增加新的菜單項目、修改原有的菜單項目，或將菜單項目重新包裝組合。

二、產品生命週期與行銷策略的選擇

第1章將產品生命週期確認爲七個核心的市場行銷概念之一。產品生命週期的基本理念就是，所有的產品和服務在他們的「生命」中都將經歷相同的階段。他們就像人一樣，從出生，經歷幼年期、兒童期和青春期，到達成熟期，並最終邁進老年期。服務和產品所經歷的四個階段是：介紹、成長、成熟和衰落，如圖8-1所示。對不同的產品生命週期階段，應採取不同的市場行銷方法。市場行銷策略要不斷地被修改，以迎接每個階段的挑戰。

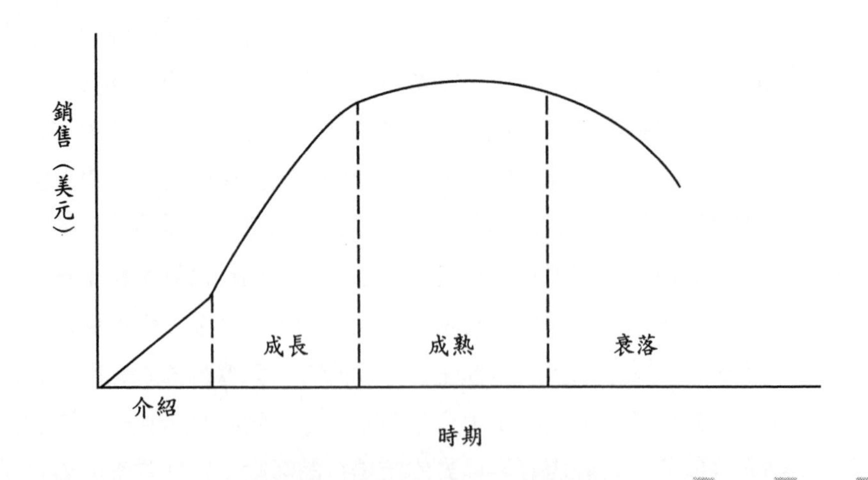

圖8-1　產品生命週期階段

1. 介紹階段

當一個新服務第一次展現給公衆時，介紹階段便開始了。傳統上，這被認爲是一段低利潤時期，因爲需要大量的促銷資金和其他的一些成本，以使公司在市場中占據一個位置。服務或產品的價格經常被設得很高，以吸引更多的冒險者、高收入客戶和其他的「革新派」。任何新服務的介紹階段都只是短期的，因爲競爭對手會很快模仿創始人的服務（服務比產品更容易被模仿）。

公司在介紹階段可以使用四種策略。這些是建立在兩種不同定價方法的基礎之上的：撇取奶油策略（使用高價）和滲透策略（使用低價）。

快速撇取奶油策略（高價格／高促銷）　你知道從一瓶鮮奶的頂部撇取奶油是怎樣進行的嗎？在市場上「撇取奶油」，確切地講，也是以同樣的方法進行的。公司會設置高價，這樣就從購買新服務或產品的客戶身上「撇走了奶油」，公司在這一階段的目標就是賺取最高可能的毛利。快速撇取奶油策略中的「快速」二字意味著，當新服務第一次被介紹時，需要被高度地促銷。

低速撇取奶油策略（高價格／低促銷）　低速和高速撇取奶油策略的區別就在於花費在促銷上的資金量。在低速撇取奶油策略中，使用較低的促銷預算。大部分的人已經意識到了服務的存在，但只有小量的潛在客戶，並且預計相當長一段時間內不會出現競爭性的服務，在這種情況下，使用低速撇取奶油策略是十分恰當的。

高速滲透策略（低價格／高促銷）　滲透與撇取奶油策略的主要區別在於價格水準。採用滲透策略時，初始價格會被設得很低，旨在盡可能占據市場。對於新服務來說，市場實際上是很大的，只是大部分的客戶都是價格敏感者（他們喜歡較低的價格，而不喜歡較高的價格）。快速滲透策略意味著採用低介紹價格和高強度的促銷。大部分的潛在購買者還未意識到新服務，並且競爭者會很快地模仿此種服務，在這種情況下，應該使用高速滲透策略。

2. 成長階段

在成長階段，銷售量快速提高，並且利潤水準也在提高。更多的競爭對手開始爭奪市場。對於開創新服務的組織，應該使用如下策略：

(1)提高服務品質，增加新的服務特色和服務要素。
(2)追求新的目標市場。
(3)使用新的分銷管道。
(4)降低價格，以吸引更多的價格敏感者。
(5)將廣告重點從建立感知轉到創造購買欲望和行動上來。

在二十世紀七〇年代末和八〇年代初，Club Med享受著每年15％至25％的銷售增長率，爲了保持這種增長，公司使用了上面所列的幾個策略。新的娛樂中心被開放，以確保增長所需的充足的容量；新的目標市場被追求，比如公司團體、帶孩子的家庭、蜜月旅行者以及狂熱的運動愛好者（水肺潛泳者、網球愛好者等）；Club Med的廣告策略從「一個世界，一個俱樂部」的主題，轉向了特定的目標市場，人們選擇不同的Club Med，就會領略到不同的風情。價格敏感策略被應用於年長者市場（永遠年輕的促銷）。家庭團圓的包裝是針對那些成員超過十人的團體進行的；對於單身貴族、情侶和家庭的促銷供應品，比如說單身卡、情侶卡和家庭卡都是很成功的。還有另外的一些特色被附加在現有的和新的娛樂項目上，這些設施中的一些是爲孩子和幼兒準備的，還有關於個人電腦的指導課程，以及航海娛樂項目等。傳統的直接面對客戶的銷售方式已經被擴大到了旅行社，而且現在更著重於對旅行社的推銷。

3. 成熟階段

北美的旅遊與飯店業的許多部分都處於成熟的發展階段。這一階段的特徵就是漸低的銷售增長率，並且存在著供過於求的狀況。一個組織如果想要在這一階段堅持它的銷售增長率的話，就應該使用如下三種策略：

市場修正策略　組織追求新的客戶，增加新的目標市場，或者盡力將非使用者轉化成使用者。也可以採取一些其他的行動，比如鼓勵更多的經常性使用，每次購買都提供更大的使用或創造新的或更多變化的使用方法。航空公司和旅館的「經常使用者」活動，就是一個這樣的例子，由漢堡王和溫蒂所進行的比較性廣告也是這一策略的一個很好的實例。

產品修正策略　這一策略的本質就是更新組織的服務或產品，使它們看上去就和新服務或產品一樣。你曾經觀察過航空公司是怎樣更新它們的設備的嗎？時常粉刷它們的飛行設備、一閃而逝的一個接一個的標識、飛行工作人員經常性的制服變換，以及乘坐區的音樂座椅等，就是這樣的一些例子。旅館也經常更新自己的服務，以使他們的客戶不會變得疲倦。近來，旅館增設了一些特殊的服務項目，比如快速結帳、商務中心、經理樓層和休息室，以及對管理者的服務等。

市場行銷組合修改策略　可以透過改變市場行銷組合來刺激銷售。例如，處於成熟市場的旅館，可以更著重於發現新的銷售管道，比如旅行社、旅遊批發商或激勵性旅遊計畫人等。飯店可以使用贈券和其他促銷方法來增加銷售量。旅行社可以雇用「外面的」銷售機構以帶來更多的業務量。

4. 衰落階段

當你的服務處於衰落階段時，你該做些什麼呢？有完全取代這一服務的可替換品。大部分的市場行銷專家都建議，當銷售量進一步下滑時，應該削減成本，並對此產品或服務繼續「榨汁」，或將資產賣給其他人。

「產品生命週期概念的有限性」，對於這個概念主要的批評之一就是它假設所有的產品或服務的銷售最終都會降至零點，或者達到一個很低的水準，而事實上並非如此。許多老牌的旅館和娛樂中心經過不斷的自我更新，再次擁有了以前的聲譽。例如，名爲「女王瑪麗」的航船被改建成加州長堤上的會議和貿易展覽中心，想想那些一個接一個的飯店概念和菜單項目，只不過是一個被另一個所取代；當組織處於衰落階段的困境時，最好的解決辦法就是開創新的使用方法，尋找新的目標市場，挑選新的分銷管道，或重新定位以更新服務。

三、可選擇的行業位置策略

如果你看一看北美的旅遊與飯店業，你就會發現某些組織處於行業領導者的位置。比如說速食業中的麥當勞；主題公園中的迪士尼；遊輪業中的嘉年華；旅遊目的地中的佛羅里達、加州和夏威夷；以及租車業中的赫茲等。你也將認識到其他組織，我們將他們稱之爲「挑戰者和追隨者」，他們雖然不如前者大或成功，但仍然擁有比較大的業務量份額。比如速食業中的漢堡王、溫蒂等。還有一些更小的組織，他們瞄準少量的客戶或僅對某一特定的目標市場進行市場行銷。也就是說，行業中有三種角色或位置分類：領導者、挑戰者和追隨者。

1. 市場領導者

一旦一個組織成了它行業中的一個領導者，就會堅持它第一的位置。但是，它的許多競爭對手也想成爲行業第一，或者想從領導者那裡搶奪市場份額。保持第一的位置或許是市場行銷中最大的挑戰之一，但是有一些組織卻可以做到這一點。

對市場領導者來講，有三種不同的策略：擴大整個市場的規模、保護市場份額和擴大市場份額。

擴大整個市場的規模　擴大整個市場的規模有三種方式：

(1)發現新的目標市場。

(2)發展服務或設施的新用法。

(3)確保客戶可以更經常地使用服務或設施。

如果對於它的服務的總體需求增長了，那麼市場領導者就會從中得到最大的利益。行業領導者可以確認出那些沒有盡可能經常使用它的服務，或者根本就沒有使用它的服務的目標市場。馬里奧特公司爲了增加它的經常旅客的份額，在1997年初開設了「馬里奧特航程」活動。參加這個活動的成員，每當他們待在馬里奧特旅館時，都會得到他們所選擇的航空公司五百哩的經常飛行優惠。Club Med，這個全面概念的創始人，在二十世紀九〇年代中期，購置了一艘遊輪，並推出了它的「租一個村莊」的新概念。在這個活動中，像IBM和Sony這樣的公司，租用了整個Club Med村莊作爲激勵性旅行或會議之用。

另一種建構主要市場的途徑就是，找到並促銷一種服務的新的使用方法。在旅遊與飯店業中有幾個這樣的例子。許多處於領導位置的旅遊公司，將他們的旅遊船作爲公司的會議場地來促銷，取得了成功。滑雪、滑水娛樂中心，傳統上只在夏季和冬季營業，爲了開拓市場，他們在秋季和春季將娛樂中心作爲會議中心來用，並向會議計畫人進行市場行銷。

確保客戶可以更經常地使用你的服務是第三種擴大市場規模的方式。這一方法的一個經典實例就是麥當勞的快樂餐飲理念。孩子們拉著他們的父母，一次又一次地被吸引回來，因爲吃麥當勞食品，可以到「金拱門」來拿玩具和其他的東西。前面所講的經常的旅行者規劃也是促使客戶經常使用你的服務的實例。

保護市場份額　保護市場份額是行業領導者可以使用的第二種策略。在競爭對手衆多的情況下，行業領導者該怎樣留住他們的客戶？到目前爲止最好的辦法就是持續地革新，經常增加新的服務，或者提高原有的服務品質。麥當勞和假日旅館再一次成爲這一方面的兩顆行業巨星。麥當勞介紹了雞塊概念，而且它還是「外賣窗口」的創始者之一。假日旅館是「經常性客人」活動的先鋒，而且它還是領先使用旅館電信系統的行業領導者。除了創新以外，行業領導者還可以持續地尋求多樣化的機會，「將雞蛋只放在一個籃子中」，這是一個危險的行業策略。馬里奧特和假日旅館是不斷尋求變化以保護市場份額的好例子，在八〇年代，這兩個公司都推出了幾個新的資產品牌。

擴大市場份額　行業領導者可以透過增加新的服務、提高服務品質、增加市場行銷資金或呑併競爭對手，來擴大他們的市場份額。四季飯店透過購買Regent國際旅館加強了它作爲主要的國際、奢華旅館連鎖店的地位。Club Med透過使其遊輪業市場多樣化，來擴大它娛樂度假的市場份額。

2. 市場挑戰者

市場挑戰者是想要占據領導者位置以求得市場份額的組織。在「漢堡之戰」中，漢堡王、溫蒂和哈迪全都在追求麥當勞的市場份額。愛維斯和其他的租車公司也在向赫茲挑戰。挑戰者通常使用「比較廣告」，來衝擊行業領導者，漢堡王幾次將它的菜單項目與麥當勞的相比較，其中包括著名的「提倡燒烤反對油炸」的廣告運動；溫蒂在它的「牛肉在哪裡」的商業活動中，聰明地擊敗了麥當勞和漢堡王；哈迪則坐收漁翁之利，它在廣告中嘲笑了「漢堡之戰」，並引起了人們的注目。

一個挑戰者可以以五種不同的方式——正面、側面、環繞、繞道和游擊來襲擊行業領導者。漢堡王使用正面的，或者說是「頭碰頭」的方法，它對麥當勞在「油炸食品」方面的漢堡製作技術提出了質疑。襲擊領導者的側面，意味著打擊他們虛弱的地方；挑戰者可以在領導者忽略的或者較不重視的地理區域 / 市場細分部分集中優勢力量。環繞意味著安排一次全方位的進攻，而繞道進攻則意味著避免與市場領導者的直接對抗。在游擊戰中，挑戰者對市場領導者進行小型的、間歇性的侵襲。

3. 市場追隨者

不像市場挑戰者那樣，追隨者躲避著任何與市場領導者的直接的或間接的對抗。旅館業就以這種方式存在，在旅館業之間幾乎沒有比較性的廣告，採取這一立場的組織盡力模仿領導者的行爲——他們追隨著相同的目標市場、選擇相同的廣告媒體，或者增加類似的服務。

這種「我也這樣」的方法在旅館連鎖店、速食店、航空公司和租車公司是很普遍的。當領導者成功地首創了一種新的概念，它的大部分競爭對手就會很快地加以模仿。美國航空公司第一個介紹了「經常飛行」的活動，現在每一家主要的航空公司都設置了這個活動。假日旅館是第一個介紹全套服務旅館概念的組織，馬里奧特、希爾頓等也隨後採納了這一概念。麥當勞的「雞塊」也被漢堡王、肯德基和其他的速食公司競相效仿。

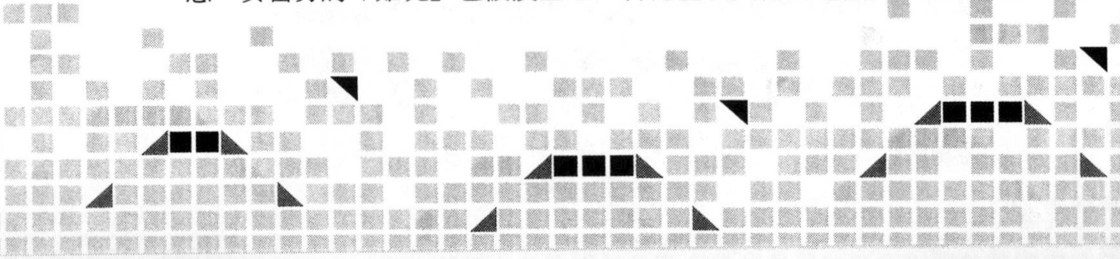

四、市場行銷和策略聯盟的關係

許多專家都認為我們已經進入了旅遊與飯店業的關係市場行銷時期。他們建議，在發展市場行銷策略中，所有的組織都必須建立、保持和加強與客戶、供應商、旅遊貿易中介甚至是與競爭對手之間的長期合作關係。例如，航空公司的「經常飛行」、旅館的「經常客人」活動，都是在盡力讓公司目前的客戶建立起對他們公司的品牌偏愛。讓我們再來看看「受人喜愛的供應商」概念，航空公司、旅館公司、租車公司和遊輪公司都盡力透過提供額外的佣金比率，來增加他們在所挑選的旅行社中的供應份額。他們希望透過高於平均水準的佣金來促動旅行社，如果他們變成了旅行社的「受人喜愛的供應商」，就可以更好地促銷自己的服務。

在旅遊與飯店業中，有許多短期的「合作」，它涉及兩家或兩家以上的組織一次性地共同營運廣告或促銷活動，而關係的市場行銷則更關注與客戶、分銷管道和相關組織之間建立長期的忠誠合作關係。例如，迪士尼世界與國內租車公司、與Delta航空公司之間的合作關係。一些旅遊業盡力建立與特定消費者的長期關係，比如盡力在孩子們中間建立品牌偏愛，包括Hyatt旅館的「露營Hyatt」概念，以及漢堡王向「漢堡王孩子俱樂部」的成員郵寄百萬封名為《以你的方式擁有它》的漢堡王雜誌等。

策略聯盟是在兩家或兩家以上的旅遊與飯店業組織之間形成的特別的長期合作關係，或者是一個旅遊與飯店業組織與一家或一家以上的其他類型組織之間的長期合作關係。在國際航空業有一些「成雙配對」的國際航空公司，就是這樣的策略聯盟，比如美國航空公司和英國航空公司以及西北航空公司和KLM荷蘭皇家航空公司。策略聯盟的主要特徵之一就是合作者希望能夠透過聯合，來實現一個特定的長期目標，西北航空公司與KLM合作的目標就是，發展一個全球性的航空系統。

第二節　市場定位

正如前面所定義的，定位就是發展一種服務和市場行銷組合，以在目標市場的客戶頭腦中占據一個特定的位置。也就是說，市場行銷者透過提供一種恰當的服務，並以某種方式傳達給潛在客戶，來創造一個確定的形象。爲了使這一技巧更加清晰，讓我們來看看Chrysler廉價租車公司的廣告。首先這個公司將「廉價」一詞放在它的名稱中，就已經將自己確定爲一個低價格的公司，而且它的標語「自開創以來，就爲人所知的低價格」則使這一定位更加清晰。

一、定位的原因

有三個主要的定位原因，它們是：人類的感知過程、加劇的競爭以及大部分人每天都可以接觸到大量的商業訊息。

1. 感知過程

第4章描述了感知，它是人腦用來整理對周圍世界的影像，並剔除不必要的訊息的一種方法。市場行銷者的廣告訊息如果向客戶傳達了一種不清晰的或令人困惑的形象，那麼這些訊息就會變成一堆精神垃圾，並被高度複雜的客戶剔除了出去。研究一再表明，人們會忘記他們所接觸到的大部分商業訊息，只有清楚、簡明的訊息才能溜過感知壁壘。定位的本質，就是良好定位的服務供應品，以及清楚、簡明的訊息傳達。

2. 加劇的競爭

本書經常談到旅遊與飯店業增長的競爭。定位可以被用來給予一種服務獨特的形象，以與競爭對手的服務相區別。下面我們來看一下愛維斯租車公司的例子。這個公司認識到赫茲是租車業中的領導者，於是它成功地將自己定位成行業第二，並向客戶深植了這一觀念，即（由於它是第二位的公司，所以）它必須盡更大的努力來滿足它的客戶。漢堡王用它的「以你的方式擁有它」的活動，溫蒂用具幽默風味的「牛肉在哪兒」的商業廣告，來突出自己的特色，以超越麥當勞。

3. 大量的商業訊息

北美的人每天都要接觸成百上千的商業訊息，這些訊息一些來自於旅遊與飯店業，但是大部分來自於其他的行業組織。商業訊息量如此之大，使得任何一個人想要吸收他所看到、聽到、讀到的所有訊息都是不可能的。在廣告喧囂中，想要引起目標客戶的注意，就必須進行有效的定位。廣告必須因其顯著的特徵而鶴立雞群，同時它所傳達的訊息必須是清晰、簡明的。

二、有效定位的要點

市場被細分，並挑出了目標市場之後，就要來定位一個服務。如下訊息是有效定位的要點：

(1)了解目標市場的客戶需要及他們所尋求的利益。
(2)了解本組織的競爭優勢和弱點。
(3)熟悉競爭對手的優勢和弱點。
(4)了解相對於競爭對手，客戶是如何感知本組織的。

必須要做市場行銷研究，才能得到這些訊息。其中的一些來自於狀況分析，而其他的則來自於特別的研究項目。第6章曾經提到由Ramada客棧和必勝客所做的調查研究，他們的研究結果會幫助管理層重新定位這些連鎖店，以改變其在客戶心目中的形象。Ramada客棧發現它在客戶心目中的形象是一個路邊汽車客棧，而且年久失修，相當簡陋。必勝客發現人們對他們的比薩很有感情，但對於國內連鎖店是否能生產出像當地的「媽媽和爸爸」市場所生產的那樣好的比薩表示懷疑。在二十世紀八〇年代早期，Stouffer旅館公司發現它自己在客戶心目中的形象不夠清晰，因為它有不同的資產種類，而且還經營冷凍食品。Club Med在1993年對主要的客戶進行了調查，發現顧客對Club Med的感知是它只適合於單身貴族和年輕人，參加活動是被強迫的，並且Club Med的村莊被限定了範圍，客戶不能獨自在鄉村中探險。因此，Club Med著手改變了它的市場行銷策略。

在上述的幾個案例中，管理者們透過仔細的研究和分析發現，他們的公司具有競爭對手可以利用的弱點。這些公司在客戶心目中的形象要麼混亂，要麼就是難以促成長期的增長。那麼，該怎麼辦呢？答案就是透過增加新的服務或修正原有的服務，推出新的和一致的促銷活動，並且集中更多力量在客戶正在尋求的利益上，以改變他們自身的形象。所有這些公司現在都更有效地進行了定位。

三、定位的五個步驟

在實際的定位中，有三個要素：創造一個形象、向客戶傳達利益和將本品牌的服務與競爭對手的服務區分開。另外重要的一點就是，必須選擇一個恰當的位置來傳遞某種服務。例如，如果一個將自己定位成高品質形象的公司，其提供的都是低品質服務，則它一定不會成功。一個鼓吹自己具有準時到達的最佳記錄的航空公司，一定要確保它的飛機會準時到達。如果所允諾的與所傳送的服務不相符，那麼定位就是一股逆火，會招致相反的結果。

理查茲和特洛特認爲，另一個重要的定位特徵，是要決定你想要讓你的服務與哪一個競爭對手相區別。愛維斯的「我們會更加努力」，顯示了其與赫茲的不同之處；漢堡王的「以你的方式擁有它」，使其超越麥當勞，並脫穎而出；而溫蒂的「牛肉在哪裡」，則使其同時衝擊了麥當勞和漢堡王，並從此嶄露頭角。其他的定位宣言都盡力將自己的組織與所有的競爭對手相區分。例如，Renaissance遊輪公司，營運一隊小型輪船，宣稱它與大的遊輪公司有「不同之處」——因爲它的輪船小，所以更具個性特色和獨特的旅遊風味。嘉年華，這個遊輪業市場的領導者，則採取了相反的定位方法——它將自己定位成「世界上最受人歡迎的遊輪公司」。

有效的定位需要五個步驟，如下所示：

(1)確認對於購買你的服務的客戶最重要的利益。
(2)決定你想要你的目標市場中的客戶對你的組織產生怎樣的印象。
(3)指明你想要與哪一個競爭對手相區分，並描述使你顯得與衆不同的產品。
(4)提供產品或服務的不同點，並且用定位聲明和其他的市場行銷組合來傳達這些不同點。
(5)按你允諾的那樣做好！

四、定位方法

有幾種不同的方法可以在客戶的心目中創造獨特的形象，包括「特別」和「普遍」定位，以及透過訊息和意象來定位。特別定位的方法就是，選擇一種客戶所尋求的利益，並集中力量加強這一利益。西南航空公司的「低價格航空公司」和Chrysler廉價租車公司的「自創始以來就爲人所知的低價格」，是屬於特別定位的兩個例子。這樣低價定位的旅遊與飯店業組織專門集中力量在成本上。其他特別定位的例子還有，馬里奧特庭院旅館的「專爲商務旅行者設計」的定位宣言等。普遍定位的方法不只允諾一種利益，客戶還必須仔細閱讀廣告內容，才能找出服務所提供的所有利益。

定位還可以透過宣揚清晰、實際的訊息而被創造。另外，定位也可以透過使用意象、氣氛和象徵來達成。前者，比如Qantas航空公司的「你多長時間乘坐一次Qantas航班？」以及MGM Grand娛樂旅館公司的「世界最大的旅館、娛樂和主題公園」。透過意象來定位，體現在Hyatt旅館和四季飯店的市場行銷策略中。這兩家旅館公司都樹立了高品質、相當奢華和有聲望的形象，對於Hyatt來講，這一點是透過它的「感受Hyatt」活動來達成的；四季飯店則透過使用「沒有四季飯店不能滿足的需求」這一廣告來強調它的高品質。

有六種可能的定位方法，如下所示：

1. 對特定的產品特徵定位

這與前面所討論的「特別定位」的概念恰好是一致的。通常要將服務的特徵與客戶所尋求的利益相連接，當然，多於一種特徵的定位也是可能的。

2. 對利益、問題解決或需求定位

旅遊文獻中記載了許多有關這一定位方法的實例。

3. 對特定的使用時機定位

有一種定位是建立在特定的使用時機基礎上的，此時客戶可能發現並想要使用這種服務。

4. 對使用者類型定位

這一方法是要確認特定的客戶群，並對其促銷。名為「愛侶」的一個Caribbean娛樂中心，在廣告中宣稱其「專為夫婦／情侶準備」。Premier遊輪公司在它的「紅色大船」廣告中強調它與迪士尼世界緊密相連，並且它主要是針對有孩子的家庭的。

5. 以反擊另一種產品來定位

正如我們隨後將要看到的，這一方法的另一個名稱是比較性或競爭性廣告。我們已經談論過漢堡王對付麥當勞，以及愛維斯挑戰赫茲的經典廣告。漢堡王在它的1995年的廣告中，宣揚「使你的漢堡物有所值」的觀念，直接將它的漢堡規格和牛肉含量與那些麥當勞的漢堡相比。最近，兩位行業領導者Visa和美國運通公司之間展開了一次廣告大戰。Visa在電視廣告上發布訊息，表明美國運通公司所不能接受的一些信用卡使用情況和優惠吸引力等。

6. 透過產品的類型分離來定位

一個組織可以盡力做些什麼來使它的服務顯得與眾不同呢？我們已經談到了幾個例子，包括Renaissance遊輪公司和嘉年華遊輪公司。另一個主要的例子就是題為「多一對翅膀的航空飛行」的阿拉斯加航空公司廣告。

這一則廣告傳送了這樣一個事實，即大部分航空公司都使用三至四個飛行隨從人員，而阿拉斯加航空公司則有五個。

第三節　市場行銷目標

在發展市場行銷組合之前，應該為每一個目標市場設立市場行銷目標，即一個旅遊與飯店業組織在特定的一段時間內，對一個特定的目標市場想要盡力達成的目標。

一、制定市場行銷目標的好處

一個沒有市場行銷目標的組織，就像是一次不知道目的地的飛行。還記得旅遊與飯店業市場行銷系統中的五個問題嗎？其中有這樣兩個問題，「我們怎麼確保到達那裡」和「我們怎樣知道是否到了那裡」。沒有市場行銷目標，你就不能開始回答這些基本問題。市場行銷目標的利益就在於：

(1)給市場行銷經理一種途徑，來測量目標達成過程中的進展情況，並適時地對行銷活動的安排進行調整。
(2)給管理層提供一個評判標準，來測量市場活動是否成功。
(3)提供了一個標準，可以依此對可選擇的市場行銷組合的潛在回報情況作出判斷。
(4)為所有那些在市場行銷中直接涉及到的事情提供一個參考框架。
(5)指明在特定的一段時期內，所需要的市場行銷活動的範圍和種類。

二、制定市場行銷目標的必備條件

當設置市場行銷目標時，有兩個主要的危險要避免。第一就是不要機械地全都在以前的結果基礎之上，來設置現在的市場行銷目標。如果在這個行業中有一件事可以百分之百地被預測，那就是明天永遠不會與今天相同。第二，目標一定不要建立在猜測、希望的想法，或自然的直覺基礎之上，他們必須來自於徹底的分析和研究。另外，目標必須與所選擇的市場行銷策略保持一致。

所有的市場行銷目標都應該：

1. 有目標市場的明確說明

應該爲每一個目標市場都設置一個目標，這是確保在每一個目標市場中的投資被合理運用的關鍵步驟。當一個目標被進一步詳細地設置成幾個任務時，那麼就可以確定出追求一個給定的目標市場所需的成本。這可以與所產生的收入和利潤相比較，從而得出每一個目標市場的價值指標。

2. 以結果為導向

目標必須以所要的結果的方式來表達。在市場行銷中，設置一個目標通常就意味著要在現有的情況下進行提升，例如提高銷售量、收入或者市場份額，結果應該用三個標準之一來描述。他們給市場行銷經理提供了一個基本的工具，來控制、測量和評估市場行銷計畫的成功之處。

3. 定量化

目標應該用數字來表達，這樣進展和結果就可以被測量了。當用定性的或非數字化的詞彙來設置目標時，它們就很難被測量，這樣就無法做出客觀的判斷。透過將每一個目標數字化，市場行銷經理就能依此設置階段性目標，檢測實際的行動是否與想要的行爲相一致。

4. 有特定的時間段

目標必須在特定的時間段中被設置。它通常跨越一年的時間，也可以只經歷一個季節、幾個月加幾週的時間，也可能僅僅是幾週，甚至是一天的某部分時間。

下述有幾個在特定時間段的市場行銷目標的實例，它們將幫你更加理解有效市場行銷目標所應具備的條件。

(1)飯店：在1月1日到5月31日（特定時間段），增加午餐時（目標市場）平均到達本店的客流量（結果）的50%（數字化）。

(2)汽車旅館：在1992年（特定時間段）增加五千間（數字化）來自於公司會議市場（目標市場）的晚間住房量（結果）。

(3)主題公園：在1996年秋季（特定時間段），增加一千張（數字化）對成年人（目標市場）的售票量（結果）。

設置市場行銷目標是在回答這個問題，「我們想要自己在哪兒」。既然組織明確地知道，在未來的一段時間內，它想要達成什麼，那麼就到了爲這個目標而擬定特定計畫的時候了，第9章我們將討論這個問題。

本章概要

每一個組織都必須決定它未來的目的地。在做完市場行銷細分分析之後，就必須在可替代的市場行銷策略、目標市場、市場行銷組合要素、定位方法和市場行銷目標中做出選擇。作這樣的決策是計畫的一個部分。服務的生命週期階段和組織的競爭地位會影響可替代方法的選擇。市場行銷研究訊息提供了這些決策的基礎。

有一個市場行銷策略與有一幅地圖是類似的，它可以幫助你到達你想去的地方。即便有了一幅好的地圖，一些人也會迷失方向。要到達最後的目的地，還需要更仔細和周密的計畫。

本章複習

1.市場行銷策略、目標市場、市場行銷組合、定位和市場行銷目標在本章是如何被定義的？

2.什麼是細分的市場行銷策略？

3.四個可替代的市場行銷策略是什麼？它們有什麼不同？

4.在產品生命週期的四個階段中，市場行銷策略應該被調整嗎？如果是這樣的話，那麼在每一個階段哪一種策略會奏效？

5.較小或較低市場份額的組織應該和行業領導者一樣使用相同的市場行銷策略嗎？如果不行的話，他們的方法有何區別呢？

6.為什麼定位在今天的行業環境中是如此重要呢？

7.有效的定位需要什麼訊息和步驟？

8.七種定位方法是什麼？

9.為什麼市場行銷目標在有效的市場行銷中是如此重要？

10.市場行銷目標必須滿足哪四個必要條件？

延伸思考

1.評論三個近來處於領導地位的旅館、飯店、航空公司、租車公司、旅遊目的地、旅行社或其他的旅遊與飯店業組織的市場行銷策略。他們正在使用哪一種市場行銷策略？他們的目標市場是什麼？他們想盡力創造什麼形象？他們使用了哪一種定位方法？在過去的五年中，他們的策略和定位是怎樣變化的？使用廣告或其他的促銷圖解來支持你的觀點。

2.產品生命週期是一個好的嚮導，但它並不總是反映現實。透過描述按生命週期階段發展的公司、景點、服務或設施來討論這個概念(還要探討一下不遵循產品生命週期階段的企業是如何發展的)。

3.本章談到，每個行業都包括市場領導者、挑戰者和追隨者。選擇我們行業的一個部分，並確認出扮演每一個角色的組織。每一個組織都使用了什麼策略和方法來提高或保持它的競爭地位？你可以在本地市場做這一研究，或者在全國範圍內做研究。所選擇的每一個組織是怎樣成功地決策了它的策略和相關的方法？

4.一個小的旅遊與飯店業方面的業主向你在發展市場行銷目標方面尋求一些幫助。你對於目標的設置會給予什麼普遍指導性的建議？詳細說明你怎樣幫助業主發展了這些目標，並為這個企業發展一組假設的（或真實的）目標。

經典案例：隨時間變化而重新定位——Club Med

Club Med到2001年已經有五十年的歷史，它是世界上領先的連鎖俱樂部之一。它非凡的成功故事主要歸功於公司的創新和全方位的度假包裝。與其他行業巨人一樣，Club Med在預知社會和旅遊趨勢，以及比競爭對手搶先一步在恰當的時間推出適當的「產品」這一方面，展現了不同凡響的能力。

在八○年代末，Club Med開始著力對連鎖俱樂部重新定位，並去吸引更廣泛的目標市場。對消費者的研究顯示，當人們普遍對Club Med產生一種正面印象時，同時也會產生一些負面的印象，比如Club Med的度假有太強的局限性、被設定了範圍，以及客人被強迫參加鄉村俱樂部的活動等。Club Med還給人比較昂貴的感覺，而且人們感到它比較是為年輕人或單身者準備的。「活躍的單身者」這一形象在六○年代曾為Club Med帶來不錯的業績，但隨著時間的流逝，「生育高峰」時出生的一代現在已經不再年輕，並且承擔了更多家庭和其他方面的責任。

Club Med的包裝是在一個價格中，包括所有可能的度假成本，比如航空費、地面運輸費、住宿費、餐飲費、娛樂活動費、教育指導費以及正餐和午餐時的免費葡萄酒／啤酒。需要你額外付費的包括隨意的旅行、潛泳、高爾夫球、酒吧餐飲，以及在村莊或其他地方出售的衣服和紀念品。自從Club Med創制出這些全方位的娛樂包裝以來，其他的娛樂中心也開始加以模仿，並推出類似的包裝，這在Caribbean俱樂部體現得最為明顯。

大部分的Club Med村莊還有另一個獨特的特徵，那就是沒有現代社會的「令人心情雜亂」的東西。在這裡是不允許收取小費的。客人在Club Med可以釋放全部的能量來盡情享受他們的度假。這裡的教育指導和娛樂活動是相當精彩的，它們是由Club Med的員工提供的。他們除了日常的責任，比如做運動教練、廚師等，所有的員工都能在晚間的餘興節目中登台演出，展示出驚人的專業能力。

在Club Med如果沒有零錢支付的話，容人該怎樣為他所消費的酒吧飲品付款呢？在Club Med近來創新的流行風尚就是，透過按動一個塑膠按鈕來交換一些飲品票券，以這種方式來購買酒吧飲品。

連鎖的形式看來並不適合Club Med。儘管基本的包裝和特別規劃理念大體上在所有的Club Med村莊都類似，但是每一個Club Med村莊都有其獨特的服務展示和建築結構。就像包裝本身一樣，Club Med的一切都是自我創制的，包括一到兩週的娛樂度假所需要的每一個可以想到的設施。不同的Club Med村莊的住宿風格也有所不同，旅館的建築外形總是反映鄉村或當地的風情特點。Club Med的建築並不是典型的包括標準化客房的多層式結構，而是一群平房式的建築構造。大部分村莊都包括網球場、户外游泳池、就餐區、附帶露天舞場／迪斯可舞廳的中心酒吧、專售流行服飾的小店，還有進行航海、潛泳、野炊、划船的設施。

就像許多其他行業中的「巨人」一樣，Club Med展示了驚人的預測變化，並相應調整其服務和設施來迎合變化趨勢的能力。自八○年代以來，Club Med在它的許多村莊進行了改革，而且還改變了它的廣告方法，以吸引範圍更廣的客户，尤其是家庭式的客户。孩子們現在經常是廣告和小冊子中的主角，有幾個村莊提供給二至十一歲的孩子單獨的「小俱樂部」或「孩子俱樂部」。「孩子俱樂部」在1974年始創於Cuadeloupe，今天在Sandpaper和Lxtapa也有這樣的「孩子俱樂部」。Club Med在特別規劃和包裝方面的創新又將這一明顯的競爭問題轉化成了可盈利的市場行銷機會。「小俱樂部」或「孩子俱樂部」是特別為孩子安排活動的經典實例。「小俱樂部」包括一個劇場、遊樂室，以及工藝和手工技巧展示，在這裡還有單獨的一段時間可以滑水、航海和野炊。在家庭村莊，孩子們被指導學習潛泳、盪鞦韆、變戲法和其他的一些馬戲團技巧，比如畫丑臉等。「小俱樂部」或「孩子俱樂部」對孩子們實行單獨的、全方位的價格，在有些時間裡，可以對年齡剛過五歲的孩子實行免費。

Club Med很快又將它的目標市場擴大到公司團體，即將Club Med作為會議和激勵性旅行之用。在「租用一個村莊」的廣告旗幟下，Club Med將整個村莊租給了Sony、美國運通這樣的公司，並開展了廣泛的主題活動。

Club Med注意到週末和小型度假這一流行趨勢後，向度假者提供了創造他們自己的包裝的機會（Club Med提供場地，而旅行者則創造屬於他們自己的氣氛）。Club Med也注意到遊輪業非凡的進步，並決定自己也進入這個行業。Club Med的第一艘遊船——Club Med 1號開始在加勒比海起航，它將在加勒比海巡遊六個月的時間，而其餘的六個月則在地中海航行。這艘船由五個主控電腦營運，是世界上同類船中最大的，有一百九十一個房間，每間可以住兩個人。她的姐妹船，Club Med 2號，在1997年開始啓動。這兩艘船加在一起的承載量，可以達到七百七十多位乘客。Club Med 2號每年圍繞著法國的波利尼西亞群島航行九個月，其餘的三個月則在蘇格蘭海域巡遊。

Club Med透過它的重新定位努力所提供的另一個新活動就是「永遠年輕」的度假。它是為年齡超過五十五歲的人設計的，而且如果客户選擇了在美國、墨西哥或加勒比海的任意一家Club Med進行一週的活動安排，都可以得到140美元的折扣。

在1994年至1995年間，Club Med共服務了一百二十四萬三千八百個會員。在1997年至1998年，有八千個十二歲以下的孩子曾與他們的父母待在Club Med遊玩，有一萬個年齡在四個月到二歲的幼兒參加了幼兒俱樂部。現在50%的Club Med成員是已婚的，並且40%都有了孩子。Club Med成員的平均年齡是三十七歲，其75%的成員年齡在二十五至四十四歲。這些數字本身就可以表明，Club Med在重新進行定位，以服務於範圍更廣闊的成員。

討論

1.什麼因素使得Club Med改變了它的市場行銷策略？

2.Club Med市場細分的方法是怎樣被改變的？

3.Club Med以何種方式盡力改變了它在潛在遊客心目中的形象？

4.其他的旅遊與飯店業組織能從Club Med以及它的新市場行銷策略中學到什麼？

第9章
市場行銷計畫和行銷組合

我們怎樣才能到達那裡呢？有關這個問題的答案寫在市場行銷計畫之中。本章開始就定義了市場行銷計畫，解釋了它在戰術計畫中的作用。本章還闡述了計畫所包含的內容，並描述了設置一個計畫的利益所在。

本章並為準備一個計畫提供了一系列的步驟。它與前面所探討的概念，包括市場細分、市場行銷策略、市場行銷目標和市場行銷組合配合使用，為隨後十章的內容搭設好了一個「舞台」。

如果你知道此架飛機的飛行員沒有飛行計畫的話，你會乘坐這架飛機嗎？如果你的個性並不喜歡冒險的話，那麼你的答案會是「不」。一個沒有市場行銷計畫的組織就像是一架沒有飛行計畫的飛機。一個沒有飛行計畫的飛機可能會迷路，而最終沒能到達它的目的地，因為它耗費了太多的燃料；同樣，一個無計畫的組織也會發現它自己迷了路，而且在到達目標之前耗光了所有的市場行銷預算資金。正如這個古老的諺語所說的，「失敗的計畫，就會導致計畫的失敗」。

第一節　行銷計畫的定義

一、何謂市場行銷計畫？

在這本書中，一個市場行銷計畫就是一個形成文字的計畫書，它被用來指導一個組織一年或少於一年的市場行銷活動。它是詳細而明確的，並且它可以幫助一個組織協調許多步驟和人員的努力。

市場行銷計畫被大部分專家稱之為戰術或短期計畫。但是，只有一年的市場行銷計畫還不夠，組織還需要長期計畫或策略計畫。策略計畫與戰術計畫相比，更具概括性，也較粗線條，它們可以確保達到長期市場行銷目標。每一個市場行銷計畫中的目標和策略市場計畫中的策略，必須緊密相連。

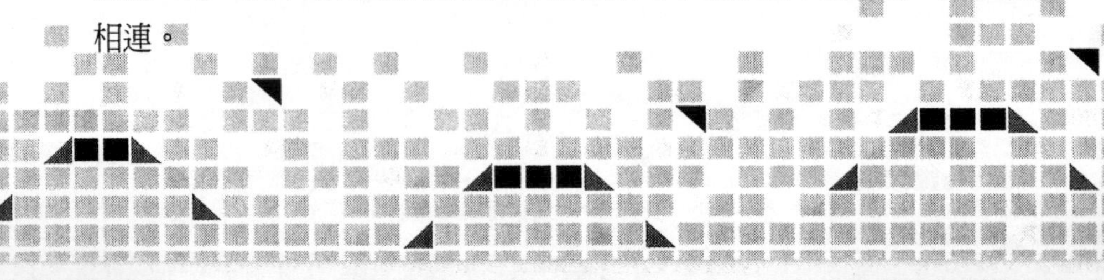

市場行銷計畫會更詳盡、透徹地闡述一個組織的市場行銷組合，還要進行詳細的資金預算，並設置時間表。策略市場計畫則更關心外部的市場行銷環境和中長期的機會與挑戰。

二、市場行銷計畫的要素

就像每一個建築物都需要一個牢固的地基一樣，一個市場行銷計畫必須根植在仔細的研究和分析基礎之上。先前的一些章節討論了狀況分析、市場行銷研究、市場細分、市場行銷策略選擇、目標市場選擇、定位和市場行銷目標。市場行銷計畫建立在所有這些因素的基礎之上，它爲領導層提供了一個行動藍圖。

無論什麼計畫都有全世界所公認的原則。每一個建築經理都知道，初始的藍圖經常會由於無法預知的事情而被修正。他們明白得需要許多人的努力才能將紙上的計畫變爲現實，而且所做的事情必須被仔細地設定階段，還得進行時間限制。例如，得先立牆，才能搭棚；得先製成粗糙的木坯，然後才能精雕細琢。建築專家也知道，必須仔細地設置資金預算，爲偶然性事件做一定的準備，還要設定目標。當然，事先選好材料，配備具一定專業技能的人員，更是實現計畫的本質要求。

市場行銷計畫所需的條件與建築藍圖所需的條件是一致的。那麼一個市場行銷計畫必須符合哪些標準呢？

1. 以事實為基礎

一個市場行銷計畫必須建立在先前的研究和分析基礎之上。一個設置在「預感」上的計畫，就像是一個卡片房子——如果一個關鍵的假設被證實是錯誤的，那麼整個計畫就會泡湯。

2. 組織和協調

一個市場行銷計畫必須儘可能地明確和詳細。它要確認出負責明確任務的部門和人員，它必須描述出所需的促銷資料及其他材料，它還得闡明所需的「技術」，比如品質、努力程度和服務等級等。

3. 設置程序

一個市場行銷計畫必須被編排好程序，這樣活動才能有序地進行。「時間設定」在市場行銷中是至關重要的，一個市場行銷計畫必須有一個詳細的時間表。

4. 資金預算

每一個市場行銷計畫都應該仔細地設置資金預算。事實上，在組織決定最後的預算數字之前，應該準備幾個試驗性的預算數字。

5. 靈活性

總有一些始料不及的事會發生，所以沒有一個計畫是固定不變的。如果目標明顯不能達成，或者有預料不到的競爭活動，那麼就應該及時修正市場行銷計畫。市場行銷計畫中一定要包含一個「應付偶然事件」的計畫。這就意味著，在市場行銷計畫中應該留有一些空間，而且要爲處理意外事件設置一些資金預算。

6. 可控制的

讓一個計畫按它初始設計的那樣發揮功效，要比將它發展到第一的位置更困難。每一個計畫都必須包含可測量的目標，以及測量進展情況的方法。計畫還必須確認出誰來負責進展情況的測量。

7. 內部的一致性和關聯性

一個市場行銷計畫的大部分是相互關聯的，而且需要保持一致性。例如，爲了取得最大的功效，應該將廣告活動和促銷的方法結合在一起使用。

8. 清楚而簡明

詳細並不意味著難以理解。只有計畫的設計者可以理解它，這還不夠。創建一個成功的市場行銷計畫需要許多人的努力。目標和任務必須被清晰地傳達，應該消除那些可能重疊、令人迷惑或使人誤解的部分。

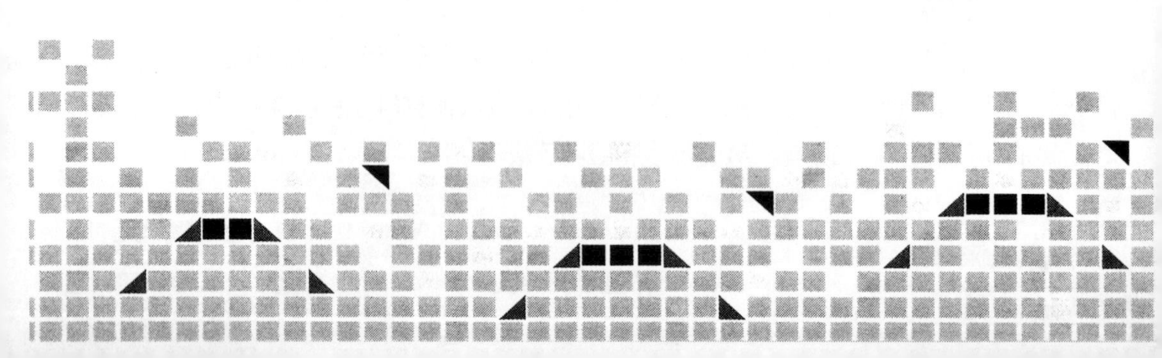

三、市場行銷計畫的好處

無疑，一個市場行銷計畫對於一個組織來說是至關重要的。那麼市場行銷計畫究竟有哪些好處呢？

1. 使行銷活動緊扣目標市場

假設一個細分的市場行銷策略正在被使用，那麼行銷計畫就可以確保活動緊扣所選擇的目標市場。行銷計畫要詳細寫明以某一市場爲基礎的市場行銷組合，這樣就可以避免由於吸引非目標市場而造成預算資金的浪費。

2. 使行銷目標和行銷投入相一致

行銷計畫應該在多大程度上達成目標？每一個目標市場都應該獲得同等的關注嗎？這是一個好的市場行銷計畫應該解決的兩個問題，這樣的計畫才能確保付出的努力程度與每一個目標市場的市場行銷目標和每一個市場的規模相一致。大體上說，目標越高，所需要的努力就越大。對於一個組織來講，在一個只能產生20%的銷售額或利潤的目標市場上投入80%的市場行銷預算通常是毫無意義的，然而這種事情卻經常發生。儘管一個確切的1：1的比率並不是絕對必要的，但是預算的金額和一個目標市場可以賺得的銷售收入或利潤百分比應該是大體相似的。

3. 提供一個普通的參考依據

一個市場行銷計畫應該能爲組織以內和以外的許多人詳細說明如何進行行銷活動。一個好的計畫可以爲行銷活動中的所有事情提供一個普通的參考依據。它仔細地協調不同方面的努力，促進市場行銷人員的交流，並在指導外面的顧問，比如廣告代理人方面有重要的幫助。

4. 有助於測量市場行銷成功

一個市場行銷計畫是市場行銷管理者的一個工具，因爲它爲控制市場行銷活動提供了基礎，它也可以幫助市場行銷經理評估市場行銷成功。換句話說，一個市場行銷計畫在回答兩個關鍵性問題：「我們怎樣確保我們會到達那裡？」和「我們怎樣知道我們是否到了那裡？」發揮了至關重要的作用。

5. 保持長期計畫的連續性

正如我們所看到的，幾個市場行銷計畫組成了一個策略市場計畫。市場行銷計畫補充了策略市場計畫，並爲短期和長期計畫提供了一個連結的樞紐。他們可以確保一個組織的長期目標總在被關注的範圍之內。因爲他們被仔細地合理設置，並被詳細地說明，所以即使他們的創始人離開了這個組織，市場行銷計畫也仍然會正常地發揮作用。

第二節　行銷計畫的內容

一個市場行銷計畫有三個部分，我們稱它們爲計畫摘要、原理闡述和計畫執行。計畫編制程序解釋了這個市場行銷計畫建立的基礎，即事實、分析和假設。它描述了市場行銷策略、目標市場、定位方法和一段時期內的市場行銷目標。計畫執行詳細說明了市場行銷預算、員工的責任、行銷活動內容、時間安排以及控制、測量和評估活動的方法。**表9-1**提供了一個書面計畫內容的一覽表。正如你所看到的，一個完整的市場行銷計畫會詳細地回答出旅遊與飯店業市場行銷系統的五個核心問題。

一、計畫摘要

這是一個計畫中重要部分的簡短概要。它只有幾頁的內容，讀起來也很容易。概括每一個部分的內容，並按計畫書中的順序將他們排序，就會形成一個計畫摘要。

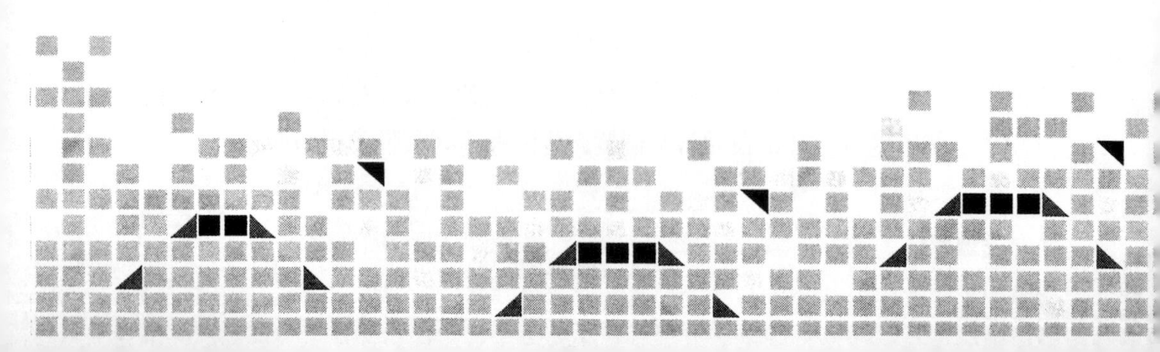

表9-1　市場行銷計畫內容的一覽表

計畫摘要		
原理闡述	1.狀況分析（我們現在在哪裡？） (1)環境分析 (2)位置和社區分析 (3)主要的競爭對手分析 (4)市場潛在力分析 (5)服務分析 (6)市場行銷地位和計畫分析 (7)主要的優勢、弱點、機會和	壓力分析 2.選擇的市場行銷策略（我們想要自己在哪裡？） (1)市場細分和目標市場 (2)市場行銷策略 (3)市場行銷組合 (4)定位方法 (5)市場行銷目標
計畫執行	1.活動計畫（我們怎樣到達那裡？） (1)目標市場的每一個組合要素的活動 (2)活動的責任 (3)時間表和活動安排 2.市場行銷資金預算（我們怎樣到達那裡？） (1)目標市場預算 (2)目標市場組合要素預算	(3)應付偶然事件的基金 3.控制程序（我們怎樣確保我們會到達那裡？） (1)每一個活動的預計結果 (2)進展情況報告及其測量 4.評價程序（我們怎樣知道我們是否到了那裡？） (1)測量 (2)行動標準 (3)評估時間表

二、原理闡述

儘管大部分的人會記住該做些什麼，但卻很容易忘記爲什麼要做這些事。市場行銷計畫的原理闡述，解釋了行銷計畫所建立的基礎：所有的事實、分析和假設。它將先前所討論過的研究和分析記錄下來，爲那些將未來的市場行銷計畫和策略市場計畫結合起來的人提供了原始資料。原理闡述對於外面的顧問也很有幫助，比如，被要求執行一項特定任務的廣告代理機構等。原理闡述包括如下內容：

1. 狀況分析

狀況分析是對一個組織的優點、弱點和機會的研究。第5章指出，狀況分析在構建市場行銷計畫方面發揮了重要的作用。爲什麼呢？原因就是這些計畫必須反映這個組織的市場行銷優勢，並對所確認的機會進行投資。

一些群體將狀況分析和市場行銷計畫組合成一個項目，並被合寫在一份文件中。本書建議，它們應該是兩個單獨的項目，但卻緊密相連。行銷計畫中只需寫上狀況分析的重要部分，而不需要提供詳細的工作板。

環境分析　外部環境所產生的不同的潮流趨勢會給旅遊與飯店業組織帶來正面或負面的影響，這些潮流趨勢包括競爭、經濟環境、政治和立法、社會和文化以及技術等方面。市場行銷計畫應該將這些方面列出來並簡要地討論可能產生的機會和威脅，它應該解釋在計畫的這段時間內預期所可能產生的影響。

位置和社區分析　在計畫階段，當地的社區和鄰近的區域預計會發生什麼重大的事件？新工廠的開業、企業的關閉或勞動裁員、居住環境的發展、工業的擴大，以及新高速公路的建構或重新設計，是幾個可以在短期內給一個組織帶來正面或負面影響的事件。應該將這些事件確認出來，並在計畫中加以概括，還要說明它們所可能產生的影響。

主要的競爭對手分析　在未來的幾個月或更短的時間裡，預計我們最直接的競爭對手會採用什麼新方法，這些組織將增添或提高他們的服務嗎？預計有新的促銷攻勢嗎？這些都是市場行銷計畫應該回答的主要問題。競爭者的優勢和弱點也應該著重被闡明。

市場潛在力分析　對過去的和潛在的客戶所做的主要結論是什麼？需要新的市場行銷活動來保留我們過去的客戶嗎？有辦法鼓勵過去的或現在的客戶更多地使用我們的服務嗎？有辦法進入另外的目標市場嗎？對這些問題的回答，以及相應的市場行銷研究的重要部分，都應該被包含進去。

服務分析　第二年將做些什麼，來提高或擴大我們組織的服務？什麼研究發明或隨後的分析會促動這些變化？市場行銷計畫應該討論這樣的發展項目，並要考慮它們將怎樣與其他的市場行銷組合活動合為一體。

市場行銷地位和計畫分析　你曾經開車到一個陌生的城市，並迷失了方向嗎？將你自己重新定位，並回到正確路線的最好方法是什麼？是的，你可以向一個友善的警察或加油站的員工問路，但是另一個我們中的許多人所使用的方法就是返回原來的路線，到我們開始迷路的初始位置，市場行銷地位和計畫分析就可以做到這一點。在我們碰到麻煩的時候，它可以幫助我們重複檢驗一下已經做過的事情，並爲未來的活動累積經驗。還應該在分析中闡明組織目前在它的目標市場中的定位，以及它在以前的市場行銷活動中的有效性。

主要的優點、弱點、機會和壓力分析　計畫的這個部分有點概要的性質。它促使市場行銷者歸納所有狀況分析的結果，集中地列示有關組織的優點、弱點、機會和壓力。

2. 選擇的市場行銷策略

市場行銷計畫的原理闡述的第二個部分詳細說明了組織將在下一段時期所遵循的策略，它解釋了影響策略選擇的事實、假設和決策。

市場細分和目標市場　計畫應該簡略地回顧一下細分方法（單一階段、兩個階段或者多階段）以及被用來細分市場的依據（地理、人口統計、旅行目的、心理圖景、行爲、相關的產品或分銷管道）。應該描述一下細分市場的規模以及組織的滲透力，即它在每一個細分部分的市場份額。應該討論一下所選擇的目標市場，以及選擇它們的原因。簡略地談論一下忽略其他市場細分部分的原因，這對市場行銷計畫的建構也很有幫助。

市場行銷策略　將使用單一目標市場、多個目標市場、全面的市場行銷策略，還是無區別的策略？產品的生命週期階段和組織在行業中的地位怎樣影響了策略的選擇？計畫應該解釋一下導致這些選擇的分析和假設。

市場行銷組合　將使用八個市場行銷組合要素（產品、人、包裝、特別規劃、定價、分銷管道、促銷和合作）中的哪幾個？爲什麼？市場行銷計畫應該爲每一個目標市場設置單獨的市場行銷組合。在計畫的第二個部分，會有一個更詳細的有關市場行銷組合的活動安排表。

定位方法　這個組織是想盡力在每一個目標市場中鞏固它的形象，還是想要重新定位？將使用哪六種定位方法（特定的產品特徵、利益需要、特定的使用時機、使用者類別、反擊另一種產品，還是產品類別分離）？為什麼？市場行銷計畫應該回答出這些問題，並解釋每一個市場行銷組合要素是怎樣反映了這一定位方法。

市場行銷目標　應該說明每一個目標市場的目標。這些目標必須是結果導向的、用數字表示的，並要限定時間。專家建議應該將每一個目標分化成幾個「里程碑」。這就意味著，將每一個目標分化成幾個具有特定時間段的分目標。

三、計畫的執行

在建構一個成功的市場行銷計畫中，要做許多詳細的安排，還要涉及許多階段步驟。計畫的這一部分就是要明確所有需要的活動、責任、成本、時間表以及控制和評估程序。許多市場行銷計畫失敗，是因為他們制定得不夠詳細。由那些負責活動的人來對計畫做太多的解釋，經常會導致期限的延誤、資金的浪費和普遍的混亂。在計畫執行的設置中，太過於詳細，是一種更大的錯誤。要想更牢地記住計畫執行的內容，最好以回答幾個關於什麼、在哪裡、什麼時候、誰和怎麼樣的問題來記憶。

(1)將執行什麼活動或任務？並且對此要花費什麼？

(2)將在哪裡執行活動？

(3)活動何時開始、何時結束？

(4)誰為每一個活動負責？

(5)計畫將怎樣被控制和評估？

1. 活動計畫

活動計畫建立在所選擇的市場行銷組合的基礎之上，它為每一個目標市場的每一個組合要素所需的所有任務，進行了明確的說明。

目標市場中有關每一個組合要素的活動，應該列示出每一個目標市場的所有活動。單獨為每一個市場行銷組合要素籌劃活動，並按時間順序來安排它們，是比較好的做法。

活動責任　在大部分情況下，幾個部門、組織的許多雇員以及一些外面的公司將在計畫執行中發揮作用。這些人必須知道他們該做些什麼。達成這一點的一個好辦法就是，在計畫中詳細說明責任，並以時間表和活動計畫的方式來確認每一種責任。

時間表和活動計畫　這是計畫中的一個關鍵部分，經常被提及。它應該表明每一種活動的起始時間和結束時間、活動執行的地點（例如，公司內部或公司外部），以及負責的人員。**表9-2**是這種表格的一個例子，可以被用來作這種計畫。

2. 市場行銷預算

我們要看一下準備市場行銷預算的可選擇的方法。本書所建議的是目標和任務方法。這是一個順藤摸瓜的程序，先考慮每一個市場行銷目標，然後計算出每一個目標相關的任務或活動的成本。儘管許多市場行銷預算是較粗略的，但理想的做法應該是計算出爲每一個市場行銷組合要素和爲每一個目標市場所花費的資金數量。

目標市場預算　每一個目標市場會花費多少市場行銷預算？這個問題在市場行銷計畫中經常被跳過。儘管如此，它卻是非常重要的。本書建議，應該根據每一個目標市場目前或預期所占整個收入或利潤的百分比，將資金預算粗略地分配一下。許多組織都犯了這種錯誤，即對小份額的目

表9-2　一個時間表和活動計畫的實例

時間表和活動計畫：促銷和交易展示 時間：1993年 頁：1													
活動	目的	1月	2月	3月	4月	5月	6月	7月	8月	9月	10月	11月	12月

標市場進行了超支的投入。

市場行銷組合要素的預算　市場行銷經理需要知道對每一個市場行銷組合要素所花費的資金量，否則，他們就不能測量每一個市場行銷組合要素的有效性，而且無法做出對未來資金分配的精明決策。

應付偶然事件的基金　組織要爲不可預知的事做好準備。活動結束時，行銷人員總會發現預算超支了，這並不是說，重新檢查一下預算會更好。組織應該在開始時就提留一部分基金，以應付不可預知的競爭行動、中介的生產成本過量，以及其他未預料到的市場行銷超支的情況，這是市場行銷活動取得成功的必要條件。一般來說，應付偶然事件的基金大體應該占整個預算活動成本的10%至15%。

3. 控制程序

控制計畫是市場行銷的一個管理功能。爲了有效地進行控制，經理必須知道想要什麼（想要的結果）、想要在何時實現（進展階段或「里程碑」）、想要由誰來實現（負責團體），和想要的東西將怎樣被測量（評估）。對於市場行銷計畫的財政控制，要透過資金預算和週期性的報告（將預算與實際支出相比較）來實現。對於目標進展情況的檢驗，要透過測量銷售量、收入和利潤來實現。有時還需做特別的市場行銷研究，例如，如果市場行銷目標是增加客戶對於一個組織的服務感知，或者是提高其對於這項服務的態度，就需要做相關的市場行銷研究。

想要從每一次活動中獲得的結果　每個市場行銷活動預計將對其市場行銷目標有怎樣的貢獻？例如，計畫要增加公司會議客房住宿率的10%，那麼在會議雜誌上刊登的新廣告是否能幫助實現這個目標的四分之一？計畫應該以活動爲基礎來考慮一下這樣的問題。

進展報告及其測量　我們剛才提到了「里程碑」一詞，眞正的里程碑會展示出旅行者離目的地的距離，而我們所感興趣的里程碑是中間過渡的結果，或者是達成市場行銷目標的分目標。組織應該制定決策，來決定這些目標將怎樣被測量、將何時被測量，以及將如何被報告。

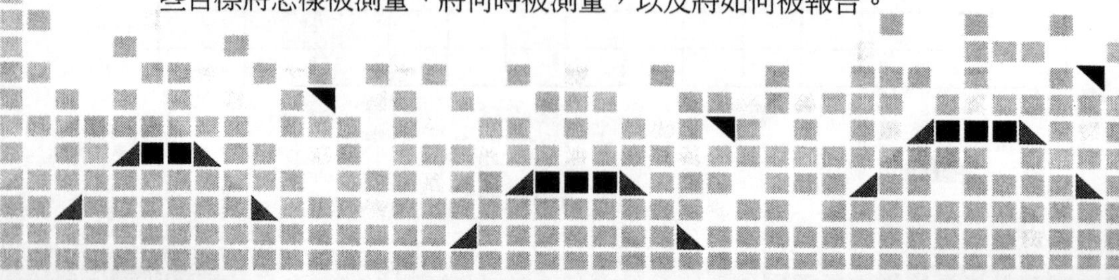

4. 評估程序

檢驗市場行銷計畫的成功，也就是要檢驗市場行銷目標被達到的程度。市場行銷地位和計畫分析工作板展示出每一個市場行銷組合要素的有效性是如何被評估的。除了這種分析以外，每一個目標的結果也必須被仔細地評估。有效的評估需要預期的結果、測量技巧、履行標準和一個評估時間表。

測量　成功將怎樣被測量？它將用美元、客戶數、查詢數還是感知百分比來表示？事實上，最好將這些直接與市場行銷目標相結合。

履行標準　這是另一個在許多市場行銷計畫中被忽略的項目。對於一個目標來說，什麼樣的偏差是可接收的、什麼樣的偏差是不可接收的？組織應該在市場行銷計畫中明確地說明履行標準，這樣就能對執行結果的可接受性作出一個總體的判斷。

評估時間表　某些重要的想法應該設置在評估時間表中。爲了最爲有效，評估必須在計畫期結束之前開始，這樣它才能爲下一次狀況分析和市場行銷計畫提供一些資料訊息。

你現在知道一個市場行銷計畫應該包括什麼了吧？一個好的市場行銷計畫應該能夠解決旅遊與飯店業市場行銷系統的五個主要的系統問題。下面的敘述，概括了行銷計畫的主要內容。

準備市場行銷計畫原理闡述——回顧和總結：

(1)狀況分析。
(2)市場行銷研究。
(3)市場細分。
(4)細分方法和依據。
(5)目標市場選擇。
(6)市場行銷策略。
(7)定位方法。
(8)市場行銷組合。

(9)市場行銷目標。

發展一個詳細的執行計畫——設計和詳細說明：

(1)目標市場的有關市場行銷組合要素的活動。
(2)責任（內部和外部）。
(3)時間表和活動安排。
(4)預算和應付偶然事件的基金。
(5)預期的結果。
(6)測量。
(7)進展情況的報告。
(8)履行標準。
(9)評估時間表。
(10)寫計畫概要。

圖9-1爲一個有三個目標市場的組織的實例，在流程表中，給出了發展市場行銷計畫所涉及的步驟。

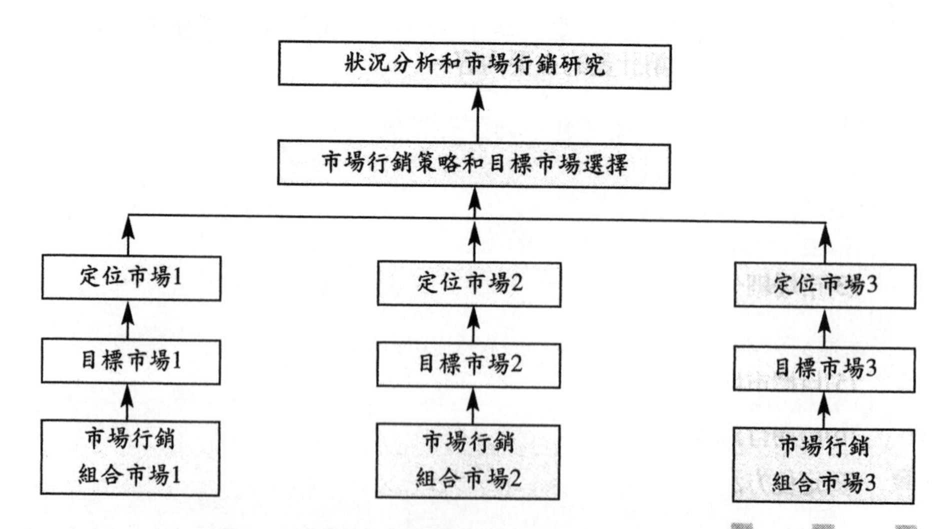

圖9-1　發展一個市場行銷計畫所涉及的步驟

第三節　旅遊與飯店業市場行銷組合

一個市場行銷計畫的大部分是要說明如何使用旅遊與飯店業市場行銷系統的八個組合要素。第10章到第19章談論了每個市場行銷組合要素。在我們仔細探討每個要素之前，讓我們簡單地看一下每一個要素是怎樣結合到市場行銷計畫中的。

一、產品

第10章談到了旅遊與飯店業中的產品發展。它介紹了產品組合概念，產品組合也就是一個組織的設施，以及它給客戶提供的產品範圍。本書前面曾講到，旅遊與飯店業的市場行銷是市場行銷的一個分支，有它自身獨特的需要。大部分傳統的市場行銷者都將人、包裝和特別規劃歸到了產品之中。儘管他們的確是旅遊與飯店業組織所提供的組合事物的一部分，但這三個因素最好能得到組織單獨的關注。第11章討論了旅遊與飯店業市場行銷中「人」的特徵。第12章評論了包裝和特別規劃這兩個相關的概念。

我們怎樣定義一個旅遊與飯店業組織的產品呢？這是個較困難的問題，因爲它不像大部分其他產品那樣，它是有「生命」的。人總是被捲到這個「生產」過程中來。它也更難被評價，因爲許多客戶是以他們的情感而非堅固的事實爲基礎來購買一項服務的。他們所買的東西，總與我們所認爲的賣的東西不一樣。

二、人

市場行銷計畫應該包括所涉及的員工和經理的行爲方式。一個市場行銷計畫必須包括這一點，即說明如何使用這些充滿活力的人力資源。

三、包裝和特別規劃

包裝從許多方面體現了一個組織是以市場行銷爲導向的。組織確認了目標市場的需要之後，就會將不同的服務和設施集合起來，以滿足這些需要，這就產生了包裝。包裝的相關概念——特別規劃，也是以客戶的需要爲導向的。

市場行銷計畫應該詳細說明爲未來十二個月或更短的一段時間內持續進行的、新的包裝和特別規劃。爲每個包裝和特別規劃所做的資金預算也應該被包括進去，還要闡明這些供應品是怎樣與促銷活動和價格／收入目標緊密結合起來的。

四、分銷管道

組織計畫將怎樣與分銷管道中的其他相關組織一起工作？對於供應商和承運人來講，這就意味著他們將怎樣使用旅遊貿易中介（旅行社、旅遊批發商和激勵性旅遊計畫人等）來達成市場行銷目標。對於中介來講，這就意味著他們與其他中介、供應商和承運人的關係。第13章介紹了分銷組合概念，並描述了旅遊貿易中介。

五、促銷

市場行銷計畫詳細說明了促銷組合（廣告、人員推銷、促銷和交易展示以及公共關係）中的每一個技巧將如何被使用。這些技巧是相互關聯的，計畫必須確保每一個技巧與其他技巧相互補充，而不是相互矛盾。促銷通常要使用最大比例的市場行銷預算，它也最多地使用了外部的顧問和專家。既然這樣，它就必須儘可能地詳細，著重強調成本、責任和時間。第14章到第18章，詳細討論了所有的促銷組合要素。

六、合作

本書爲了強調合作廣告，以及其他合作的市場行銷活動的價值，將合作在第10章中單獨加以闡述。市場行銷計畫應該花費一些時間來討論合作的努力、它們的成本，以及它們的經濟回報。

七、定價

在市場行銷計畫中，通常沒有很充分地考慮定價這一因素。事實上，它應該得到更多的重視，因爲它既是一個市場行銷技巧，又是一個主要的利潤決策指標。本書建議要詳細地擬定一個綜合的定價體系，即計算出所有特別的費率、價格和未來一段時間內的折扣。第19章討論了旅遊與飯店業中的定價和定價計畫。

第四節　市場行銷的資金預算

一、市場行銷預算的標準

每一個市場行銷計畫都應該包括一個資金預算，概述每一個市場行銷組合要素所花費的資金。一個組織所面對的最困難的決策之一，就是該如何分配它的市場行銷資金。一個好的市場行銷預算，應該符合下述四個標準：

1. 廣泛性

要考慮所有的市場行銷活動，而且要把成本算出來。

2. 協調性

要仔細地協調所有項目的資金預算，以避免不必要的重複性努力，並擴大預算項目之間的協同作用。

3. 可行性

預算要詳細說明市場行銷活動所需的資金和人力來自何處。

4. 務實性

被設置的市場行銷預算不能與其他活動相孤立，它們必須與組織的資源和行業中的位置相聯繫。

二、編列市場行銷預算的方式

至少有四種編列市場營銷預算的方式。最有效的一種被稱之爲目標和任務預算，它遵循零基礎的資金預算觀念，也就是說每一年的每個資金預算都從零開始，然後再將每一項活動的預算累加上去。應該使用多階段的預算過程。四種預算方式的優缺點將在下述段落中加以描述。

1. 歷史的預算方法

這是一個很簡單的機械的預算方法。將一定數量的資金或百分比加到去年的市場行銷預算上，預算的增長通常與經濟的通貨膨脹率有很緊密的關係。這不是個以零爲基礎的預算方法，因爲事先給定了一個去年的預算。

在旅遊與飯店業中，這是一個很流行的預算方法，因爲它很容易，並且幾乎不需要什麼時間和努力。然而，你可能會看到它的危險所在。本書強調了需要控制和評估市場行銷計畫的結果，這樣的一個系統過程總是可以給出修正和提高市場行銷活動的方法，它將明確指出組織的成功和失敗。然而，那些使用歷史預算方法的人，傾向於使無效的市場行銷活動永遠存在，而且無法使組織從實際出發，按照能贏的方式去行動。

旅遊與飯店業是充滿活力的。它變化很快，而且變化是經常性的。每一個組織都應該儘可能地對變化保持彈性，並且經得起變化的考驗。儘管保留市場行銷預算的歷史記錄很有用，但是過去的資金預算不應該作爲設置未來預算的基礎。

2. 收入百分比預算

市場行銷預算是使用一個設定的行業平均數來計算的，並且通常是總收入的一個百分比。例如，對於一個旅館來說，將第二年的總預期銷售額的3.5%至5%作爲市場行銷的資金預算，是很普遍的。這是由諸如PKF顧問公司和史密斯旅遊研究公司發現的一個典型的資金預算範圍。這不是一個零基礎的方法，因爲它假設這個組織將使用近似於行業標準的資金預算量。

像上面講到的預算方法一樣，這個方法也很流行，因爲它不用花費太多的努力，而且很快就可以完成。但它的操作與旅遊與飯店業市場行銷系統的原則恰好相反。沒有兩個營運狀況完全一樣的組織，沒有兩個組織有恰好相同的目標市場和市場行銷組合。另外，行業平均數可能會產生誤導，因爲行業平均數是大範圍結果的一個平均值。一個想盡力建立市場份額的新企業，其資金預算必須高於行業平均數，而一個具有長久信譽和經常性客戶的公司的資金預算則會少得多。在不同的行業、不同的地理區域，市場的競爭情況各不相同，每一個組織都需要依據實際情況具體分析，量身訂作地設置資金預算。例如，速食業競爭激烈，需要把大量的市場行銷預算投入到國內電視廣告活動中，麥當勞在1998年，在廣告方面（美國）的投入將近7.36億美元，使它成爲全美企業中第十三大廣告投資商；而另一方面，正餐連鎖店則並未捲入同樣激烈的競爭之中。

收入百分比的預算方法是很危險的，應該避免使用它。它是由過去一代的旅遊與飯店業的市場行銷者所做的一種相當草率的預算方法。

3. 競爭預算

我們在第8章中討論了「市場追隨者」的預算。低市場份額的公司模仿行業領導者的一個途徑，就是盡力與行業領導者的花費水準和市場行銷活動相匹配。一些人稱此爲競爭平衡預算，像前兩個預算方法一樣，這種方法也很容易使用。實行競爭預算的組織所需要的就是有關競爭對手的市場行銷預算的訊息，這可以透過研究有關這些組織的資料或年報來獲得。因爲這種預算方法以假設與某個競爭對手相關的一些資金量爲開始，所以它也不是零基礎的預算方法。

競爭預算最大的缺點就是它忽視了本企業一系列獨特的目標市場、市場行銷組合、行銷目標、資源和市場位置等。儘管追蹤競爭對手的市場行銷活動是必要的，但是只使用競爭的資金預算方法是不可取的。

4. 目標和任務資金預算

這種預算方法的操作步驟與它的名字類似——先設置市場行銷目標，然後是達到目標的階段步驟（任務），都要被詳細說明。這種預算方法開始時並未設定任何數字，也就意味著它是零基礎的方法。一些人稱它爲「逐步建立」的方法。因爲一個組織是從底往上設置預算，而不是開始便設定一個總資金額，然後再決定怎樣去花這筆資金。

使用目標和任務的預算方法，比歷史的、收入百分比和競爭預算要花費更多的時間和努力。前一年的市場行銷計畫中的所有活動，都應事先被仔細地評估。但是達成預算的主要基礎，應該是達成每一個目標市場的市場行銷目標所必要的活動。

本章概要

市場行銷計畫是行動的藍圖，它展示出這個組織將怎樣盡力達成它的市場行銷目標。

計畫詳細說明了第二年將執行的所有市場行銷活動。它實際上是一系列的計畫，每一個計畫都說明了一個市場行銷組合要素，在一個總的計畫中，它們彼此相互協調而存在。

一個計畫應該是用墨水書寫的，而不是刻在石頭上的，也就是說一個組織必須監督計畫的執行，必要時，要及時地調整計畫。計畫要花費幾週，有時是幾個月時間來擬定，但是要使它們儘可能有效地運行則可能耗費更多的時間和努力。

本章複習

1.一個市場行銷計畫是戰術的還是策略的？這兩種計畫的區別是什麼？
2.市場行銷計畫在這本書中是怎樣被定義的？
3.一個有效的市場行銷計畫所需的八個條件是什麼？
4.擁有一個市場行銷計畫的好處是什麼？
5.市場行銷計畫的三個部分是什麼？
6.一個市場行銷計畫應該是一個書面計畫嗎？為什麼？
7.市場行銷計畫要回答旅遊與飯店業市場行銷系統的五個主要問題嗎？如果是這樣的話，那麼應該怎樣做呢？
8.旅遊與飯店業市場行銷的八個組合要素是什麼？它們與普遍存在的市場組合概念一樣嗎？市場行銷預算的四個可選擇的方法是什麼？哪一個是最好的，為什麼它優於其他的三個？

延伸思考

1.你剛剛加入一個從未設立過市場行銷計畫的非營利性組織，董事會對需要資金和時間來完成一個計畫表示懷疑，你將怎樣推銷你的觀點來準備組織的第一份市場行銷計畫？你將怎樣證實準備這個計畫所需的時間和資金支出的合理性？你的計畫都包含些什麼？
2.你剛當上市場行銷部的新經理。你使用目標和任務預算方法，算出未來一年的市場行銷預算比前一年高出30%。你的公司過去總是使用歷史的預算方法，每年都在前一年花費的基礎上增加5%至10%。你將怎樣證實你的做法的合理性？對於歷史的預算方法，你將陳述有關它的什麼弱點？
3.在你的社區內的一個小的旅遊與飯店業組織的業主讓你幫他準備一

個市場行銷計畫。這個計畫都包括什麼？在準備計畫時，你將向誰諮詢，並且你將使用什麼訊息資源？將圖9-1作為一個指導，為這個計畫發展一個更詳細的內容表。你做的是多長時間的計畫？你將把計畫交給誰？

4.選擇一個旅遊與飯店業組織，看看它怎樣使用了旅遊與飯店業市場行銷系統的八個組合要素？所有的要素都給予了同等的重視，還是一些比另一些更重要？有沒有一些要素被忽略掉了？你將怎樣建議組織提高它的市場行銷組合要素？使用來自於其他組織的例子，以支持你的建議。

經典案例：溫哥華旅遊公司——市場行銷計畫

溫哥華旅遊公司是負責行銷溫哥華地區的旅遊目的地市場行銷組織。它的責任聲明就是：「我們要透過合作將溫哥華地區變成一個面向全世界的、受人喜愛的旅遊目的地，這樣就可以為本地區的成員和社區創造更多的機會，來實現由此所帶來的經濟、環境、社會和文化方面的利益。」溫哥華旅遊公司1997年至1999年的「業務和市場發展計畫」體現了本章所建議的準備一個市場行銷計畫所應遵循的步驟，它是這方面的一個經典的應用實例。

溫哥華旅遊公司的此項計畫涵蓋了三年的時間，是一個策略市場計畫和一個市場行銷計畫的組合（表9-3）。這個市場行銷計畫包括所應涵蓋的所有要素，三年期的策略市場計畫每年也都進行了更新。此項計畫發表於1996年12月，開頭是計畫摘要，描述了計畫內容的核心部分。接下來是市場行銷計畫的原理闡述，包括四個部分，前三個部分是導言、對1996年溫哥華地區旅遊情況的評論，以及溫哥華旅遊公司的市場行銷環境分析（狀況和環境分析），第四部分進一步確認了「策略重點及其原理」。七個策略重點，我們也可以稱之為市場行銷目標，描述如下：

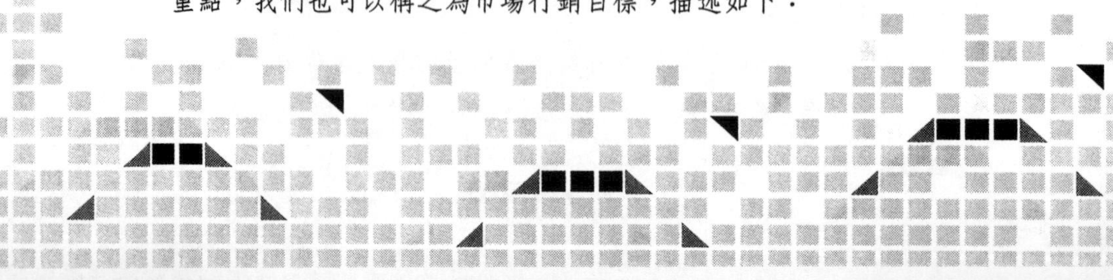

表9-3　溫哥華旅遊公司市場行銷計畫目錄

(續）表9-3　溫哥華旅遊公司市場行銷計畫目錄

(1)提高對於會議市場行銷的投資，以吸引廣泛的商務旅客，並進一步促進溫哥華地區未來的旅遊產品發展。

(2)透過與核心市場的觀光營運人合資，將力量集中在觀光和旅遊貿易的市場行銷上，並繼續建設溫哥華到阿拉斯加的遊輪業務。

(3)繼續支持全體成員對激勵性旅遊的市場行銷活動。

(4)提高對於消費者市場行銷活動的投資，以彌補核心基金的削減所帶來的影響。

(5)為了增加溫哥華區域的旅遊產品的吸引力，繼續積極地走合資的道路。

(6)透過對增長性的旅遊行業開展市場行銷創新活動，來促進其市場的形成和發展，並最終帶來豐厚的經濟回報。

(7)增強媒介的功效和成員之間的溝通。

此計畫確認了四個目標市場（部分屬於選擇的市場行銷策略）：協會／公司會議計畫人、旅遊貿易中介、激勵性旅遊的購買者和獨立的旅遊者。每一個目標市場的定位方法都透過一系列的「核心訊息」進行了描述。對於協會／公司會議計畫人市場來說，五個「核心訊息」就是：會議大樓處在一個吸引人的旅遊目的地、會前和會後的活動、高品質的設施、環境優美而且安全，以及為客户提供高價值的服務。

溫哥華旅遊公司的市場行銷組合和市場行銷目標建立在二十八個特定的創新活動（1997-1999年）的基礎之上，這些活動的大部分都與每一個目標市場相關。溫哥華旅遊公司在1996年採納了「以創新活動為基礎的市場行銷」方法，這在計畫的第六部分「1997-1999年的創新活動審查」中進行了描述。這些創新活動定義了溫哥華旅遊公司將要進行的廣泛的活動範圍。例如，協會／集會和公司會議計畫人市場就有九個創新活動：

(1)運動旅遊事件／會議的市場行銷。
(2)加拿大協會／公司會議的銷售和市場發展。
(3)美國東北地區協會／公司會議的銷售和市場發展。
(4)華盛頓／亞特蘭大協會／公司會議的銷售和市場發展。
(5)美國西部、中西部和南部的協會／公司會議的銷售和市場發展。
(6)歐洲會議的銷售和市場發展。
(7)集會目的地的合作。
(8)對集會的財政支持。
(9)集會服務和會議大樓規劃。

為配合這些創新活動，溫哥華旅遊公司的計畫詳細說明了用於每一個目標市場的市場行銷組合。例如，溫哥華旅遊公司透過廣告（直郵）、人員推銷（銷售請求）和促銷（貿易展示）來瞄準美國東北部的協會／公司市場進行特定的市場行銷活動。此計畫為向美國東北部的協會／公司會議計畫人促銷而設定了三個市場行銷目標：

(1)確認和發展來自於美國東北部的符合資格的協會／公司會議計畫人。
(2)加強溫哥華作為美國商務會議目的地的形象。
(3)透過發展和完成市場上的新業務來支持自己的成員。

這些目標是以結果為導向的、定量的，並且設定了時間，因為溫哥華旅遊公司確認了1997年（二十四個合格的會議計畫人）、1998年（二十六個合格的會議計畫人）和1999年（二十八個合格的會議計畫人）目標市場的市場行銷成功的「核心測量標準」。與溫哥華旅遊公司共同開發美國協會／公司會議市場的合作者也被詳細地加以描述。這些合作者包括溫哥華貿易和集會中心、會員旅館和旅遊目的地的管理公司以及航空公司。

溫哥華旅遊公司的執行計畫包括一系列的活動、一個市場行銷預算、控制和評估程序以及一個評估時間表。溫哥華旅遊公司將活動計畫命名為「活動計畫表」，它提供了有關每一個目標市場和市場行銷組合要素逐月所要計畫進行的活動目錄。這些在計畫的第七部分進行了描述。例如，溫哥華旅遊公司計畫在1997年4月進行兩項活動，主要是為了向美國東北部的協會／公司會議計畫人進行促銷。這兩項活動是：參加加拿大領事館在匹茲堡召開的「精彩紛呈的加拿大」貿易展示會，以及在匹茲堡對會議計畫人進行人員推銷。此計畫包括一個資金額為2510155C$（加拿大元）的市場行銷預算，這些預算被每一個目標市場的「市場發展活動」（主要包括促銷活動）所瓜分。溫哥華旅遊公司1997年總預算資金預計可以達到650萬C$。市場行銷預算在計畫的第五部分進行了描述，題為「財政投資」。1997年為每一個目標市場投入的資金量及所占百分比為：協會會議計畫人884440C$，占總額35%；公司會議計畫人151254C$，占總額6%；旅遊貿易中介662043C$，占總額27%；激勵性旅遊的購買者186106C$，占總額7%；獨立的旅遊者626312C$，占總額25%。預算也可以透過業務來源地（加拿大、美國、歐洲和亞太地區）、季節性（高、平衡和低業務量季節），以及產品生命週期階段（介紹、成長和成熟階段）來分配。

溫哥華旅遊公司計畫的控制和評估程序包括在第一部分中，被稱之為「計畫評估」。1997年至1999年的計畫是在對1996年至1998年的計畫進行了透徹的評估後發展的。評估導致了創新活動的削減——從三十六個減到了二十八個，其他的計畫也進行了一定的修改。1997年至1999年計畫中的每一個創新活動都由溫哥華旅遊公司的相應的專家負責（活動責任），這些專家得到了來自於團隊內其他人的支持和幫助。兩個特定的控制程序是「每月的評論會」和「業務和市場發展報告」。根據計畫，每月的評論會包括對活動執行的管理、預算考慮，以及對所出現機會的分析。業務和市場發展報告概括了每段時間（精確到幾月幾日）所要執行的活動，兩個月準備一份，並由溫哥華旅遊公司的董事會簽發。評估計畫是在每年的計畫會議上完成的，它對活動的檢測形成了制定下一個計畫的基礎。

溫哥華旅遊公司的市場行銷計畫為其他的旅遊與飯店業組織提供了一個經典的範例。溫哥華旅遊公司對計畫進行了周密的考慮，並嚴格地加以執行，終有一天它會實現自己的目標聲明——「成為北美最好的集會和遊客管理局」。

討論

1.溫哥華旅遊公司以何種方式體現了本章所建議使用的準備一個市場行銷計畫所應遵循的方法？
2.溫哥華旅遊公司的計畫程序如何區別於本章所描述的程序？你能對溫哥華旅遊公司的計畫進行進一步的提高嗎？
3.其他的旅遊與飯店業組織會從溫哥華旅遊公司所使用的市場行銷計畫方法中學到一些什麼經驗？

第10章
產品發展與合作

旅遊與飯店業組織向客戶行銷的產品是什麼？一開始，你就已經知道我們應該將「產品」一詞改成「服務」。由這個行業所提供的服務是多種多樣的，範圍從具有一千間客房的旅館到只有兩三個人的旅行社。對於市場行銷經理來講，理解此行業的結構是一個基本的要求。這一章以描述旅遊與飯店業中的組織為開始，還評論了最近的供應趨勢。

在討論產品發展決策之前，我們先看一看整體的行業架構。讓你的視野更開闊一些，這樣你就能更好地理解不同類的旅遊與飯店業組織所發揮的不同作用。

第一節　旅遊與飯店業的構成

本書以功能為基礎將這個行業劃分成不同的部分。例如，供應商——包括遊輪公司、租車公司、旅館、飯店、俱樂部和吸引人的事物，他們將服務提供給旅遊貿易中介（批發商和零售商）或者直接銷售給客戶。承運者包括航空公司、火車、汽車和輪船公司，他們為客戶提供從初始地到旅遊目的地之間的運輸。旅遊貿易中介將供應商和承運者的服務批發或零售給客戶。旅遊目的地的市場行銷組織向旅遊貿易中介和個體旅遊者促銷他們的城市、地區、州和國家。所有這些企業和組織都是相互關聯的，記得第3章中曾經講過，我們這個行業是一個「大系統」，而個體組織則是「微系統」，也就是說旅遊與飯店業的組織之間是相互依賴的。

一、供應商

旅遊與飯店業中的供應商組織可以被分成下述六大類別：

1. 旅館設施

旅館行業包含多種多樣的資產種類。一個卓越的旅館專家將旅館設施分成暫住旅館、遊樂地旅館、會議中心、汽車旅館和小客棧。另一種更綜合性的分類圖解是根據五個「發展標準」（價格、舒適度、地點、服務於特定的市場和特色風格）來細分旅館設施，如**表10-1**所示。

連鎖優勢　儘管美國73%的旅館設施的客房數都小於五十，但從市場行銷的觀點來看，較大的連鎖資產仍在旅館業中占支配地位。

品牌細分的程度在深化　這種形式的旅館業細分，大大地擴大了資產種類的範圍。頂級的十大連鎖店中，有八個連鎖店擁有兩個或兩個以上的資產品牌。馬里奧特的四個品牌是馬里奧特旅館、馬里奧特庭院式旅館、價格便宜的客棧以及住家客棧。

並不是所有領先的連鎖店都決定增加新的品牌，以進一步占據旅館市場的不同的細分部分，四季飯店就選擇並集中精力在旅館業的豪華市場部分。正如第8章所描述的，不同的連鎖店在他們的市場行銷策略中，選擇了不同的產品發展方式。

合併和聯合的市場行銷活動　在二十世紀七〇年代、八〇年代和九〇年代，一個普遍的行業趨勢就是透過公司之間的合併和聯合來提高其市場行銷的攻擊力。一些較大的旅館連鎖店吞併了較小的連鎖店，而其他的連

表10-1　旅館設施分類

價格	・便宜的旅館 ・中等消費旅館 ・豪華旅館（城市中心飯店）
舒適度	・會議旅館 ・商業旅館
地點	・商業區旅館 ・郊外的旅館 ・高速公路／州與州之間的旅館 ・遊樂地旅館
服務於特定的市場	・經理會議中心 ・礦泉療養地旅館 ・遊樂地旅館
特色風格	・全套服務旅館 ・更新／轉換式旅館 ・組合使用的旅館

鎖店則被航空公司收購。最大的一次聯合發生在1987年，美國航空公司將它的名字變成了Alleges，並吸納了威森旅館、希爾頓國際飯店和赫茲租車公司（Alleges隨後在1988年破產）。

旅館—航空公司連鎖經營已經存在四十多年了，而且預計會持續更長一段時間。不像Alleges的例子那樣（指其最終解體了），大的外國承運者，比如法國航空公司、KLM荷蘭皇家航空公司等自己就擁有旅館連鎖店，或者對旅館連鎖店有很強的約束力。

一些旅館連鎖店由於購買了連鎖的飯店或其他食品服務設施，使其經營更加多樣化。例如，《國家飯店新聞》在一百家食品服務公司中評選馬里奧特為第三大公司，排在百事可樂和麥當勞之後（根據銷售量排位）。

除了被其他的組織合併外，大部分主要的旅館公司現在都在進行一個或多個聯合的市場行銷活動，比如說承運者—供應商預約網絡，或者經常的旅行者獎勵活動等。例如，假日旅館獎勵那些乘坐幾家美國主要的國內航空公司飛機，並停留在本旅館資產中休息的經常旅行的客人。

全套服務的旅館　在二十世紀八〇年代早期，主要的旅館業趨勢是全套服務旅館概念的出現。這是一種具有特色風格的資產種類——所有的房間都被設計成成套式樣的。一個1998年的財產目錄顯示，在1998年，美國的全套服務的旅館資產中，共有十六萬六千間套房。在1997年年底，十七個最大的全套旅館連鎖店共有五百七十七家資產、九萬四千八百間套房。

經常性的客人活動受到關注　在八〇年代和九〇年代，另一個顯著的旅館趨勢就是經常性的客人活動越來越多，也越來越重要。進行這樣的活動有幾個原因：(1)確認經常的客人；(2)將市場行銷資金用到他們身上；(3)獎勵並給他們提供特別的服務；(4)建立客人對連鎖性質的感知。在二十世紀九〇年代早期，幾個旅館連鎖店透過為停留在他們旅館中的俱樂部成員，提供經常飛行的旅費津貼，來增強其經常性客人活動的吸引力。假日旅館、馬里奧特和Sheraton旅館是第一流的為特定的美國航空公司的經常乘客提供旅費津貼的旅館連鎖店。

特別的服務和舒適度　二十世紀八〇年代是旅館公司「溺愛」他們客

戶的十年。除了豐富的獎勵活動以外，他們還提供了許多新的服務和舒適度。這些包括：

(1)電視／免費電影。

(2)免費的早餐和雞尾酒。

(3)電腦化的預約系統。

(4)門房服務。

(5)經理樓層和休息室。

(6)快捷的結帳和登記。

(7)免費報紙。

(8)健康俱樂部或運動設施。

(9)關注健康的菜單。

(10)方向指示圖。

(11)禁煙房間和區域。

(12)辦公室或商務中心。

(13)爲女性特別設計的設施。

(14)電話／電報會議設施。

(15)電視結帳系統。

(16)錄影帶雜誌。

海特和霍華德這兩家旅館在這十年中著力促銷這樣的「額外」服務。海特公司進行了一次廣告活動，以對個體的特別服務爲特徵，包括禁煙客房、門房服務、爲女性設計的特別服務和健康菜單等。霍華德公司則花費了大量的資金來促銷它的經理樓層概念。

2. 餐館和飲食服務設施

餐館和飲食服務部分，像旅館部分一樣，是由大的連鎖店控制的。1994年的美國銷售量排名前二十五家食品服務連鎖店，在1994年的聯合銷售額是744270億美元，前一百家食品服務連鎖店的總銷售額是1092010億美元。前十家餐館中的六家是主營三明治的速食店（麥當勞、漢堡王、溫蒂、哈迪、Taco Bell和Subway)，前一百家美國食品服務連鎖店的大部分銷售收入，都是由速食店或快捷服務設施賺得的。根據1994年的銷售額統計資料，三大領先的菜單／飯店種類是三明治類（41.7%)、比薩類（10.3%）和正餐店（8.3%)。其他主要的飯店種類包括家庭式（7.8%)、雞類（5.2%）和牛排類（3.1%)。剩餘的飲食服務銷售額來自於旅館飲食服務連鎖店。

由大公司購置的飯店　眾人皆知，百事公司是全世界第二大可樂公司，在1986年，它成了繼麥當勞之後美國的第二大飯店公司。截至1994年，百事以年終總銷售額88.78億美元，成為排序第一位的食品服務公司。像百事這樣的巨人企業進入餐飲業，極大地加劇了競爭，並提升了市場行銷活動的標準。

主要的飯店行業趨勢　這些包括：

(1)增加送貨上門的服務。
(2)設置一個或兩個外賣窗口。
(3)飯店營運者更強調菜單項目的營養價值。
(4)更多的飯店專門經營民族的或本國的食品，尤其是墨西哥式的。
(5)便利商店已進入速食業。
(6)某種食品項目的流行性增加了（例如，新鮮的烘烤食品、生麵糰、沙拉、魚、海產品、家禽和其他的瘦肉)。
(7)低酒精含量飲料的流行性增加了（例如，葡萄酒、冷飲品和低度啤酒)。
(8)特別的主題飯店的流行性增加了（例如，五〇年代風格的懷舊餐館)。

餐飲特許經營　飯店業是經濟中發展最快的零售市場細分部分之一。它之所以能成長得如此迅速，主要是由於特許權的使用，特別是在速食業市場，特許經營更是非常普遍。大約有75%的速食店都被授予了特許經營權，它們被那些與母公司簽訂協議的獨立經營者所擁有和營運。這種經營方式通常會導致兩層或者其他的多層市場行銷活動，如果母公司進行了全國性的廣告活動，一般都會受到地區和地方市場行銷活動的積極支持和補充。

3. 遊輪公司

儘管遊輪航運也是運輸的一種方式，但遊輪業者卻是供應商而非承運者。今天的遊船與遊樂場的唯一區別在於遊輪是一個可以運動的「遊樂場」。

遊輪業的快速增長　在過去的二十五年裡，遊輪業是旅遊與飯店業中增長最快的部分之一。將近四百六十萬的乘客在1994年進行遊輪娛樂，數量是1970年的十倍。在二十世紀五〇年代末，計畫橫越大西洋的遊輪承載一百萬乘客在歐洲與北美的海岸之間航行。現在定期船服務已經不存在了，遊輪公司的船專門被用作巡遊之用。不像北美的大部分旅遊與飯店業那樣，遊輪業主要是由外國公司來控制的。斯堪地那維亞公司占據北美遊輪業的大部分市場份額。

隨著人們對遊輪業需求的快速增長，遊輪的承載量也有很大的增長。在1995年初，國際遊輪協會（CLLA）估計，服務於北美市場的遊輪共有一百三十三艘，合計承載量十萬五千零六十二個床位，幾乎是1985年承載量的二倍。CLLA估計，截至1999年，總計承載量將達到十四萬一千一百四十五至十四萬八千五百九十一個床位。

目標市場的創建和擴大　遊輪業成功的關鍵，就在於它是傳統的娛樂度假的一個可行的替代品。遊輪在大家的心目中是一個「流動的俱樂部」，具有全面的住宿、餐飲、娛樂和技藝表演服務。遊輪業是這個行業中最具創造力的組織，遊輪節目的範圍很廣，除了傳統的節目之外，還有一系列多種多樣的、專門化的船上活動。

遊輪公司很快就體察到了新的目標市場和目前的潮流趨向。大部分遊輪公司現在都有針對這樣的目標市場和潮流趨勢的顯著的業務量，既包括船上的會議，又包括激勵性旅行。創新的遊輪公司還介紹了飛行巡遊和陸上巡遊節目。小型的、週末的巡遊節目，也越來越流行。

依賴於旅行社　遊輪業與旅行社之間的關係十分密切。北美遊客95%以上都是透過零售旅行社來預訂遊輪的。所以，個體經營的遊輪公司，十分依賴於旅行社對客戶的正面建議。

變化的遊輪客戶的人口統計資料　一段時間以來，人們對遊輪業有一種誤解，認為它只是為富有的、年紀較大的人準備的。近來對市場調查的研究顯示，自從二十世紀七〇年代以來，北美遊輪客戶的平均年齡和收入都急劇地下降。

旅館／娛樂公司走入遊輪業　如果你能夠成功地經營一個海岸邊的娛樂旅館，那麼為什麼不去經營一家「流動的娛樂旅館」呢？Club Med和Radisson這兩家旅館連鎖店，決定在二十世紀八〇年代末和九〇年代初，用他們自己的遊輪，試驗一下「水性」。他們三條船的聯合艦隊（Club Med 1號、Club Med 2號和S. S. 鑽石號）只有一千一百二十六個床位，被專門派作巡遊之用。截至2000年，其他旅遊與飯店業的巨人也將由於遊輪業巨大的增長潛力，而走入這個行業。例如，迪士尼公司正在修建一個新的遊輪，以服務加勒比海的巡遊區域。

4. 租車公司

租車業正在迅猛地增長。今天，它是一個競爭激烈、可獲利幾十億美元的行業。在1960年至1987年這段時間，美國租車公司的聯合收入跳級增長了十倍。此行業的領導者赫茲公司，每年銷售額21億美元，是一個擁有將近二十一萬五千輛汽車的美國車隊。主要的租車公司正試圖向全世界擴展，以在這個行業中成為擁有全球性品牌的公司。

行業領導者占據大部分的銷售量　儘管在北美有成千上萬的租車公司，但大部分還是小型的「夫妻店」式的企業。銷售量的大部分是由少量的領導公司完成的，根據某一訊息來源表明，六家主要的租車公司（包括赫茲、愛維斯等）在1997年占據頂級的十六家租車公司總銷售額的88%。

依賴於航空公司和旅行社　租車公司是供應商高度依賴其他旅遊與飯店業的一個經典實例。大部分的租車公司是由飛機場開辦的，這些公司高度依賴航空路線和飛行安排。旅行社為旅客預訂大量的飛機票，同時也被要求預訂租車公司。所以，租車公司經常在《每週旅遊》、《旅行社》和《旅遊貿易雜誌》這些旅行社經常閱讀的雜誌上做廣告。某些卓越的租車公司也極力向公司旅遊經理促銷他們的租車服務，這些旅遊經理會爲他們的組織協商一個特別的租車協議。

參與到經常的旅行者活動之中　所有主要的租車公司都與航空公司和旅館連鎖店連線，並爲經常的遊客提供獎勵。大部分租車公司有他們自己的「經常性租車人」活動。例如，國立租車公司設置了一個「翡翠俱樂部」，它實際上就是一個「經常性租車人」的活動。

5. 吸引人的事物

對於快樂旅行者來說，由娛樂業提供的吸引人的事物在將人們帶入旅遊目的地中發揮著核心作用。一些吸引人的事物是物化的、固定的，比如說自然風光；其他的則是以大事件定位的，並非經久不衰的，而且在一些情況下會發生改變（例如，奧林匹克運動會、泛美運動會和英式足球的世界杯賽等）。有多種多樣的私人企業、政府和非營利性組織經營著這些吸引人的事物。大到像迪士尼公司這樣的團體，小到當地的博物館委員會，範圍很廣。

主題公園的業務量在增長。迪士尼開創於1955年，是北美第一家主題公園。自從迪士尼開創了這一概念（爲整個家庭服務）之後，北美相繼發展了許多其他的主題公園，使主題公園成爲七〇年代和八〇年代旅遊與飯店業發展最快的市場細分部分之一。1998年，北美頂級的二十五家主題公園的入園人數總共約有一億零九百五十萬。這些人中的36%（三千九百二十萬）曾經拜訪過位於加利福尼亞和佛羅里達的迪士尼世界。

儘管大部分的主題公園都在氣候允許全年營運的地區著力發展（例如，美國的佛羅里達和加利福尼亞、澳大利亞的黃金海岸），但許多較小的和以地區爲導向的公園也發展得很快。北歐的歐洲迪士尼公園是一個規模宏大的主題公園，它著力的是一個多國家的市場。除了全方位的主題公園以外，還有其他類型的公園，比如水上娛樂公園、家庭娛樂中心等。

6. 賭博娛樂業

賭博娛樂業越來越流行，這在美國旅遊業乃至全世界，都是一個主要的趨勢。儘管許多賭博娛樂業是附屬於旅館業和遊輪業的，但獨立經營的賭場數字也在不斷增長。

賭場營運的數字在增長　在美國幾十年來，有賭場的地方數字從一個州（內華達），發展到兩個州（內華達和亞特蘭大的New Jersey），現在則達到了幾個不同的州。據某一訊息來源估計，在1993年有十六個州設有賭場，而到2000年則會增加到三十個州。導致這種增長的原因，看起來似乎有兩個，一個是公衆對賭博娛樂業的態度普遍比較緩和，另一個則是賭博娛樂業的高收益及其對遊客的吸引力。發展賭博娛樂業，成爲美國較貧困地區的一個經濟發展策略。另外，在八〇年代末印第安那州通過了賭博條例法，爲在印第安那高地的賭博營運業打開了大門，現在在那裡發展了許多賭場。除美國以外，歐洲的大部分城市和遊樂地區、加勒比海、亞洲和澳大利亞現在都將賭博營運業作爲它們組合的旅遊設施的一部分。

賭博業向水上發展　幾乎所有的現代遊輪都包括賭博娛樂項目，它是組合的娛樂設施的一部分。水上賭博業在美國和其他國家的主要內河航運系統也很流行。密西西比河上的划船賭博營運業的增長，近年來在美國非常引人注目。

多樣化的賭博遊樂場　九〇年代迎來了一個新的潮流趨勢，即賭博目的地進行了重新定位，個體賭博娛樂營運也迅速發展起來，這樣賭博娛樂業就吸引了更廣泛的市場細分部分（包括帶孩子的家庭等）。這一趨勢在拉斯維加斯、內華達特別明顯，在那裡已經存在的和新的遊樂場現在提供有關遊樂、賭博和主題公園的組合化娛樂設施。

二、承運者

承運者將遊客從他們的初始地運到目的地。航空公司承運者是旅遊與飯店業的一支強大的力量，他們的營運既顯著地影響了旅遊貿易中介，又影響了供應商。

航空公司在旅遊與飯店業中發揮著核心作用，因爲他們的行動直接影響了許多旅遊貿易中介和供應商組織。儘管本書將這些公司歸類爲承運者，但也有許多航空公司走入旅遊與飯店業的其他部分，他們組合自己的旅遊項目，並將這些服務提供給旅遊貿易中介。

1. 合併和行業集中化趨勢

在旅遊與飯店業這個混亂的世界中，航空業或許是最反覆無常的部分。據航空運輸協會表示，有十二家主要的美國航空公司在1984年的收入超過了10億美元。1985年至1987年這段時間，被航空業專家定義爲「合併熱」時期。成功的、注重預算的民衆快訊航空公司買下了邊界和布倫特航空公司；然後，它和紐約航空公司又被大陸航空公司吞併了，共同組成了德克薩斯航空公司；德克薩斯航空公司隨後又吸納了東方航空公司。隨著「合併熱」的升級，航空業曾經的兩位領導者——東方航空公司和泛美航空公司，退出了航空業的歷史舞台，而且德克薩斯航空公司也不存在了。

主要的航空公司的失敗，以及八〇年代的合併和吞併，是美國主要的航空承運者所進行的一次重新改組。儘管美國航空公司許多年來都是行業的領導者，但是近年來它第一的位置受到了聯合航空公司的挑戰。美國現在有六家大的航空承運者（美國、聯合、三角、西北、大陸和瓦爾航空公司），共同控制著國內航空市場的大部分份額。這六家航空公司的收入在1998年占國內航空業總收入的85%。除了較小的公司，包括西南和美國西部航空公司，近年來享受著巨大的成功以外，有實力的較大的航空公司也在進一步發掘他們的潛力。

2. 更多的地方和定期往返航空公司

1978年的航空非管制條例改變了美國航空業的全局。它打開了水閘，讓多種多樣新的承運者流入了這個市場。行業競爭變得十分激烈，運費的選擇權以幾何方式增長，費用折扣也變得很普遍。由於航空公司有了更大的自由來選擇他們的航線和飛行安排，所以大部分主要的航空公司都採用了「點到中心」系統，以尋求更大的飛行效率。也就是說，從較小城市來的航班經歷的不是傳統的點到點的航線，而是被疏導進一個更大的、中心位置的「樞紐」飛機場，然後再飛往目的地。這樣的系統有利於地方和定期往返航空公司，特別是那些與大公司簽訂合作協議的小公司的發展。這些較小的公司開始在「點到中心」的系統中，服務於較小的支線城市，並給「樞紐」地帶來了更多的乘客。

3. 經常飛行活動

航空公司由於開展了經常的旅客獎勵活動，使此行業形成了某種「狂熱」的氣氛。經常飛行活動是在二十世紀八〇年代初首次推出的，現在這些活動已有了上千萬的成員，他們中的一些人不僅只屬於一家航空公司。從1997年的商務旅行者調查表中可以看出，將近78%的人認爲經常的飛行活動很重要。商務旅行者使用這些活動如此頻繁，以至於「濫用」的現象時有發生。航空公司與許多供應商連線，爲大部分的經常旅行者提供無止境的系列獎勵活動。這樣的活動通常需要一家或一家以上的航空公司、一個旅館連鎖店和一個租車公司的協力合作。一些航空公司透過與信用卡公司、長途電話公司、遊輪公司和旅館／娛樂中心連鎖經營公司（比如假日旅館、馬里奧特等）進行聯合，將他們的合作活動又向前推進了一步。這是市場行銷合作概念的經營實例（旅遊與飯店業市場行銷的八個組合要素之一)。

4. 策略聯盟

二十世紀九〇年代是航空業市場行銷合作的時代，有些合作已經擴大到了全球的範圍。兩家航空公司之間建立一個長期的市場行銷合作關係，這被稱之爲策略聯盟。這樣的策略聯盟，有時要涉及一家對另一家的投資，而其他的則僅僅是簽訂了某兩個城市間的訊息共享協議。

三、旅遊貿易中介

此行業的分銷管道是十分重要的，第13章完全是講述這一問題的，在本章中我們只簡單描述一下主要的中介，以及他們在行業結構中所起的作用（**表10-2**）。

1. 零售旅行社

在過去的二十五年裡，旅行社數字的增長比率是相當驚人的。1994年在美國有三萬三千多家旅行社，是1970年時旅行社的五倍。毫無疑問，這種增長反映了北美旅遊業的全面增長，以及度假包裝和其他的度假可替代品的流行。

旅行社為謀得佣金，幾乎全部依賴於承運者、供應商和其他旅遊貿易中介。同時，這些組織也依賴於旅行社對客戶的正面建議。這種雙向的合作關係和相互的依賴性，是旅遊與飯店業市場行銷最顯著的特徵之一。大部分的供應商和承運者都認為旅行社是一個核心的目標市場，他們每年花費大量的資金對旅行社進行促銷。大部分的供應商和承運者都與個體旅行社建立了良好的合作關係，以求得到旅行社較大份額的預約。

2. 旅遊批發商和營運人

第12章詳細闡述了由這個行業所發展的包裝和特別規劃，這樣的組合式旅遊項目通常由旅遊批發商和營運人來運作。批發商和營運人與供應商和承運者協商價格，他們在所有的要素上都加了相應的利潤額，以確定一個組合式的套裝價格。他們準備有關他們旅行和包裝的小冊子，並主要透過旅行社來分銷這些旅行和包裝。

表10-2　旅遊貿易中介的功能

1.將供應商和承運者的服務在方便的位置零售給旅遊者（零售旅行社）。
2.為供應商、承運者和其他的中介擴大分銷網絡（所有的中介）。
3.給旅行者提供關於旅遊目的地、價格、設施、計畫表和服務的專業化的建議（零售旅行社、公司旅遊經理、激勵性旅行計畫人和會議計畫人）。
4.協調公司旅行安排，以提高公司旅行支出的實效（公司旅行經理）。
5.透過將一系列的旅遊景點和供應商、承運者所提供的服務結合起來，組成一個包括一切價格的度假包裝（旅遊批發商）。
6.為公司和其他人準備的量身訂作式的激勵性旅行（激勵性旅遊計畫人）。
7.為協會、公司和其他的組織，組織和協調會議（會議計畫人）。
8.營運和指導團體旅遊（旅遊營運人和旅遊陪同／導遊服務）。

有成千上萬家公司經營組合式的旅遊項目，但大部分業務只集中在極少數的幾家公司手中。這些較大的公司大多屬於美國營運者協會。大部分的供應商和承運者組合他們自己的旅遊項目，同時也加入到那些旅遊營運者和批發商的隊伍之中。

3. 公司旅行經理和代理機構

公司和其他的組織對旅遊成本的增加十分敏感。以前，公司允許單獨的部門甚至是部門經理來預訂他們自己的航班和房間，以及租用車輛。然而，越來越多的組織現在認識到這種方法缺乏效率，而且在整個團體聯合購買力基礎上協商費率和價格會有財政上的利益。

公司旅遊部的人員成了許多供應商和承運者的一個核心目標。在專業刊物，比如《公司旅遊》和《商務旅遊新聞》上登載廣告，已變得十分流行。許多公司旅遊經理都屬於國家商務旅遊者協會。

4. 激勵性旅遊計畫人

激勵性旅遊的購買者通常是公司。越來越多的公司開始認識到，使用旅遊來激勵員工效果很好。因此，激勵性旅遊業從此行業中一個不很起眼的部分，成為可以賺得幾十億美元的行業。許多旅館連鎖店、航空公司、娛樂中心、政府機構、遊輪公司和其他組織都認識到了這一趨勢，還增加了公司內的員工激勵專家或完整的員工激勵部門。

除了公司內部的專家以外，現在有幾百個激勵性旅遊計畫公司。在這些公司之中，有少數的全面服務的激勵性市場行銷公司，經營著範圍很廣的激勵性旅遊項目。這些公司的大部分都屬於激勵性旅遊執行者協會(SITE)，此協會定義了激勵性旅遊，如下所示：

> 激勵性旅遊是一種現代管理工具，它透過給予完成超額任務的員工一次旅遊的機會，來促使其及其他人達到更卓越的目標。

激勵性旅遊計畫人是真正專業化的旅遊經營者，直接向贊助組織提供服務。他們透過向激勵性旅遊項目的不同元素上加價，來獲得經濟上的補償。大量的激勵性旅行的目的地被安排在美國和加拿大以外的地方，其中，激勵性的遊輪之旅是最爲流行的。

5. 會議計畫人

第五個主要的旅遊貿易團體是由會議計畫人組成的。他們中的一些是被主要的國家協會、大的非營利性組織、政府機構、教育團體和大的公司所雇用的。其他人則爲專業化的會議管理諮詢公司工作。這些專家中的許多人都屬於會議計畫協會。

會議商務是一個可以賺得幾十億美元的市場，並顯示出持續的高增長率。結果，它吸引了來自於不同供應商（旅館、娛樂中心、遊輪公司、租車公司和會議中心）、承運者（航空公司）、其他的中介（旅行社）和旅遊目的地的市場行銷組織（地方旅遊辦公室和遊客管理局）更大的注意力。像《會議和集會》、《成功的會議》這樣的刊物，則充滿了瞄準這些會議計畫人的廣告。

會議計畫人組織和協調各種會議，範圍從成千上萬人的國際會議到十幾人的小型會議。他們幫助選擇會議地點、住宿和會議設施，安排會議代表（及其配偶）的旅行和活動，以及訂購官方航空公司的機票等。大部分會議計畫人也負責安排激勵性旅行。

四、旅遊目的地的市場行銷組織

旅遊與飯店業的增長，吸引了許多政府機構和其他組織向休閒和商務旅客行銷他們的旅遊景點。美國的每一個州和加拿大的每一個省現在都有一個單獨的實體負責這項任務。全國性的組織，比如美國旅遊局、加拿大旅遊局、澳洲旅遊協會以及英國旅遊權威組織，爲旅遊的市場行銷及其發展投資了上千萬美元。越來越多的城市、地區，正創建遊客管理局來進行這種市場行銷。

1. 旅遊市場行銷機構

在美國，每個州花在旅遊市場行銷上的資金正以驚人的速度在增長。從1993年至1994年，有四十八個州共花費了36440萬美元，將近1976年至

1977年數字的六倍。這些資金的大部分都用在廣告上，旨在吸引其他州的個體和團體休閒旅行者。

聯邦政府在增加市場行銷預算上還是比較謹愼的，但是美國旅遊局的資金預算在1993年則上升到大約1900萬美元。在其他國家，比如澳洲、英國和加拿大，對於這個行業的投入則更大。例如，澳洲旅遊局在它1993年的會計年度中，花費了7000萬至7500萬美元。

這些機構的大部分都是政府部門，他們的市場行銷活動既針對個體旅遊者，又針對旅遊貿易中介。他們經常與供應商、承運者、中介和其他旅遊目的地的市場行銷組織進行合作的市場行銷。許多機構也爲了他們單獨的市場行銷活動，而投資於其他的旅遊目的地組織。

2. 會議代表和遊客管理局

幾乎每一個人口超過五萬的北美社區現在都有一個會議代表／遊客管理局，有四百多個較大的管理局屬於會議代表／遊客管理局協會（IACVB）。從IACVB的調查報告可以看出，他們有二百七十四個成員，在1997年的聯合總預算爲58500萬美元，或者說每個局的平均預算將近220萬美元。這些局盡力吸引更多的會議代表和休閒旅行者到他們社區中來。他們向人們展示了範圍很廣的各類供應商，並透過向當地旅館和飯店徵稅來儲備行銷資金。像政府機構一樣，這些會議代表／遊客管理局將注意力對準了旅遊貿易中介（特別是會議計畫人和旅遊批發商）以及個體旅遊者。

第二節　旅遊產品組合與發展決策

你現在已經仔細地了解了旅遊與飯店業，以及它的許多組織所發揮的不同作用。你在閱讀這些內容時，可能會注意到五個關鍵的要點。市場行銷經理必須在以下五個趨勢和行業現實的背景中，作出他們的產品組合與發展決策。

第一個趨向，即組織在他們的特定領域內，增加他們的營運範圍（例如，旅館品牌細分、航空公司的呑併和合併），這被稱之爲同行業的融合。

第二，更多的組織在旅遊與飯店業中力求多樣化。已經存在於這個行業中的組織，也開始上下擴大銷售管道（例如，航空公司／旅館的合併體，旅遊營運人／旅行社的合併體），這被稱之爲跨行業的融合。

第三，旅遊與飯店業逐步推出了多種多樣的新服務、設施和旅遊可替代品。

第四，儘管在這個行業的一些部分需求的增長在逐漸變小，但是仍然有很多創建新服務、新設施的機會。

第五，這個行業的競爭越來越激烈，迫使所有的參與者不斷地提升，或至少是維持其服務水準。

一、產品／服務組合

旅遊與飯店業有許多產品，而且各不相同。這個行業中的每一個組織都有它自己的產品／服務組合。這種組合包括這個組織中每一種顯而易見的要素，如下所示：

(1)員工的行爲、外表和制服。

(2)建築外形。

(3)設備。

(4)家具和備用品。

(5)標誌。

(6)與客戶和其他公衆的溝通。

許多「幕後」的設施、設備和員工也不能被遺忘。儘管在「幕前」看不見他們，但他們卻對客戶的滿意度有直接的貢獻，並且是產品／服務組合的一部分。從技術上講，組合包括所有的服務、設施以及組織所提供的包裝和特別規劃。本書將包裝和特別規劃與前兩個分開，是因爲它們在此行業中發揮著獨特的作用。

1. 員工的行為、外表和制服

第11章講了市場行銷組合中人的因素，在市場行銷活動中，仔細地考慮員工的外形特徵也是很必要的。

2. 建築外形

許多旅遊與飯店業組織在一個或多個建築物中服務他們的客戶。這些結構的總體物質狀況和潔淨度會極大地影響客戶對組織的印象和他們自身的滿意度。市場行銷計畫應該提到有關的內容，即組織需要一段時期來提升他們的建築外形。

3. 運輸設備

客戶對幾種旅遊與飯店業組織的評價，部分要依賴於他們設備的保養和清潔度。航空線、遊輪、租車、公車、火車和計程車等是與這一要素相關的幾個例子。許多旅館和一些飯店也使用往返的運輸設備，他們應注意維護這些設備，並使其保持清潔。一個市場行銷計畫應該對設備的提升或改變做一定的說明。

4. 家具和備用品

許多客戶對建築物和運輸設備內的家具和備用品的品質很敏感。許多旅遊與飯店業組織用高品質的家具和備用品來體現他們高品質的形象。市場行銷計畫應該對家具和備用品的提升或變化做一定的說明。

5. 標誌

這是產品／服務組合經常被遺忘的一個部分。大部分的組織都有多種多樣的標誌，包括廣告板、方向指示牌和外部建築物的標識。客戶經常將一個破損或寒酸的標誌與低品質和懶散的管理態度等同起來。市場行銷計畫不僅應該說明戶外廣告標誌的定位，還要說明供客戶使用的所有標誌的狀況。新的標誌可以反應出一個組織新的定位，或者可以顯示出此組織已經改建或使它的設施和設備進一步現代化。

6. 與客戶和其他公衆的溝通

廣告、人員推銷、交易展示和公共關係活動經常被看做是影響客戶購買的促銷方法。事實上，他們在影響客戶對組織的印象上也發揮著重要的作用。一個廣告的品質和規模，以及它的中介選擇，都會讓客戶對這個組織的狀況作出某種評判。促銷的贈品和獎勵必須與組織的品質形象保持一致。

對每一個旅遊與飯店業組織的產品／服務組合要素都有一項要求，那就是要素之間必須是相互一致的。客戶對不一致性很敏感，所以市場行銷計畫要考慮周全，以確保不同成分之間的連續性。

二、產品發展決策

大部分的組織必須在兩種不同的水準上作產品發展決策，即：對整體組織的決策和對單個的設施或服務的決策。

1. 對整體組織的決策

產品／服務組合的廣度和深度　當馬里奧特公司吞併薩格公司時，它就擴大了它的產品／服務組合的廣度（由一個組織所提供的不同服務的數量）。在市場行銷術語中，即意味著馬里奧特公司透過吞併而增加了一個「產品線」。在發展馬里奧特庭院式旅館時，馬里奧特則提高了它的產品組合的深度（由一個組織所提供的相關服務的數量）。同樣，迪士尼公司透過開放東京迪士尼樂園和歐洲迪士尼樂園，也增加了它產品發展的深度。當迪士尼公司吞併了ABC電視網時，它就擴展了它產品／服務組合的廣度。假日旅館公司發展了以經濟合算爲定位的漢普頓旅館，這樣它的旅館營運範圍就從較奢華的王冠旅館擴展到了簡樸的漢普頓旅館。假日旅館公司創建了Embassy旅館，這是一個全套服務的旅館，填充了在假日公司產品／服務組合中的一個空缺，這也被稱之爲「產品線填充」策略。泛美航空公司將其太平洋航線售讓給聯合航空公司時，則是在刪減它的產品／服務組合要素。

提高或者使產品／服務組合更現代化　有時一個公司，通常會透過一個狀況分析或市場行銷研究，來決定何時升級所有或部分的產品／服務組合要素。拉曼達旅館再次提供了一個好的實例。拉曼達在二十世紀七〇年代中期對客戶進行了調查，結果發現拉曼達連鎖店給人的印象較差，因爲拉曼達很少保養它的資產，也懶得進行裝潢。拉曼達於是對自己重新做了一次定位，並花費了上千萬美元來改建所有現存的拉曼達旅館和客棧。航空公司更是經常進行這樣的活動，他們時常粉刷他們的飛機或改變他們的內部塗飾、座椅及客艙服務人員的制服。

品牌 有一段時間，品牌在旅遊與飯店業中並不重要，而公司的名稱才是人們進行選擇的一個參照物。當許多公司擴大了他們產品／服務組合的廣度和深度時，品牌就顯得比較重要了。品牌的利益就是：

(1)幫助公司細分市場。

(2)開發公司的潛力，以吸引忠實的、可營利的客戶。

(3)如果他們的品牌是成功的，就會提高公司的形象。

(4)幫助對客戶的預約、銷售、問題和抱怨情況進行查詢。

我們已經多次提到，旅館業中的品牌細分越來越普遍。品牌細分可以使連鎖店透過能夠更直接地滿足客戶需要的新型資產，來吸引特定目標市場中更多的客戶。

大部分主要的連鎖店現在都使用一個多品牌的策略。儘管多品牌的策略有很明顯的優勢，但也有一些潛在的缺點。一個品牌可能會搶走另一個品牌的客戶。例如，一個Embassy旅館，可能會搶走本願意住在假日旅館的客戶。理想的狀況應該是讓一個新的品牌去搶走一個競爭對手的客戶（例如，Embassy旅館從另一個全套服務的旅館中搶走生意）。

2. 對單個的設施／服務的決策

每一個旅館、飯店、旅行社或其他的旅遊與飯店業組織都要對產品／服務組合作出決策，這些決策關注組織的設施／服務的品質、範圍及其設計。狀況分析和其他的市場行銷研究能夠爲改變這些要素提供原動力。

第三節　產品合作

當更多的公司意識到關係市場行銷（建立、維護和提高與客戶、供應商和旅遊貿易中介的長期關係）的利益時，許多不同形式的市場行銷合作就變得更容易了。合作指的是促銷上的合作，以及由旅遊與飯店業組織所進行的其他市場行銷合作。合作範圍從「一次性」（短期）的促銷合作到策略（長期）聯盟市場行銷協議的簽訂。合作可能會涉及兩家或更多組織的產品／服務組合。第15章到第18章討論了發生在這個行業中的不同類型的合作促銷。在本章中，我們主要看一下長期的市場行銷合作。

我們已經提到了有關長期市場行銷合作的實例，即兩家或多家航空公司之間的策略聯盟。合作會給組織帶來如下的利益：

一、接近新市場

策略合作會給所涉及的組織提供新的地理市場或者其他新的目標市場。例如，西北航空公司和KLM之間的策略聯盟，使兩個公司都有接近全球地理市場的機會。

二、擴展產品／服務組合

透過與另一個組織的協力合作，一個公司能夠以極小的成本擴大它的產品／服務組合。例如，卡爾森公司透過簽署合作協議，使用了Radisson旅館的品牌名稱，得以走入遊輪業市場，代表船主經營S.S.鑽石號。

三、增強滿足客戶需求的能力

當旅遊與飯店業組織組合使用他們的設施和服務時，他們就會更好地滿足客戶的需求。例如，合作的航空公司之間的「訊息分享」協議，使得國際航空旅行簡單而且方便。

四、增加了市場行銷預算

當旅遊與飯店業組織同意合作時，就會增加每一個合作者總的市場行銷預算額。中美洲的一些國家與墨西哥的一些州聯合起來向旅遊貿易中介和客戶促銷「馬雅世界」。透過聯合，這六個國家集合了大量的市場行銷預算，來促銷史前馬雅印第安文明的歷史遺址。同樣地，奧地利、德國、義大利、斯洛伐尼亞和瑞士這五個國家也聯合起來，共同促銷他們所擁有的阿爾卑斯山脈。

五、設施的分享和設施成本的分攤

與其他組織協力合作，會幫助每一個合作者，提供或支付某種物質設施。例如，倫敦的不列顛旅遊中心，其租房成本由幾個合作者共同分攤，包括不列顛旅遊局、威爾斯旅遊局、不列顛鐵路公司及其他組織。斯堪地那維亞國家也使用了一個類似的協議，共同投資於紐約的斯堪地那維亞旅遊辦公室。

六、加強公司的形象或定位

與其他的旅遊與飯店業組織合作，可以提高本公司的形象或加強其定位。在兩個公司聯合的市場行銷協議下，三角航空公司被約定為迪士尼世界的官方航空公司，這就增強了三角航空公司對於佛羅里達地區旅遊者的吸引力。

七、接近合作者的客戶資料庫

資料庫的市場行銷在此行業中越來越重要。分享合作者所有的客戶資料庫，是合作的一大利益。例如，航空公司、信用卡公司、長途電話公司和旅館連鎖店在經常的旅遊者活動中的相互合作，就爲每一個合作者提供了接近上千萬個客戶記錄的機會。

八、接近合作者的專業知識

合作會形成，是因爲每一個合作者都有另一個合作者想要的經驗或專業技術，而客戶對於這樣的經驗或專業技術的利益有著很清楚的認識。例如，聯合航空公司在它的一些飛行中，爲孩子們提供麥當勞食品。麥當勞已經有了許多年準備和製作兒童餐飲的經驗。這一服務對搭乘聯合航空公司航班的孩子們具有一定的吸引力，而且使聯合航空公司可以接觸到麥當勞在速食服務方面的經驗。

本章概要

旅遊與飯店業是一個複雜的組合，包括相關的公司、政府機構和非營利性組織。主要的四類組織是供應商、承運者、旅遊貿易中介和旅遊目的地的市場行銷組織。每一個行業的組織都有一個獨特的產品／服務組合，需要週期性地升級換代、擴大或刪改。組織必須作兩種水準的產品／服務組合發展決策：對整體組織的決策和對單獨的設施或服務的決策。

本章複習

1.在旅遊與飯店業中有哪幾種主要的組織？
2.這些組織在旅遊與飯店業中要求發揮什麼作用？
3.在旅遊與飯店業的四類組織中，最近的趨勢是什麼？
4.本書是如何定義產品／服務組合的？
5.產品／服務組合的六種成分是什麼？每一種成分都包括什麼？
6.產品發展都涉及什麼步驟？
7.名詞「合作」的涵義是什麼？
8.對旅遊與飯店業組織來講，市場行銷合作的潛在利益是什麼？

延伸思考

1.你被一家對擴大它的國內和國際營運感興趣的旅館（航空公司、遊輪公司或旅遊貿易組織）所雇用。經理交給你一個任務，讓你分析一下市場行銷合作對達成這一目標的利益和可能的缺點。你將向組織的高層管理者說明合作有什麼潛在利益和缺點？在我們行業中，舉出幾個成功和失敗的市場行銷合作的實例，來證實你的決策的合理性。
2.選擇旅遊與飯店業特定的一個部分。這個行業的組織結構在過去的十年中是怎樣改變的？哪一個組織對它的產品／服務組合做了最大的改變或提高？根據所提供服務的品質，誰會是行業中的領導者？他們遵循什麼方法才獲得了這種聲望？
3.本章確認了旅遊與飯店業四個顯著的部分（供應商、承運者、旅遊貿易中介和旅遊目的地市場行銷組織）。請描述出每一個部分是怎樣與其他部分相連的，並說明在這個行業每一部分的發展中保持時新的重要性。

4.一個小的旅遊與飯店業組織的業主讓你幫他們檢驗一下設施和服務。他們對提高或增加他們現存的設施和服務很感興趣。請你準備一個提案，概述一下你在檢驗這個組織的產品／服務組合時將採取的步驟，並列出你在評估設施和服務時所採取的技巧。

經典案例：跨行業的融合——卡爾森公司

卡爾森公司在1938年由柯蒂斯．卡爾森創建，它已經成為北美最大的，也可以說是九〇年代早期跨行業融合度最高的組織之一。在1997年，公司的附屬機構全都存在於服務業領域，他們包括旅館、兩個飯店連鎖店、一個全面服務的激勵性市場行銷組織和四個旅行社。卡爾森旅行團體還營運著一個全美的專業旅行學會網絡。所以說，卡爾森公司既是我們行業中的供應商（旅館和飯店），又是旅遊貿易中介（旅行社、激勵性旅行、旅遊批發和營運）。

卡爾森公司雇用了一百一十二萬一千名員工，來自於一千九百九十三個系統的總收入達到了107億美元，它被組合成三類團體——卡爾森市場行銷團體（包括激勵性旅遊服務）、卡爾森飯店團體（旅館、俱樂部和飯店）以及卡爾森旅遊團體（旅行社、旅遊批發及營運）。

公司的每一個附屬機構的長期目標就是要成為市場的領導者。卡爾森公司向世人昭示它「是一個團體公司，這些公司都是以客户和市場為驅動力的，並且要為卓越地執行公司的任務而貢獻力量」。當然，它的Radisson旅館公司隨著其在國際市場上業務量的快速增長，已經成為旅館業的行業領導者之一。

Radisson旅館公司在1962年創建於明尼阿波利斯市，到1997年已經有了二百七十五個資產，它擴充最大的一段時期是在1983年至1997年間。它繼續向北美最大的旅館連鎖店這一稱號邁進，它還是「品牌細分」的領導者之一，有下述六類資產：

(1)Radisson旅館。

(2)Radisson廣場旅館。

(3)Radisson客棧。

(4)Radisson套房旅館。

(5)Radisson勝地旅館。

(6)Radisson鄉村小飯店。

Radisson非常信奉市場行銷研究的價值，並把它作為制定市場行銷決策的工具，Radisson也深明提供友好服務的重要性。公司對於經常性商務旅行者的主要研究表明，經常性商務旅行者不喜歡當自己向旅館員工提出超出常規的服務時，他們那種為難或漠然的反應。於是Radisson就在強大的廣告攻勢的支持下，推出了「是的，我可以辦到」的員工培訓活動。這個活動範圍非常廣泛，它包括三個方面：培訓學期、技巧強化學期和每月的隊會。Radisson清楚地認識到品質服務的重要性。

由於攻勢強勁的特許經營活動的開展，公司在北美的擴展更加如火如荼。國際擴充也在全世界範圍內開展起來。

在卡爾森公司這個大傘的庇護下，其眾多的附屬機構涵蓋了旅遊與飯店業的各個方面，所以說卡爾森公司有潛力成為我們行業中最具實力的企業之一。它的理想定位是，要進一步成長並擴大市場份額。

討論

1.卡爾森公司怎樣使用了跨行業融合概念，來刺激它在旅遊與飯店業中的增長？

2.其他主要的旅遊與飯店業組織會從卡爾森公司的實例中學到什麼？哪一類特定的公司可能會遵循相同的方法？

3.卡爾森公司應該怎樣使用它不同的附屬機構，來提高它在每一個旅遊與飯店業部分的市場份額？

第11章
人員服務及其品質

人代表了旅遊與飯店業市場行銷組合的八個要素之一，本章強調了人在滿足客戶需求方面所發揮的核心作用。本章在全面品質管理中討論了客人與主人的關係，同時還描述了提升服務品質的方法，以及員工的以客戶為導向、員工與客戶的關係技巧。測量服務品質的方法也被加以闡述。本章還重申了關係市場行銷概念——組織怎樣才能建立和維持與個體客戶的長期關係。本章最後講述了客戶組合，以及這種組合將怎樣影響一個組織的形象和客戶的服務經歷。

第一節　旅遊與飯店業市場行銷中的人

你喜歡旅遊與飯店業的什麼？什麼吸引你到這一領域來，而沒到其他的地方去？我們中的許多人被吸引到這一行業，是因為想要迎合和服務多種多樣的人，有時是來自於一系列不同文化和國家的人。

在旅遊與飯店業的市場行銷領域內有兩類人群——客人客戶和主人（那些在旅遊與飯店業組織中工作的人）。對客人和主人關係的管理是我們行業的核心功能之一；事實上，有些人認為這是最重要的。本章的焦點主要是「主人」以及他們所提供的服務品質。你也將讀到關於建立與個體客戶的長期關係（關係市場行銷）以及客戶之間的相互作用（客戶組合）的內容。

第2章講了服務的市場行銷與產品的市場行銷之間的差別，那一章還特別強調了服務標準化的困難，以及服務品質與那些提供服務的人的關係。想讓客戶對服務感覺完美無缺是相當困難的，因為服務的執行要涉及人的因素。服務不是在工廠的生產線上大量生產出來的，它一次只能傳遞給一個客戶。服務涉及人對人的相互作用，既包括員工對客戶，也包括客戶與客戶之間的相互作用。

服務的市場行銷中，人是核心因素，只有人才能創造並體現出不同點。服務的市場行銷都是關於人的！你在本書的其他部分會讀到許多有關溝通和促銷的內容，一個旅遊與飯店業組織的成功與否，主要看它所雇用的員工和它所服務的人。組織怎樣選擇和對待這兩類人，會最終影響它的市場行銷結果。

第二節　服務品質的重要性

我們行業中直接跟客戶接觸的服務人員在整個行業中發揮著核心作用，他們單獨就能創造出一次好的或破壞掉一次服務經歷。高於平均水準的慇懃和關注會使一次普通的服務經歷變得與衆不同，而另一方面，一個高雅的環境或設施可能會由於冷漠、生硬或不友好的服務而讓人難以忍受。人，服務的提供者，在旅遊與飯店業的市場行銷中發揮著核心的作用。花言巧語的廣告和經常性的促銷並不能彌補低水準的服務所造成的惡劣影響。旅遊與飯店業組織必須要做好兩件事，才能滿足客戶：(1)提供好的產品（餐飲、房間、航空座位、度假包裝、租車等等）；(2)提供好的服務。旅遊與飯店業「產品」中人的因素，儘管很難控制和進行標準化，但至少應該得到同等的關注。

儘管旅遊與飯店業所提供的很多東西都涉及到物化的設施和設備，但是大部分的專家都認爲只有一個組織所提供的服務才能決定它的成功與否，這就是市場行銷組合中人的要素。傳統的思維方式將市場行銷與人力資源管理分開作爲兩類管理功能，然而這兩個要素在服務業領域卻是緊密相關的。具有高水準的人力資源、政策和經營慣例的組織通常都是成功的市場行銷者，像迪士尼、麥當勞、卡爾頓旅館和四季飯店這樣的組織都知道豐厚的企業收益來自於員工與客戶良好的正面接觸。很多年前他們就知道，只有滿意的客戶才能再回來；他們也清楚正面的口碑「廣告」在吸引新客戶方面的效力。

本行業有一個全球都公認的眞理，那就是什麼都無法彌補低劣的服務所造成的壞影響。美味佳餚、精心點綴的客房，或者準時到達都不足以彌補不友好的或不恰當的員工服務所帶來的不良體驗。卡爾頓旅館公司的總裁斯庫曾經說過：「服務只能由人來完成。旅館可能美妙絕倫，食物也可能令人懷念，但是一個差勁的員工卻會將所有的這些都破壞掉。」這個行業中的許多組織都沒有完全理解物質產品（旅館、飯店、飛機、輪船、車子、菜單項目等等）的品質是與服務的品質結合在一起的，而客戶卻要對這兩方面的因素做出一個總體的評價。

在平庸（不好不壞）服務時期，那些對雇用、定位、培訓和授權員工給予高水準關注的組織將會在市場行銷中占據明顯的優勢。

服務市場行銷的本質就是服務，而服務品質又是服務的靈魂。所以，旅遊與飯店業的市場行銷者必須關注服務品質，而且必須有一個可以管理服務品質的程序。

第三節　全面品質管理

全面品質管理，或者說是TQM，是一個在八〇年代就得到廣泛認同的品質管理概念。TQM概念的原身大部分要歸功於日本的製造業公司和品質專家。進行TQM活動，主要是爲了減少組織的缺點、確認客戶的需求，並滿足客戶的這些需求。TQM的五個核心原理是：

一、對品質的承諾

任何一個實行TQM活動的組織都必須將品質擺在首要的位置，組織的高級經理必須積極地擔保並指導TQM的全部過程。

二、以客戶的滿意爲中心

TQM組織清楚地認識到客戶關心品質，他們進行調查研究以確認客戶需要什麼等級的服務。當他們決定了客戶預期的服務品質標準時，就會做出努力來滿足或超越這些標準。

三、評估組織文化

一個組織必須檢驗它現存的組織文化與TQM的原則是否相一致，這通常要選擇一組高級經理和員工，經過長達幾個月的時間來進行這種評估。

四、授權給員工

儘管TQM活動要由一個組織的高級經理進行直接管理，但是一個TQM活動的成功需要對員工的「授權」。組織要讓員工來傳遞令客戶滿意的服務。

五、測量結果

一個TQM組織必須能夠測量出它進行品質提高的結果，這就意味著要測量客戶的滿意度、員工的行爲、組織的供應商反應的靈敏度以及品質服務的其他指標。

隨後你將讀到關於卡爾頓旅館公司的案例，你會看到它是怎樣將TQM概念應用於旅館營運的。這個例子展示了怎樣使用TQM的五個核心原理，來提升一個旅遊與飯店業組織的營運狀況。

第四節　員工管理

任何一個希望提升它的服務品質的旅遊與飯店業組織，都要將核心力量放到它的員工身上。它必須進行人力資源管理活動，即爲組織選擇、定位、培訓、激勵、獎勵、保留和授權最好的人員。一個組織必須一致地要求所有的員工符合有關的行爲和外表的規定。

一、員工的選擇、定位和培訓

一個旅遊與飯店業組織的所有員工都要對它的服務品質有所貢獻，如果一個組織想要維護或提升它的服務品質，第一步就要從雇用它的員工開始。成功的服務組織清楚地認識到，應該雇用有以下特徵的人：

(1)有很強的人與人接觸的技巧。
(2)行爲比較靈活。
(3)具有感染力。

高得分的服務人員要有優秀的客戶接觸技巧，那就是禮貌、溝通、及時地滿足客戶的需要、良好的判斷以及協調合作。新來的員工除了需要塡寫個性狀況表格外，組織還可以借助於錄影帶，讓受雇的新人觀看充滿各類問題的服務狀況，讓他們說明該如何解決，以此來判斷其個性狀況。

成功的服務公司會建立一個完備的錄用程序，來爲組織補充最好的人員。例如，卡爾頓旅館公司耗費了四年的時間來發展它的「目標選擇程序」，此程序可以幫助組織挑選最合適的人員。此程序要求爲公司的每一個職位發展個性檔案，此檔案部分依賴於每一個職位的最好員工所證實的品質。通常意義上，這些品質包括禮貌、友好的個性、正面的態度以及一種歸屬工作環境的情感。此程序產生了許多在選擇員工的會談中可以使用的書面會談指導。每一個工作申請者都要被三種不同管理水準的人員接見會談。

有些人天生就適合做服務業，但還需一定的指導和培訓活動的強化。迪士尼世界有爲新員工準備的最值得人稱道的指導和培訓活動，所有的新員工都要在迪士尼大學參加一天的「傳統」學習，這個培訓活動向員工傳達了迪士尼的以客戶爲中心的營運理念。在卡爾頓旅館，對新員工有一個兩天的指導活動，以使他們清楚地知道公司的理念和服務的品質標準。爲新員工而設的指導活動，是一個組織傳遞其服務品質文化的有效途徑。

對新員工擇優錄取並進行指導之後，第三步就要進行培訓。大部分的專家認爲幾天或幾週的在職培訓是最好的。這種在職培訓並非是將新員工扔到底層，由他們自己來進行學習；在卡爾頓旅館，每一個員工都要接受至少一百二十六小時的有關公司品質標準的培訓。

二、激勵和留住員工

對員工進行高水準的激勵，是組織下一步面臨的主要挑戰。有下述幾個技巧可供參考，它們是：

(1)與員工保持定期的交流，例如，大部分主要的公司都有一個內部的時事通訊。

(2)經常稱讚和獎勵員工：應該讓員工感到他們自己很重要，許多公司都有本月的員工獎勵措施。

(3)爲員工設置清晰的目標和行事標準。

(4)確保有升遷的機會：許多成功的公司都有很強的內部晉升政策和圖表化的成就事業的途徑。

(5)使用誠實、開放，並且願意傾聽員工心聲的管理人員。

(6)給與客戶直接接觸的服務人員一個精確的描述，告訴他們客戶想要從這個組織的服務中獲得什麼。

許多專家都認爲組織應該像對待「內部客戶」一般對待他們的員工，而客人則是「外部的客戶」。

三、授權員工以使客戶滿意

一個不滿意的客戶對一個旅遊與飯店業組織會產生怎樣的影響？顯然，影響是相當大的。不滿意的客戶通常不會再回來，而且會將這種不愉快的經歷告訴他的熟人和朋友們。所以，將潛在不滿意的客戶變成滿意的客戶對旅遊與飯店業組織來講是一個主要的挑戰。對一個服務業組織來講，「授權員工」是最爲有效的工具之一。授權意味著給員工權力，讓其在現場去確認和解決客人的問題或抱怨，而且在必要的時候對工作程序做某種提高。你曾在服務業組織中聽到過這樣的託辭嗎？——「我很抱歉，那不是我的工作」、「我很抱歉，那是公司的政策」或「我很抱歉，那是我們一貫的做法」。如果你在一個對它的員工進行有效授權的服務組織中，就不會聽到這樣的藉口。

授權員工意味著要給予直接服務客戶的前台員工一定的權力，來分散決策權和「展平」組織的工作圖解。授權意味著經理必須對他們的部屬給予很高的信任，而且要尊重員工的判斷。在本章的經典案例中，你將看到卡爾頓旅館公司是如何授權它的員工，以使不滿意的客戶高興的。由於給予了員工更多的權力，讓其使客戶滿意，所以員工就有責任處理好客戶的問題或抱怨。也就是說，如果一個客戶告訴一個員工他所經歷的問題，那麼員工就「擁有」了這個問題，而且必須採取行動，去解決或修正這個問題，以使客戶滿意，即使這個問題發生在員工組織內的另一個部門。

四、員工的行爲、形象和制服

你還能想起我們行業的領導者，比如迪士尼公司和麥當勞的員工有什麼特徵嗎？

如果你能提到態度、行爲、形象或制服這樣的詞，那麼你就對了！這些公司投資更多時間和努力在「人」的身上。迪士尼有一個爲人稱道的

「迪士尼形象」概念，這一概念被描述在一個特別的小冊子上，以供所有的新員工來學習。如下的引文來自於這本小冊子，它強調了迪士尼世界中「人」的重要性：

「迪士尼形象在迪士尼公園和迪士尼世界遊樂中心的整體展示中是一個相當重要的部分。來自於世界各地的人對我們的員工的服飾和外形給予了讚揚和認同。」

下述是來自於這個行業的兩位巨人新近的言論，每一個都強調了人的重要性：

「我們迎接競爭的方式是採取正當的方法。強調你的優勢、品質、服務、清潔度和價值，那麼競爭對手就會竭盡全力來追隨你。」(麥當勞的新總裁——瑞．勞克)

「你可以夢想、創造、設計和建造世界上最好的地方……但是要用『人』來使夢想變成現實。」(新近的華德迪士尼)

在這樣的公司，你不會發現穿著髒制服、梳著粗野的髮式，或著奇裝異服的員工。這裡有服裝規則、行為準則，而且還有一種每一個人都明白並使用的獨特的語言。這樣的員工會極大地增強公司的形象。

那麼在幕後工作的經理和員工是否也重要呢？洗碗工、廚師、技工、清潔工、會計和其他的幕後人員是不是產品的一部分？儘管他們對客戶來講是不可見的，但他們也是服務品質隊伍的一部分。與客戶直接接觸的服務人員依賴於這些幕後人員的支持。效率高的經理並不會在他們的辦公室中耗費大量的時間，他們認識到自身應該成為服務品質的一部分——他們問候並與客戶交談，以確保客戶可以得到他們期望和想要的東西。

許多市場行銷計畫都沒有提到有關人員和管理方面的內容，一般都集中力量在促銷、定價和分銷活動上。對於員工的行為如何，有一個很普遍的「想當然」的態度，這種態度是相當錯誤的，因為它忽視了「人」對組織的銷售額和利潤所產生的巨大的正面或負面的影響力。市場行銷計畫至少應該詳細說明下述幾點：

(1)員工制服的提升和改變。
(2)對員工和管理者的激勵和獎勵活動。
(3)有關銷售和與客戶關係的培訓活動。
(4)對於市場行銷計畫目標和活動的定位。
(5)關於市場行銷進展和結果的溝通機制。

所有的旅遊與飯店業組織都必須關注他們的「人」的品質。這是一個很困難的挑戰，因爲旅遊目的地的市場行銷組織（DMOS）自身雇用的員工數量有限，他們要依賴於來自當地的許多其他組織的員工的品質服務（例如，旅館、娛樂中心、飯店等等）。幾個DMOS爲他們的成員和當地其他的組織發展了旅遊與飯店業服務的培訓活動。其他的，比如聖弗朗西斯科的會議代表／遊客管理局，則認爲確認出那些在他們的社區從事旅遊工作的員工是十分必要的。

第五節　服務品質的測量

高品質的服務可以給予客戶正面的經歷體會，長期以來它的重要性已經被人們認可。另外，此行業還發展了許多提升服務品質的技巧。然而，對於服務品質的測量，卻沒有得到人們同等的關注。在二十世紀八〇年代中期，一個爲人所知的SERVQVAL技巧被發展起來，SERVQVAL技巧使用下述五個「指標」來測量客戶的預期和感知：

(1)有形性：旅遊與飯店業組織的物質設施、設備和員工的外形。
(2)可信賴性：旅遊與飯店業組織能讓人信賴並精確地執行某項服務。
(3)有責任感：員工願意幫助客戶，並能即時地提供服務。

(4)保證：員工的知識和禮貌，以及他們能夠傳達信任和信心的能力。

(5)移情作用：旅遊與飯店業組織對它的客戶的關心和關注的程度。

使用SERVQVAL模式來測量服務品質，主要是透過一個特殊的、通常由客戶自己塡寫的問卷來完成的。問卷包括二十二個陳述聲明，反映服務的五個「指標」。客戶可以使用七種程度的答案，比如說其中一個是「強烈地不滿意」，來對這二十二個陳述聲明進行預期和感知的評價。例如，在「有形性」指標中，預期的陳述之一是「他們的員工應該著裝整潔」，而類似的感知陳述就是「ABC組織的員工著裝良好，而且很整潔」。將五個服務指標下的所有的陳述分數進行平均，然後用感知平均數去減預期的平均數，就可以得到「感知的品質分數」。也就是說，客戶所感知的服務品質，是旅遊與飯店業組織所提供的服務品質與客戶預期會從類似的旅遊與飯店業組織所獲得的服務品質之間的差值（感知－預期＝品質）。

另一個檢查服務品質的方法就是看一個客戶與一個服務人員相遇時是否會獲得愉快的體驗。一些專家經過研究確認出十一種令人滿意和令人不滿意的服務遭遇事件，這些事件被分成三組——員工對於服務傳遞失敗的反應、員工對於客戶需要的反應，以及未經提示和未經請求的員工行爲。**表11-1**提供了這些滿意和不滿意事件的實例。

旅遊與飯店業組織應該做週期的全面服務品質檢查。在此我們提供一個被稱之爲「客戶服務評估尺度」的工具，它可以測量出組織所提供服務的水準。這一尺度可以以三種不同的方式被應用：

(1)自我評估：員工和管理者用這個尺度來評價自己。

(2)經理的評估：經理爲每一個員工和管理者做一份評估。

(3)集體分析：經理、管理者或員工共同完成這份評估。

在大部分旅館和飯店中，你都可以看到一些典型的客戶意見卡，許多人認爲僅從這些卡片來判斷客戶對服務品質的滿意度是很不夠的；有好多公司都對過去的客戶進行了大比例的調查，以對這樣的評估進行補充。馬

表11-1　滿意和不滿意的服務事件

第一組事件實例：員工對於服務傳遞失敗的反應		
事件	滿意	不滿意
1.對得不到的服務的反應	他們弄丟了我的房間預約，但是經理給了我們同等價格的套房。	我們提前在旅館做了預約，當我們到達時，我們發現我們沒有房間。沒有解釋，沒有道歉，也沒有幫我們去找另一家旅館。
2.對不合理的緩慢服務的反應	儘管我並沒有對等了1.5小時表示抱怨，但是服務員們仍不住地道歉。	航空公司持續地給我們錯誤的訊息。1個小時的延遲變成了6個小時的等待。
3.對其他的失敗的服務的反應	我的雞尾酒是半凍狀態的。服務員道歉了，並且沒對我的餐飲收取任何費用。	我的一個行李箱整個兒凹了進去，看上去好像從3萬英尺高的地方掉了下去。當我盡力對我損壞的行李箱提出更換或修理要求時，那個員工暗示說我在撒謊和欺騙他們。
第二組事件實例：員工對客户需要和要求的反應		
事件	滿意	不滿意
1.對有「特別需要」的客户的反應	在空中小姐的幫助下我安靜下來，並且她們還照顧我暈機的孩子。	小兒子獨自飛行，從開始到結束需得到空中小姐的幫助。在阿爾博尼飛機場，空中小姐將他一個人丟在那裡，沒有幫他轉乘航班。
2.對客户喜好的反應	(1)前台的職員四處打電話，幫我買到新年音樂會的入場券。 (2)外面正在下雪——車也壞了。我查了10家旅館，沒有房間。最後，有一家理解了我的狀況並租給我一個床位，將它設置在他們的一個小宴會廳裡。	(1)服務員拒絕在一個熱天裡將我從窗邊的餐台移開，因爲在她的區域內已經沒有空位。 (2)航空公司不讓我攜帶我從夏威夷買的水中呼吸器械，即使我像提行李一樣帶著它。
3.對公認的客户錯誤的反應	我在飛機場丟了我的眼鏡。空中小姐找到它們，並免費將它們送到我住的旅館。	因爲汽車故障，我們誤了我們的航班。機場服務人員不願意幫我們找到一個可替換的航空公司的航班。

（續）表11-1　滿意和不滿意的服務事件

事件	滿意	不滿意
第二組事件實例：員工對客户需要和要求的反應		
事件	滿意	不滿意
4.對潛在的破壞性事物的反應	經理持續地盯著一個酒吧裡可憎的傢伙，並確保他不能打擾我們。	旅館人員不願意處理凌晨3點在大廳中進行的喧鬧的聚會。
第三組事件實例：未經提示和未經請求的員工行為		
事件	滿意	不滿意
1.對客户的關注	侍者待我如皇族般，他眞的讓我感覺他十分關心我。	前台的女服務員所表現的行爲好像是我們正在打擾她。她正在看電視，似乎更關注電視而不是旅館的客人。
2.眞實非凡的員工行爲	我們總是帶著我們的玩具熊旅行。當我們回到旅館房間時，我們看到女服務員將我們的玩具熊很舒服地排放在椅子上。	我需要再想幾分鐘來決定這頓午飯吃什麼；而女侍卻說：「如果你讀一下菜單而不是地圖，那麼你就知道你想要預訂什麼了。」
3.組織的文化準則所形成的員工行爲	餐廳裡的男服務生在後面追我們，將我男朋友掉在桌下的50美元還給了我們。	這個豪華餐館的男服務生像對待灰塵一樣對待我們，因爲我們是那個正式舞會上唯一的中學生。
4.總體評價	整個經歷體會是如此令人高興……每一件事都進行得很順利和完美。	航空飛行是一次惡夢。1小時的臨時滯留延續了3.5小時，空調不好用，著陸相當粗糙，當飛機停下來時，第一批離開的人是飛行員和服務人員。

里奧特隨機地挑選過去的旅館客戶，並將調查表郵寄到他們的家中；卡爾頓旅館也做過同樣的事情，每年他們要調查二萬五千個客戶。

第六節　關係市場行銷——待客如上賓

在過去，旅遊與飯店業的市場行銷者將注意力都放在了吸引新客戶上。現在，他們更注重培養與現存的和過去的客戶之間的關係。大部分的市場行銷者都認為，吸引經常性的客戶比「創造」新的客戶會更節約資金。這是關係市場行銷（或者說建立、維護和提升與個體客戶的長期關係）的一個基本理念。組織要與個體客戶保持長期的聯繫，一些人將它稱之為「客戶終身價值」，也可以說是將個體客戶當做一項資產而不是一種商品來對待。

關係市場行銷的最終目的就是使客戶對組織忠誠。因為對人們來說，在多家承運者、供應商和旅遊貿易中介之間進行變換的選擇是很容易的，所以保留忠誠、經常性的客戶就顯得十分重要。關係市場行銷的關鍵所在，就是使個體客戶感覺特別，要讓他們感覺自己所得到的待遇超越了常人，自己得到了組織特別的關注。組織可以透過下述程序來使其服務個體化：

對服務遭遇進行管理 培訓旅遊與飯店業組織的員工，讓其以個體的方式對待客戶，例如，稱呼客戶的名字、了解他們的喜好和興趣等。

激勵客戶 激勵或促動客戶，讓其重複地使用本組織的服務，例如，經常的飛行和經常的客戶活動等。

提供特別的服務選擇權 為經常性客戶或「俱樂部」成員提供特別的「附加品」，例如，俱樂部成員可以享用飛機場的奢華休息室以及個人化的行李標籤等。

發展價格策略來鼓勵長期使用 給經常性客戶特別的價格或費率，例如，主題公園、博物館、動物園和其他售票的吸引人的景點，都對其俱樂部成員給予特別的門票優惠。

建立客戶資料庫 對組織的個體客戶設置一個時時更新的資料庫，包括其購買歷史、好惡和人口統計資料等。

透過直接的或專業化的媒介與客戶溝通 使用非批量性的媒介，直接與個體客戶進行交流，例如，直郵、俱樂部的時事通訊等。

在卡爾頓旅館的例子中，你可以看到這些程序的具體應用。卡爾頓旅館保持著一個電腦化的客戶檔案，包括二十四萬多位經常性的個體客戶資料。卡爾頓旅館培訓他們的員工記錄有關每位客戶好惡方面的訊息。旅館有了這方面的記錄，就可以爲客戶提供更個人化的服務。每一個旅館至少有一個「客戶認知協調員」，他的工作就是確認經常性的客戶，並在其離去的二十四小時之內，記錄下有關這位客戶的新訊息。這種訊息被系統化地傳遞到所有其他的卡爾頓旅館，當這位客戶入住另一家卡爾頓旅館時，服務人員已經對他的好惡瞭如指掌。

第七節　客戶組合

對於旅遊與飯店業組織來說，另一個重要的與人相關的決策就是它的客戶組合。客戶組合，也就是一個特定的旅遊與飯店業組織的所有客戶的整合。「組合」對我們行業來講是十分恰當的，因爲我們的客戶組合在一起，而且經常相互影響。組織需要仔細地管理客戶在使用旅遊與飯店業組織的服務時所產生的相互之間的影響。在有些情況下，某種客戶類型會吸引其他類似的客戶，某些客戶也會直接影響其他客戶的服務體驗的品質。個體客戶的行爲舉止（例如，大聲喧嘩或粗魯的客戶、吸煙的客戶，或者醉醺醺的客戶）可能會煩擾或侵犯其他的客戶，而且會導致較低的客戶滿意度。相反，能夠體諒人或友好的客戶則會提高其他客戶的滿意度。

一些旅遊與飯店業組織在他們的定位中，清楚地規定了自己所希望吸引和服務的客戶組合。例如，Contac旅遊公司明確地在它的所有廣告和其他促銷品中指出，它的目標市場是年齡在十八至三十五歲的年輕人。Contac旅遊公司在促銷中附加了這個年齡層男性和女性的相片，以強調其「年輕的形象」。Contac也向潛在的旅遊客戶保證，它所有的旅遊工作人員（旅遊經理、司機和Contac娛樂工作人員）的年齡也都在十八至三十五歲。Club Med在二十世紀六〇年代和七〇年代，使用了一個類似的策略，它也主要爲年輕人服務，並在各類廣告和促銷中著力宣傳自己的這一形象和定位。在九〇年代Club Med推出了它的新「版本」，它擴大了自己的客戶組合，並極力擺脫以前的「年輕」、「時尚」的形象。一些排外的和奢華的娛樂中心都有「不帶孩子」的政策，或者不允許某一年齡以下的孩子入場，原因就是，他們確信他們的客人不喜歡被孩子打擾，這些孩子在沒有成人恰當的管束下會很喧鬧。其他的娛樂中心，包括加勒比海的草鞋俱樂部，則在廣告中宣傳自己「僅爲夫婦（情侶）設置」，它選擇成人客戶作爲自己的目標市場。相反，某些旅遊與飯店業組織，比如威斯汀孩子俱樂部，則盡力將孩子吸引到它的客戶組合中。

本章概要

客户（客人）與員工（主人）之間的相互作用對市場行銷的成功有極大的影響力。服務品質在一個旅遊與飯店業組織的成功中發揮著核心作用。對員工給予超水準關注的組織通常都是最成功的。成功的組織會培訓他們的員工，讓他們在第一次就將事情做好，並授權員工，讓他們解決客户的問題和抱怨。一個旅遊與飯店業組織必須經常測量它的服務品質，而且要掌握有關測量的多種技巧。

所有的旅遊與飯店業組織都要應用關係市場行銷的概念，也就是說要讓客户感覺與眾不同，要對個體客户給予特別的關注，使其對組織建立長期的忠誠。

一個組織的客户組合會影響它的形象以及個體客户所體會的服務品質。組織應該盡力管理好客户組合，這樣才能獲得盈利並提高客户的滿意度。

本章複習

1.旅遊與飯店業的市場行銷涉及哪兩類團體？

2.一個旅遊與飯店業組織的員工會對它的市場行銷成功產生怎樣的影響？

3.什麼是全面品質管理（TQM）？它的核心原理是什麼？

4.組織可以使用什麼技巧讓員工為客戶提供更一致和更高品質的服務？

5.「授權員工」是什麼意思？它對提升服務品質有何貢獻？

6.什麼是SERVQVAL模式？怎樣使用它來評估服務品質？

7.還有什麼技巧可以用來測量服務品質？

8.什麼是關係市場行銷？一個旅遊與飯店業組織應該採取什麼步驟來建立與個體客戶的長期關係？

9.客戶組合將怎樣影響一個組織的形象及其客戶的服務經歷？

延伸思考

1.你被一家聲望較低的旅館、飯店、旅行社、航空公司或其他的旅遊與飯店業組織所雇用，你的任務就是要提升高級管理人員及其他員工的服務品質。你將採取什麼步驟來實現這個目標？舉出在本行業中一個成功的公司實例。盡力提出你自己的兩個或更多的創新觀念。

2.你的老板要求你在組織中發展一個測量服務品質的活動。你將使用什麼技巧來進行這種測量？給你的老板寫一份報告，說明你的計畫以及計畫的執行過程。

3.選擇一個特定的旅遊與飯店業組織，說明你將怎樣為它發展一個關係市場行銷活動。你將怎樣吸引和確認經常性的客戶？你將為經常性的客戶提供什麼特別的選擇權或服務？你將發展一個什麼類型的資料庫？你將怎樣與過去的客戶進行溝通？

4.向一個特定的旅遊與飯店業組織描述客戶組合概念的重要性。說明它所吸引的客戶類型怎樣影響了它的形象？客戶的服務體驗是怎樣被加強或削弱的？向組織的管理層提出建設性意見，告訴他們怎樣才能更有效地管理好他們的客戶組合。

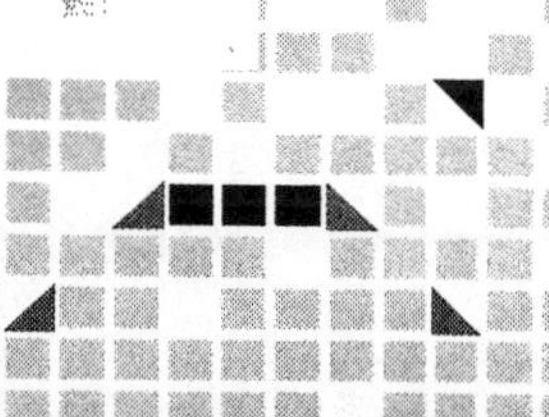

經典案例：提升服務品質——卡爾頓旅館公司

在1997年，卡爾頓旅館公司贏得了一項大獎——馬爾科姆國家品質獎，從前沒有任何一家美國旅館連鎖店得過這樣的獎項。馬爾科姆國家品質獎是在1987年由美國國會創立的，給那些由於提升其產品或服務品質而取得卓越成績的公司一定的榮譽認可。截至1999年，卡爾頓已經擁有了三十家連鎖店，遍布美國、澳洲、墨西哥、西班牙和香港。

卡爾頓採納了全面品質管理（TQM）的原則，它一直在為贏得馬爾科姆國家品質獎而努力。它在1983年開始營運時，就熱切地關注服務品質的提高——它設立了兩個基本的品質策略：(1)在每一個新的卡爾頓旅館中實施「七天倒數計時」活動；(2)設立「金標準」。「七天倒數計時」活動包括由公司的最高經理（包括總裁）對每一個新旅館的員工所進行的七天強化定位和培訓活動。

卡爾頓的第二個品質策略，就是公司所設立的「金標準」。金標準的四個要素是：(1)卡爾頓的信條；(2)服務的三個步驟；(3)卡爾頓的基本原理：(4)「女士和先生服務於女士和先生」的座右銘。

卡爾頓的信條：卡爾頓以對客人真誠的關心並使其舒適為最高的責任——「我們保證為我們的客戶提供最好的個人服務和設施，讓他們總是處在一個溫暖的、休閒的、優雅的環境中。來卡爾頓的客人會感受到生命的活力，會找到幸福的感覺，而且能夠得到意外的收穫。」

服務的三個步驟：(1)溫暖而真誠的問候，有可能的話，使用客人的名字；(2)猜測並滿足客人的需要；(3)令人溫暖的離別辭，向他們友好地揮手再見，有可能的話，使用他們的名字。

卡爾頓的基本原理：

(1)員工要熟知並掌握信條，更要將信條化為實際的行動。

(2)我們的座右銘是：「我們是女士和男士們，要為其他女士和男士們提供服務。」我們要協力合作，以創造一個良好的工作環境。

(3)所有的員工都要實踐服務的三個步驟。

(4)所有的員工都要透過培訓考試，以確保他們能夠在其職位上成功地執行卡爾頓標準。

(5)每一個員工都要理解在每一個策略計畫中所設置的有關他的工作區域及旅館所要實現的目標。

(6)所有的員工都要知道他們的內部和外部客户（員工和客人）的需要，以提供他們想要的產品或服務。有關客户喜好的活頁簿應該被用來記錄客户特定的需要。

(7)每一個員工都要不斷地體察整個旅館的不足之處。

(8)任何一個收到客户投訴的員工，都要「自己擁有」這個投訴，也就是說他有責任去幫客户解決這個問題。

(9)每一個員工都要確保自己能立刻解決問題。在二十分鐘內以電話進行追蹤，以證實問題已經解決，客户因此而感到滿意。做好每一件你可以做到的事情，不要失去任何一個客户。

(10)客户問題表格被用來記錄和傳達每一個客户不滿意的事件。每一個員工都被授權解決問題，並防止其再次發生。

(11)向客户微笑，對客户保持正面的眼神接觸，使用恰當的詞彙與客户談話（諸如「早安」、「當然」、「我將很高興……」和「樂意為你效勞」等）。

(12)保持清潔是每一個員工的責任。

(13)無論在工作環境內還是環境外，都要成為你的旅館的使節。談論旅館要採取正面的態度，不要進行負面的評論。

(14)陪同客户到旅館的某個區域，不要只簡單地為其指一下方向。

(15)對旅館的有關訊息瞭如指掌，以回答客户的詢問。在推薦那些外部設施之前，先推薦本旅館的零售店和食品飲料市場。

(16)使用恰當的電話禮節。在鈴聲響過三遍之內接電話，並用聲音傳達你的「微笑」。如有必要，可以這樣詢問——「我可以讓你稍等嗎？」不要對電話那頭的人進行盤問，儘可能地減少電話轉接。

(17)制服要整潔，穿著合適和安全的鞋襪，並且佩戴名牌。你的表情要充滿自豪，還要帶有關心他人的態度（符合所有的修飾標準）。

(18)確保所有的員工都知道他們在緊急關頭時的作用，並且知道消防和救生的應對措施。

(19)如遇危險、傷害、設備問題，或你需要得到幫助時，要立刻通知你的上司。對旅館資產和設備要進行恰當的維護和修理。

(20)保護卡爾頓的資產是每一個員工的責任。

讓我們來看一看在卡爾頓基本原理中所使用的詞彙和短語，「Mr. BIV」是錯誤、重做、故障、無效率和變化這五個單字的頭字母組合，這些都是一個公司存在的、有害的表現特徵。公司的員工要持續地關注並報告旅館的不足之處。「側面的服務」概念意味著鼓勵員工（即使在不同的部門工作）之間協調合作，旨在傳遞更高品質的客户服務。

在卡爾頓旅館還有一些其他的核心詞彙，比如說「第一次就將事情做好」和「即刻的修正」。員工要確認旅館營運中的缺點和錯誤，並儘可能地解決問題以使抱怨的客户滿意。卡爾頓確認了一個旅館中的七百二十個工作區域，每個工作區域每個月都要準備一份品質檢測報告。員工要定期完成這些報告，指明那些可能對服務品質和客户滿意度產生反面影響的缺點或問題。員工要在收到客户投訴的十分鐘內做出反應，並在二十分鐘內用電話追蹤調查問題解決的情況。每一個員工都被授權可以花費2000美元以內的資金來使一個不滿意的客户高興。

卡爾頓由於使用了獨特的方法，成了提高服務品質的成功典範。自從卡爾頓贏得1997年的馬爾科姆國家品質獎以來，許多組織都想跟它分享「成功的秘密」。卡爾頓毫不吝嗇，它積極而又精彩地向大家貢獻了自己的成功秘訣。

討論

1.卡爾頓公司在它的營運中是怎樣應用全面品質管理的五個核心原理

的？

2.其他的旅遊與飯店業組織能從卡爾頓旅館的實例中學到什麼？

3.在卡爾頓旅館公司，「授權員工」會對服務品質的提高產生怎樣的影響？

第12章
包裝和特別規劃

旅遊與飯店業的服務具有很強的「易腐性」，今天沒有做出的銷售就會永遠失去它的價值。當服務的需求量較低時，包裝和相關的特別規劃技巧，就會在服務的銷售中發揮核心的作用。包裝很受客戶的歡迎，因爲它們使旅遊更容易，而且更方便。另外，它們的價格通常都在常規價格上打了折扣。包裝和特別規劃是市場行銷概念的一個縮影，它們是爲滿足客戶的特定需求而訂製的供應品。

旅遊與飯店業服務的包裝具有其獨特性，它與在雜貨商店中出售的商品的包裝是不同的。我們的行業包裝通常涉及來自於供應商、承運者和旅遊貿易中介的一些服務組合，旨在吸引客戶並給客戶提供某種方便。它們是合作概念的一個經典實例，完成一個包裝需要幾類組織的共同努力。

特別規劃是與包裝相關的概念，它對於此行業也是相當重要的。特別規劃是一些具有「吸引力」的特別事件和活動，可以幫助旅遊與飯店業組織在業務量的非高峰期創造某種吸引力，以增加客戶對這種服務的興趣。

第一節　包裝和特別規劃的定義

你知道「整套售賣」是什麼意思嗎？它是指賣方以一個總價格賣出多種不同產品的組合，而這個總價格要小於所有單個產品價格的總和。大部分由旅遊與飯店業組織所提供的包裝都是「整套售賣」的類型。在我們行業中，包裝是將相關的服務組合起來，並以一個總價格進行出售。

特別規劃是與包裝緊密相關的技巧。它涉及發展特別的活動、事件或節目來提高客戶的消費量，或爲旅遊與飯店業組織的某項服務或包裝增加額外的吸引力。

包裝和特別規劃是相關的概念，因爲大量的包裝都包括一些特別規劃，例如，許多高爾夫和網球娛樂包裝都包括一些運動指導，這些包裝的運動指導部分就是由娛樂中心所安排的一項特別規劃。當然，並不是所有的特別規劃都與包裝相連，主題公園中的遊行和節日慶典，以及速食業市場上的卡通形象就是在包裝之外的特別規劃活動。

第二節　包裝和特別規劃流行的原因

在過去的四十年或五十年中，如果將創新概念進行排序的話，那麼旅遊「包裝」可以算得上首位，它對此行業的影響力是最大的。在今天，可行的包裝範圍似乎是無限的，爲什麼包裝的流行性會有如此大的增長呢？讓我們看看與客戶和參與者相關的幾點原因。

一、與客户相關的原因

包裝和特別規劃旨在滿足不同的客戶需要，包括更方便的度假計畫、更經濟的旅行安排以及專業化更強的經歷體會。旅行包裝的主要客戶利益是：

1. 更大的方便性

儘管一些人偏愛自己組合不同種類的度假、會議或激勵性旅行，但是大部分的人都喜歡旅行包裝的方便性。爲什麼呢？旅行包裝可以節省許多計畫時間和努力。越來越多的人認爲，時間要比金錢更珍貴。包裝的流行性，隨著雙薪家庭的增長，也持續地增長。

2. 更加經濟節省

包裝不僅使旅行和旅行計畫更容易、花費更少時間，而且還很省錢。許多包含空中旅行的包裝，總價格要小於常規的、往返飛行旅行的價格。你也許想知道怎樣才能達成這一點，相關的承運者和供應商不會遭受損失嗎？有時他們會損失一些金錢，但是通常他們是賺錢的。正如你隨後將要看到的，包裝對於此行業經濟上也是具有吸引力的。

包裝的經濟節省有三點原因。第一，如果旅遊中介要將服務組合在一起，他們就會大量地購買這些服務，因而能從供應商和承運人那裡得到折扣。他們將這些折扣的一部分讓給了客戶。第二，許多包裝是由承運人和供應商在非高峰時期提供的，一個城市旅館的週末包裝就是這樣的一個例子。大部分城市旅館忙於在工作日服務商務旅行者，到了週末，夜晚的住宿率就會銳減，特別價格的週末包裝就會幫助填補這個空缺。第三，本行業意識到客戶購買包裝，部分是因爲他們想要更節省開銷。

3. 能夠為旅行進行預算

大部分的包裝都是「全方位」的，客戶提前幾週或幾個月就知道他們所要花費的全部金額。Club Med以一個總價格，提供全方位的產品，範圍包括從返程機票到就餐時無限制的免費葡萄酒，還包括所參與的具有指導性的各種活動。它不包括客戶在酒吧購買的啤酒和烈性酒、自由行程，以及在俱樂部的商店中購買的紀念品。遊輪業是另一個全方位度假包裝的偉大實例。典型的遊輪業包裝包括飛機票、住宿、租車、餐飲、甲板上的娛樂以及其他的船上活動。包裝全方位的特性，消除了許多客戶對於花費多少以及能從花費中得到什麼的顧慮。

4. 暗含的一致的品質保證

如果不選擇購買旅行包裝的話，客戶就必須自己將所有的服務組合在一起。他們不得不去購買那些看不見的，並且以前從未嘗試過的旅遊與飯店業服務。如果所購買的服務品質與預期的品質不相符的話，結果就會更糟。

進行組合包裝的旅遊中介、供應商和承運人相對有更多的經驗和更廣闊的旅遊知識，他們在這項工作上是相當專業化的。客戶通常可以依賴他們這種專業化的技術、深層次的知識／經驗，以及傳遞預期服務的承諾。本行業的大部分組織都認識到了口碑效應的巨大力量，以及經常性客戶的重要性。如果客戶注意到不一致性，就會連帶地認爲整個服務經歷都很差。對於提供包裝的各類組織來說，都將確保各要素一致的品質，作爲他們長期的使命。

5. 特別興趣的滿足

此行業爲了滿足客戶特別的興趣，提供了範圍更廣的包裝項目。半年刊的《特別興趣旅遊指南》對特別興趣包裝提供了一個優秀的指導，其中包括一百八十個特別興趣活動。本書曾提到這已成爲一種流行趨勢，即越來越多人想利用度假時間來完善和更新自我或者去追求特別的興趣活動。

大部分的興趣包裝都需要大量的先期研究、仔細的規劃和專家的指導。通常客戶既沒有經驗、時間，也沒有將這些要素組合在一起的能力，而包裝則提供了一個滿足他們需要的特製的旅遊替代品。

6. 擴大旅遊和在外吃飯的「容積」

特別規劃擴大了旅遊和在外用餐的「容積」，並爲旅遊與飯店業服務增添了新的活力。主題公園是深明特別規劃藝術的組織。許多主題公園都高度依賴於當地居民的經常性使用，所以它們經常進行特別規劃活動——提供新的娛樂、特別的事情，並翻新和增強客戶感興趣的活動。像迪士尼世界和迪士尼樂園這樣的主題公園，經常進行特別的遊行和節日慶典，以吸引老客戶和潛在的新客戶。許多飯店也成功地進行了特別規劃，以吸引客戶經常回來用餐。「中世紀時代」是美國的一家飯店連鎖店，在那裡客戶會看到一些令人興奮的表演——當他們在用餐時，武士之間會進行馬上槍術、刀劍對抗和騎馬比賽。

二、與參與者相關的原因

包裝和特別規劃的最美之處在於他們對客戶和包裝／特別規劃的參與者均有利。這些參與者包括旅遊貿易中介（旅遊營運人、旅行社、激勵性旅遊計畫者）、供應商（旅館、飯店、租車公司、遊輪公司和吸引人的事物）以及承運人（航空公司、公共汽車和火車公司）。無論什麼參與者組合在一起，只要這項包裝和特別規劃進行了很好的市場行銷，就都會幫助組織吸引更多的客戶並提高盈利性。

1. 在非高峰時期增加業務量

進行包裝和特別規劃的主要原因之一，就是他們能在非高峰時期創造需求。對於許多飯店和酒吧來講，星期一和星期二是客戶量最低的日子；

而對於大部分的城市旅館來說，住宿率最低的日子則在週末。馬里奧特旅館提出了「週末兩人免費早餐」的包裝概念，此包裝建立在折價30%至45%的基礎之上，以在非高峰時期（週末）擴大業務量。航空公司的最低承載量發生在週末，以及一大早到傍晚這段忙碌的時間段以外的時間；大部分的俱樂部由於季節的緣故，會在業務量上有很大的擺動。好的包裝和特別規劃會爲客戶創造使用服務的新動力，以使週期性的業務模式變得平展。

2. 對特定的目標市場提高吸引力

包裝和特別規劃會幫助參與者在已選定的目標市場上立足。這些包裝和特別規劃是特製的，旨在滿足特定客戶群的需要。娛樂業有數目衆多的包裝實例，比如爲登高山或穿越國境的狂熱者所準備的滑雪運動包裝、高爾夫和網球包裝，以及關注潛泳、航海和健康的包裝。許多俱樂部也會爲進行會議或激勵性旅行的組織，組合特別的包裝活動。

3. 對新目標市場增加吸引力

包裝和特別規劃除了可以提高一個組織對於現有目標市場的吸引力以外，還能幫助這個組織追求新的目標市場。遊輪業長期以來一直是度假者的領地，但現在有越來越多的組織將遊輪作爲會議、集會和激勵性旅行的場所。遊輪公司透過對這些組織準備並促銷包裝，發展了一個新的目標市場。

4. 更容易對業務進行預測並提高效率

客戶在消費前對包裝進行預約並付款，這樣旅遊與飯店業組織就能更好地預測客戶量，並以更大的效率安排員工、供應商和其他的資源。然而，組織如果在臨近活動開始時收到大量取消預約的訊息，就會造成很大的損失。近年來，旅遊與飯店業組織做了很多努力，以鼓勵他們的客戶提前預約，例如，加勒比遊輪公司的「提前購買」活動就聲明，「如果您提前一百八十天（約六個月）預約，就會得到20%的折扣」。

5. 利用相關設施、吸引人的事物和事件

本書多次提到「合作」概念，許多包裝和特別規劃則提供了這一概念的經典實例。包裝和特別規劃創造了旅遊需求的「原動力」，許多旅館和飯店將參觀當地的吸引人的事物、領略特別的事件和進行其他的活動組合到他們的服務中去，例如，芝加哥旅館的週末包裝就包括購物和免費贈送名店的商品。許多國家足球隊所在城市的旅館則提供包括球票的包裝。Napa Valley的一些旅館資產將葡萄酒品嚐組合到他們的包裝中，而紐約的旅館則增加了百老匯表演，那兒的許多飯店都提供「餐飲—娛樂」包裝，主要以表演藝術爲特色。

承運人和旅遊貿易中介也從這些包裝和特別規劃安排中獲利。許多航空公司和鐵路公司自己就提供包裝，這些包裝以它們所服務城市的吸引人的事物或特別事件爲核心。例如，加拿大的VIA鐵路公司自己就提供包裝，它包括一次鐵路旅行和多倫多的棒球比賽。

6. 提高投資於新市場的彈性

許多旅遊與飯店業組織的硬體設施和設備都是固定的，在短期內不能有顯著的改變。包裝和特別規劃則爲這些組織提供了極大的彈性，以投資於新的市場，卻不必做很昂貴的硬體設施的改變。紐約Mohonk山的勝地旅館，就提供了這樣的一個經典實例。這個勝地旅館建於1869年，現在主要針對滿足人們利用度假時間進行學習或是提高教育程度的需求，它提供了幾個以觀測星星、健康管理、室內音樂、語言深入學習和攝影爲特色的包裝。

7. 刺激反覆和更經常的使用

新的包裝和特別規劃能夠再度點燃和提高客戶對於這種服務的興趣。主題公園進行了數目衆多的特別規劃活動，它們是使娛樂供應品不斷翻新的典範。幾家飯店提供了主題餐飲、美食家餐飲和葡萄酒品嚐會，旨在吸引經常性的客戶。例如，著名的Red Lobster飯店，每年以「蝦節」爲主要特徵來吸引大量的客戶。包裝和特別規劃擴大了服務的「容積」，並讓客戶和組織受益。

8. 增加每次停留的時間和消費金額

包裝和特別規劃如果使用正確的話，會有助於旅遊與飯店業組織增加顧客的平均消費量和他們停留的時間。許多主題公園都透過增加現場展示、節日慶典或遊行來鼓勵客戶停留更長的時間，並讓停留更長時間的客戶花費更多的錢。會議之前和之後的旅行是另一個經典實例。透過提供到當地著名景點的旅行，這些包裝延長了會議客戶的停留時間。

9. 獨特的包裝對於公共關係及宣傳的價值

第18章詳細闡述了公共關係及宣傳，以及他們對於旅遊與飯店業組織的長期價值。獨特的、具創新性的包裝吸引了報紙、雜誌、電視和電台的注意力；占據流行話題和潮流（例如，健康包裝、生活方式和壓力管理，以及個人財政管理）的包裝經常會引起媒介的廣泛關注。包裝如果被正確地使用，就會產生較大的公共宣傳效果。

10. 提高客戶的滿意度

包裝和特別規劃最基本的貢獻就是可以提高客戶的滿意度。這兩個概念眞實地反應了市場行銷的理念，它們是爲適應特定的客戶需要而訂作的，並給旅遊者提供了許多利益。

正如你現在能看到的，有許多促使包裝和特別規劃流行的原因，既有來自於客戶的，又有來自於參與者的，**表12-1**簡要地說明了這些原因。

第三節　包裝和特別規劃的作用

包裝和特別規劃是旅遊與飯店業市場行銷組合的一部分，所以在市場行銷計畫中應該進行有關的描述。你可能已經從前面所討論的流行原因中，體會到了它們的作用。包裝和特別規劃在旅遊與飯店業的市場行銷中發揮著如下五個核心作用：

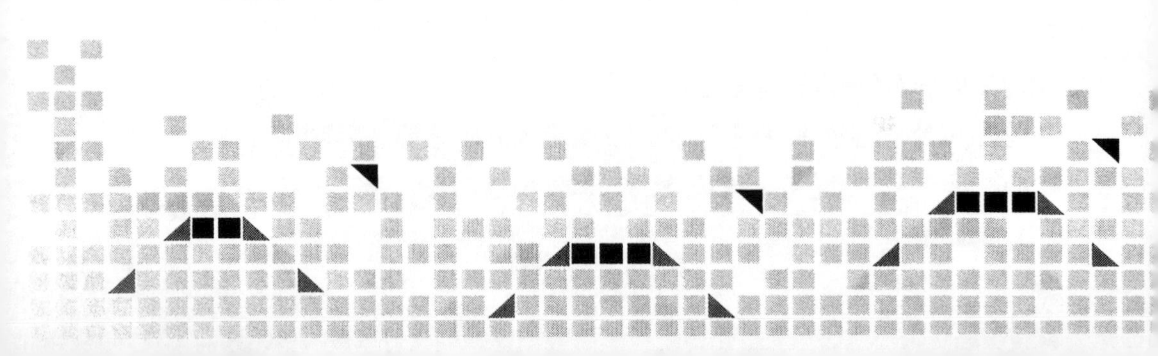

表12-1　包裝和特別規劃流行的原因

與客户相關的原因	・更大的方便性 ・更大的經濟節省性 ・能夠爲旅行做出預算 ・一致品質的暗含保證 ・特別興趣的滿足 ・增加了旅行和在外用餐的「容積」
與參與者相關的原因	・在非高峰時間提高業務量 ・提高對特定目標市場的吸引力 ・增加對新目標市場的吸引力 ・更容易對業務進行預測並提高效率 ・使用相關設施、吸引人的事物和事件 ・提高投資於新市場的彈性 ・刺激反覆和更經常的使用 ・增加每次停留的時間和消費金額 ・獨特的包裝對於公共關係和宣傳的價值 ・提高客户的滿意度

一、使業務量平衡

第2章將未售賣的服務比作流入下水道中的水。包裝和特別規劃的主要作用之一就是封塞排水道，並在這個週期性的營運中，削減高峰，填平低谷。

二、提高盈利性

透過平衡業務量，包裝和特別規劃提高了盈利性。它們透過下述五點來增加利潤：

(1)提高每次花費的金額。

(2)延長停留的時間。

(3)產生新的業務。

(4)鼓勵更經常和反覆的使用。

(5)透過更精確的銷售預測來提高效率。

三、有助於細分的市場行銷策略的使用

第8章強調了不同的市場行銷策略，包括細分的方法。包裝和特別規劃對那些想使他們的提供品盡力符合特定客戶群需要的細分者來說，是一個有用的工具。

四、補充其他的產品／服務組合要素

包裝和特別規劃是一個組織產品／服務組合的一部分，它們對於其他要素是一個重要的補充。在某種意義上，它們更像產品和禮品包裝——它們使旅遊與飯店業服務對客戶更具吸引力。它們將其他的產品／服務組合要素包裝成更具吸引力和市場行銷性的提供品。

五、將相關的旅遊與飯店業組織組合起來

當你考慮包裝和特別規劃的總體影響力時，就會想到「協同作用」這個名詞。協同作用是兩個或兩個以上因素的結合行動，它將產生一個單獨的組織所不可能產生的結果。一個被很好地感知、被專業化地促銷和得到良好管理的包裝會爲它所有的參與者創造卓越的協同效果。包裝將旅遊貿易中介、承運人、供應商和旅遊目的地的市場行銷組織組合起來，成爲此行業合作的市場行銷的一個經典實例。

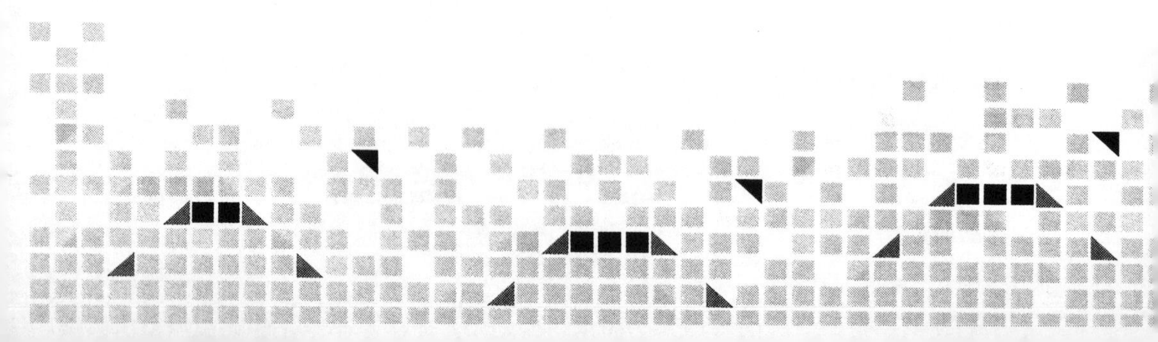

第四節　包裝的分類

旅遊與飯店業的包裝可以分成兩大類，它們是：

第一，由中介所發展的包裝──許多旅遊貿易中介，包括旅遊批發商和營運人、激勵性旅遊計畫人、一些旅行社和會議計畫人，組合了包裝。

第二，由其他組織發展的包裝──其他的包裝是由供應商、承運人、旅遊目的地的市場行銷組織、不同的俱樂部和特別興趣團體發展的。這些包裝通常可以直接被購買，也可以透過旅行社來預訂，但遊輪業的包裝只能透過旅行社來預訂。

包裝也可以根據包裝要素、目標市場、包裝持續時間以及旅遊安排或者目的地被分成四大類。

一、透過包裝要素來分類

1. 全方位的包裝

全方位的包裝是一種包裝的名稱，它包括旅行者旅行所需的全部要素（飛機票、住宿、地面運輸、餐飲、娛樂、計程車和小費）。由遊輪公司和Club Med所提供的包裝就屬於這一類。

2. 陪同觀光的包裝

陪同觀光意味著導遊要遵循一本預先規定的旅行指南，並要陪同旅行者觀光。這些包裝通常都是全方位的，但也可能有一些選擇項目（例如，特別地點的旅行）或「自我安排」的要素（例如，安排你自己的餐飲或活動）。大部分的團體旅行包裝就屬於這一類，它包括團體運輸、住宿、餐飲和到不同的觀光景點和娛樂場所的入場券。即使是很有聲望的組織，比如美國自然博物館、國家地理展示會，其業務也屬於陪同觀光的性質。美國自然博物館的「發展之旅」包裝給客戶提供專職的導遊、住宿、餐飲、遊覽和專家的演講。

3. 飛行—汽車包裝

飛行—汽車包裝的價格包括往返飛行費用和旅行目的地的租車費。例如，愛維斯租車公司的飛行—汽車包裝提供了從美國到德國、奧地利的飛行，以及五天或多於五天的租車服務。這些包裝吸引著那些喜歡在旅行目的地區域進行他們自己的旅行計畫的遊客。

4. 飛行—遊輪包裝

飛行—遊輪包裝的價格包括到一個港口的往返飛行費用以及遊輪的費用。許多遊輪公司都在廣告中標明從飛機場到港口的「免費」或「低成本」飛行費用。然而，免費的飛機票很少是眞實的，儘管飛行費用是打折的，但折價的部分通常都隱含在整個包裝價格中。

5. 飛行—鐵路包裝

飛行—鐵路包裝是航空和鐵路旅行的一種組合。例如，美國Amtrak公司的「飛行—鐵路旅行計畫」，在這個計畫中，旅行者一方面要坐飛機，另一方面則要乘火車旅行，這兩項費用都被包含在一個價格中。此包裝是在1997年推出的，很快就成爲Amtrak公司銷量最好的包裝。

6. 鐵路—汽車包裝

鐵路—汽車包裝包括鐵路運輸以及目的地的租車服務。

7. 住宿和餐飲包裝

大部分的勝地旅館和特定的其他旅館資產都促銷「住宿和餐飲」包裝，包括一天或幾天的住宿以及一定數量的餐飲，例如，「美式包裝」包括每天三餐——典型的早餐、午餐和晚餐；而「修正的美式包裝」則每天提供兩餐，通常允許客人安排他們自己的午餐。「床加早餐」包裝包括一夜的住宿加第二天的早餐。

8. 特別事件包裝

每年，在北美和全世界都會發生一些特別的、一年一度的事件、節日、娛樂和文化活動。它們提供了大量的包裝和特別規劃的機會，其中包括像奧林匹克、泛美和全國性的運動會，以及美洲杯、世界杯足球賽和

NBA籃球聯賽等。大量的節日慶典以及一生才可能發生一次的事件，比如觀看哈雷彗星，也有很大的包裝潛力。特別事件包裝可能僅僅是運輸加入場券，但也可能提供事件發生地的住宿和餐飲。

9. 為特別的興趣而進行特別規劃的包裝

這些包裝主要的吸引力是由一個或多個參與者所安排的特別的活動、節目和特別的事件。這可能是運動和運動指導（網球、高爾夫球、航海、潛泳、登山運動等）、愛好或其他的娛樂（烹飪、葡萄酒品嚐、攝影、工藝等），以及持續的自我教育活動（例如，電腦、資金管理、壓力調適、文學、外語、歷史文化、醫藥等）。就像在電影《城市鄉巴佬》中的那樣，你可以參加由美國西部的一些農場營運的「公牛狂奔」活動。狂熱的棒球迷可以透過參加「棒球迷露營」而實現他們的夢想，在此他們可以與前任棒球明星或現任棒球明星對壘。特別興趣包裝通常是由旅館資產提供的，作爲基本的「住宿和餐飲」包裝的附加供應品。

10. 當地吸引人的事物或娛樂包裝

這些包裝通常不包括住宿，其目標市場主要是當地的客戶。例如，飯店和劇場包裝、主題公園和餐飲包裝，以及觀光和餐飲包裝等。

二、透過目標市場來分類

這些包裝被特別地發展，以迎合特定目標市場的需要。它們包括：

1. 激勵性包裝或觀光

第7章曾經述及激勵性旅遊是一個主要的增長市場。激勵性包裝是由不同的組織和個人組合的，包括旅遊貿易中介（全面服務的激勵性公司、專業的激勵性旅遊計畫公司、旅行代理公司、旅遊經理和集會／會議計畫人）、供應商（旅館連鎖店、旅遊公司和一些主題公園）、航空公司和旅遊目的地的市場行銷組織（一些政府旅遊機構和集會／遊客管理局）。包裝是全方位的，所有的費用都由旅遊的團體或個人支付。公司、協會和其他組織購買激勵性包裝，通常都是作爲對銷售、新產品問世或資金量的增長做出了積極貢獻的員工的一種獎勵。

2. 集會／會議包裝

幾乎所有的俱樂部、旅館和會議中心都提供包裝，以吸引集會和其他的會議。通常，集會／會議包裝包括住宿和餐飲，但也可能包括一些當地的觀光（名勝的入場券）或一些特別的活動。特別規劃經常是會議和集會的核心特徵。你可能聽說過在某些場合中的特別的主題派對，這樣的活動經常都是娛樂性的——俱樂部或旅館爲團體安排高爾夫球或網球比賽。在此，有一個有趣的例子，Scottsdale會議俱樂部創立了一個「3M特別奧林匹克」運動會，以幫助這個大公司建立團隊精神。

3. 「同族」團體包裝或觀光

「同族」團體包裝是爲那些共享某種「親緣關係」的團體安排的，通常他們有很近的社會、宗教或種族的結合關係。例如，爲大學生協會、宗教團體、殘疾人士、某一人種和民族的少數派、服務俱樂部以及其他的社會和娛樂俱樂部／協會所發展的包裝。

4. 家庭度假包裝

家庭度假包裝爲父母加孩子這樣的家庭中的每一個人都提供了適合他們的東西。它們經常將爲孩子們安排的特別規劃活動包括進去，例如，幾個遊輪公司在包裝中爲孩子們安排了需要進行特別指導的活動。類似地，Hyatt俱樂部的「露營Hyatt」概念也爲孩子們提供了特別的活動和適意性。在Hyatt俱樂部有一個綜合性的、占地兩萬平方英尺的兒童中心。

5. 為特別興趣團體發展的包裝

這在第一種分類項下已經討論過了，你可以再回到那部分看看有關這種包裝的訊息。

三、透過包裝的持續性或時間來分類

第三種爲包裝分類的方法是以包裝的持續性或時間爲標準的，例如：

(1)週末和小度假包裝（週末包裝，或少於六天的包裝）。

(2)假日包裝（公休日和其他假日的包裝，例如，聖誕節、新年、感恩節、勞動節等）。

(3)季節包裝（冬季、春季、夏季和秋季包裝）。

(4)會議之前和之後的包裝和觀光。

(5)其他特定時間長度的包裝或觀光（例如，一週或兩週的包裝）。

(6)非高峰期的特定包裝（由於出現在非高峰期，廣告中標明「旅行折價」的包裝）。

四、透過旅行安排或旅行目的地來分類

包裝也可以透過它們被安排的方式來分類，例如：

1. 外國獨立安排的包裝

一個由旅行代理或其他外國獨立的旅行專家所安排的包裝，當客戶在外國旅行時，它可以滿足每一個客戶的需要。

2. 團體全方位包裝

一個全方位的包裝，最小規模包括一個或一個以上的團體，旅行時要乘坐安排好的或包租的航空公司的航班。

3. 包租的包裝

此種包裝或旅行的航班或其他設備，都是由一個旅遊批發商、旅遊營運人、其他個人或團體包租的。

4. 旅行目的地包裝

一個包裝可以透過它的旅行目的地區域來分類。針對旅行社而發行的雜誌經常提及去夏威夷、佛羅里達、加州、加勒比海、百慕達、歐洲、南美、亞洲和其他旅行目的地的包裝。

第五節　有效包裝的步驟

你現在已經知道包裝如此流行的原因，以及它們所發揮的作用和可行的包裝種類。下面我們要看一下發展包裝的步驟。怎樣才能使你的包裝吸引人？簡單地講，就是要選擇正確的「配料」，並以可能的最好方式組合，還要以一種吸引人的態度進行服務。在我們逐步講解有效包裝的步驟之前，先來說明一些潛在的包裝問題和顧慮。

一、潛在的包裝問題和顧慮

有些包裝被證實是無利可圖或者是在客戶預期之下的。兩個主要的顧慮是財政生存能力（這個包裝會產生利潤嗎？）和失去對客戶經歷的總的控制（其他的參與者傳遞了與我們水準一致的服務嗎？）。因爲大部分的包裝都涉及折價，所以供應商和承運人必須考慮轉移那些付常規費用的客戶，以支持付費較低的客戶。

銷售包裝時，可能會有客戶取消預約或銷售量低於預期的事發生，而且想要再去轉售這些閒置的「空間」，通常已經沒有充足的時間。

另一個擔憂就是購買包裝的客戶可能與我們的其他目標市場不相容。將去參加基督徒集會的一組代表與其他去賭城拉斯維加斯狂歡的客戶混在一起，可能並不是個好主意。將一個狩獵集會與一個綠色和平會議設在同一個屋簷下，似乎也是個充滿問題的組合。

包裝會支持還是會破壞我們所選擇的定位方法？這對於選擇提供豪華的旅遊與飯店業服務的組織來講，是一個比較現實的問題。它們提供了折價包裝，是否會喪失掉付給它們高價的常規客戶？另一方面，一個以打折爲定位的公司能否充分地修正它的形象，成功地行銷較高定價的包裝？

在此，我們要闡明的一點就是，包裝和特別規劃必須相一致，並且要支持所選擇的市場行銷策略、目標市場、定位方法以及市場行銷目標。當然，他們必須滿足市場行銷的基本目標——在一定盈利下，滿足客戶的需要和想要。

二、成功包裝的要素

一個包裝是旅遊與飯店業服務的一個組合，經常由兩個或兩個以上的參與組織提供。將成功的包裝組合起來與烹飪類似，品質較低的成分經常會破壞「整道菜的味道」。如下成分是成功包裝所必備的：

1. 包括吸引人的事物或者創造需求的「原動力」

每一個包裝都需要一個或多個吸引人的事物或者創造需求的「原動力」。最簡單的核心吸引力就是價格折扣，這是許多旅館週末包裝所使用的方法。

2. 給客戶提供價值

客戶去購買包裝，因爲他們感覺可以從包裝中得到比他們所花費的金錢更大的價值。對於許多客戶來講，一個總的包裝價格要小於其單個要素常規價格的總和。其他人則透過包裝的容量和要素的多樣性來測量其價值。例如，葡萄酒熱愛者就對包括葡萄酒專家的演講和免費品嚐葡萄酒的包裝十分感興趣。

我們幾乎所有的人都會被「免費」這樣的詞所吸引，同樣我們也會被無償取得某樣東西的景象所誘惑，所以說「免費」的要素會爲包裝增加一定的價值和吸引力。

3. 提供一致的品質和具相容性的要素組合

成功的包裝會提供一致的品質和具相容性的要素組合。前面我們曾談到，客戶購買包裝部分是由於他們期望得到一致的品質保證。客戶對於服務水準或設施品質的不一致性很敏感，他們容易以某個低品質的要素來判斷整個「包裝經歷」。有一個例子可以證實這個觀點，一對年輕夫婦從加勒比海地區的一個提供高品質遊輪服務的公司中購買了一週的包裝，他們在船上度過了一段神話般的生活，但是離港的飛行服務卻是低於常規標準的——航班誤點，而且航空公司的服務人員並未因他們在機場的長久等待而提供特別的補償。這樣，他們的整個度假經歷就被航空公司所提供的低品質服務破壞掉了。

4. 精心的計畫和協調

一個經典的包裝應該被仔細地計畫和協調，以求儘可能地滿足客戶的需要。Club Med再次提供了一個良好的實例。Club Med的包裝是被精心計畫的，以使度假者完全地放鬆，並逃離他們單調的或高壓力的日常生活。在Club Med鄉村中，你看不到報紙、電視、收音機和電話，體育運動、指導和娛樂都被精心地計畫和協調。事實上，這些活動項目是爲了儘可能取悅客戶所特別規劃的。Club Med的員工主持的歡迎典禮，可以確保客戶之間彼此認識。Club Med的度假包裝因爲經過精心的計畫和協調，所以給客戶提供了比較愜意的經歷。

5. 給客戶提供有特色的利益

最好的包裝會給客戶提供某種特別的東西，這是他們單獨購買旅遊與飯店業服務所無法得到的。這一有特色的利益通常是以貨幣價值的形式提供的，比如馬里奧特的「兩次免費的週末早餐」。一個低於常規的價格也並不總能吸引客戶，這一有特色的利益也可能是一場演唱會或運動賽事的入場券，或者一個豪華百貨商場的禮券。包裝爲客戶提供了一個獨特、便捷的途徑，來獲得這些特別的提供品。

6. 涵蓋所有的細節

推出一個包裝是很簡單的，然而要使優秀的包裝脫穎而出，你就應該注意細小的、有時表面上看起來似乎很瑣碎的細節。由於發生了未預料到的事，客戶不得不取消預約——當你爲滑雪度假而到達某地，卻發現沒有雪；你或你的朋友不想拜訪旅行指南中的某個景點；你的熱帶假期中，每天都陰雨連綿。這些問題都可能發生，包裝的計畫人必須提前就設想到！

確保你的包裝涵蓋所有的細節，通常就會產生最滿意的客戶和正面的「口碑效應」。例如，一對老年夫婦預訂了一個帶導遊的旅遊包裝（其中包括到Mach Pica的旅行），它是由一個旅遊營運人提供的。在旅行中，有一位醫生告訴這位婦女，到Mach Pica的旅行可能會損害她的健康，旅遊批發商事先預料到了這一可能性，退還了她Mach Pica之旅的費用。這對夫婦對批發商的深謀遠慮和公正感受頗深，並將這個公司精湛的專業技術和它對客戶的高度關心告訴了周圍的熟人和朋友。由此我們可以看出，一個企業爲客戶所做的事雖然很小，意義卻很深遠。

在所有的細節中，應該考慮幾個關鍵的因素，它們是：

(1)有關押金、取消預約和退款的明確政策。

(2)在預訂日期和可選擇的活動方面，給客戶提供最大限量的彈性。

(3)提供包裝中所有要素的完整訊息，還要詳細描述未被包括的項目、所需的衣物和設備、所允許的替代品和可選擇項目、預訂程序、最小的團體規模、單人房的額外費用、有關跟隨大人的孩子的事項和費用、由於天氣或其他問題所造成的意外事故安排和其他的特別資料。

7. 創造利潤

儘管包裝是滿足客戶需要的一種神奇的途徑，但它的前提條件是必須產生利潤。由這個行業所提供的許多包裝現在已經變成了一種財政災難。在大部分情況下，包裝實際上代表了一種價格折扣，而且必須遵循這一「法則」。隨後我們要仔細看一下定價，但是現在我們要說的是，無論包裝的價格打了多少折扣，其中服務的定價也一定要在可變成本以上。提供包裝的理想時機是，當其他的需求來源在最小量或根本不存在，而且組織不必轉移付較高價格的客戶時。

三、包裝定價

你怎樣既能滿足客戶獲取價值的需求，又能賺取一定的利潤？你可以採取一個仔細的、逐步進行的定價程序，在考慮固定和可變成本、客戶量和邊際利潤（最低獲利點）的基礎之上，進行價格決策。

1. 確認和確定固定成本的數量

不管有多少客戶購買這個包裝，其固定成本都不會改變。固定成本包括製作和郵寄小冊子的費用、中介廣告費和特定的包裝要素的成本（例如，導遊薪金和旅遊支出、包租的運輸設備費用、演講人的費用等等）。如果包裝是無人陪同的，並且不包括到旅遊目的地的運輸（例如，典型的旅館週末包裝），那麼固定成本通常只是那些生產和郵寄小冊子的費用、廣告費和其他的一些固定支出。對旅館的週末包裝來說，除了上述的項目外，它只需考慮所涵蓋的可變成本就可以了，它也可能會在其他固定成本上加上小量的經常費用，以涵蓋「管理和維護成本」這樣的項目。

2. 確認和確定可變成本的數量

可變成本直接隨購買包裝的客戶數量的不同而不同。對於旅館週末包裝來說，這些可變成本主要是住宿的房間、所包括的餐飲、「贈品」（例如，幾瓶葡萄酒或香檳酒、禮券、幾籃水果和裝運袋等）以及其他的項目，它們都將按每人或每間房來計算支出。一些旅館的週末包裝是委託旅行社來銷售的，他們付佣金給旅行社，而且佣金的支出額隨旅行社預訂客戶的數量而變化。

可變成本的範圍對於批發商、旅行社以及其他組合包裝和旅行的人來說，是很廣的。典型的可變成本包括：

(1)旅館房間費用。

(2)飛機費。

(3)餐飲費。

(4)小費、贈品或服務費用。

(5)入場券。

(6)觀光旅遊費。

(7)稅。

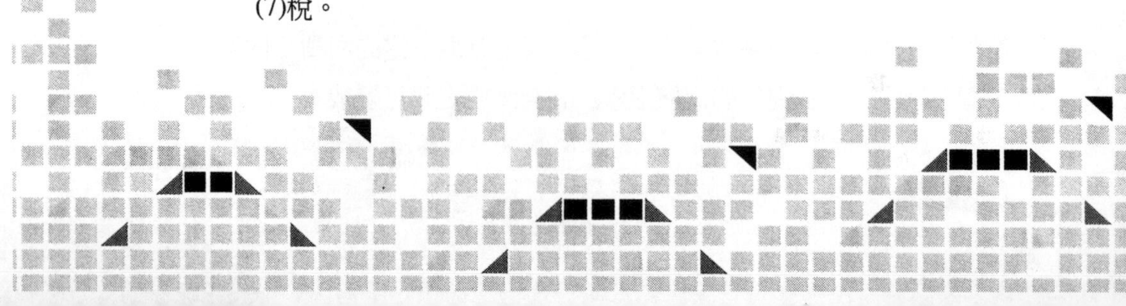

3. 計算每個人的包裝成本

你現在已經知道了兩類成本：

(1)總固定成本：無論包裝被賣出多少都必須被支付。

(2)按人頭算的總可變成本：它直接隨客戶的數量而變化。

因爲你的目標是提供一個每人的包裝價格，所以你必須在此包裝價格中涵蓋一定的固定成本。要想做到這一點，就必須預計購買包裝的客戶數量。但是該怎樣預計呢？你應該使用最大數、最小數還是一個中間數字？我們建議你使用最小數字，這樣風險最小；你也可以使用最大數字，然後在此基礎上削減25%至30%。一旦你計算出了購買者的預期數量，就可以用這個數字去除總固定成本（加經常費用的分配額）。

4. 為利潤而加價

旅遊與飯店業中有許多不同種類的組織組合包裝，它們之所以這樣做，就是爲了產生利潤，這一利潤將怎樣被產生，要隨組織種類的不同而不同。

由中介所發展的包裝　如果包裝計畫人是一個旅遊批發商或是激勵性旅遊公司，那麼包裝中就沒有提供大利潤額的要素，所以必須以百分比的形式增加一定的利潤額度，通常是僅在「陸地部分」上增加一定的額度，也就是說飛機票是另外計算的。

組合包裝的旅行社透過從不同的包裝要素上所得到的佣金而獲得補償。

由其他人所發展的包裝　發展包裝的供應商和承運人從他們所提供的要素中（例如，房間、餐飲、飛機票、租車、遊輪）賺錢，他們將利潤算進他們爲這些包裝要素所計算的成本之中。

在旅遊批發商和激勵性旅遊公司所發展的包裝中，增加的利潤額度通常是10%至30%。所以說，公司增加一個利潤額度，也就是增加這個百分比的每個人的可變成本和固定成本（排除飛機票錢），以達成最後每個人的包裝價格。

5. 計算單間的附加費用

大部分的包裝和旅行都在多人共享一個房間的基礎上售賣，價格也是以這種方式呈報的。爲了給予客戶最大的彈性，當客戶預訂單人房時，通常會在一般單人居住的基礎上，附加額外的費用。

6. 計算盈虧平衡點

包裝定價的最後一個步驟是計算盈虧平衡點。在此平衡點上，從包裝中賺得的總收入恰好等於總成本（固定和可變成本）。在旅遊與飯店業中，盈虧平衡傳統上是以客戶量來表述的。確切的計算公式將在第19章中闡述。

第六節　包裝和特別規劃的關係

正如你在前面所看到的，包裝和特別規劃是兩個相關的概念。許多包裝都包括一些特別規劃，而特別規劃也通常都是包裝核心的吸引力。包裝和特別規劃也可以是相互獨立的，**圖12-1**說明了這一關係。

包裝不一定非得包括特別規劃不可。例如，他們可能僅僅是住宿和餐飲包裝，如圖12-1左邊的圓所展示的。馬里奧特的兩人週末早餐包裝就是一個實例，此包裝的費用包括兩天住宿和連續週末兩個早晨的兩人「美式早餐」。此包裝的核心吸引力是什麼呢？其實僅僅是價格折扣。有時折價本身就可以成爲包裝的賣點，並不用非得需要特別規劃不可。

但是，特別規劃可以成爲包裝的一個核心吸引力，特別是當低價本身並不足以使客戶產生興趣時，特別規劃就會發揮它特殊的功效。如圖12-1所示，「神秘謀殺」的週末包裝就是以特別規劃爲基礎的度假包裝；Club Med的度假包裝，也屬於特別規劃和包裝相交叉的部分。

特別規劃也可能是獨立存在的，與包裝並無聯繫。如圖12-1所示，迪士尼樂園的遊行和酒吧的「週一足球之夜」就是特別規劃獨立存在的實例。

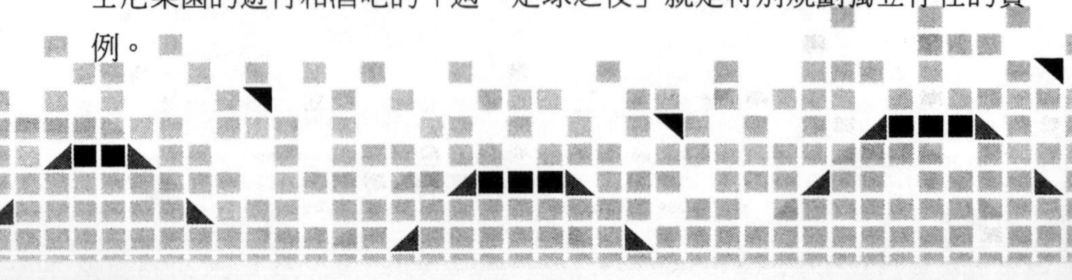

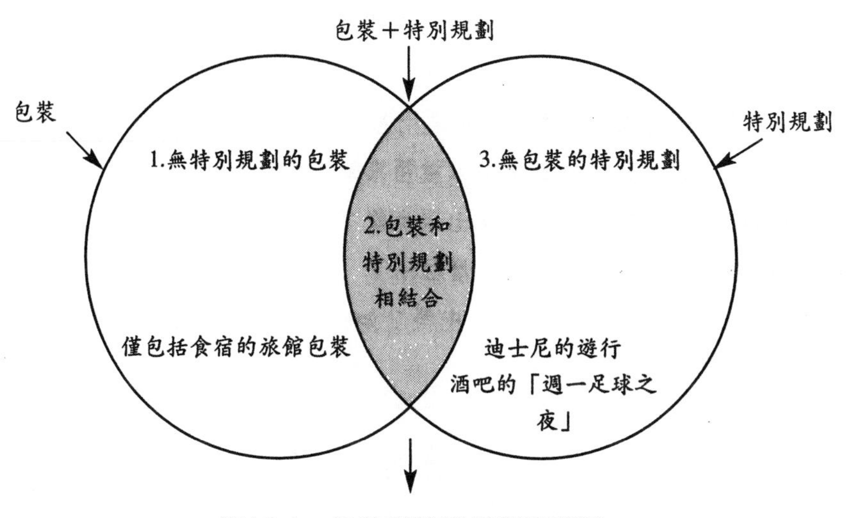

圖12-1　包裝和特別規劃的關係

本章概要

旅遊與飯店業的包裝是獨特的，它的流行性是此行業幾十年以來的主要趨勢之一。流行的部分原因就是包裝會同時為客户和參與組織帶來利益，它們使服務能更好地滿足客户的需要。同時，包裝還可以透過在低業務量時期創造業務量，幫助組織解決「易腐性」的問題。特別規劃與包裝相關，它也為旅遊與飯店業服務增加了吸引力。特別規劃經常出現在包裝中，但它也可以獨立存在。

本章複習

1.「包裝」和「特別規劃」有何涵義？它們相關嗎？如果是這樣，請說明是如何相關的？
2.為什麼包裝和特別規劃在過去的三十年中越來越流行？

3.包裝和特別規劃在旅遊與飯店業服務的市場行銷中發揮著哪三項核心作用？

4.包裝在此行業中的兩大分類是什麼？

5.還有哪三項額外的因素可以被用來為包裝分類？

6.發展有效的包裝要遵循哪七項步驟？

7.設置包裝的價格要遵循什麼程序？

8.特別規劃總是出現在包裝中嗎？如果不是，請舉幾個特別規劃單獨存在的例子。

延伸思考

1.你是一個小娛樂中心的市場行銷經理。娛樂中心在夏天和冬天的業務量很大，而春天和秋天的業務量則會急劇下滑。發展五個或六個創新包裝，來提高春、秋季的業務量。這些包裝將包括什麼要素？你將制定怎樣的價格？你將怎樣行銷這些包裝？你的目標市場是什麼？你將怎樣測量每一個包裝是否成功？

2.拜訪一家旅行社並收集一些小冊子，其中可能描述了五個或六個具競爭力的包裝（例如，遊輪度假、娛樂中心包裝、旅館週末包裝等）。比較每一個包裝的要素，它們相似嗎？如果不相似，它們有怎樣的不同？價格該怎樣比較？每一個包裝都包括特別規劃嗎？你認為哪一個包裝最好？為什麼？你將如何提高這些包裝？

3.你們社區中一個飯店的業主讓你提供一些可以提高銷售業績的特別規劃項目。你在發展這些特別規劃時將遵循什麼步驟？請你提供五個或六個可以使用的特別規劃項目。請證實特別規劃的附加成本會被增加的利潤所涵蓋。這個飯店會怎樣從所提供的特別規劃中獲利？

4.本章闡明了包裝可以透過包裝要素、目標市場、持續性或時間，或者旅行安排／旅行目的地來分類。做一些研究，找出每一類包裝的實例（至少三個）。你可能會從你所在的區域選擇例子，也可能挑選我們行業的一個特定部分（例如，娛樂中心或航空公司）。描述你所找到的每一個包裝。

包裝定價表

Rosemont鄉村俱樂部的歐洲之旅			
陸上旅遊支出		可變（每個人支出）	固定（每個人支出）
來自於阿姆斯特丹營運人的報價	$280.00		
單線鐵路票	$64.00		
來自於巴黎營運人的報價	$367.00		
來自於羅馬營運人的報價	$325.00		
行李托運	$7.00		
每個人陸上旅遊的總支出		$1043.00	
對於贊助組織的免費旅行			
飛機票	$800.00		
阿姆斯特丹營運人的陸上旅遊支出	$0		
鐵路票	$0		
巴黎營運人的陸上旅遊支出	$0		
羅馬營運人的陸上旅遊支出	$0		
行李托運	$7.00		
俱樂部總裁的總支出			$807.00
旅遊經理支出			
薪金，11天每天$75	$825.00		
上述可變的陸上旅遊支出	$1043.00		
單人房的附加額	$130.00		
飛機票	$800.00		
雜項——額外的餐飲等等	$300.00		
旅遊經理的總支出			$3098.00
促銷支出			
小冊子3000份	$975.00		
直接郵寄	$2006.00		
促銷晚會	$595.00		
廣告促銷	$925.00		

包裝定價表（續）

促銷支出			
總預計促銷支出			$4501.00
總計		$1043.00	$8,406.00

重述要點	
每個人的可變成本	$1043.00
固定成本$8406被一組至少15個人來除	$+560.40
每個人的總陸上成本	$1603.40
利潤額度——毛額25%的利潤，用0.75來除$1,603.40＝陸上價格	$2137.87
加上飛機票	$+800.00
總零售價，陸上和空中	$2937.87
15個參加者的利潤	
每個人陸上的零售價	$2137.87
減每個人陸上的淨成本	$-1603.4
每個人的陸上利潤	$534.47
每個人的陸上利潤$534.47×一個團15個人（假設達到15人）	$8017.05
加上航空費$800的11%×一個團15個人	$+1320.00
15個人的總利潤（$8017.05陸上加$1320空中）	$9337.05
30個參加者的利潤	
每個人的零售陸上價格	$2137.87
減每個人陸上的淨成本	$-1603.40
每個人的陸上利潤	$534.47
每個人的陸上利潤$534.47×一個團30個人（假設達到30人）	$16034.10
加上航空費$800的11%×一個團30個人	$2640.00
加上15個人固定成本節約（指第16個到第30個人）	$8406.00
30個人的總利潤（$16034.10＋$2640.00＋$8406.00）	$27080.10

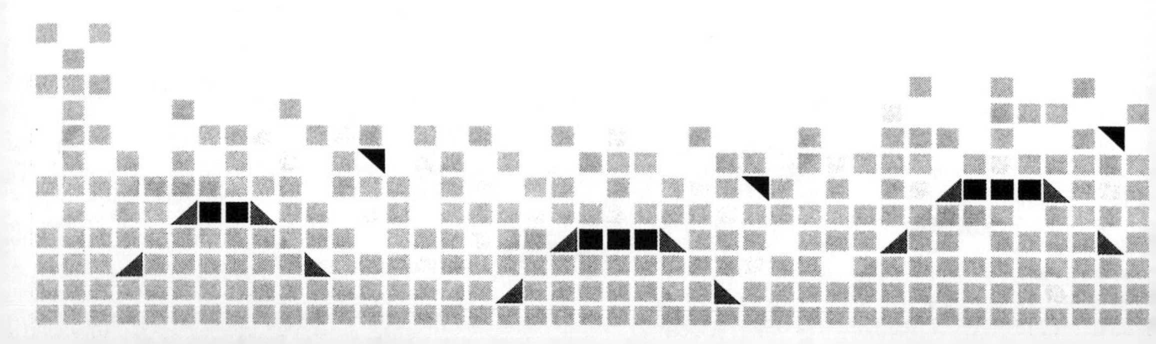

為一個旅行社所發展的包裝定價

	價格	佣金／增加額
飛機票	$489.00	$53.79
美國啓程稅	$6.00	
在夏威夷旅館住6個夜晚，每個人每夜$27.5	$165.00	$16.50
4%的稅	$6.60	
10%的小費	$16.50	
到達換車費	$6.00	
花環歡迎費	$3.00	
珍珠港觀光	$7.00	
6月16日雞尾酒會每人7美元加4%稅和15%小費	$8.33	
6月17日午餐每人10美元加4%稅和15%小費	$11.90	
流行展示$300／75個人	$4.00	
6月20日雞尾酒會每人7美元加4%稅和15%小費	$8.33	
6月20日宴會每人15美元加4%稅和15%小費	$17.85	
草裙	$3.00	
	$752.51	$70.29
加上——		
小冊子成本$250／75個人	$3.33	
郵資和電話費	$1.00	
加價以抵銷新項目成本並使最終售價達到理想數字	$35.10	$35.10
Comp之旅：每25個人中有1個人；陸上項目（免飛行和旅館費）（$69.41×3）／75個人	$2.78	
導遊費用$360／75個人	$4.80	
總計	$799.52	$105.39
去零售價	$799.00	
**導遊飛機和旅館免費，薪金每天40美元，支出每天20美元		
單人房附加費		
6個夜晚，每晚40美元	$240.00	
4%的稅	$9.60	
10%的小費	$24.00	
單個房間的總成本	$273.60	
減去前述雙人房間單人費用（$165.00＋$6.60稅＋$16.50小費）	$85.50	
單人房附加費四捨五入售價	$86.00	

經典案例：特別規劃——Mohonk山間俱樂部

一個建立於1870年的俱樂部怎麼會成為一個關注生活方式、旅遊和休閒活動這樣的現代潮流的典範呢？這個位於紐約附近的Mohonk山間俱樂部是透過以技術指導為主要特徵的三十多個多種多樣的度假包裝和特別規劃來樹立這一形象的。

Mohonk山間俱樂部的一些最有趣的特別規劃和包裝包括「說話塔」、唱歌愉悅法和自我平衡訓練。「說話塔」是對語言的進一步學習活動，由紐約州立大學的教授授課，這些語言涵蓋的範圍很廣，其中包括法語和漢語。

Mohonk山間俱樂部還提供其他俱樂部所提供的包裝，包括網球露營和暑期的網球培訓課程，以及一套有關孩子的完整的特別規劃項目。這個俱樂部是「神秘謀殺」的週末包裝的開創者之一，它在1977年就開始提供這樣的包裝。將近有三百位客人加入到了這些「謀殺故事」的情節中，「謀殺故事」的發生地通常是在一次盛大的宴會上，史蒂芬國王、馬丁·史密斯和唐納德·韋斯特雷克都曾當過宴會的主人。此俱樂部還提供了「巧克力聚會」的包裝和特別規劃活動，在這樣的聚會上被邀請來的精神病理學家會跟大家談論吃巧克力可以消除焦慮感的問題。

以典型的主題為特色的、多種多樣的特別規劃活動是Mohonk山間俱樂部區別於其他俱樂部的主要原因。在第7章，我們曾提到大部分的人都對使用度假和休閒時間來提高他們的教育程度或某種技巧感興趣，Mohonk山間俱樂部有幾個包裝迎合了這一需求趨勢。透過創造一些滿足特定人群的特別興趣的活動和事件，Mohonk山間俱樂部擴大了它的經營範圍。

這裡有一份Mohonk山間俱樂部1994年的主題活動清單：

1月7日-9日	自我平衡訓練：婦女的未來展望
1月16日-21日	一週時間的「說話塔」活動

1月21日-23日	庭院夢想
1月28日-30日	蘇格蘭週末
2月4日-6日	尋找冬季森林的秘密
2月21日-25日	總統的特別活動
2月25日-27日	搖擺舞週末
3月4日-6日	神秘週末
3月11日-13日	「辣味島之旅」
3月18日-20日	與新聞出版界共度週末
3月25日-27日	Mohonk山間俱樂部的家庭節日慶典
3月28日-4月3日	孩子的復活節週特別活動
4月8日-10日	「說話塔」活動
4月15日-17日	減壓活動：電影中的幽默
4月22日-24日	作家週末活動
4月29日-5月1日	青春永駐的指導活動
5月2日-6日	攝影愛好者假期活動
5月6日-8日	春季踏青活動
5月8日-13日	旅行者假日
6月10日-12日	週末漫步
6月20日-24日	盛夏週
6月26日-7月1日	音樂週
7月5日-10日	Mohonk山間俱樂部一百二十五週年慶典
7月8日-8月19日	Mohonk山間俱樂部的藝術節
7月18日-22日	國際週活動
8月11日	觀星日
8月28日-9月2日	庭院假日活動
9月9日-11日	哈德遜河谷——藝術家的靈感之源，歷史學家的財富
9月9日-11日	Van der Meer網球大學觀光

9月16日-18日	合唱歌手的週末活動
9月23日-25日	哈德遜河谷尋寶活動
11月4日-6日	精彩的詞彙世界活動
11月11日-13日	「說話塔」活動
11月18日-20日	唱歌愉悅活動
12月2日-4日	舞蹈培訓
12月9日-11日	為身體注入活力／精神放鬆：瑜伽療法
12月9日-11日	冬季慶典
12月16日-29日	孩子們假期的特別活動

你從這個時間表應該能夠看出，這些包裝和特別規劃活動通常出現在大部分俱樂部傳統的非高峰的業務量時期。它們填補了一年中的業務量空白部分，並占據年營業量的20%。Mohonk山間俱樂部是一個將固有的業務和旅遊／休閒趨勢組合在一起的具有創意性的經典案例。

討論

1.Mohonk山間俱樂部所提供的特別規劃活動會給它的業務量和利潤額帶來什麼好處？

2.Mohonk山間俱樂部在設計它的特別規劃活動中使用了什麼創新觀念？

3.其他的旅遊與飯店業組織會從Mohonk山間俱樂部所提供的包裝和特別規劃活動中學到什麼經驗？

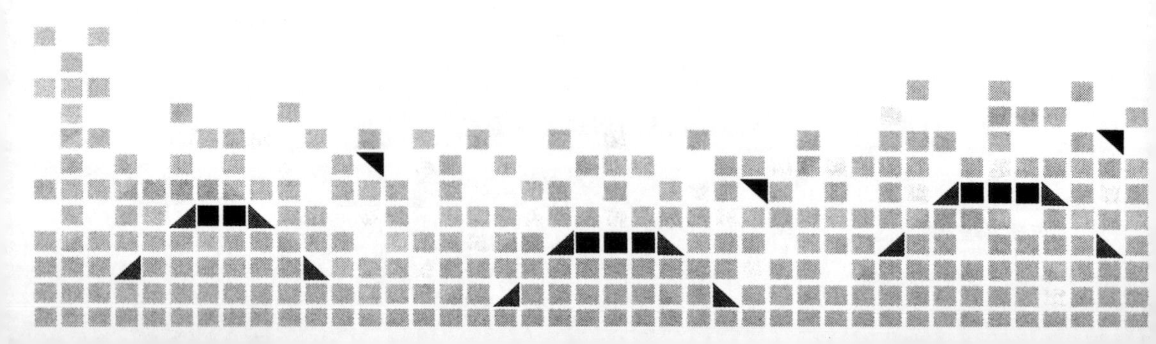

第13章
分銷與旅遊貿易

將旅遊與飯店業服務傳遞給客戶的最好方式是什麼？正如你已經知道的，除了將某種食品傳送到家的服務外，在這一行業中幾乎沒有物化的分銷系統。服務是無形的，它們不能從A點被運輸到B點。公司和其他的組織直接向客戶提供它們的服務或間接地透過一個或一個以上的旅遊貿易中介提供服務。

這個行業的分銷系統是複雜的，也是獨特的。它之所以獨特，是因為旅遊中介對客戶的選擇有影響；它複雜，是因為所涉及的組織和它們彼此之間的關係具有多樣性。本章深入探索了這個行業的分銷管道以及核心組織所發揮的作用。

在任何一個主要的高速公路上，你都會看到許多卡車運送貨物到零售商店、批發倉庫或者其他須進一步加工和製作的地點。檢驗任何一個較大規模的飛機場，你都會注意到有幾個運載貨物的飛機在起飛和著陸。如果一條鐵路線穿過你所住的城鎮，你或許會敏感地意識到，似乎有無止境的運輸火車在向前開。你所看到的正是來自於許多北美大公司的物化的產品分銷系統。然而，旅遊與飯店業的分銷系統是不可見的，因為我們的「產品」是無形的。此行業分銷系統唯一外在的標誌可能就是你所在地區的旅行社。

儘管我們行業的分銷系統大多是不可見的，但是它的每一部分都與製造業和商品包裝業的分銷系統一樣重要。在這個分銷系統中，旅遊貿易中介對客戶和對行業的其他組織均提供了許多利益。它們的專業知識使客戶對旅遊的經歷更滿意、更感興趣。它們的服務、他們的零售市場和促銷宣傳極大地提高了銷售量以及客戶對於承運人、供應商和旅遊目的地的感知。

第一節　分銷組合和旅遊貿易

本書已經談論了關於市場行銷組合以及產品／服務組合。分銷組合與這些概念類似，它是直接和間接分銷管道的組合。一個旅遊與飯店業組織可以用它來使客戶感知到這種服務的存在，並貯存和傳遞這種服務。當組織假設自身為促銷、貯存和傳遞服務負總責時，就屬於直接分銷。通常，這指的是供應商和承運人不與旅遊貿易中介進行合作的分銷。例如，一些旅館週末包裝可以直接透過旅館來預訂。當促銷、貯存和提供服務的部分責任落在了一個或一個以上的其他旅遊與飯店業組織的身上時，就屬於間接分銷，通常這些其他的組織是旅遊貿易中介。一個分銷管道是由供應商、承運人或旅遊目的地的市場行銷組織所使用的直接或間接的分銷安排。

圖13-1直觀地顯示了直接和間接分銷的概念，它也突出了下列五個主要的旅遊貿易中介：

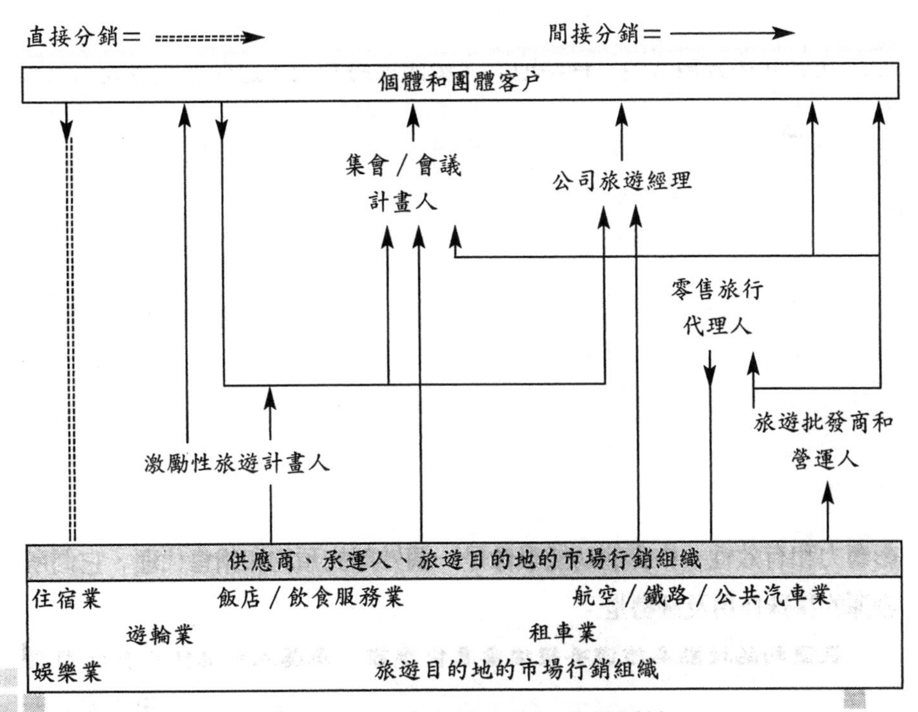

圖13-1　旅遊與飯店業的分銷系統

(1)零售旅行社。

(2)旅遊批發商和營運人。

(3)公司旅遊經理和代理機構。

(4)激勵性旅遊計畫人。

(5)集會／會議計畫人。

讓我們來更深入地了解一下這些中介，以進一步闡明分銷組合的概念。如圖13-1所示，承運商和供應商是旅遊與飯店業分銷系統的基礎，因爲他們提供了客戶所需要的運輸和旅遊目的地服務。獨立的承運商和供應商通常在他們的分銷組合中使用多個分銷管道，並且他們既使用直接分銷也使用間接分銷。例如，大部分的大型航空公司既直接向單獨的休閒旅客和商務旅客促銷，也向公司和其他團體客戶促銷。如果客戶願意，他們可向客戶直接預訂和發售機票。

旅行者也可以選擇透過零售旅行代理來預訂機票，並由代理機構（航空公司的間接分銷管道）轉給他們。後面你將看到，這種方式構成了大部分的代理機構業務量的主要部分。航空公司還經常與其他四種中介合作，在專業的貿易週刊上直接對他們進行促銷，並加入到這四種中介發展的包裝之中。

旅館連鎖店也可以用來說明這個概念。如果你可以選擇的話，你可以直接向旅遊目的地的旅館進行預訂，也可以使用連鎖旅館的中心預約系統，或者你也可以間接地透過一家旅行社或航空公司預訂，最後你也可能直接透過旅遊批發商／營運人、激勵性旅遊計畫人、公司旅遊計畫人或集會／會議計畫人進行預訂。爲什麼供應商和承運商不總是使用直接分銷呢？答案很簡單，使用幾種分銷管道和中介通常可以擴大市場行銷計畫的影響力和有效性。中介的功能很像是一個外部的預約和銷售代理，它們所發揮的特殊作用及優勢是：

在便利的地點為旅遊者提供零售供應商、承運人和其他中介的服務

沒有任何一家供應商、承運人或其他中介能負擔得起分布在美國、加拿大和其他國家的數以萬計的零售商業網點。獨立的、連鎖的旅行社具有這一重要的功能，這樣就爲行業的其他團體提供了很多利益。

爲供應商、承運人和其他中介擴展分銷網絡　所有中介的作用都是爲承運人、供應商以及在某種情況下爲其他中介機構提供更多的分銷管道。

爲旅遊者提供有關旅遊目的地、價格、交通工具、時間表及服務的專業化建議　旅遊貿易中介是本行業的專家。承運人、供應商和其他中介的客戶每走一步都要聽取他們的意見，尤其是旅行代理，他們擁有大量有關旅遊與飯店業服務業的訊息和知識。他們專業性的建議和意見會影響客戶對於供應商、承運人和其他中介的選擇。與代理機構建立融洽的關係經常會爲本行業的其他組織帶來豐厚的回報。

協調公司旅遊安排，使其旅行支出發揮最大的功效　公司旅遊部門和旅行代理，會爲他們所服務的組織帶來豐厚的收益。對於商業旅遊者來說，他們是「機構內部」的顧問，其作用與零售旅遊代理商對於休閒旅行者的作用類似。

透過將一系列的旅遊目的地、供應商和承運人的服務以「包價」的形式結合在一起，來組成度假包裝　第12章已經強調了包裝對於客戶和旅遊與飯店業中的不同組織的利益。一些旅遊中介，特別是旅遊批發商和營運人，對此類事情十分擅長。他們爲迎合客戶需要而特製的度假使供應商和承運人的服務更加誘人。

爲公司和其他組織特製激勵性旅遊　激勵性旅遊計畫人在發展這些特別旅行時非常專業。他們透過「製作」對潛在旅遊者很有收穫的旅遊經歷，滿足了公司和其他組織用旅遊來激勵員工的需要。而且，加入到激勵性包裝中的供應商和承運人，也發現透過使用激勵性旅遊計畫人的專業知識，可以更好地「製作」他們的服務，以滿足客戶的需要。

爲協會、公司和其他組織，組織和協調集會、討論會和會議　公司、協會、政府和其他的集會／會議計畫人爲他們的組織「包裝」供應商和承運人的服務。像其他的組合度假和激勵性包裝的專家一樣，這些專家也提供了建議，以使他們組織的需要與現行的旅遊與飯店業服務相契合。

營運和指導團體旅行　特定的旅遊中介還提供導遊服務。透過導遊服務，它們豐富並提高了旅遊者的經歷。

儘管五種旅遊貿易中介在執行這八種作用中，都各有側重，但事實上許多組織都發揮不只一種作用。例如，雖然旅遊批發商在組合度假包裝中發揮了主導作用，但大部分旅行社也執行旅行批發的功能。另一個發揮多種作用的例子就是公司旅遊經理，他也是公司的會議計畫人。你現在已經了解了旅遊與飯店業分銷系統的複雜性，這種複雜性在一些行業巨人的組織結構中是很明顯的。像美國運通公司、卡爾森旅遊公司和Marts旅遊公司，每一個都有幾個分部，發揮不同的旅遊貿易中介（包括旅行社、激勵性旅遊策劃人和旅遊批發商）的作用。

第二節　分銷管道

一、零售旅行社

第10章闡述了在北美旅行代理業中所發生的驚人增長。在九〇年代中期，美國有三萬三千四百八十九個代理市場，而相比較而言，在七〇年代則只有六千七百個。旅行社市場被看成是九〇年代最快速擴展的零售業部分，以及雇用勞動力增長的區域。

爲什麼旅行代理業會持續地增長？答案很簡單，由於業務量和度假旅遊的持續增長，人們越來越感覺到它所蘊涵的巨大潛力。另一個原因就是預約和定價系統日趨複雜，尤其是國內和國外的航空承運系統更是如此。如果沒有旅行社現成的、專業化的預約系統和相關的技術，就會使旅遊安排的完善變得非常困難。大部分的旅行社現在都是電腦化的，並且與主要的航空公司的預約系統相連。1998年由《每週旅遊》雜誌所做的美國旅行代理調查顯示，在1997年美國約有96%的旅行社安裝了自動化的預約系統。

旅行社對航空承運者、遊輪業公司、旅遊營運人和批發商特別重要。有資料顯示，美國國內航空旅遊量的80%至85%、遊輪業的95%，以及租車業的50%都是經由旅行社安排的。在北美的旅館連鎖店中，由旅行社所預訂的份額一直在增長，專家預測現在已占據總量的25%至40%。例如，海特旅館公司估計，1996年這個行業的35%要借助於旅行社。旅行社也是鐵路公司業務量的一個主要來源，例如，據估計，來自旅行社的業務量占Amtrak鐵路公司1997年總銷售量的39.8%。一個人只需要在專業的旅行代理週刊上看一看由供應商所做的那些昂貴的廣告，就會認識到與這些中介建立良好關係的重要性了。

近年來，旅行社對於承運人、供應商和旅遊目的地的重要性進一步增長，這導致了「受人歡迎的供應商」關係的建立，以及其他可以為某些旅行社賦予某種特殊地位的活動的開展。「受人歡迎的供應商」關係是由承運人（主要是航空公司）和供應商（旅館、租車公司、遊輪業公司）特別設置的，他們會在確認預訂到特定的業務量時，支付給特定的旅行社高於平均線的佣金費率。其他的活動主要是由幾個旅遊目的地，比如牙買加、紐西蘭和斯堪地那維亞國家共同進行的，他們為符合特定標準的旅行社賦予「專家」或「受人喜愛」的稱號。

零售旅行社以佣金的形式直接從供應商、承運人和其他的旅遊貿易中介那裡獲得收入（通常租車和旅館預訂是10%的佣金）。一般而言，客戶不必為代理人的服務付費。自從國內航空票的佣金「帽子」被推出以來，旅行社事實上就有了為它們的服務向客戶收費的趨勢。在1999年2月份，美國主要的國內航空公司推出了佣金「帽子」政策，以支付零售旅行社預訂國內飛機票的佣金。Delta是開創這個新的佣金政策的航空公司，它為往返多於500美元的航空票設置了50美元的一個佣金「帽子」。這項佣金政策對零售旅行社帶來的最快速的影響就是，它們所獲得的佣金量和在國內航空票上的平均佣金率降低了。根據對航空業的調查顯示，國內機票的平均佣金率從1999年1月的10%下降到1999年6月的8.9%。

為了從某些承運人和供應商那裡獲得佣金，旅行社必須得到特定的協會或其他組織的委派。要想對國內航空飛行收取佣金，就需要得到航空業協會的委派。國際遊輪協會和鐵路協會的委派是對遊輪和鐵路旅行收取佣金的必要條件。面對旅館、租車公司或其他供應商收取佣金，則不需「委派」這一條件。

儘管旅行社一般都相當小，只有六個或七個員工，但是現在也有一些雇用了成千上萬個代理人的「大旅行社」。根據總收入來看，排行第一的「大旅行社」是美國運通公司，1998年的毛收入是71億美元。卡爾森旅行社——Radian旅館的姐妹公司，則是美國第二「大旅行社」，1998年的銷售收入是33億美元。儘管有數據表明，前五十名旅行社僅占1997年總營業量的30%，但是他們的影響力卻在穩定增長。根據市場占有量，小的、單一的旅行社仍占主導地位，占據了1997年全美代理機構點的70%。

在北美有幾個大的代表旅行社的貿易協會，它們包括美國旅行社協會（ASTA）、零售旅行代理人協會（ARTA）和加拿大旅行代理者同盟（ACTA）。

在零售旅行社和公司的旅遊管理者之間有一些重要的橋樑，這些橋樑之一就是「內部工廠」，它是一個以公司客戶為基礎的零售旅行辦公室。根據航空公司的報告顯示，美國的「內部工廠」數量在二十世紀八〇年代趨於下降。這一趨勢的原因就是，公司正轉向其他可替代的代理機構，包括它們自己的旅行社設施和外部的公司旅行社。公司和政府機構也可以選擇將整個旅行安排的總責任交給一個公司旅行社（一個部分或全部專門經營公司和政府旅行的公司）來承擔。Sato旅行社就是一個這樣的公司旅行社，它的業務幾乎全部集中於政府旅行上。

另一個在代理機構領域內專業化更強的例子就是遊輪旅行社（專門銷售和預訂遊輪票的零售旅行社）。在美國，這些旅行社的權威代表機構是遊輪旅行社國內協會（NACOA）。

在結束我們對於零售旅行社的討論之前，讓我們來談一談預約系統，

這些系統對旅行社產生了很大的影響，如果沒有與預約系統相連，旅行社就不能有效地發揮作用。這些系統也對供應商服務的預約和銷售產生了越來越大的影響，包括租車公司、旅館、娛樂業和遊輪業。根據1997年的《每週旅行》的調查顯示，美國的自動化代理機構連接了十八萬一千四百個終端（與四個主要系統相接：Saber（32.4%）、Apollo（32.2%）、Worldspan（19.6%）和System One（15.8%）。

二、旅遊批發商和營運人

正如在第10章和第12章所闡述的一樣，旅遊批發商和營運人是度假包裝的兩個主要來源之一。旅遊批發商是計畫、準備、行銷和管理旅行包裝（通常要組合幾個供應商和承運人服務）的公司或個人。旅遊批發商通常不直接向客戶售賣包裝，這一職責由零售旅行社來履行。他們從承運人和供應商那裡大批地購買，再透過零售旅行市場轉銷。旅遊批發商的管理功能也可能包括對包裝或旅行的「營運」，也就是說要提供地面運輸、導遊服務。一個旅行營運者是一個營運包裝或旅行（例如，提供必要的地面運輸和導遊服務）的旅行批發商。與營運者相比較而言，旅遊批發商所發揮的功能範圍更廣，儘管在這個行業中，對於「旅遊營運者」和旅遊批發商相互轉換的使用是很普遍的。

雖然，在美國有成千上萬個旅遊批發商和營運人，但是這個行業仍然是高度集中化的。不到五十家公司在控制著大部分的銷售收入。這些高營業量公司中的許多公司都是美國旅遊營運者協會（USTOA）的成員。爲了加入USTOA，這些活躍的旅遊公司成員（在1999年數量爲四十家）必須營運至少三年，其客源量或旅遊收入需要符合最低額度，並且必須儲備有100萬美元保證金作爲消費者保護之用。這個行業的其他兩個主要協會是國內旅遊協會（NTA）和美國公共汽車協會（ABA），這兩個組織的會員大部分是旅遊批發商和營運人。NTA和ABA每年都舉行大量的貿易展示。在此，供應商、承運人和目的地的市場行銷組織能夠將他們的「貨物」賣給旅遊批發商和營運人。

旅遊批發商通常在其業務開始前的一年多就要進行仔細的市場研究，並開始發展旅遊包裝。大約提前十二至十八個月左右，他們就要與供應商和承運人協商預訂事項，以及相應的費用和費率。然後，他們要訂定旅遊包裝的價格，並準備散發給旅行社的小冊子。小冊子可以由批發商自身或與承運人、供應商、其他中介或目的地的市場行銷組織共同來製作。批發商的其他促銷方法還包括對核心旅行社的人員推銷電話、在消費者旅遊雜誌上做廣告以及貿易廣告（在服務於旅遊貿易中介的雜誌和週刊上登載的平面廣告）。

三、公司旅遊經理和代理機構

1991年對公司旅遊經理的調查顯示，建立特別的公司內部的旅遊部門，或者以一些其他的方式進行旅遊安排有三個原因，如下所示：

(1)削減旅遊開支。
(2)爲旅遊者提供更好的服務。
(3)提高公司的購買力。

經營公司旅遊的傳統方法是讓每一個部門、分部甚至是一位經理自己進行計畫並預約。這一方法的問題就是旅行者可能得不到最方便的旅行安排、最恰當的服務品質或者最經濟的費用和費率。從組織的角度來看，與承運人和供應商之間討價還價的潛在機會就喪失掉了。在北美的經濟衰退期，許多公司、政府機構和大型非營利性組織都被迫儘可能地削減成本，對旅遊更多的協調和更強的控制是此時許多組織所使用的一項策略。美國約35%的公司有旅遊經理／協調人，26%的公司設立了旅遊部。每年旅遊和娛樂支出超過500萬的較大的公司就較有可能設置旅遊經理或者旅遊部，這樣的公司80%有公司旅遊經理／協調人，67%有公司旅遊部。

儘管許多組織都認爲使旅行更有效率會節省資金，但它們所採取的方式卻並不相同。正如前面所提到的，一些公司使用「內部工廠」，而其他的公司則將此業務交付公司旅行社（有時被稱作「外部工廠」）。剩餘的那些則使用全面服務的旅行社或自己營運一個公司內的、全面可信賴的旅行社。

公司旅行市場是非常巨大的。在1995年，美國運通公司估計，美國商務旅行者的旅遊和娛樂總支出是1250億美元。在這個總數中，510億美元是航空旅行費用，而275億美元則是旅館業費用。大的美國公司，比如通用電器、IBM等，都有上千萬美元的旅遊預算。旅遊貿易中介、承運人和供應商爭奪公司旅行市場的競爭也是相當激烈的。公司旅遊經理管理組織的旅遊部門，並集中性地使用批量折價的機會。根據對公司旅遊經理的調查表明，這些經理的96%親自與承運人和供應商商議費率和費用。折扣的概念也證實了公司的市場能力，折扣指的是一個旅行社會返還給公司一定百分比的佣金。

集中進行公司旅行安排的趨勢，促進了其他的旅遊與飯店業的變化。例如，它刺激了「大旅行社」、公司旅遊代理機構、合作和合股的代理機構及特許旅行社團體的發展。它也促動了大的旅行社、航空公司、旅館連鎖店、租車公司和其他的旅遊與飯店業組織，特別針對公司旅遊經理進行廣告促銷活動。

公司旅遊經理有兩個主要的協會，一個是國內旅遊業協會（NBTA），另一個是公司旅遊經理協會（ACTE）。這兩個協會有將近二千名成員，NBTA和ACTE每年都舉行例會和貿易展覽，這爲旅館、航空公司、租車公司、連鎖性的旅行社和其他公司提供了絕佳的機會，他們此時可以向最具影響力的旅遊經理進行促銷。

航空公司的預約系統對公司旅遊部也有很大的影響力。大部分較大的組織都有上網的能力，而且，這也突出了這些系統對航空公司的重要性，以及各供應商，尤其是旅館和租車公司的優勢（它們將它們的訊息列示在一個或多個這樣的網站上）。

四、激勵性旅遊計畫人

第7章將激勵性旅遊歸類爲一個旅遊業的細分部分，這個部分正在迅速地成長。越來越多的公司將激勵性旅遊作爲一種促動工具，以此獎勵那些達成或超過工作目標的員工、銷售部門和其他人員。

形成這種趨勢的原因是什麼呢？最基本的就是，將旅遊作爲獎勵對潛在的接受者來說變得越來越有吸引力。傳統上，激勵性旅遊被用來確認由公司員工、銷售商或分銷者所完成的非凡的銷售業績，但是現在其應用的範圍正在擴大，包括提高生產量、鼓勵更好的客戶服務、提高工廠安全性、介紹新產品、創下銷售新數字，以及提高士氣和親切感等。

許多不同的組織都進行了激勵性旅行的計畫。一些公司由自己來做全部的旅行安排或者使用他們的公司旅遊部、集會／會議計畫人，或其他的管理人員來安排。然而，由外部的專家（涉足於這個領域的全面服務的激勵性旅遊辦公室、專業化的激勵性旅遊計畫公司或旅行社、旅遊批發商）來發展激勵性旅行包裝也是很普遍的。現在在美國有四百至五百家專業化的激勵性旅遊計畫公司，它們中的大部分都是主要的貿易協會SITE（激勵性旅遊經理協會）的成員。

激勵性旅遊計畫人都是眞正專業化的旅遊批發商。唯一不同之處就在於，他們直接與他們公司的客戶打交道。他們組合特製的旅遊包裝，包括運輸、住宿、餐飲、主題晚會和觀光。像旅遊批發商一樣，他們與承運人和供應商協商，以得到最好的價格和「大量的空間」。他們也附加一定的利潤佣金，那代表了他們對於計畫旅行服務所收取的費用。通常，公司客戶所付的費用中已包含了向潛在客戶促銷激勵性旅行的成本。

激勵性旅行在北美、歐洲和亞洲正穩定增長。激勵性旅遊的原始概念——將一個團體中卓越的工作完成者（通常是銷售人員）送到風景綺麗的旅遊目的地旅行——已經擴大到包括對非銷售人員的「個別激勵」、遊輪激勵和多旅遊目的地的旅行。激勵性旅遊的增長已經吸引了許多供應商、承運人和旅遊目的地市場行銷組織的注意力。

五、集會／會議計畫人

集會和會議是北美旅遊業的一個主要部分。根據對《會議與集會》雜誌所做的調查報告顯示，在1997年總會議支出達到了一個紀錄高點，即404億美元。集會／會議計畫人計畫和協調他們組織的外部會議事項。他們爲協會、公司、大的非營利性組織、政府機構和教育協會工作。一些計畫人將集會／會議計畫的任務與公司旅遊管理的任務結合在一起，而其他的中介組織則將這兩種任務分開來對待。集會／會議計畫人的任務通常包括以下幾項：

(1)準備預算。
(2)選擇會議地點和設施。
(3)協商住宿、航空和地區運輸的團體費率。
(4)發展會議特別規劃並安排日程。
(5)爲會議的參加者預約。
(6)製作會議說明書並保證會議的空間。
(7)安排並協調娛樂活動。
(8)安排食物和飲品。
(9)協調印刷品和視聽輔助資料的生產。
(10)在現場管理會議。

這些集會／會議計畫人吸引了許多供應商、承運人、其他的旅遊貿易中介和旅遊目的地的市場行銷組織的注意力。他們透過在特別的會議計畫人的週刊（例如《會議和集會》、《成功的會議》和《會議新聞》）上刊登廣告、在主要的貿易展示會上展覽，來對集會／會議計畫人進行促銷，並對單獨的計畫人展開人員推銷活動。

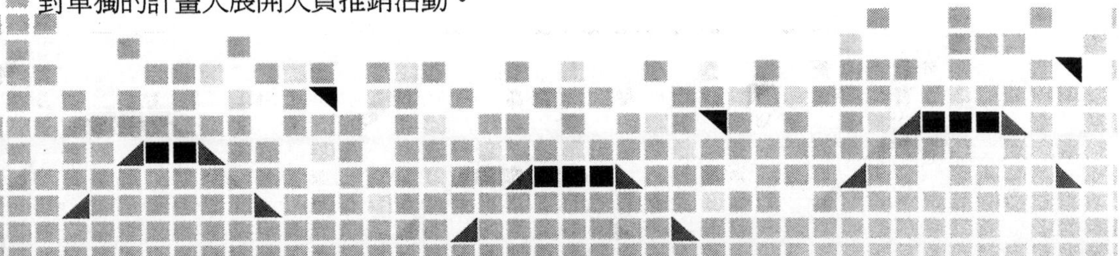

第三節　分銷與市場行銷

旅遊貿易中介在爲供應商、承運人和旅遊目的地的市場行銷組織提供業務量中發揮了主要作用，它們對於客戶的影響是如此巨大，所以它們在市場行銷計畫之中應得到單獨的關注。供應商、承運人和旅遊目的地區域必須將它們作爲目標市場來對待。

你應該向所有的旅遊貿易中介，還是只向已選擇的貿易中介促銷？答案就是使用細分的策略通常會更有效。並非所有的旅行社、旅遊批發商、公司旅遊經理、激勵性旅遊計畫人和集會／會議計畫人都一樣，他們因爲地理位置、銷售或訂購量、所服務的客戶種類和數量、專業領域、現存的與供應商或賣主的親密關係以及許多其他方面的差別而有所不同。一個供應商、承運人和旅遊目的地必須仔細地研究每一個貿易「細分部分」，以確定哪一類公司更可能使用它的服務。

在對旅遊中介進行市場行銷時，應該使用如下三個步驟：(1)研究和選擇貿易「細分部分」；(2)決定定位方法和市場行銷目標；(3)爲旅遊中介設置一個促銷組合。

一、研究和選擇貿易「細分部分」

內部的預約和登記資料經常是對貿易中介進行市場行銷的最好的訊息來源。對於旅館設施來說，登記資料指明了客戶生活和工作的地理位置，以及爲客戶進行預約的旅遊貿易中介的名稱。登記資料應該經常加以分析以便確定：

(1)主要的客戶市場區域：即提供最大量客戶的城市或地區。最重要的貿易中介很有可能被設置在這樣的城市或地區。

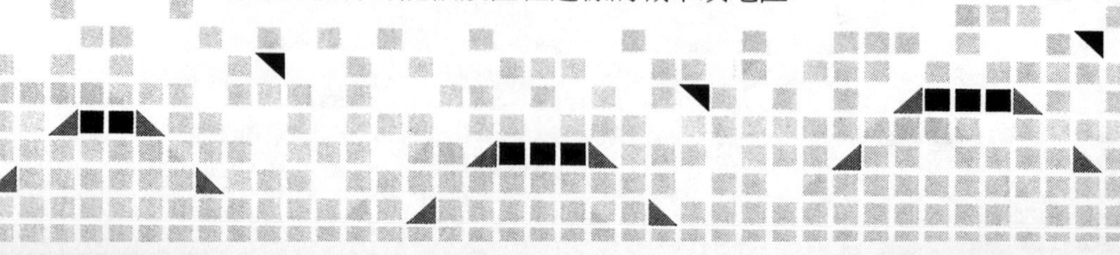

(2)主要的公司旅遊和集會／會議對象：即那些能夠產生大量客戶的公司、協會、政府機構和非營利組織。需要與這些組織經常保持聯絡，以確保旅館未來的業務量。

(3)提供業務的旅遊批發商和激勵性旅遊計畫人。

電腦化的預約系統提供給供應商、承運人和其他公司一個絕妙的工具，來設定目標和評估貿易中介的價值。新的旅遊與飯店業組織和第一次與旅遊貿易中介打交道的那些公司，則相對比較困難，因爲它們沒有內部記錄，所以它們需要進行初級研究，以找到最適合自己的旅遊貿易中介。這一研究應該從組織的目標市場開始，特別是它們的地理位置和人口統計資料。明確了核心的地理市場，組織就能調查旅行社、公司旅遊經理和集會／會議計畫人，以確定哪一個具有最大的潛在業務量。也可以從現在的競爭對手所做的事情，和目前正在營運這個旅遊目的地的旅遊批發商、旅遊營運人、集會／會議團體和激勵性旅遊計畫人中尋找一些思路。

二、決定定位方法和市場行銷目標

對旅遊貿易中介的市場行銷，每一個供應商、承運人和旅遊目的地都面臨著激烈的競爭。作爲一個組織，在旅遊貿易中介中樹立一個顯著的形象或位置，與在客戶心目中建立自己的形象或地位是同等重要的。有六個定位方法可以考慮：

(1)特定的產品特徵。

(2)利益、問題解決，或需要。

(3)特定的使用時機。

(4)使用者的種類。

(5)反擊另一種產品。

(6)產品類別分離。

假日旅館在旅遊貿易週刊上大做廣告，其中的幾個使用了第一種定位方法。它向旅行社所促銷的特定產品特徵是「旅行社」佣金的特別規劃。這一規劃確保了對於所有參與假日旅館業務的旅行社精確而及時的佣金支付，佣金是從一個中心地點，而不是從每一個單獨的旅館資產中郵寄的。第一個定位方法（特定的產品特徵）在對貿易中介的市場行銷中最爲流行，因爲旅遊貿易中介更多是以實際的訊息來作出決策的。

對每一個旅遊貿易中介的「細分部分」，設置市場行銷目標是很重要的。只有這樣，一個組織才能眞實地計畫其對貿易中介的促銷組合，並評估這些努力的成功之處。這可以透過將先前所設置的目標中的一些份額分配給特定旅遊貿易中介的「細分部分」來達成。例如，一個旅館可以設置一個總體目標，即它可以將休閒旅行者的數量提高5%。它可以這樣計畫，這一目標的40%將透過旅行社來達成，也就是說透過旅行社要將休閒旅行者的數量增加2%。

三、設置對旅遊中介的促銷組合

促銷組合是廣告、銷售促進、交易展示、人員推銷和公共關係的組合。第14章詳細闡述了這一概念。供應商、承運人和旅遊目的地的市場行銷組織應該對旅遊貿易中介發展一個單獨的促銷組合。

1. 貿易廣告

貿易廣告是由供應商、承運人、旅遊目的地的市場行銷組織和其他中介付費的廣告，登載於專業化的旅遊貿易雜誌、週刊和報紙上。直郵也被用來對旅遊貿易中介進行促銷。

在刊登貿易廣告時一個很重要的考慮就是它的時效性。旅行代理人需要提前知道有關服務的知識，這樣他們就能提供給客戶精確而又完整的訊息。所以說，貿易廣告應該優先排在客戶廣告之前。

2. 工商指南和電腦化的資料庫

由於旅遊可替代品數目衆多，旅行社和其他中介不得不依賴專業化的指南和電腦化的資料庫。他們不可能熟悉所有可行的設施和服務，這些指南中除了登載一系列的設施和服務以外，還允許刊登廣告。

有越來越多的涵蓋旅遊與飯店業設施和服務的電腦化資料庫，主要的一些資料庫都與較大的航空預約系統相連。因爲旅行代理越來越依賴於這些網上訊息，而不是印刷資料，所以對供應商、承運人和旅行目的地的市場行銷組織來說，將他們的資料放在這些預約系統上就變得越來越重要。用於個人電腦的其他網上的資料庫數量也在增長。

3. 貿易促銷

另一個要考慮的項目就是目前對旅遊貿易中介的特別的促銷活動，這些包括：

「促銷」旅行　這些是由供應商、承運人和旅遊目的地的市場行銷組織提供給旅行社和其他中介的免費的或削價的旅行。它們是一種經典的促銷，可以讓中介對設施和服務作出第一手的鑑賞與判斷。

賭彩　賭彩經常被使用在這個行業中，以獲得旅遊貿易業務，特別是來自於旅行社的業務。在1997年，美國運通發行了大量的彩票，並進行了客戶和貿易廣告活動，以讓客戶認識到零售旅行社的作用，並來使用旅行社。賭彩獲勝的客戶獲得免費去海邊勝地的旅行，而且他們的旅行代理還可以得到由美國運通獎勵的1000美元或50美元的旅行支票。

特別的廣告「贈品」　這些是註明廣告發起人名字的一些小禮品，旨在告訴旅遊中介自己的名稱。例如，希爾頓飯店贈給激勵性旅遊計畫人一個鑲嵌金蘿蔔的紙鎮。

貿易展示　幾個旅遊貿易協會每年都舉辦展示會。在此，供應商、承運人、旅遊目的地的市場行銷組織和中介都可以參展。展示會上還有一些「交易市場」，在此，參與者可以安排會面或者彼此之間的討論。北美的一些主要貿易展示會是由國內旅遊協會、美國旅行社協會、美國汽車協會和國內商務旅行協會舉辦的。也有許多私人發起的旅遊展示會，旅行社和其他代理機構透過這些展示會會更加熟悉其他組織的服務。

4. 人員和電話銷售

最有效的促銷技巧之一就是對所選擇的旅遊中介的人員進行電話銷售。第17章仔細闡述了人員推銷，並且你會看到，在這個行業中有大量的人員推銷是針對旅行社的。對貿易中介進行銷售有兩個特徵——外部銷售和電話銷售及服務。許多供應商、承運人、旅遊目的地的市場行銷組織和其他中介雇用全職的銷售人員，他們會將全部時間或部分時間用於向旅行社打電話。這些促銷人員經常也向其他中介打電話，包括公司旅遊經理、集會／會議計畫人和旅遊批發商。

旅遊貿易銷售和服務越來越依賴於電信和電子技術。在旅館業，假日旅館公司和Ramada公司是向旅行代理人提供電話預約／訊息服務的行業領袖。當然，主要的航空公司借助於他們的電腦化預約系統，產生了最精妙的與旅行社和公司旅遊部門的聯網體系。

5. 交易展示和小冊子

旅行社就是零售市場，不同的供應商、承運人、旅遊目的地的市場行銷組織和旅遊批發商的服務和設施都在此被交易和買賣。每一個旅行社都有各種各樣的旅行小冊子、海報、櫥窗陳列以及其他的交易展示。對於其他的組織來說，讓它們核心的旅行社準備好吸引人的小冊子、海報、展示品以及其他的代理人可以使用的銷售工具，會給它們帶來最大的利益。

6. 公共關係及宣傳

旅遊與飯店業的其他組織對與旅遊貿易中介維持開放、熱誠的關係有持久的興趣。發展和維持這些正常關係的活動應該成為公共關係計畫的一部分。公共關係及宣傳將在第18章中詳細地討論。典型的貿易公共關係活動包括向旅遊貿易雜誌發布週期新聞，參加不同的旅遊貿易協會會議和研究小組，以及發展為中介和個體公司所使用的公眾工具和相片。

7. 合作的市場行銷

旅遊貿易促銷組合的最後一個要素應該是聯合投資於所選擇的中介的市場行銷活動。例如，航空公司、旅館、遊樂中心以及旅遊目的地的市場行銷組織經常分攤向旅遊代理人和客戶分銷的成本（例如，發展促銷小冊子的成本)。聯合發起的消費者旅遊展示則是另一個典型的實例。

本章概要

旅遊與飯店業中的分銷系統與其地行業所使用的分銷系統是不一樣的。旅遊中介通常被説成是「旅遊貿易」,它們包括零售旅行社、旅遊批發商和旅遊營運人、公司旅遊經理和代理機構、激勵性旅遊計畫人以及集會/會議計畫人。旅遊中介發揮了幾個核心的作用,包括廣泛地傳播有關服務和設施的訊息——它們使旅遊與飯店業服務更易接近並提高了服務對客户的吸引力,以此也即幫助其他組織進行銷售。

對於旅遊貿易中介的市場行銷在市場行銷計畫中應給予單獨的關注。事實上,旅遊貿易中介應該被看做是單獨的目標市場,應該有它們自己的策略、定位方法、目標和促銷組合。

本章複習

1.「分銷組合」與旅遊貿易的涵義是什麼?
2.在旅遊與飯店業中,直接和間接分銷的區別是什麼?
3.旅遊與飯店業的分銷系統是怎樣區別於其他行業的分銷系統的?
4.旅遊貿易中介在這個行業中所發揮的八個作用是什麼?
5.五個主要的旅遊中介的作用是什麼?
6.其他的旅遊與飯店業組織在對旅遊貿易進行市場行銷時,應該遵循哪三個步驟?
7.旅遊貿易中介經常使用的促銷組合要素是什麼?

延伸思考

1.選擇一個主要的承運人、供應商或者旅遊目的地的市場行銷組織,並檢驗它的分銷系統。它既使用直接分銷又使用間接分銷嗎？它瞄準哪個貿易中介？它採用什麼定位方法？對旅遊貿易中介進行了什麼促銷活動？它怎樣才能擴大或提高它對旅遊貿易中介的市場行銷？

2.你是一個新的旅館連鎖店、主題公園、遊輪公司、租車公司、旅遊批發商或航空公司的市場行銷經理。你將瞄準哪一個旅遊貿易中介？你將怎樣確認你要集中力量進行市場行銷的特定旅遊貿易公司？你將使用細分策略嗎？你將採用什麼定位方法？你將怎樣向旅遊貿易中介進行促銷？

3.一個小的、地方性的旅遊中心向你尋求一些關於向旅遊貿易中介進行市場行銷的專業化的建言。以前他們幾乎從未從中介那裡得到過業務，但是現在他們感覺與中介合作會帶來豐厚的收益。你將建議他們遵循什麼步驟？你將怎樣描述與中介打交道的優缺點？你將建議瞄準哪個特定的中介，為什麼？你將建議運用怎樣的促銷組合要素和相應的活動？

4.本章描述了旅遊中介所發揮的八個作用。請描述這些作用，並至少引用兩個實際的例子。你選擇的組織正在有效地發揮它們的作用嗎？

經典案例：旅遊貿易市場行銷——北美的遊輪業公司

北美旅遊業發展最迅速的要素之一就是遊輪業。有三點原因，一個就是由遊輪業所提供的全方位的度假包裝越來越流行；第二個就是遊輪業的市場行銷方法在不斷創新；再一個就是遊輪業和零售旅行社之間的合作，尤其是遊輪業發展了與旅行社之間相互依存的利益關係。

國際遊輪協會（CLIA）成立於1975年，有三十一個遊輪業成員，占據了當前遊輪客户量的97%。它計畫將乘坐遊輪的北美乘客數從1998年的四百六十萬增加到2004年的約八百萬。此協會估計自從1970年以來，有五千三百萬乘客進行過兩天或兩天以上的深海巡遊。CLIA的研究顯示，二十五歲以上、收入超過2萬美元的60%的成年人，都有興趣乘坐遊輪。它還估計約37%的成年人（大約四千四百萬人）會在隨後的五年中可能參加遊輪之旅。零售旅行社可以幫助遊輪業挖掘這一潛力。CLIA擁有二萬二千多個旅行社會員，所以CLIA可以很容易地協調好他們之間的關係。

在北美有95%至97%以上的遊輪業務是透過零售旅行社來預訂的。事實上，遊輪公司是旅遊與飯店業中唯一一種幾乎專門依賴於旅行社預訂的組織（間接分銷）。遊輪公司要得到旅行社高度的支持，而且它們也在促銷宣傳中向客戶清楚地建議「向專業的旅行代理諮詢並預約」。當航空公司的佣金仍然占據旅行社收入的主要部分時，賺自於遊輪業的佣金也在快速地增長。在1997年，遊輪公司的業務額占美國旅行社銷售額的15%（140億美元）——它們是旅行社收入的第二大主要來源。自從幾家美國航空公司在1999年初推出「佣金帽子」政策以來，來自於遊輪業的收入就變成旅行社利潤額中更重要的決定因素。

對於旅行社來說，銷售遊輪業務的吸引力是建立在所賺得的佣金和佣金費率的基礎上的。遊輪價格的包價形式就意味著旅行社可以對包裝的所有要素都收取佣金，包括航空費、住宿、餐飲、娛樂以及岸上可選擇的遊覽項目。對於遊輪包裝來說，代理佣金率的最低點是標準的10%，但是「受人喜愛」的旅行社可能要收取高達14%至16%的佣金。這樣，如果一個「受人喜愛」的旅行社賣給一對夫婦每人2000美元的七天遊輪包裝，而佣金率是15%的話，這次銷售就會為旅行社帶來600美元的收益。

遊輪公司提供了多種多樣的遊輪和旅行計畫，這樣遊輪包裝的價格就會有很大的變化。每個乘客平均每天的成本從75美元到100美元，而對於一些豪華之旅來說則高達1000美元，這些費用包括到港的航空費。每一艘遊輪都有多種多樣的客艙和甲板，即使在同一艘船上，所選擇的客艙或套房的不同價格也會有很大的變化。遊輪公司根據他們船的設計、所服務的乘客種類、巡遊的主題和旅行的種類，將自身進行了不同的定位。1998年12月的《旅行社／遊輪業》刊物將遊輪業市場劃成了四個細分部分——流行的娛樂式（54.7%）、特優的娛樂式（32.7%）、探險／遠足（8.2%）和奢華的市場細分部分（7.8%）。

遊輪容量的利用率以我們行業的標準來看是特別高的，CLIA確認大概約有90%，比北美大部分地區的旅館和俱樂部的平均利用率高出了二十個百分點。這一「行業的頂點」是透過卓越的旅遊中介對客户的促銷，以及提供使人興奮的並經過高度特別規劃的度假經歷達成的。事實上，遊輪公司是旅遊與飯店業中對於包裝和特別規劃最具創新性的使用者之一。例如，Norwegian遊輪公司的「船上運動」的特別規劃，包括足球、高爾夫球、網球、冰球、籃球、棒球和排球。這些巡遊中的每一個都以該運動的運動個性、運動展示、參加和指導為特徵。

遊輪公司使用全面的促銷組合要素，以吸引並支持旅行社。主要的旅行代理刊物，比如《旅行代理》和《每週旅遊》包含來自於行業領導者，比如嘉年華、公主號和加勒比海皇家號等遊輪公司的廣告。由遊輪公司所做的貿易和消費者廣告一直在增長。此行業的領導者——嘉年華遊輪公司的廣告支出在1997年達到了4190萬美元，成為美國二百家最大的廣告贊助商之一。

由遊輪公司所做的中介廣告，得到了促銷、交易展示和人員推銷等其他促銷要素的補充。大部分主要的遊輪公司使用當地的銷售隊伍，與旅行社保持聯絡，並在發行廣告和對它們的客户進行促銷活動方面給予幫助。加勒比海皇家號遊輪公司鼓勵旅行社使用特定區域的銷售經理的服務。這些銷售代表經常幫助旅行社進行特別的促銷活動，比如「遊輪之夜」——潛在的遊輪客被邀請到公眾場合，使其了解更多有關巡遊的經歷。遊輪公司也經常透過為旅行代理提供旅行或港內的遊輪觀光，讓其對遊輪進行抽樣調查。

小冊子是遊輪公司主要的交易展示工具，並且在大部分的旅行社都以顯著的位置進行陳列。這些小冊子通常都是高品質的，它們除了展示它們的遊輪和巡遊目的地的彩色插圖外，還要指明每條船的每一個房間和設施的位置。

旅行社直接對遊輪公司進行預訂。幾家遊輪公司也開始透過航空預約系統，列示了它們可行的巡遊項目清單。所以對於旅行社來說，由於遊輪業的預約／預訂系統，巡遊項目不僅易於銷售，而且預訂也很方便。

遊輪業在旅行社中流行的其他原因就是客户對遊輪業的滿意度很高，回頭客的比率也很高。根據CLIA的調查顯示，90%的首次遊客和83%的經常性遊客（在過去的六年中進行過三次或三次以上的巡遊）對他們的巡遊相當滿意。80%的經常性遊客和58%的首次遊客表明，他們將在兩年內進行另一次巡遊。遊輪公司本身對它們過去的乘客做了一項「關係和資料庫市場行銷」的特別的工作。乘客經常在他們搭船之前被要求説出他們的通訊地址並填寫調查表，這樣，他們就加入到遊輪公司的「老乘客俱樂部」中，並會收到定期的時事通訊和特別的提供品。

簡而言之，遊輪公司和北美旅行社的關係是互惠互利而又相互依賴的。它為旅遊與飯店業的其他部分樹立了「關係市場行銷」的光輝典範。當更多的具有二千名乘客容量的「遊輪」離開造船廠時，旅行社與遊輪公司之間的聯合就會更加緊密。當然，零售旅行社是關鍵要素之一，它吸納了遊輪40%至50%的增長容量，並在2000年會達到八百萬的乘客量。

討論

1.北美的旅行社怎樣幫助遊輪公司達到高的乘客增長比率和遊輪利用率？

2.遊輪公司在旅遊貿易中介的市場行銷中使用了什麼獨特的方法？

3.其他的旅遊與飯店業組織會從遊輪公司向旅遊貿易中介的市場行銷中學到什麼？

第14章
溝通與促銷組合

旅遊與飯店業組織怎樣傳達它獨特的吸引力和對客戶的利益？答案就是透過促銷和促銷組合。本章以解釋促銷和溝通的關係爲開始，闡述了促銷的目標。

作爲一個產品和服務的消費者，在你生命中的每一週裡，你都要面對成百上千甚至成千上萬的促銷，這些包括電視和電台商業廣告、報紙和雜誌廣告、廣告板、贈券、直郵廣告、商店的交易展示以及由各類中介所從事的不同種類的宣傳。人們不可能吸收所有這些訊息，實際上它只能過濾並保留其中的幾個。對於旅遊與飯店業組織來說，這是一個很令人困惑的問題。他們要面對兩個爲人所知的事實——有大量的促銷可替代品，但是不管選擇哪一個，讓人們注意到它的機會都微乎其微。所以我們面臨的挑戰就是選擇在某一狀況下效能發揮最好的促銷技巧，能夠最可能地得到客戶的注意並促進其購買。

第一節　溝通與促銷

促銷是市場行銷溝通的一部分，它是我們從第5章到第13章所學到的所有市場研究、分析和決策的最高點。促銷以教化和勸導性的態度向客戶提供訊息和知識，希望這樣會或遲或早達到銷售服務的目的。這種訊息和知識可以透過使用五個促銷策略（廣告、人員推銷、促銷、交易展示和公共關係）中的一個或多個來傳達，這些技巧結合在一起被稱之爲促銷組合（某一特定時期所使用的廣告、人員推銷、促銷、交易展示和公共關係的促銷方法）。

一、溝通程序

你經常會發現，你所說的意思與別人所領會的涵義不一致。當然，他們確切地聽到了你所說的話，但他們卻進行了錯誤的解釋。這種情況會發生，是因爲溝通是發出者和接收者之間一種雙向的活動。爲了設計有效的促銷訊息，旅遊與飯店業市場行銷者（發出者）必須首先理解目標市場（接收者）和溝通程序。

在旅遊與飯店業的溝通程序中有九個核心要素，他們是：

1. 發出者

發出者是將訊息傳送給客戶的個人或組織（例如，旅館連鎖店、航空公司、旅行社、飯店、州立的旅遊部）。有兩個主要的發出者——商業和社會。商業發出者是由公司和其他組織所設計的廣告和其他促銷方法；社會發出者（也就是爲人所知的「口碑廣告」）是人與人（包括朋友、親戚、商業夥伴和意見領袖）之間的訊息傳播管道。

2. 將普通文字譯成電碼

發出者確切地知道他們想要傳達什麼，但是他們必須將訊息譯成一系列的詞彙、圖畫、色彩、聲音、行動，甚至是身體語言。例如，加州的葡萄乾協會想要提醒人們「葡萄乾是一種健康食品」，它的廣告代理就將這一簡單的訊息譯成了一個電視商業廣告，在廣告上一個葡萄乾的卡通形象大踏步地向健康城前進，並大聲地唱著健康歌。

3. 訊息

訊息是發出者想要傳達，並希望接收者可以理解的東西。溫蒂的「牛肉在哪裡」的商業廣告中所包含的訊息就是溫蒂只使用新鮮的、非冷凍狀態的、100%的牛肉。在著名的「必勝客的客戶」活動中，所包含的訊息就是吃比薩是有趣的事，而且必勝客所製作的比薩是這個城鎮中最好的。

4. 中介

中介或媒介是發出者所選擇的，以將他們的訊息傳達給接收者的溝通管道。大衆媒介——電視、電台、報紙和雜誌——是商業發出者所普遍使用的。中介則是銷售人員與潛在客戶之間的雙向溝通，例如，來自於一個旅行代理或旅館、航空公司銷售人員的展示。

5. 解譯電碼

當你看到或聽到一個促銷訊息時，你要解譯它——你要解釋出它所包含的眞正涵義。當然，發出者希望你會聽到或注意到被譯成電碼的訊息，而且不要把它過濾掉（還記得第4章所學到的感知螢幕和選擇保留嗎？）。發出者也希望你以它想要的方式來解譯訊息（還記得來自於第4章的感知偏見嗎？）。

6. 噪音

你曾經盡力調到了一個電台，而又因爲此台默不作聲或聲音失眞而放棄它嗎？由於噪音，你不可能聽見這樣的電台節目。在溝通中，噪音是一種物理性的干擾，與你在選台時的感受有些類似。由於溝通背景的噪音水準是如此之大，以至於在面對面或電話交談中，發出者和接收者所感知到的訊息是不一樣的。在大衆媒體中，噪音的表現形式是不同的。發出者的訊息爲得到接收者的注意，要與來自競爭對手的訊息以及來自不相關的服務和產品的促銷相競爭。

7. 接收者

接收者是注意到或聽到發出者訊息的人。

8. 響應

所有促銷的最後目標都是影響客戶的購買行爲。許多旅遊與飯店業組織都透過使用名叫「直接響應」的廣告技巧來達成這一目標，客戶被要求以打免費電話或寄回塡好的贈券的方式做出反應。在1998年，德克薩斯商業旅遊部在消費者旅遊雜誌上刊登了廣告，透過塡寫並郵寄插在雜誌中的插卡，客戶就可以獲得二百七十二頁的《德克薩斯旅遊指南》。這種促銷的最終目的是促使客戶採取購買行動，它也能幫助組織更有效地評價他們的廣告（透過卡片或電話數量），還能爲他們提供一系列的潛在客戶名單。

9. 回饋

回饋是接收者傳達回發出者的訊息。在兩個人的溝通中，回饋是相當容易判斷的，接收者會給發出者口頭的和非口頭（身體語言）的回饋。當大衆媒體被使用時，回饋的評估就要難得多。顯然，回饋最終是以促銷對銷售的影響來表達的。通常會使用市場行銷研究來評定大衆媒體的促銷效果，特別是廣告活動的效果。近年來，旅遊與飯店業服務的促銷者，更強調「直接響應」的促銷方法的使用（被稱之爲直接市場行銷）。這些促銷技巧包括直郵、電話市場行銷、「直接響應」的廣告以及人員推銷，它們需要客戶透過電話、郵寄或人與人之間的直接接觸來提供回饋。「直接響應」廣告是直接市場行銷的一種形式，它鼓勵客戶迅速採取購買行動或直接向廣告人做出及時的反應。

圖14-1描寫了溝通程序。它說明了促銷是一種開始於發出者並終止於回饋的溝通形式。它也表明，想要表達的訊息（我們所說的）經常並非是實際收到的訊息（聽到和理解的）。因爲接收者得到的實際訊息，經常會受到他們的感知偏見和密碼解譯的影響。

回顧一下圖14-1所展示的模型，你應該認識到對於溝通程序來說社會性影響也是很重要的。研究表明口碑「廣告」（客戶之間口頭傳播的訊息）會進一步傳播和加強訊息。當客戶購買旅遊與飯店業服務時，相對於來自大衆媒體的訊息，他們更容易被來自社會關係網的人與人之間的訊息所影

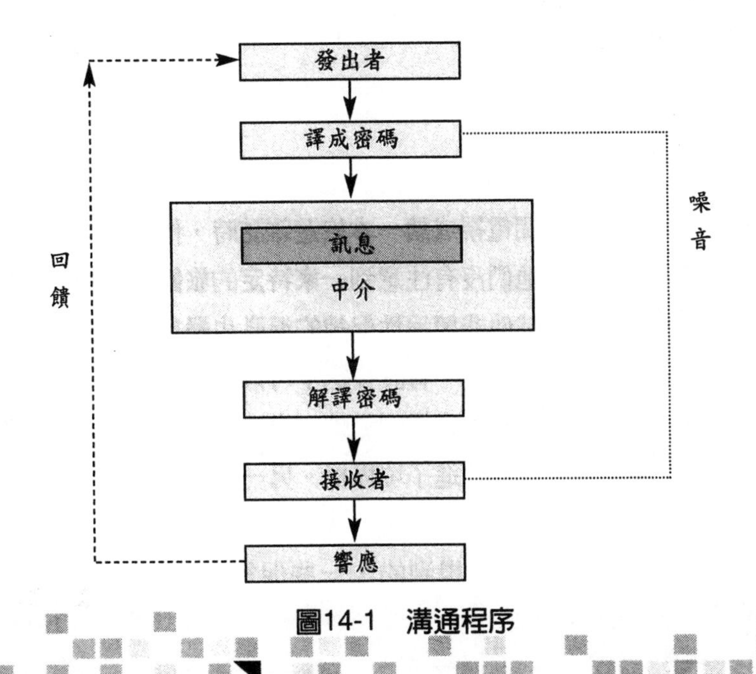

圖14-1　溝通程序

響。所以組織將更多的注意力投注於發展可以產生廣泛的公眾（尤其是意見領袖）興趣和談論的促銷上來。

關於模型還有重要的一點就是，客戶在解譯密碼前，首先應該關注訊息。旅遊與飯店業服務的促銷者盡力透過使用第4章所討論的刺激性因素，來吸引客戶的注意力。這些因素被用來設置密碼訊息，它們或以服務本身或以象徵性的方式透過言詞和圖畫來表達。一些有效的技巧包括新奇的事物（畫面顛倒的廣告）、員工不同尋常的制服、強度（全版廣告）、對比顯示（電視廣告中的沉默、平面廣告的白色空間），以及移動（廣告板中的運動部分）。即使在這種情況下，市場行銷者仍然是在「走鋼絲」。他們必須使用數量恰當的刺激，如果促銷訊息具有太強的影響力或太大的刺激，就會產生「內部的噪音」（一種心理狀態、抑制客戶吸收訊息）。如果客戶受到過多的「刺激」，他們就可能忽視或忘掉訊息的主要部分。促銷的可信度也可能因此而喪失掉。

噪音的概念需要進一步的解釋，有四個主要的噪音來源：

(1)直接的競爭性促銷。
(2)非競爭性促銷。
(3)促銷訊息中的刺激水準。
(4)客戶準備狀態。

當潛在客戶看一個晚間電視或讀一本旅遊雜誌時，他們可能面對如此多的競爭性廣告，以至於他們沒有注意到一家特定的旅館或航空公司。這就有太多的競爭性噪音，其他非競爭性促銷的混亂也嚴重地干擾了客戶的耐心和注意以及吸收訊息的能力。有許多例子可以證實客戶所面對的商業促銷已經過於飽和。許多人在看電視廣告時，去冰箱拿吃的東西或去洗手間；其他人則自動將直郵廣告扔進了垃圾桶。另一個噪音來源是一個客戶面對促銷時的身體狀態。例如，飢餓的人比那些剛吃完飯的人，更可能注意到速食廣告牌。正如前面所提到的，一些促銷是如此複雜（過度刺激），以至於他們創造了內部的噪音。讓促銷簡單而又具備訊息價值，是我們所面臨的挑戰之一。

二、明確的和暗含的溝通

明確的和暗含的溝通是促銷訊息向客戶傳達的兩個基本方式。明確的溝通是透過使用口頭語言（例如，電視、收音機、電話或人員推銷）或書面語言（例如，廣告板、銷售計畫）提供給客戶明確的訊息。人員推銷、促銷、交易展示和公共關係及宣傳（促銷組合要素）屬於與客戶所進行的明確的溝通。

暗含的溝通是透過身體語言所傳達的訊號或訊息（例如，臉部表情、手勢以及其他的身體移動）。他們也可以透過非語言的媒介來表達，包括：

(1)產品／服務組合（例如，設施、服務、裝飾和員工制服的品質和種類）。
(2)價格、費率或費用。
(3)分銷管道。
(4)爲促銷所選擇的媒介。
(5)進行促銷的媒體（例如，雜誌或報紙的名稱、電視或電台名稱及節目的種類）。
(6)爲合作促銷所選擇的合作者。
(7)所提供的包裝和特別規劃的品質。
(8)管理和提供服務的人。

伴隨著暗含的溝通，所選擇的促銷人員、產品／服務、價格和分銷管道爲客戶帶來了暗含的意義。這是第2章中所提到的「證據」，對於服務業來說是非常重要的。客戶經常根據設施、服務、價格和分銷管道所反應的訊號，對服務作出決策。高價格通常意味著高品質，更是這一等級的服務或設施的標誌。壯觀的門廳、東方地毯、大理石地面和青銅器是高品質旅館、飯店和其他旅遊與飯店業的訊號。在流行商業區位置的旅館、旅行社或零售商店與在低收入區的產業向客戶傳達的訊號不同。一個旅行社專業化經營的包裝、旅行、遊輪和供應商全都帶有暗含的意味。例如，如果旅行社有許多購買Seabourn遊輪和Abercrombie & Kent觀光的客戶的話，就會給人一種印象，即它主要服務於高收入、以奢華爲導向的客戶。

一個單獨的企業或連鎖店的名稱和規模經常能傳達一種確定的形象。在旅館業中Econolodge和Thriftlodge公司的名字給人低成本住宿的印象；Thrifty和Payless Car Rental公司在租車業領域中也樹立了一個類似的形象。一個有四百間客房的旅館的客人就相對比有二十間客房的汽車旅館的客人，期望更多和不同的設施。通常，對較大的連鎖店或公司，客戶就期望有更多可行的服務。例如，大部分的旅遊者都認爲在一個國內旅館連鎖店中，通常會有「經常性客人」的獎勵活動，但在一家獨立經營的旅館中就不會有類似的活動。

第二節　促銷和客戶購買程序

一個人怎樣決定該搭乘哪一家航空公司的飛機，或吃飯時該去哪一家速食店？你現在知道引起客戶注意，並確保他們以想要的方式來理解訊息的重要性了吧。前面給你提供了一些有關客戶怎樣決定對促銷進行反應的訊息，但是還需要更多的背景資料。客戶是否會注意一個廣告，以及如何解譯廣告訊息，都要受到其個性特徵的影響。然而，在客戶決策程序中也有一些其他的重要因素。

一、顧客購買程序

影響客戶購買決策的一個因素就是促銷的影響隨客戶在購買程序階段的不同而不同。第4章列出了五個明顯的階段，它們是：

1. 需求感知

每天你所看到的所有促銷，只有少數會走入你的短期記憶，能走入你長期記憶領域的就更少了。在這一方面，人腦的功能與個人電腦相當類似。一個訊息必須經歷四個不同的步驟，才能影響客戶的信仰、情感、意向或行動。

步驟一：注意力過濾器　每一個客戶使用感知螢幕和感知偏見，過濾掉不必要或不想要的訊息。訊息必須具有刺激性（但是不能太強）、獨特性和趣味性，而且必須有價值，才能通過這個階段。除非你在個人電腦上按下正確的鍵，否則資料就不會寫入庫存中。同樣地，除非促銷對客戶「按下了正確的鍵」，否則他們所要表達的訊息就不會進入客戶的短期記憶中。

步驟二：短期記憶　如果訊息通過了注意力過濾器，他們就進入了客戶的短期記憶中。一個人短期記憶的容量是很有限的（一次只能儲存幾個觀念），這就意味著所有的促銷必須儘可能簡單且易於記憶。由於有限的容量問題和競爭、非競爭促銷訊息的雜亂，即使一個訊息走入短期記憶，它能夠被保留的機會也很小。使主題或表述言簡意賅，而且易於記憶，是使促銷訊息在短期記憶中存續的最好方法。

步驟三：長期記憶　進入客戶的長期記憶與在磁片上存貯資料或程序是類似的。訊息要在磁片上被使用並進行加工處理。個人電腦的使用者以及客戶，會有意識地對保留訊息的時間（多於幾天或幾小時）作出決策。

一台個人電腦永遠不會「忘記」資料和程序，除非營運人從硬碟或磁片上刪掉了訊息。人腦卻不會很好地做到這一點，它會自動忘掉很多事情。當相競爭的訊息走入客戶的意識中時，客戶會記住其中特別的訊息，而對其他訊息的記憶就會因此受到干擾。另外，如果訊息在走入長期記憶後沒有很快進行處理，那麼它就會被遺忘掉。

步驟四：中心處理　這最後的階段與向個人電腦發出一個命令，讓它用所選定的程序進行資料處理十分類似。顯然，你會選擇一個確定的時間，並有意識地作出進行程序處理的決定。人腦同樣也會選擇恰當的時間，處理它長期記憶中的訊息。是否處理以及何時處理這些訊息，是由需要的迫切度、購買程序階段和購買決策分類來決定的。

一個促銷訊息走入長期記憶，並進行中心處理的機會是很小的，除非客戶已經具有一個相關的需要或問題。儘管客戶的需要會受到促銷的影響，但市場行銷者卻不能控制這些需要。促銷活動不能使人產生需要，但卻能改變某種需要的方向，以指向特定的旅遊與飯店業服務。

在客戶購買程序的第一階段，旅遊與飯店業的市場行銷者必須抓住目標客戶的注意力，並且儘可能地與客戶接觸。廣告，尤其是大衆媒體廣告，在這一階段特別有效。

2. 訊息研究

一旦客戶感知到特定的需要，他們就開始爲滿足這一需要而進行訊息研究。他們正常所做的第一件事就是檢查自己的長期記憶（內部研究），有時，他們在長期記憶中找不到所需要的資料，就會開始一次外部研究。這一研究的廣度取決於他們的購買決策分類、客戶的個體特徵（需要和動機、感知、領會、個性、生活方式和自我概念）以及人與人之間相互的影響（文化／次文化、相關團體、社會階層、意見領袖和家庭）。這些因素影響客戶最後決策的信心和感知風險。

旅遊與飯店業特定部分的特徵（公司的聲譽、地理位置、價格範圍、可替代品的數量、可以使用的訊息和「品牌」差別）也會影響感知風險。有時可行的替代品太多了（例如，太多的航空公司和飛行計畫），以至於客戶僅在有限的訊息基礎上，就對可替代品做出了選擇。

訊息研究的廣度也要受客戶購買決策分類的影響。這些不同的購買決策分類已在第4章中討論過了，但此時再回顧一下也是很有必要的。

高參與決策　偶爾客戶會面對新的旅遊決策，例如，去一個以前從未去過的地方做一次商務旅行或者第一次去國外度假。第4章將這些決策歸類爲高參與決策，他們需要有意識地進行訊息調查，通常這類產品和服務有以下特點：

(1)具有高度的自我參與性（例如，影響一個人的狀況）。

(2)涉及從競爭的公司或相當不同的旅遊景點中進行選擇。

(3)在產品早期生命週期階段（例如，介紹）。

(4)相當複雜。

(5)第一次被購買。

(6)相對昂貴。

(7)並非經常被購買。

在這種情形下感知風險的等級是相當高的，而且客戶要做廣泛的訊息研究。比如，選擇一次蜜月度假包裝；一個主要的國際或國內會議的場所；一個第一次、長期的遊輪旅行；有關女兒的結婚宴會；或是一個減肥溫泉浴之旅。客戶們開始作這樣的決策時沒有先期的經驗，訊息量也很少。所以，社會的和商業的訊息來源都很重要，而且也經常被使用。

在購買決策階段，以及對於高參與決策的客戶，市場行銷者應該把重點放在傳達恰當的訊息數量和種類上。電台或電視上的廣告只有有限的價值，因爲它們只能傳達少量的訊息。在傳達大量的訊息方面，報紙和雜誌廣告會更有效率，但是它們也並不理想。應該將重點放在可以傳達更細致的訊息的促銷方法上，特別是小冊子、「專家」中介（例如，零售旅行社、激勵性旅遊計畫人、旅遊批發商）以及促銷人員的展示。

低參與決策　並非所有的購買決策都這樣複雜，客戶更經常要作出一些低參與的購買決策。想想你自己日常生活中的一些決策，這些可能包括早飯吃什麼、在公共汽車上坐什麼位置、去學校或公司走哪條路線，或者你的咖啡是美式的還是不含咖啡因的。你並不需要很多或額外的訊息來作這一類的決策，通常這些服務或產品：

(1)以前曾被購買過。

(2)在產品生命週期的成熟或衰落階段。

(3)可以從所有的競爭公司中被購買，這些公司可以提供相同品種和品質的服務，並且至少可以滿足大部分客戶的需要。

(4)在購買它們時，幾乎不涉及感知風險。

(5)是經常購買。

(6)相對便宜。

(7)在客戶的估計中並不複雜。

對於這些服務，客戶已經有足夠多訊息，並且能很快作出決策。選擇一家速食店就屬於低參與決策，對於大部分的北美人來說，這些速食連鎖店所提供的東西是相當便宜的，簡單而不複雜，可以預測而且可以信賴；相競爭的速食店之間的差別不是很大。經常出門的許多商務旅行者只需花費很少的時間去選擇一家航空公司、旅館和租車公司，特別是如果他們去的是一個以前去過很多次的地方，就更不用多加考慮了。

低參與決策是習慣性行為的產物，客戶在嘗試了一項特別的服務之後，可能會有意或無意地評價它。他們無意識地篩選，並吸收了訊息。此時他們的感知壁壘已經倒下了，而且他們對所收到的訊息也並未仔細地評估。他們對於接收大量的訊息，以作高參與決策並不感興趣。對於低參與決策，快速而有效地傳遞簡單觀念的促銷方法，比如電視和電台廣告，通常是最有效的。這些廣告不需花很多時間就可以說明服務的細節，因為客戶對這些事實已經很熟悉了。

麥當勞廣告就是此類廣告的經典實例。他們使用一種「生活片斷」的形式，其中的情緒總是樂觀和愉悅的。廣告的主旨就是讓人們將麥當勞與好東西和好時光聯繫在一起。建議性的廣告對於麥當勞產品的介紹也很奏效，他們的廣告明確地說明應該有一種帶萵筍和西紅柿的一邊涼一邊熱的漢堡三明治。這種建議性的廣告通常會很成功，因為看到這則廣告的人會逐漸作為一個事實來接受這個建議，他們不會有意地去詳查這個廣告或麥當勞主張的正確性。

低參與服務的市場行銷者也需要感知幾個購買者的特徵，這些包括：

(1)從一家速食店、航空公司、旅館或其他公司轉向競爭對手是很普遍的，建立品牌忠誠非常困難。

(2)贈券、價格折扣和其他的促銷可以吸引嘗試性的購買者。

(3)可視性廣告是重要的，因爲訊息會在大腦的可視性部分（非邏輯部分）被處理，例如，高度被公衆認可的麥當勞金拱門標誌。

(4)交易展示和加強分銷（儘可能有更多的店鋪或分銷管道）是很重要的，因爲認知會導致這些低參與服務／產品的購買。

大衆媒體的促銷重點，應該放在吸引客戶的注意力和加強客戶對這個公司或「品牌」的感知上。

3. 可替代品的評價

一些專家將高參與決策歸入這樣的「認知體系」——客戶得知，然後感覺，最後行動。低參與決策或者「低參與」體系則是不同的——客戶得知，然後行動，最後感覺。低參與決策的核心就是客戶會在購買和使用服務之後進行評價。

在高參與決策中，一系列的可替代品一經確認，客戶們就會仔細地評估每一個並做出選擇。如果客戶對這種服務滿意的話，這種購買決策就經常會導致品牌忠實。例如，客戶對他們第一次的嘉年華遊輪之旅如此滿意，以至於他們第二次而且持續好幾次都回到這個公司訂購遊輪包裝。

在評價階段，客戶會使用客觀（有形）和主觀（無形）的因素來做出選擇。此時，大衆媒體廣告相對不太重要，客戶更多地依賴於其他人的觀念。由可信賴的人所證實的促銷對客戶的決策影響很有效。著名的鄉村音樂之星——Tanya Tucker，就是田納西州旅遊辦公室的一位著名的代言人。同樣，電視劇《愛之船》中扮演船長的一個明星，他是公主號遊輪的主題——「它不僅僅是一艘船，更是一艘愛之船」的最恰當的代言人。

4. 購買

因爲當客戶作低參與決策時經常會臨時跳過評價階段，所以促銷的核心就是刺激一種嘗試性的購買。在一個陌生的城市中，很少有人會去研究哪一個租車公司是最快捷或最友好的。對於租車公司來說，租車的方便、可接近性才是最關鍵的。租車公司應該盡力與一個飛機場或旅館建立合作關係，以得到優先的支持，並確保它大量的出租車時常能出現在主要的使用者區域。

5. 購買後評價

一個滿意的購後評價要取決於服務的實際執行情況與客戶的預期相比較的差值。一旦客戶想要購買，就會透過理性化的決策來盡力減少實際與預期的不一致性。但是，如果一個服務執行的水準低於預期的承諾，那麼客戶下次就會去尋找新的可替代品。例如，誇大一個旅遊景點的好天氣和令人興奮的夜生活的旅遊小冊子通常會引起極大的不滿、抱怨和來自於客戶反面的評論。

二、促銷的目標

促銷的最後目標是透過溝通來改變客戶的行爲。只有幫助客戶完成不同的購買程序階段，他們才能最終購買或再次購買一種特別的服務。正如**圖14-2**所示，促銷透過傳達訊息、勸說和提醒客戶（三個主要的促銷目標）

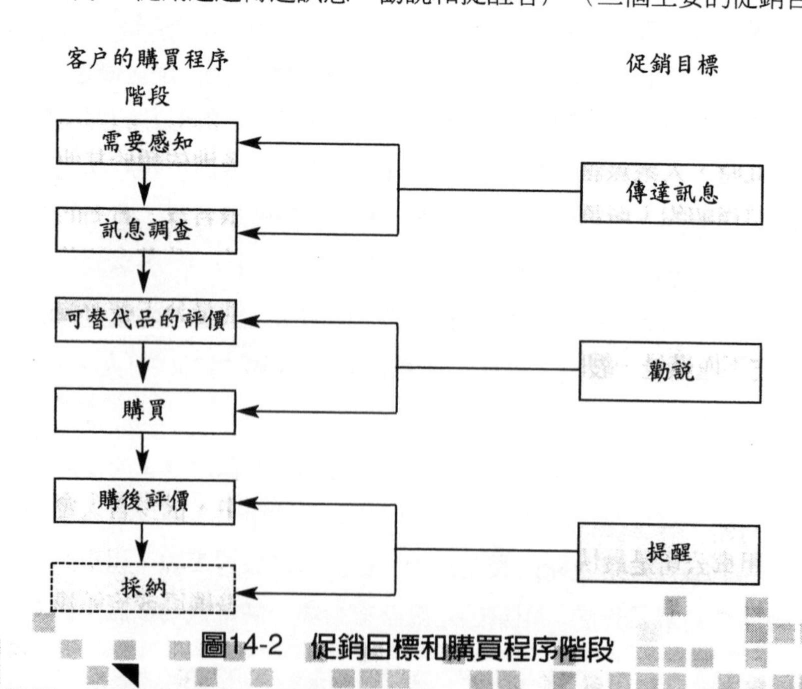

圖14-2 促銷目標和購買程序階段

來達到使客戶購買的目的。促銷通常要符合這三點之一——它們要麼含有特定的訊息，要麼具有勸說性，要麼具有提醒人的功效。

含有特定訊息的促銷對於新的服務和產品（早期產品生命週期階段），以及對於在早期購買程序階段的客戶（需要感知和訊息調查）功效最好。勸說性促銷主要是爲了讓客戶在那些競爭性的產品／服務中做出選擇，並實際地進行了購買，比較廣告以及大部分的促銷都屬於這一類。勸說性促銷在中間的／最後的產品生命週期階段（成長和成熟）以及購買程序階段（可替代品的評價和購買）中會發揮最好的功效。提醒促銷會喚起客戶對於他們所看到的廣告的回憶，並可以刺激他們再次購買。提醒促銷在後期的產品生命週期階段（成熟和衰落）以及購買程序階段（購後評價和採納）中最爲有效。

第三節　促銷組合

市場行銷組合（產品、促銷、分銷、定價、包裝、特別規劃、合作和人）包含了當一個組織發展一個市場行銷計畫時所必須面對的八個要素。促銷組合是市場行銷組合的要素之一，它包含五種促銷方法／方式。

一、廣告

廣告是促銷組合中使用最廣泛的促銷方式，它也是促銷資金花費量最大的項目。

1. 定義

廣告是「由商業公司或非營利性組織和個人透過有償使用不同媒體所做的非人員化的溝通。他們在廣告訊息中將以某種形式被確認，他們的目的是告知訊息或勸說特定的客戶群購買某種產品／服務」。這個定義中的核心是「有償使用」、「非人員化的」和「被確認的」。旅遊與飯店業組織總是不得不為廣告付款，或者以金錢的形式，或者以某種形式的交易品（例如，某個飯店以免費餐飲交換一個電台的廣告），而另一方面，溝通方法是非人員化的，也就是說既不是贊助者也不是他們的代表自己出現在客戶面前來傳達訊息。而「被確認」表示付款（或有償使用）的組織將在廣告中被清楚地加以確認。廣告訊息並不總是以銷售為目標，有時贊助者的目標僅僅是傳達一個正面的觀念或一個組織令人喜愛的形象。

2. 優點

廣告有幾個主要的優點，它們是：

「每次接觸」的低成本　儘管廣告活動的總成本要花上成百上千萬美元，但每次接觸的成本是相當低的（廣告與可選擇的促銷方法相比較）。一個三十秒的黃金時段的電視商業廣告經常花上上百萬美元，但是，觀看的群衆有成百上千萬，看這個廣告的每個人的成本就變成了幾美分。

能夠在促銷人員無法接觸到客戶的時間和地點接觸到客戶　促銷人員通常不能與客戶開車回家，不能在他們的房間內與客戶共度良宵，也不能每個清晨出現在客戶的門口階梯上。然而，廣告卻能在幾乎生活的每一個方面面對客戶，它們能在促銷人員無法接觸到客戶的地點和時間裡接觸到客戶。

為訊息的多樣化和戲劇化提供了廣闊的範圍　廣告以創造性的方法為促銷訊息的戲劇化和多樣化提供了無限的機會。展示一個旅遊景點激動人心的景色的雜誌廣告所具有的亮麗色彩，或者一個古老的民謠或搖滾歌曲的反覆播送，都是廣告訊息多樣化和戲劇化的體現。因為今天有如此多的廣告，所以事實上廣告必須「鶴立雞群」。

能夠創造促銷人員不能創造的形象　廣告在創造客戶心目中的形象方面所發揮的功效是非常巨大的。電視在運用它的聲音、色彩和運動達成這一點上特別有效。在1998年，Qantas遊輪公司使用了一支在澳洲廣受歡迎的歌曲〈澳洲是我的家〉以及著名的像雪梨歌劇院和中國的長城這樣的建築物，在電視廣告中創立了一個懷舊的形象。

非人員化展示的無侵襲性的特徵　你是否曾走入一家商店，就立刻碰上一個具侵襲性的促銷人員？通常在一個唐突的問候之後，他就會問：「我能幫你找到你想要的東西嗎？」我們中的許多人都曾經被侵擾，或至少對這種方法採取防禦姿態。它是一個面對面的溝通，強迫你提供一個答案或者立刻就讓你作出決策。而廣告則是一種非人員化的溝通，客戶不必回答、評價或立刻作出決策。因爲客戶沒有採取防禦姿態，所以廣告訊息就經常會有意或無意地滑入客戶的「感知螢幕」中。

可以將訊息多次重複　如果客戶可以重複多次面對同一個訊息的話，那麼一些促銷訊息就會奏效。例如，你正開車在一個通往度假地的高速公路上。如果你事先沒有做計畫，那麼你就處在一個旅館、飯店和旅遊景點的選擇市場中。你感知並選擇一個特別的汽車旅館、速食店或旅遊景點的可能性，要隨你在沿線所看到的它們的廣告板的數量而增長。

大衆媒體廣告的威望高，而且給人印象比較深　廣告和所選擇的特別的廣告媒體，能夠提高一個旅遊與飯店業組織的威望和可信度。一個剛成立的旅遊公司如果發起國內的電視廣告運動的話，就會表明它已處於「巨人行列」；一個在《國家地理雜誌》或《財富》上刊登全版、四色廣告的旅遊批發商幾乎立刻就會得到別人的信任。研究顯示，一個公司或品牌在國內發布廣告的頻率越高，就會有越多的客戶認爲它是一個提供高品質產品／服務的公司或品牌。

3. 缺點

廣告強有力、具勸說性和有滲透力的特性不能被否認。然而，它也有它的局限性和缺點。

不能完成銷售　廣告在創造感知、提高理解力、改變態度和創造購買欲望上的功效很大；但是光靠它本身並不能完成整個促銷的工作，它很少能完成銷售（最後使客戶預訂、交錢和進行其他行動的銷售行爲）。人員推銷在「完成銷售」方面，比廣告有效得多，將人員推銷用在高參與的購買決策方面是特別適合的。換句話說，沒有其他促銷組合要素的幫助，單憑廣告通常不能引導客戶經歷所有的購買程序階段。

廣告的「雜亂」　廣告的機會是無限的，這既是優點，又是缺點。成千上萬的廣告爲吸引你的注意力而競爭，但是你能記得的卻微乎其微。爲什麼呢？人類的「個人電腦」（大腦）有一個很有限的記憶和存貯能力。在如此多的地方有如此多的廣告，以至於它們最終呈現的是一片混亂的商業訊息。對於客戶來說，訊息太多了就無法被人注意和吸收。而其他的促銷組合要素，特別是人員推銷，則會給你一個更個人化的訊息展示。

客戶可能會忽略廣告訊息　儘管廣告可以達到他們的目標群體，但並不能確保每一個目標客戶都會注意到這些廣告。我們中的許多人自動會將未開封的直郵廣告扔到垃圾箱裡；人們會在電視和收音機節目間歇的商業訊息時間去做別的事情；許多人在拿到一本雜誌時，會快速翻過廣告頁，直接去看主要的文章。因爲客戶被商業訊息浸染過多，所以他們養成了這些「逃避」廣告的習慣。他們知道廣告是偏向於贊助商、爲其說好話的，他們甚至不會讓訊息穿過「感知過濾器」。

很難得到即刻的回答或行動　廣告很難使客戶快速反應或立即採取行動。其他的促銷組合要素，特別是促銷和人員推銷，通常會更有效。正如前面所述，旅遊與飯店業的促銷者多做一些「直接響應」廣告，就會有助於克服這個難題。

不能得到快速回饋並修正訊息　沒有仔細的市場行銷研究，就很難判斷客戶對廣告的反應。當研究訊息被收集時，無效的廣告可能還在持續進行。而人員推銷，則可以給組織快速的回饋和很大的彈性，以調整訊息來配合客戶的期望。廣告在早期購買程序階段對客戶的影響力很大，但在隨後的階段則不如其他促銷組合要素有效。對直接市場行銷技巧和互動媒介越來越多的使用，給廣告贊助組織提供了有關客戶更多的定時回饋。互動媒介涉及一些電子和溝通設施（例如，電視、電腦、電話線路），它們使得客戶可以與贊助人的訊息或預約服務相互作用。互動電視預計會越來越受人歡迎，客戶可以從他們自己的起居室裡選擇和進行旅遊預約，從而感受到「家庭商店」的便捷。這些直接預訂的機會，將隨著電視上特別旅遊展示量的增長，以及上網客戶使用量的增長而增長。

測量廣告有效性的困難　如此多的要素在影響著客戶的購買，以至於很難將廣告的影響力分開來評價。最麻煩的問題通常就是廣告是否會直接導向銷售或者是否有助於達成這一目標。

相當高的「浪費」因素　「浪費」意味著讓不屬於目標市場的客戶看見、聽見或者去閱讀廣告。大部分形式的廣告通常都涉及大量的「浪費」，例如，報紙具有廣泛涵蓋的優勢（它們被許多人閱讀），但是它們對吸引特定的目標市場（除了地理細分）並不奏效。而直郵廣告對於瞄準特定的目標市場，則是最有效的。

二、人員推銷

1. 定義

人員推銷涉及口頭的談話，它是促銷人員與未來的客戶透過電話或是面對面進行的一種促銷方式。

2. 優點

能夠完成銷售　人員推銷最有力的特徵就是它有完成銷售的能力。銷售人員會誘導客戶購買，並完成銷售。客戶被勸導後，會立即作出決策（買或不買）。而其他的促銷組合要素則經常會使客戶完全忽視銷售的訊息或拖延購買決策。

能夠抓住客戶的注意力　沒有更好的方法比面對面的談話更能抓住客戶的注意力。然而，客戶可能忽視由其他四個促銷組合要素（廣告、促銷、交易展示和公共關係）所傳送的訊息。

立即回饋和雙向溝通　使用人員推銷成功地完成銷售的部分原因來自於雙向溝通和能夠促使客戶做出快速回饋。所有的其他四個促銷組合要素使用的是與個人無關的訊息傳達方法，人員推銷訊息能在客戶的回饋基礎上進行修正，而其他的四個促銷組合要素就不具備如此的彈性。

適合於個人需要的展示　人員推銷的展示是特製的，以符合特定客戶預期的需要。客戶能提問題並得到回答，如果他們對服務或產品有疑慮，促銷人員就能針對其疑慮直接做出解釋。

能夠精確地瞄準目標客戶　如果推銷人員可以有效地進行預期（為銷售展示選擇潛在客戶），那麼在人員推銷上就幾乎不存在「浪費」。事實上，在為客戶做銷售展示前，好的推銷人員會仔細地過濾和判斷客戶（確認其是一個潛在客戶）。而其他的促銷組合要素則通常會產生較高的「浪費」。

能夠促進與客戶之間的關係　隨著人員推銷的進行，促銷人員能夠發展與預期客戶的關係。這並不意味著要讓促銷人員成為所有的預期客戶的最好的朋友，它指的是讓公司與預期客戶建立一種更個人化的聯繫。較之公司的廣告和其他的促銷，採用這種個人的溝通對於客戶重複性購買的推動力更大。

能夠得到客戶迅速的行動　正如你前面所看到的，廣告不直接導向銷售，而且拖延了顧客的購買反應。而人員推銷則更可能讓預期客戶產生立刻購買的行動。

3. 缺點

每次接觸的高成本　對於人員推銷來說，主要的缺點就是與其他四個促銷組合要素相比較，它的每次接觸的成本較高。大部分的其他促銷接觸每個人通常只花幾美元，而一個外部銷售展示卻經常意味著超過100美元的薪資和旅遊成本。儘管使銷售訊息個人化對於客戶購買的推動力很大，但它卻涉及大量的附加支出。其他的一些人員推銷形式會更有效率。例如，內部和電話推銷就不需要外部銷售展示那麼多的旅遊成本。

不能有效地接觸一些客戶　客戶可以拒絕一個推銷人員的展示或幫助。正如前面所述，一些人面對人員推銷會採取防禦姿態。當他們面對非人員化溝通時，比如廣告、促銷、交易展示和公共關係及宣傳，他們就會較少地採取防禦姿態。預期客戶也由於其他的原因不可接近，比如他們的地理位置和時間安排等。

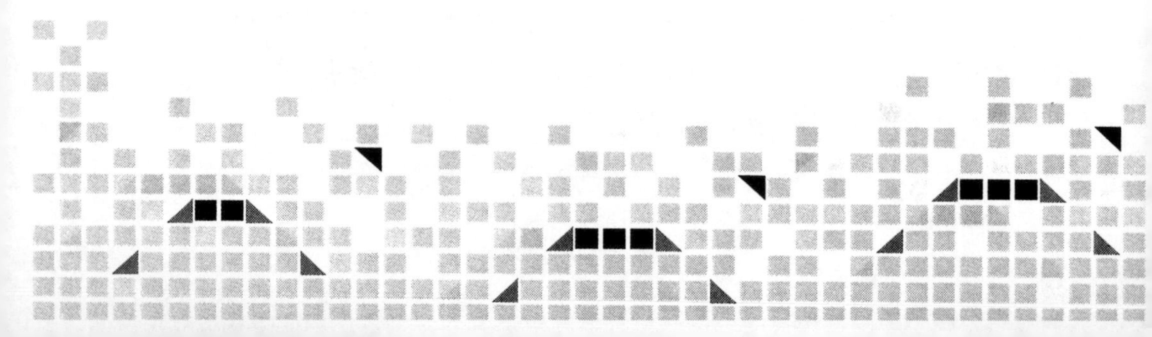

三、促銷

1. 定義

促銷是不同於廣告、人員推銷和公共關係的銷售方法，它能給客戶一個短期的推動力，使其做出即刻的購買。像廣告一樣，贊助者將在促銷中被清晰地確認，而且溝通是非人員化的，它包括折價贈券、彩票、樣品以及獎賞等。

2. 優點

它結合了廣告和人員推銷的一些優點　促銷能產生即刻的購買，還能進行大量的溝通和銷售。例如，贈券可以郵寄給客戶，客戶也可以從雜誌或報紙上剪下來使用。

能夠提供快速的回饋　許多促銷都提供了在短期內有效的激勵品。大部分的贈券必須在一個特定時間之前被使用，通常彩票和獎賞也有一個截止日期。客戶必須快速反應——這樣，贊助商就會得到有關促銷的激勵品的快速回饋。

能夠給服務／產品增加吸引力　一個具有想像力的促銷能給一個旅遊與飯店業組織增加吸引力。Cathy Pacific航空公司在1997年使用了一個創新的彩票活動，激發了旅行代理人的興趣。代理人被要求塡一種縱橫塡字字謎，它使用的線索是亞洲航空服務的不同特徵。此次彩票活動的宣傳廣告印在《每週旅遊》雜誌的封面，其色彩生動，很有新意。

與客戶溝通的附加途徑　促銷向客戶提供了一個附加的溝通管道。「反彈」贈券能被附加在送貨上門的食品上，菜單和贈券能被設計作爲門把手和衣架。

促銷在時間上彈性很大　它一旦需要就可以立刻被使用，而且在任何時間內都能發揮作用。在非高峰時期內使用促銷特別有效。如果其他的促銷組合要素在促動未來的銷售方面並不成功，那麼「最後一分鐘」的促銷就可以被用來塡補這一段蕭條期。而且，你可以看出促銷能夠在短時期提高銷售額，這是它的核心優勢。

有效率　促銷是有效率的。廣告和人員推銷要涉及大量的固定成本，而促銷卻可以隨著和緩的初始投資（例如，印刷的贈券）被啓動。附加的成本可能會直接隨利用促銷品的客戶數量而變化（例如，贈券的贖回、要求給「經常飛行」或「經常的客人」獎勵）。

3. 缺點

短期利益　促銷的美麗之處就在於它能夠在短期內提高銷售額。但這也是它主要的缺點——促銷通常不能導致長期的銷售增長。一個促銷活動可以提高短期的收入水準，但是當促銷一結束，銷售回報就會回到正常或正常以下的水準。而且，如果一個公司提供了太多的折扣，就會冒這樣一種風險——客戶可能會永遠低估它的服務。

無法建立品牌忠誠　促銷會吸引「品牌轉換者」，這些人以公司提供最好的折扣爲標準，在競爭性的服務之間跳來跳去。促銷在建立品牌忠誠方面是無效的。大部分的組織更關注於建立長期的客戶基數，而促銷在這方面就不如其他明確的和暗含的促銷那樣有效。

不能單獨被長期使用　如果促銷與其他的促銷技巧相結合，並被其他的技巧所支持，那麼在長期策略中，促銷就是最有效的。經常的客人活動必須上廣告，並且要在小冊子中被描述出來。麥當勞的「專賣」促銷被大量的媒介廣告所支持。

經常被誤用　促銷經常被用來「快速」地解決長期的市場行銷問題。一些國家級的飯店連鎖企業似乎恆久地提供折扣，就像恆久的溪流一般，好像這樣客戶就會離開競爭對手而到你這裡來。事實上，他們更應該集中精力，透過提升菜單選擇、重新設計飯店或「創造新的理念」、重新定位或提升服務／食品品質，來吸引忠誠的長期客戶。

四、交易展示

將交易展示作爲一個促銷的技巧，是很普遍的做法，因爲它不涉及中介廣告、人員推銷或公共關係及宣傳。在本文中，由於交易展示的獨特性和它對於這個行業的重要性，故將交易展示與其他的促銷技巧分開來討論。

1. 定義

交易展示包括室內所使用的刺激銷售的材料，如菜單、酒水單、住宿卡、標誌、海報、樣品陳列及其他的現場促銷項目。

2. 優點

交易展示的優點與所有促銷的優點類似，它們包括：

(1)組合了廣告和人員推銷的一些優點。

(2)產生快速回饋。

(3)爲一項服務或產品增加吸引力。

(4)提供另外一條與客戶溝通的途徑。

(5)在時間選擇上有一定的彈性。

想一想你近期到超市或服飾店的情形。你可能由於一些特別的交易展示的促動而多買了一樣或幾樣商品；你也可能由於服飾店中一個吸引人的櫥窗展示，而在所買的衣服上多破費了一些錢；又或許你最近去了一家飯店，由於它獨特的菜單或酒水單，你買了許多超過你飲食範圍的東西。交易展示在購買地刺激了人們的視覺，並導致了銷售額的增長。交易展示的另外兩個優點是：

刺激購買並提高每人的消費量　我們剛剛談論過的就是交易展示能使你購買你原本沒想買的東西。你可能由於一個吸引人的遊輪公司或娛樂中心的展示，而走入一家旅行社。一旦你置身於旅遊與飯店業業務中，一些其他的可視性交易展示可能又會促使你花費掉比你預計更多的錢。

支持廣告運動　如果客戶在購買地得到一個「可視的提醒品」，那麼廣告活動的有效性就能夠被極大地提高。速食連鎖店是使用這一技巧的主宰。他們透過電視廣告促銷孩子們的餐飲「包裝」，其中包括特定的玩具或供玩賞的獎勵品。吸引人的店內展示很快就會讓孩子們想起廣告上的畫面，並鎖定他們的注意力。

3. 缺點

交易展示與其他促銷技巧之間的核心區別就是交易展示沒有給客戶在經濟上提供某種誘因。某個交易展示項目的影響力也可能是長期的。一個好的菜單可以持續用幾年的時間，店內展示也可能幾個月都不過時。

儘管交易展示可能具有較長時間的正面影響力，但它在爲某個公司或「品牌」建立長期忠誠方面並不是很有效。儘管在沒有其他促銷組合要素的支持下，它可以單獨被使用，但如果它與人員推銷和廣告相結合的話，效果會更好。

一些交易展示還有另一個缺點，就是它會造成「視覺雜亂」。一些人被餐桌上眾多的葡萄酒卡片弄得心煩意亂，以至於他們會有意無意地忽視所有的卡片。

五、公共關係及宣傳

1. 定義

公共關係包括一個旅遊與飯店業組織所從事的，旨在保持或提高它與其他組織和個人關係的所有活動。宣傳是公共關係的一個技巧，它涉及有關一個組織服務的免費的訊息溝通。

2. 優點

低成本　與其他促銷組合要素相比，公共關係及宣傳的成本相當低。然而，有一個普遍的誤解，即它是完全免費的。事實上，有效的公共關係及宣傳需要仔細的計畫，並花費管理者及員工大量的時間。

他們未被看做商業訊息，因而有效　如前所述，廣告被大眾看成是一個帶有偏見的溝通方法。但人們不會以同樣的懷疑對待收音機、電視、報紙和雜誌上的公共關係訊息，因爲服務在此是以一個獨立的部分被描述的。客戶們不會像對待中介廣告那樣，關掉這部分訊息，這樣宣傳就可以跳過感知壁壘。

可信的和暗含的保證　如果一個旅遊評論家寫了關於一個旅遊景點、旅館或飯店的文章，那麼這種宣傳文章就比贊助商的付費廣告有更大的可信度。客戶也會感覺到，他們在得到評論家暗含的保證。

大衆媒體的威望和印象深刻的優點　宣傳和廣告都由大衆媒體執行。這樣，宣傳就分享了與廣告一樣的威望和印象深刻的優點。

附加的煽動性和戲劇化　一個作家語言的運用、一個新聞記者或攝影師的專業技巧，能夠強調出一個旅遊與飯店業組織所提供的利益和獨特的特徵。旅館或飯店戲劇化的開幕典禮、航船的第一次啓航，或者新的航空路線的開闢，都是增強服務的煽動性的實例。

保持一種「公衆」形象　公共關係活動確保一個組織可以在它不同的「公共關係」中保持一個持續的、正面的形象，這些「公共關係」包括當地政府、媒體、金融界、員工和貿易 / 行業的細分部分。

3. 缺點

很難一致地安排　公共宣傳的範圍完全是由中介人決定的，它的時間不能像其他促銷技巧一樣被精確地控制。

缺少控制　缺少控制也就是不能確保所涵蓋的和所傳達的東西確切就是你想要的。記者可能不能成功地涵蓋事實和傳達觀念，或者他們可能會歪曲訊息或理念。

第四節　影響促銷組合的因素

你現在了解了每個促銷組合要素的優點和缺點，你也看到了客戶購買決策階段是怎樣進展的（需求感知、訊息調查、可替代品的評價、購買、購後評價），購買決策分類以及產品生命週期階段（介紹、成長、成熟和衰落）會影響促銷組合要素的選擇。還有其他的因素也會影響對促銷組合的決策，主要有：

一、目標市場

五個促銷組合要素的有效性隨目標市場的不同而不同。例如，在促銷一個旅館的集會／會議設施時，行銷經理可能會發現對核心的會議計畫人進行人員推銷比刊登廣告要有效得多。在另一方面，使用人員推銷來吸引個體的休閒旅行者也是很有效的。總體說來，服務越複雜，人員推銷的價值就越大。

潛在客戶的地理位置對此也有影響。在潛在客戶廣泛分布的地方，廣告可能是最有效的接觸他們的途徑。

二、市場行銷目標

所選擇的促銷組合應該直接針對每一個目標市場的市場行銷目標。例如，如果這個目標是建立一定百分比的感知，那麼重點可能被設置在中介廣告上。而另一方面，如果要在短時期極大地提升銷售量，那麼焦點可能被放到促銷上。

三、競爭和促銷常規

在旅遊與飯店業的特定部分有一個明顯的趨勢，即對於大部分的競爭組織來說，在促銷組合中會使用相同的「主導要素」。速食連鎖店展開了電視廣告大戰，旅館和航空公司集中在經常性的旅遊者獎勵活動中，遊輪業則著力強調向旅行社進行人員推銷。對於一個競爭者來說，想僅在一條擁擠的促銷之路上脫穎而出是困難而且相當危險的。

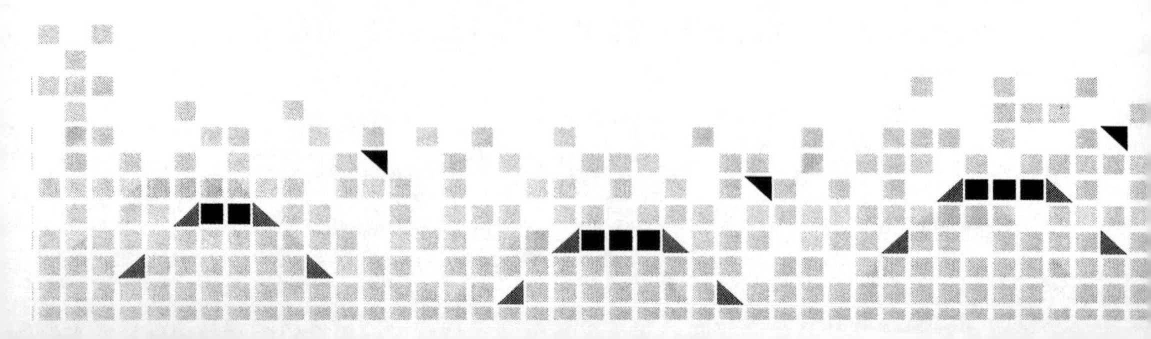

四、可行的促銷預算

顯然對於促銷來說，可行的資金對於選擇促銷組合要素也有直接的影響。預算較有限的較小的組織通常不得不更強調低成本的促銷，包括公共宣傳和促銷，較大的組織則有能力更好地使用中介廣告和人員推銷。

本章概要

促銷涉及一個組織和它的客户之間所有的溝通。明確的促銷包括促銷組合中的五個技巧：廣告、人員推銷、促銷、交易展示和公共關係及宣傳。促銷組合是市場行銷組合的八個要素之一，其他的七個要素也都暗含著對它的客户的溝通。

為即將到來的一段時間選擇一個促銷安排需要非常仔細地研究和計畫。儘管目標市場和市場行銷目標為促銷選擇提供了基礎，但還須考慮其他的因素。這些因素包括客户購買程序階段、購買決策分類、產品生命週期階段、競爭者和他們的促銷常規，以及可行的預算。

本章複習

1.促銷組合的五個要素是什麼？
2.市場行銷組合是促銷組合的一個要素嗎？還是正好相反？解釋你的答案。
3.五個促銷組合要素是相互關聯的，還是分別發展它們會更好？你為什麼會認為一種促銷方法會比另一種更好？
4.溝通程序的九個要素是什麼？
5.明確和暗含的溝通之間的區別是什麼？促銷組合是明確的還是暗含的溝通？明確的和暗含的溝通是相互關聯的嗎？

6.對於一個旅遊與飯店業組織來說，當它計畫促銷時考慮客户的購買程序階段和購買決策分類重要嗎？為什麼（不）？

7.促銷的三個主要目標是什麼？促銷的最終目標是什麼？

8.五個促銷組合要素的每一個的優勢和缺點是什麼？

9.什麼因素影響了促銷組合要素的選擇？

延伸思考

1.考慮下列四個旅遊與飯店業服務的購買：

(1)在一個主題公園參加小丑臉譜的繪畫活動。

(2)選擇一個地點吃午飯（午飯時間為三十分鐘）。

(3)為十五週年慶而選擇一個飯店。

(4)決定應該加入哪一個鄉村或健康俱樂部。

四個中哪一個是高參與決策，哪一個是低參與決策？最好地配合每一種決策的促銷技巧是相同的嗎？奴果不是，它們將怎樣不同？

2.選擇你最感興趣的旅遊與飯店業的一個部分（例如，旅館、航空公司、飯店、旅行社、主題公園、遊樂中心、遊輪公司），假設你剛剛被雇為市場行銷部的副經理。你的組織對它過去的促銷活動並不滿意，並且要求你提出更有效的促銷方法。你將怎樣提出你的建議（確保你會提及每一個）促銷組合要素的優缺點？

3.本章強調了保持促銷訊息簡單的重要性。回顧在本地或國家級的旅遊與飯店業促銷，找到並描述至少五個使用簡單溝通的促銷實例，以及五個你感覺過於複雜的例子。複雜的訊息將怎樣修改才能更有效？

4.明確的和暗含的溝通會影響客户對一個組織的服務的感知。在你當地的社區選擇三家組織或者三個國家級的公司，並且分析它們對這兩個因素的使用。每一個組織都能做些什麼以創造更大的一致性？你認為一致性或者缺少一致性會影響這些組織的成功嗎？為什麼？

經典案例：促銷組合——奇奇飯店

國外食品的流行性的增長是美國、加拿大和其他地方的一個主要趨勢。墨西哥食品已經變得十分流行，無論是作為快餐食品的可替代品，還是在正餐業領域。奇奇飯店的成長和發展提供了一個公司如何投資於快速增長的墨西哥食品的經典實例，這個公司也極好地利用了不同的促銷組合要素，向客户宣傳它獨特的菜單項目。

第一家奇奇飯店1976年開業於明尼阿波利斯市。寫這個案例的時候，奇奇飯店已經有了二百二十三個分店，分布於美國、加拿大、歐洲和中東。奇奇飯店的主體部分有二百零八家，是由公司擁有的。奇奇的初始策略的一部分是要在中歐和東方國家集中發展，在這樣的地方墨西哥食品不像在佛羅里達和其他西方國家那樣流行。它的競爭對手，特別是伊達飯店，那時在西海岸也發展得很好。連鎖店的擴展速度在八〇年代早期特別迅速，在1983年至1986年這段時期會碰到如此多的財政和管理問題，部分是由於增長速度太快了。

在1994年1月，奇奇脫離了它的母公司——加州聖地亞哥市的食品製造公司。它成為一個新組建的，由名叫家庭飯店公司所擁有的組織的一部分，它的根據地是加州的Irvine。家庭飯店由將近四百個家庭咖啡店組成，位置主要在美國西部。它還營運了伊達飯店（在西部有一百一十四家分店），以及一個傳統的正餐館部分（包括三十家主營牛肉的正餐館）。

由於奇奇和伊達的加盟，家庭飯店控制了墨西哥正餐業市場，在全國擁有三百多個經營點，它們一同形成了墨西哥飯店業部分。奇奇的擴張步子已經緩慢下來，但自從與伊達合併以來，它已經把大約十家伊達飯店轉換成了奇奇的風格。大量的資金已經投入目前的奇奇的主要改建中，旨在賦予這些資產更活躍、更新鮮、更具時代感的形象。

奇奇專營調料比較緩和的墨西哥食品，它不經營調料量較大的Tex-Mex式的和西海岸的墨西哥食品。奇奇對公眾日益增長的對新鮮要素的需求也進行了投資，它的食品從不隔夜，而且從不使用冷凍的成分。它總共提供八十道墨西哥主菜，其中包括幾道組合菜餚。

最近，奇奇重新設計了它的菜單，引進了一種新鮮的特製品，並介紹了四種脂肪含量很低的菜單項目。它的食品發展由媒體和店內的交易展示來支持，奇奇的一個成功的廣告活動就是「有價值的組合菜餚」。

奇奇部分的成功要歸功於它產品的物美價廉。除了免費的玉米餅以外，大部分的主菜都會帶上一份精選的西班牙米飯或油煎豆。

奇奇在餐廳販售含酒精的飲品。這些飲品占一個典型的奇奇飯店總銷售額的33%，其中瑪格麗特酒占這些飲品總銷售額的60%。「大號的瑪格麗特」被看做是飯店的代表飲品。奇奇的瑪格麗特酒非常流行，以至於它們現在可以在大部分的酒類商店中被成瓶地售賣。奇奇的員工在提示性銷售方面接受了很好的培訓，例如，他們總是詢問顧客就餐時是否飲用瑪格麗特酒。

奇奇極好地使用了不同的促銷組合要素，以在飯店市場給自己刻畫一個獨特的形象。除了前面所提到的人員推銷技巧外，奇奇的廣告、促銷和交易展示都是高品質的。它的建築外形是田園／牧場式樣的，帶有吸引人的布篷子；墨西哥主題貫穿於員工的制服和內部的設計之中。奇奇的彩色菜單是一個經典的交易展示工具，許多組合式的菜餚為就餐者提供了一個吸引人而且便捷的方式，來選擇不同種類的墨西哥食品。餐桌帳篷經常被用來促銷特別的也是高品質的菜單項目或飲品。公司廣泛地使用贈券，特別是在介紹新菜單項目和組合菜餚時，贈券的促銷常會產生很好的效果。奇奇的商店坐落在每一個飯店的前門附近，是又一個絕妙的交易展示工具。在此，客户可以購買瓶裝的瑪格麗特酒、奇奇的瑪格麗特玻璃器皿、不同種類的奇奇炸薯片、T恤和禮品券。

奇奇與Hormel食品公司簽訂了有很大獲利性的協議，包裝並販售貼有奇奇標籤的墨西哥式的食品。在1993年，Hormel公司出版了《在家中製作奇奇墨西哥食品》這一烹飪書。這本書在市場上的零售獲得了極大的成功，現在它已經被多次再版。

讓顧客知道奇奇和它的菜單項目，主要是透過精彩的和具創新性的電視廣告（經常以幽默為主要特色）來實現的。奇奇也對特別規劃和公共關係投入了極大的努力。它在1994年花費了大量的時間和努力來促銷「墨西哥假日活動」，在所有的奇奇飯店進行了兩天的慶典。

就像在本書中所討論的其他成功的公司一樣，奇奇確信市場行銷研究在調整它的菜單和其他服務及設施中的價值。除了餐桌上的意見卡以外，每年連鎖店都在選擇的區域使用「聚焦群體」這一方法，以調查客户對服務的滿意度。

奇奇是一個很真實地使用促銷組合，並投資於北美人口味新時尚的一個經典實例。奇奇成功的最基本的見證就是客户對它的認可。在1994年，奇奇再次（五年中第四次）當選為「美國最受人喜愛的墨西哥飯店」（根據權威機構對客户的調查）。

討論

1.奇奇飯店使用了哪一個促銷組合要素？公司以怎樣獨特的方式來使用這些要素？

2.奇奇飯店對於人們日益增長的對不同民族性的食品的喜好趨向是怎樣投資的？

3.其他的旅遊與飯店業組織會從奇奇飯店的促銷方法中學到並應用一些什麼東西？

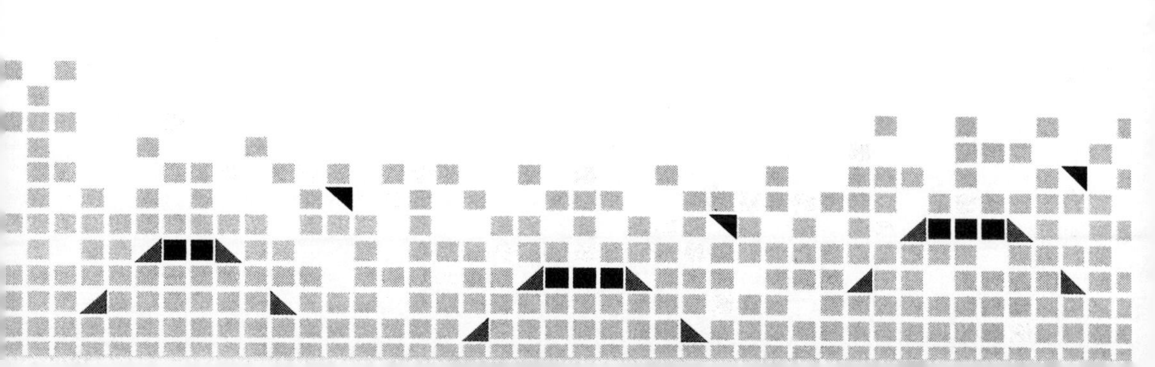

第15章

廣告

廣告或許是最具勸說性和實力的促銷組合要素。在1997年，美國的廣告總支出是1380億美元，比1996年廣告支出增長了5.2%，與1990年相比增長了35%。你們大部分人可能對這些巨額數字不以爲然，畢竟你們幾乎無時無刻不面對這些廣告。你在電視上、廣告板上、公共汽車和建築物上都能看到它，它還會出現在你的郵筒中。你也可以在廣播中聽到它，在報紙、雜誌、週刊、海報和其他的印刷品上看到它。人們對廣告是如此入迷，他們甚至在衣服上刊登廣告！你只需看看NIKE運動衫的流行，就會明白這一點。

廣告媒介和媒體的選擇範圍很廣。選擇最有效的方式來做廣告是一個複雜的和經常使人困惑的程序，仔細的計畫是有效廣告的關鍵。在我們行業中，許多廣告資金都被浪費掉了，就是因爲缺少事前計畫和清晰的廣告目標。

第一節　廣告計畫

一個組織應該爲每一個促銷組合要素草擬一個書面的計畫，其中包括廣告。發展和執行一個廣告計畫需要涉及十個步驟：

一、設置廣告目標

跟所有的計畫一樣，廣告計畫的開始是要先設置一個廣告目標，這個廣告目標必須與總體市場行銷目標相一致。像市場行銷目標一樣，廣告目標也發揮兩方面的作用——它們既是計畫的指導路線，又是評估執行情況的一個方法。

促銷的三個主要目標是傳達訊息、勸說和提醒客戶。廣告目標通常也可以被分成這三個種類，如**表15-1**所示。

除了零售旅行社以外，大部分的旅遊與飯店業組織所從事的廣告可以

表15-1　廣告目標與促銷目標一致的實例

傳達訊息的廣告	・爲了讓人們感知一個新的服務（例如，新的航空公司路線、巡遊包裝、旅館和菜單項目） ・爲了解釋一個新服務的特徵（例如，由一個新的航空路線所服務的城市、一個新的巡遊包裝所經過的港口、一個新旅館的設施和服務、一個新菜單項目的成分） ・通知人們關於價格的變化 ・改變人們對於組織的服務的錯誤印象（例如，擺脫人們對其劣質服務的感知） ・吸引新的目標市場 ・減少人們對於購買某種服務的憂慮或恐懼 ・建立或增強一個組織的形象
勸說性廣告	・提高客户對組織的服務的喜好 ・提高客户對於這個組織或它的品牌的忠誠 ・鼓勵客户從使用競爭對手的服務轉變成使用本公司的服務 ・加強客户即刻或不久就購買服務的信念 ・改變客户對所提供的服務的品質或種類的感知
提醒性廣告	・提醒客户關於服務的銷售地點 ・提醒客户他們預訂服務的時間 ・提醒客户此項服務的存在性 ・提醒客户本公司獨特的設施或服務

分成兩類，它們是：

(1)消費者廣告：向可能使用此服務的潛在客戶做廣告。

(2)貿易廣告：向將影響客戶的購買決策的旅遊中介做廣告。

無論是消費者廣告還是貿易廣告，都應該設置廣告目標。1997年，Club Med做了一個廣告，主題是「本廣告與其他度假廣告不同，並且，Club Med的度假與其他的度假也迥然相異」。此廣告被刊登在旅遊貿易雜誌上，它是貿易廣告的一個實例。廣告文本（包含在廣告中的正文）盡力使旅行代理人相信Club Med度假是眞的不同於所有其他的可替代品（透過產品類別分離來定位的一種形式）。

二、決定是否使用代理機構做廣告

在旅遊與飯店業中，大部分的中型和大型組織使用外面的廣告代理機構來發展和設置它們的廣告。這些機構的服務在本章隨後的部分將被討論。顯然，這個決策是一次性的。然而，對於廣告機構的選擇，更多要看此機構的廣告活動是否成功。

三、設置一個臨時的廣告預算

第20章詳細地描述了一個可行的預算方法。本書建議使用目標和責任方法，這種方法涉及對目標和需要達到這些目標所進行的特別活動的預算。如果市場行銷人員感到他們將總是得到他們所需要的促銷資金，那將很不錯，可是卻並不現實。對組織來講，市場行銷可能並非是優先考慮的。用於市場行銷和促銷的資金可能會受到其他活動和優先權的極大影響。

應該先設定一個臨時的總的市場行銷和促銷預算，再進行廣告預算。總預算應該按比例分配給它的每一個促銷組合要素。當詳細地計畫每一個促銷組合要素的同時，就應該將其成本算出來，並與臨時的預算分配相比較。為了與計畫成本相配合，可能不得不調整這些單獨的計畫，並重新計算。事實上，為確保促銷活動的順利進行，應該建議設置一個多階段而非單一階段的預算程序。

四、考慮合作的可能

本書清晰地強調了在傳遞滿意的客戶經歷中，許多旅遊與飯店業組織都緊密相關。事實上，它們在滿足客戶的需要和想要上是「合作者」。這種合作充滿著生機與活力，它被單獨列出，並作為旅遊與飯店業市場行銷組合的特別要素之一。對於促銷組合的所有要素（包括廣告）來講，都存在著合作的機會。在合作的廣告中，兩個或更多的組織會分攤一個廣告活動的成本。

在旅遊與飯店業中，有許多好的合作廣告的實例。關鍵是先找到目標市場和廣告目標，在此基礎上，「合作者」可以分享互惠的利益。美國運通卡與幾乎所有的承運者和供應商分享一個共同的目標——鼓勵更多的人旅遊，這樣遊客就會在旅途中使用美國運通卡，用以預訂並為旅行付款。由於這個原因，你將注意到美國運通卡在許多旅館連鎖店、租車公司、航空公司和一些遊輪公司中被陳列。另一個例子是本行業與政府聯合的廣告活動，以此來擴大1997年到夏威夷的遊客數量。「聚焦夏威夷」的廣告活動成本300萬美元，此活動是由夏威夷遊客管理局、商業部、經濟發展和旅遊規劃署、美國運通服務部、租車公司和某些其他的承運商、供應商和中介共同主辦的。此活動涉及電視、報紙和雜誌廣告，一時間鋪天蓋地，使一度下降的遊客數量得以回升。

1. 合作廣告的優點

(1)提高對於廣告可行的總預算。這樣就可以設置更多的廣告、使用一個更昂貴的中介，或者提高廣告的規模或它的勸說影響力。

(2)可能會提高贊助商的形象或定位。例如，一個旅館連鎖店因與美國運通卡合作，就可以吸引更多富裕的商務和休閒旅行者，進而來提高它的形象。

(3)能夠讓客戶感到「合作者」的服務會更好地配合自己的需要。因為「合作者」的服務或目的地方便的「包裝」，使廣告更具可信度。

2. 儘管這些優勢是強大的，合作廣告仍然有其特定的局限性

(1)計畫廣告需要更多的時間，為的是讓所有的合作者都感到滿意。

(2)每一個合作贊助商不得不放棄對廣告訊息策略的絕對控制。

(3)每一個合作者都不可能僅展示它的服務或目的地。

(4)各方需要一定的妥協，並且應該仔細衡量廣告設置，以符合促銷目標和廣告目標。**表15-2**概括了這個行業中許多可行的合作促銷機會。

五、決定廣告訊息策略

在發展廣告計畫中，第五個步驟就是決定廣告訊息策略。儘管不同的作者對訊息策略的要素使明不同的名稱，但其核心要素只有三個：(1)訊息

表15-2　在旅遊與飯店業中合作的促銷機會

目標市場	促銷種類	未來的合作者
個體客户	・小冊子 ・中介廣告 ・直郵 ・促銷 ・客户旅遊展示	・航空公司 ・旅遊營運人 ・旅遊批發商 ・旅行社 ・旅遊協會 ・政府旅遊市場行銷機構 ・其他相關的旅遊組織
團體客户	・小冊子和特別的印刷資料 ・特別的雜誌廣告 ・人員銷售電話 ・以公司和團體爲目標市場的公共宣傳廣告	・航空公司 ・境內旅遊營運者 ・旅行社 ・其他的旅遊相關組織
旅遊貿易中介	・小冊子和以貿易中介爲目標市場的印刷資料 ・人員銷售電話 ・直郵 ・促銷 ・產品介紹、代理人培訓和招待 ・對貿易中介所做的促銷廣告 ・給代理人、旅遊營運人和旅遊作家提供旅行	・航空公司 ・旅遊營運人 ・旅遊批發商 ・旅遊協會 ・政府旅遊市場行銷機構 ・其他的旅遊相關組織

觀念；(2)文本綱要；(3)訊息形式。

1. 訊息觀念

廣告中所要傳達的主題、吸引力或利益，被稱之爲訊息觀念。剛才所提到的Club Med的廣告，就傳達了這樣一種觀念，即到Med鄉村俱樂部度假與其他種類的度假迥然相異。

2. 文本綱要

文本綱要是一段文字聲明，完整地描述了訊息觀念。在一個廣告活動中，它發揮著基礎作用。它可能會寫滿一頁，並且通常由廣告代理機構來準備。文本綱要應該包括以下七個項目：

(1)目標市場（表明應該瞄準哪類客戶群體或旅遊貿易中介）。
(2)核心的吸引力或利益（訊息觀念是什麼）。
(3)支持訊息（用來支持贊助商的訊息觀念的統計數據或其他訊息）。
(4)定位方法和聲明（相對於競爭者，贊助商想要以何種形象被感知）。
(5)風格（核心的吸引力或者利益將以感性還是理性的方式被表達？競爭者將被提及嗎？訊息傳達的強度如何）。
(6)運作原理（這五個項目應該怎樣共同合作，以達到廣告目標）。
(7)與其他促銷組合要素相聯繫（廣告應該怎樣與促銷組合的其他要素互相配合）。

下面我們要詳細講述其中的一些概念。第8章闡述了六個可替代的定位方法：(1)特定的產品特徵；(2)利益／問題解決；(3)特定的使用場合；(4)使用者分類；(5)反擊競爭對手的服務；(6)產品類別分離。文本綱要首先描述了所選擇的定位方法，並要將它傳達給客戶。定位聲明是一個簡短的、易於記憶的段落或句子，概括了所選擇的定位。

一個廣告的風格，即訊息觀念將被傳達的方式。它要在感性和理性的吸引力之間作出選擇，處理競爭者的服務訊息，或者根本不提及競爭者。

理性的吸引力或利益是以事實爲基礎的，並且強調人們理性的、生理的和安全的需要（還記得第4章中的馬斯洛需求體系嗎）。感性吸引力則強調心理的需要（例如，歸屬感、尊重和自我實現）。人們一直在議論哪種形式的吸引力會更有效，事實上，對於大多數的旅遊與飯店業服務來講，利用感性的傳達方式會更有效。但是，也有例外。商業廣告被認為使用理性的吸引力和訊息會更有效。對於感性和理性風格的選擇，最終要看組織的個體情況，包括它的觀眾（客戶和貿易中介）、產品的生命週期階段，以及所提供的服務種類。在早期的產品生命週期階段，最好採用理性的風格。而在隨後的階段，感性的風格則會發揮更大的功效。

關於是否提及競爭對手，依然有持續的爭論（比如對於比較廣告的熱門討論）。在我們行業中，這種方法的使用對於速食業、航空公司、租車公司是很普遍的。第五個定位方法──反擊一個特定的競爭者或競爭群體──是最直接和最極端的。通常市場中的「第二位」或一個較低水準的公司會使用這種定位方法，來反擊市場領導者（例如，漢堡王反擊麥當勞、西北航空公司反擊泛美或聯合航空公司）。這種方法在旅館業中也經常出現。

風格的另一個要素是訊息強度。訊息應該怎樣表述才既具有勸說力，又具有可信度？你可能認為訊息越強，就越可能吸引人們的注意力，人們就越可能接受贊助商的觀念。然而，事實卻並非總是如此，這要看所選擇的定位方法。一個廣告的訊息強度，必須被調和以符合它的可信度。例如，假日旅館在八〇年代的促銷活動中，所宣揚的主題是「最大的驚訝是沒有驚訝」。訊息是強烈的──你在任何一家假日旅館都無法找到未曾預料的令人驚訝的事。廣告暗示了，旅行者將不會在假日旅館中發現服務或設施的問題。但是，活動並不成功，為什麼呢？基本的原因就是在每一個假日旅館的營運中，不可能不存在問題，所以這種促銷的可信度就很低，也無法很好地被傳達。所以說格調太高，並不奏效，因為公司過於掐緊了自己的脖頸，沒有了迴旋的餘地。為了使促銷有效，一個強烈的訊息必須對於目標群眾來說是可信的。公司必須對所傳達的事情承諾並兌現。

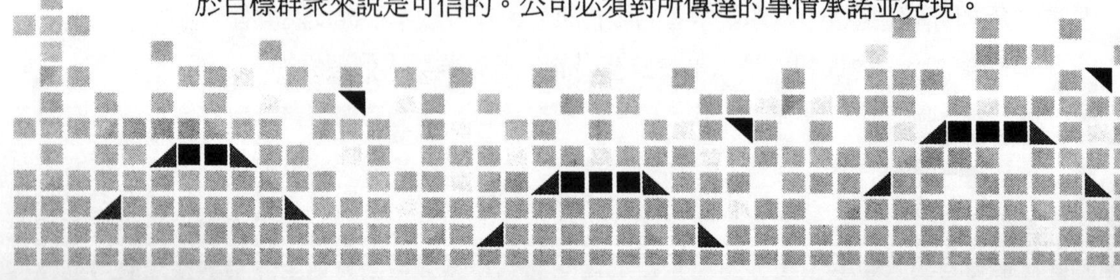

3. 訊息形式

發展訊息觀念的下一個階段就是選擇一個訊息形式。有一系列的創新方法，可以被用來向目標群眾傳達訊息觀念。現對幾個較好的訊息形式描述如下：

證明書　在一個證明書式的廣告中，名人、權威形象、滿意的客戶（眞實的或虛構的），或者對於服務／產品的「擔保」，都會被加以使用。這種廣告在旅遊與飯店業中隨處可見。名人證實的例子包括傑麗．謝菲爾德爲美國運通旅行支票所做的廣告、瓊．瑞伍爲洛杉磯所做的廣告，以及保羅．霍根──「鱷魚先生」爲澳洲所做的廣告。名人證實吸引了人們對廣告的注意力，並且使它們從競爭對手的促銷中脫穎而出。然而，如果相同的證實出現在幾個組織的廣告中，那麼廣告的效果就可能被降低。

權威形象，比如贊助廣告的公司總裁，經常會傳達很有效的證實。這種方法在旅遊與飯店業中被多次使用。例如，大衛．托馬斯爲溫蒂做廣告、比爾．馬里奧特爲馬里奧特做廣告，以及理查德．布朗森爲Virgin Atlantic航空公司做廣告。

第三種證實使用實際的客戶（或者旅遊貿易中介人員）或者扮演客戶角色的演員。1997年，美國運通公司做了與旅遊服務相關的一個廣告，標題爲「美國運通公司的旅行者以最高的信心旅遊」，此觀念展示了美國運通這個旅行代理公司的客戶對於使用美國運通卡來支付旅遊和娛樂支出很滿意。

生活片斷　生活片斷是一個「小劇本」，是來自於日常生活的短劇。在短劇中，贊助商的服務或產品解決了客戶日常的實際生活問題。在我們的行業中一些最好的實例是，由利奧．伯內特美國代理機構所製作的麥當勞廣告。伯內特的廣告被認爲對美國的普通人具有極大的感染力，它的廣告結尾通常都是樂觀和愉快的。例如，一個離開小鎭的小男孩在大城市中找到了學校裡的朋友，這個朋友邀請他在當地的麥當勞吃飯，並一同歡笑。生活片斷形式是很流行的，因爲它具有可信度，並且緊貼客戶的實際生活問題。

類推、聯想和象徵　這種形式使用類推、聯想或象徵來向客戶傳達利益。有一個令人喜愛的旅館的一系列平面廣告，提供了這樣一個經典實例。在標題「你喜歡哪一個」的項目下，廣告之一將這些旅館比作寶石，而其他的則使用精美的繪畫和葡萄酒瓶作為象徵。此廣告的訊息表述得很清楚——每一個令人喜愛的旅館都是不同的，但是它們都具有相同的高品質服務及設施。

精心修飾過的攝影或誇張的情境　這一方法在電視商業廣告和平面廣告中經常被使用。它利用攝影技巧、特殊的效果或誇張的情境來強調或闡明廣告人所要表達的訊息。這裡有一個經典實例，它是為喬治亞州松樹山上的一個遊樂地所做的雜誌廣告，標題是「華美的花式客房」，它展現在人們眼前的是由盛開的鮮花所鋪成的床，枕頭是藍色的天空中柔軟的雲彩，床頭板則是一艘大遊艇。顯然，廣告的目的是想強調遊樂地被高度修飾、精心維護的花園，以及它的以水為基礎的吸引人的景觀。

編制的短語和詞彙　這種形式主要在平面（雜誌和報紙）媒體中被使用。贊助商透過使用具有小計謀的或幽默的短語或詞彙，來吸引人們的注意力。這些詞彙或短語經常出現在廣告標題中，並且通常配以攝影照片或其他繪畫要素。

誠實一轉向　「誠實一轉向」形式經常被一些二流公司，而非市場領導者所使用。贊助商先誠實地表述它的問題（例如，愛維斯租車公司先誠實地表述「我們僅處於行業中的第二位」），然後將問題「轉向」某種利益（「我們要加倍努力，因為除此別無他法」）。

恐懼　恐懼的方法使用一種反面的感情吸引力，激發或使客戶震驚，來讓他們購買或改變態度。這種形式經常在賣保險、旅行支票和公眾問題（例如，愛滋病的防治、禁煙、反毒品和反酒後駕車）中被使用。在一個雜誌廣告中，邊境航空公司描述了一個穿著西裝、畫著「小丑」臉的商務人士。此訊息是要傳達給集會／會議計畫人的，並要引起他們對於粗劣計畫的事件及其後果的恐懼，並建議使用邊境航空公司的特別的會議計畫人服務。廣告專家一般都將恐懼的感情因素與其他情感因素結合使用。如果訊息中的恐懼因素過於強烈，目標市場的客戶就會忽略它的存在。

比較　你已經讀過這一形式，它涉及對贊助商及其競爭對手的直接比較。

你應該可以意識到，最好是將一些訊息形式結合使用。例如，美國運通公司的旅行者支票廣告使用了一個「生活片斷」短劇（人們在外國丟失了支票）並伴以恐懼的情感因素。透過使用幽默和情感的吸引力，可以加強廣告的效果。

六、選擇廣告媒介

擬定計畫中的下一個步驟，就是選擇廣告媒介。由於廣告媒介多種多樣，所以作出這一選擇相當困難。可以使用的媒介有特定的報紙、雜誌、週刊、指南、電視和電台。有兩大類訊息傳播方式——印刷品和廣播。印刷品包括所有出現在報紙、雜誌、直郵和戶外廣告上的訊息。廣播是指透過電子方法所展示的廣告，它們包括電視、電台、磁片和電腦所產生的圖像顯示。

為廣告選擇最好的媒介，是廣告計畫中的關鍵要素之一。這些選擇必須建立在下述七種考慮的基礎之上：

1. 目標市場以及他們的閱讀、觀察和視聽習慣

透過市場行銷研究，一個組織應該清楚所選擇的目標市場的媒介習慣。如果潛在客戶居住在一個大都市中，那麼應該採用地理上特定的媒介，比如當地的報紙、電台、電視、直郵和戶外廣告。另一方面，如果目標市場是旅遊貿易中介（貿易廣告），那麼專業的旅遊貿易週刊可能就是最佳的溝通方式。對於那些具有特別興趣的客戶，比如高爾夫球、網球或潛泳的愛好者，透過特別的興趣雜誌對他們做廣告會最有效。

2. 定位方法、促銷目標和廣告意圖

所選擇的媒介必須支持這個組織想要表述的形象、它的促銷目標和它的廣告意圖。例如，如果一個公司想要一種以奢華為導向的定位，那麼公眾中「高級」的雜誌廣告，比如《紳士》可能就是最合適的。促銷目標和相關的廣告意圖將決定每一種廣告媒介可替代品的適當性。例如，如果促銷目標是勸說並提高客戶對於組織服務的偏好，那麼電視，這個被公認為最具勸導性的媒介，就可能被選擇。如果促銷目標是傳達訊息，廣告意圖是介紹一個新服務的特徵，那麼直郵就會更奏效。

3. 媒介評價標準

一個組織應該使用一系列的標準，來判斷每一個媒介可替代品相對於促銷目標和廣告意圖的適當性。這些標準可能包括下述八個因素中的一項或多項。

成本 這表示了總活動成本，以及每一個讀者、觀眾或聽眾的平均成本。後者經常以每千人的成本為基礎被測量。

觸及面 一個媒介的觸及面指的就是一個廣告至少一次所能面對的潛在客戶的數量。一些平面媒介具有「初級」和「二級」觀眾。大部分的雜誌，都要從最初的訂購者或購買者手中，傳到其他人手裡，這樣就導致了更大的觸及面。

頻率 頻率指的是潛在客戶面對一個廣告或廣告活動的平均次數。一些作者也使用「頻率」，來描述一個特定的媒介在一段時間內被使用的次數。

浪費 浪費因素代表了那些雖然面對廣告，卻並非一個組織的目標市場的一部分客戶的數量。例如，閱讀報紙的人各式各樣都有，所以其中就會有相當大的循環浪費。

製作時間和彈性 製作時間指的就是從設計一個廣告，到這個廣告出現在所選擇的媒體上的這段時間。一些媒介有很長的製作時間（尤其是雜誌），而其他的則相對較短（特別是報紙）。製作時間越短，媒介的彈性就越大（例如，如果必要的話，可以調整廣告活動，以更加符合客戶的需要）。

雜亂與支配 雜亂代表的是在報紙、雜誌、電台、電視節目中的廣告數量。以一個更普遍的意義來說，這個詞彙被用來描述客戶一天所接觸到的大量的廣告。支配意味著一個贊助商能夠在一段特定時間內支配一個特定的媒介。在一個高度「雜亂」的媒介中，這通常是不可能的。

訊息永恆性　一個訊息的永恆性，指的是它的生命期，以及它可以再次接觸相同客戶的潛在性。在一個定期往返、繁忙的航空路線上的廣告板，有相當長的生命期，並且可以多次被相同的旅客注意到。另一方面，電台和電視廣告，則具有很短的生命期——十五秒到六十秒。

勸說的影響力和氣氛　一些媒介比其他的媒介有更大的勸說影響力。例如，電視使用了許多視聽刺激性因素，因而具有很高的勸說影響力。氣氛是一個特定的媒介所給予一個廣告的附加吸引力或煽動情緒。電視由於它具有聲音、運動和其他的可視性刺激因素，所以傾向於創造最具煽動性或「氛圍」的廣告。

4. 每一個媒介可替代品相對的優勢和弱點

一旦一個組織從上面所列示的八點中選擇了標準，它就應該依次去評價每一個媒介可替代品相對的優點。例如，一個設置在特別興趣雜誌上的廣告可能較之在一個主要的新聞日報上的廣告，會有較小的觸及面。

5. 富於想像力的需要

所選擇的具想像力的形式和它將被使用的特定方式也會影響媒介的選擇。例如，爲了獲得最大的影響力，大部分的旅遊目的地廣告都需要色彩和一種可視性的展示。雜誌、電視和直郵小冊子會發揮最好的功效，而電台和報紙卻不能產生相同的煽動性或氛圍。

6. 考慮競爭者的廣告行動

每一個組織都必須經常一邊審視著它自己的市場行銷計畫，一邊又注意著競爭對手的計畫。市場領導者經常具有最多的廣告預算，並盡力控制著特定的媒介。其他的公司就被迫對在這些媒介中的某些廣告展示進行應對（例如，漢堡王、溫蒂和哈迪在電視廣告中追隨麥當勞）。

7. 估計總的廣告預算

分配給廣告的暫時性促銷預算限制了可以運行的廣告數量和所選擇的

媒介。許多小的旅遊與飯店業組織只有有限的廣告預算，必須使用最便宜的媒介（例如，報紙和電台）。跳到電視中做廣告，對於中小型的企業來說，經常是最爲困難的決策之一。

七、決定上廣告的時間

此時，媒介已經選定。另一個困難的決策就是何時設置廣告、頻率怎樣。選擇時間的主要依據是客戶的決策程序和贊助商的廣告目標。在詳細考察這些可替代的時間安排方法之前，重要的是要意識到有兩種決策——宏觀時間安排和微觀時間安排。宏觀時間安排指的是設置廣告的季節或月份，而微觀時間安排指的則是週和天這樣的具體時間。三種主要的可行的時間安排是：

1. 間歇性安排

有一些廣告在幾段特定的時間裡被設置。在每一段時間內所設置的廣告數量可能是相等的，也可能並不相等。遊輪業會使用這種方法，因爲他們會在一年的幾段特定時間內強調不同的巡遊區域（例如加勒比海和阿拉斯加）。

2. 集中性安排

廣告被集中在計畫期的特定部分，在其他時間則並不運行。遊樂地僅在某一季節開放，山下的滑雪場也傾向於使用這一方法，即在需求高峰期的月份內集中運行他們的廣告。

3. 持續性安排

第三種時間安排，即持續性安排，廣告在整個計畫期內持續地進行。旅遊與飯店業組織，包括旅館和飯店，傾向於使用這種方法。

八、測試廣告

一個組織怎樣才能知道它的廣告活動是否會符合廣告目標？沒有任何

保證說廣告將一定會傳遞想要的結果，但是有一種途徑可以降低風險，即透過測試，可以發現廣告是否能以贊助商想要的方式將訊息傳遞給客戶。

測試可服務於三種特定的目標：(1)在完成廣告之前檢測其中粗糙的部分；(2)在將廣告交給媒介之前檢測「已完工」的廣告；(3)決定在一個廣告活動中每一個廣告的使用頻率。可以利用市場行銷研究來進行廣告測試，包括直接評價（給客戶看廣告，並要求客戶對其進行評價）、比較評價（給客戶看一系列的廣告，其中包括贊助商所製作的廣告，並要求客戶表明哪一個廣告最吸引人），以及劇場測試（將商業廣告展示給劇場的客戶看，並讓客戶使用電子撥號的方式來表述他們的態度）。對於各種測試方法的選擇，應該建立在廣告目標的基礎之上，而廣告目標本身又是與客戶的購買決策階段和購買決策分類相關聯的。

九、確定最終的廣告計畫與預算

測試爲完成廣告計畫和預算掃清了道路。像市場行銷計畫本身一樣，書面的廣告計畫必須清楚地闡明目標、研究結果，以及導致了選擇、預算和執行時間表的前提假設，它也必須綜合地描述訊息策略。詳細的廣告成本現在可以算出來了，當然還必須與暫時的廣告預算進行一下比較。這一比較可能會導致對於此計畫和對於其他促銷組合要素計畫的進一步修正。

十、廣告促銷的評估

當計畫的最後一頁完成時，廣告計畫還沒有結束。單獨的廣告及廣告活動的成功要被仔細地監督和測量。因爲廣告活動的成本經常高達成百上千萬美元，所以它們必須被仔細地、持續地進行追蹤調查。公司經常在他們的計畫結束之前，由於一些負面的研究結論和銷售結果，而放棄了一些廣告活動。

事後檢測的目的就是要評估一下廣告運行的效果。事後檢測方法的選擇仍然是以廣告目標和所使用的媒介爲基礎，可以使用下述標準進行測量：

(1)觸及面測量：有多少潛在客戶看到了廣告？
(2)製作效果測量：客戶對廣告感覺如何？
(3)溝通效果測量：客戶是否以廣告目標想要的方式作出了反應？
(4)目標客戶的行爲測量：目標客戶進行了我們想要的行動了嗎？
(5)銷售或市場份額測量：我們達到了我們想要的銷售或市場份額了嗎？
(6)利潤測量：我們創造了想要達到的利潤了嗎？

第二節　廣告媒介

你已經知道選擇媒介的標準，但是我們仍然必須詳細研究一下每一個廣告媒介。主要幾個經常被使用的廣告媒介是報紙、雜誌、廣播電台、電視、戶外廣告、直郵（DM）。有些其他媒介也能夠被使用，包括專業化的指南（例如，《AAA旅遊》和《旅館和旅遊索引》）和各種宣傳材料。

一、報紙

從總花費量來看，報紙是美國廣告業中最流行的媒介。一些旅遊與飯店業組織，特別是航空公司，大量地使用報紙做廣告。這並不令人吃驚，因爲三分之二的美國人每天都讀報紙，而且74%的家庭都規律性地購買報紙。

1. 報紙廣告的優勢

高接觸性　正如以上所述，報紙可以接觸很高百分比的人口數。它們被幾乎所有性別、年齡層、收入水準和職業群體，以及所有種族的人所閱讀。一些主要的日報的閱讀者達到了一百多萬。

高地理集中性 報紙使廣告贊助組織對它們所接觸的地理市場有高度的選擇性。大部分主要的城市都有一份自己的日報。在1997年，美國廣告代理機構協會宣布在美國有一千三百三十八種報紙，其中有四十五種報紙的流通量超過了二十五萬份，這些報紙中僅有幾個是國家級的日報（例如，《紐約時報》），大部分的報紙都服務於它們各自的當地市場。對於使用「地理」來作爲細分標準的組織來說，應該考慮將報紙作爲廣告媒介。例如，大部分的飯店主要從當地市場吸引客戶，而且它們經常認爲報紙是一種很有效的媒介。

足夠的接觸頻率 大部分的報紙每天都要發行，接觸頻率（人們接觸廣告的平均次數）幾乎就等於發行的次數。所以說，報紙是那些必須多次與客戶接觸的訊息的一個很好的傳播媒介（例如，一家航空公司向客戶通報一條新開闢的航空路線）。

有形性 報紙是有形的，讀者可以剪貼並保留廣告、贈券或其他的提供品，而且也很容易將其進行展示或給其他的人看。如果想給客戶提供一個贈券，並讓客戶在贈券上塡上自己的地址，就可以使用報紙作爲促銷工具。

較短的製作時間 廣告製作好以後很快就能被刊登在報紙上。儘管製作時間的長短大部分要取決於廣告自身和所需要的水準，但一般來說一個報紙廣告可以在幾天的時間內被製作和刊登。所以，報紙擅長於宣傳「特別的事件」、價格變化，或其他最新的訊息。

相當低的成本 與許多其他的主要媒介可替代品相比，報紙是一個相當低成本的媒介。由於這個原因，報紙廣告在小型和中型組織中很流行。

能夠傳播詳細的訊息 相較於許多其他的媒介可替代品（例如，電視、電台和廣告板），報紙廣告能向潛在客戶傳達更詳細的訊息。一些較大的廣告贊助組織由自身或與所選擇的夥伴共同合作，透過使用獨立的插入版，向潛在客戶傳達了更爲詳細的訊息。

能夠刊登在最恰當的位置 大部分的報紙包含了幾個專版，允許登廣告的組織選擇一個對它們的目標市場來說最恰當的版面。許多週日的報紙都有旅遊版——對於我們行業的許多組織來說是刊登廣告的絕妙位置。一些報紙每天或一週有一次餐飲和娛樂版，對於飯店和娛樂業的廣告贊助組織是個理想的位置。瞄準商務旅行者的公司通常會認爲商務版是個最恰當的位置。

能夠根據一週內某些天的因素進行安排 爲一些旅遊與飯店業服務刊登廣告在一週內的某些天內比在其他的幾天內更有效。例如，爲吸引人的事物、特別事件和飯店刊登廣告，在週四和週五就比在週一和週二要有效得多。廣告贊助組織有很大的彈性選擇最佳的日子來刊載他們的廣告。

2. 報紙廣告的局限性

當然，報紙廣告在與其他媒介可替代品的優勢相比時，也有它的局限性：

高浪費因素，而且很難瞄準目標市場 報紙可以接觸到這麼多的人，以至於使用細分策略的組織所設置的廣告就具有高浪費因素。使用人口統計資料或心理圖景細分標準而不是地理區劃的組織會發現，報紙對於瞄準目標市場效果很差。

創新形式的局限性 其他媒介特別是電視，給廣告贊助組織很大的彈性來選擇其訊息表達的形式。而報紙就不能最有效地使用生活片斷的形式，幽默或其他的情感也很難有效地被使用。報紙和雜誌所共有的缺點就是缺少視聽的溝通，而且不能展示運動的畫面。在這兩種印刷體媒介中，無法進行「人對人的談話」。

相當低的印刷品質 與其他媒介可替代品相比，報紙的印刷品質相當低。它們缺少雜誌、電視甚至廣告板上的廣告中鮮明而多樣的色彩，儘管報紙的印刷技術正在快速提高。

雜亂 報紙廣告是如此熱門，以至於一個贊助廣告的組織必須每天面對激烈的競爭，以抓住讀者的注意力。許多廣告將每一份報紙幾乎都淹沒，所以只有最大的那一個才會顯現出來。小的廣告就像是廣告海洋中的一條小魚，無人問津。

較短的生命週期　報紙通常被閱讀的速度很快，當然也會很快就被扔在了一邊。這樣，報紙廣告就必須在很短的時間內抓住讀者的注意力。由於報紙廣告的創新形式比較有限，所以廣告贊助組織就將重點放在「突出於競爭對手」這一理念上。報紙的生命週期要比雜誌短得多。

覆蓋全國範圍的高成本　在報紙上刊登全國性的廣告，要比電視商業廣告（全國聯網）的成本大。儘管每份報紙的支出是相當合理的，但是有如此多的報紙，總支出就會達到上百萬美元。

二、雜誌

在美國購買的雜誌數量以億來計算。許多旅遊與飯店業組織，特別是旅遊目的地、旅館、娛樂中心以及航空公司都在這一媒介上投入了大量的資金。它的核心吸引力就是其特定的讀者群、較高的印刷品質，以及普遍的威望。

雜誌的發行量在最近的十年中增長很快。雜誌的範圍從主要的國家級的消費者刊物，比如《電視指南》和《讀者文摘》（發行量超過一千四百萬份），到專業化的商務週刊，比如《每週旅遊》和《旅遊代理》（發行量少於十萬份）。

因爲它們都是印刷體媒介，所以雜誌有一些與報紙一樣的優點和缺點。但在某些方面，比如印刷品質和瞄準目標市場的能力，雜誌顯然要優於報紙。然而，與報紙相比，雜誌的接觸面較窄，接觸頻率較低，而且有較長的製作時間。

1. 雜誌廣告的優點

有形性　像報紙一樣，雜誌是有形的，而且很容易被保存下來。廣告和贈券可以被剪下來並保留，也可以傳閱給其他人。

對讀者群有很強的選擇性　雜誌缺少報紙較寬的接觸面和較高的接觸頻率，但雜誌卻提供給廣告贊助者更具選擇性的讀者群。它們有較少的浪費，而且對於使用細分策略的組織來說很合適。許多雜誌都提供了有關訂閱者的廣泛的人口統計資料，這樣廣告贊助者就能選擇讀者的特徵與他們的目標市場最相似的那些雜誌來刊載廣告。

較好的印刷品質 雜誌的印刷品質要比報紙好得多。許多雜誌廣告很吸引人，有鮮明而多樣的色彩。色彩對於大部分的旅遊與飯店業的廣告贊助組織來說是一個很重要的刺激性因素。無論是加勒比海水的深藍色、山脊令人印象深刻的鉛灰色，還是烤好的牛排的深褐色，總之色彩在我們的行業中是一個特別有效的溝通者。在創造對旅遊目的地或服務的感知上，色彩會產生很大的功效。

較長的生命期和較好的傳閱率 與報紙相比，雜誌會以一種更休閒的方式被閱讀。它們會被更長地擱置在家或辦公室的周圍，通常閱讀雜誌要斷斷續續地經過幾天的時間，而不像閱讀報紙那樣幾分鐘之內就可以完成。我們中的許多人都會因爲雜誌較高的價格而不願把它們扔掉，與報紙相比，我們會更經常地將雜誌傳閱給親戚、朋友和同事，這些附加的讀者使雜誌的生命期和它的接觸面得以延長和擴展。這些因素使得雜誌廣告有更多的時間被注意、閱讀和吸收。如果雜誌被再次閱讀，那麼廣告接觸讀者的機會就要多於一次。

威望和可信度 雜誌由於較高的定價、卓越的印刷品質、其內容性質和編輯範圍，而提供了較高的威望。較之於其他的媒介，特別是電視，客戶更信賴雜誌上的評論。那些想要創造一個有威望的形象，並吸引「高級」或富有客戶的廣告贊助組織，發現雜誌是一個特別有效的媒介。讓我們來看一下《國家地理雜誌》，這本雜誌出版了許多年，其內容受到讀者的尊重，並具有很高的可信度。事實上，它在這一領域是一個權威，它的流通量達到了一千萬，而且此雜誌大部分的讀者都很富有。《國家地理雜誌》的廣告贊助商發現這一威望和可信度增強了他們廣告訊息的可信度。

能傳達詳細的訊息 像報紙一樣，雜誌擅長於傳達有關服務的更詳細的訊息。所以，在客戶需要更多資料的情況下（例如，高參與的購買），他們比特定的其他媒介（例如，電視、電台、戶外廣告）更有效。

2. 雜誌廣告的缺點

儘管雜誌有這些優點，但它們並非是每一個旅遊與飯店業組織最好的媒介，它們更適合於較昂貴的項目（屬於高參與購買決策）。雜誌廣告不像特定的其他媒介特別是電視廣告那樣具有勸導性和急迫性。所以，具有較強的勸導性和急迫性的速食業廣告就更多地出現在電視而非雜誌上。雜誌廣告的主要缺點是：

創新形式的局限性　儘管雜誌較之報紙可以更好地傳達以情感爲導向的訊息，但是它們也同樣無法很好地使用「生活片斷」形式和幽默的手法。而且，由於視聽訊息和運動畫面的缺乏，也限制了可行的創新方法的應用。

雜亂　雜誌面臨著與報紙一樣「雜亂」的難題，儘管問題或許不如報紙的那樣嚴重。在雜誌上登載廣告是非常熱門的，所以較小的廣告很難被注意到。

較低的接觸面　與報紙相比，雜誌所擁有的讀者群較單一化，而且它們缺少廣闊的接觸面。其服務／產品具有廣泛吸引力的廣告贊助組織，比如速食公司，發現使用雜誌來做廣告使他們的廣告目標過於細碎化。

較低的頻率　大部分的雜誌都是每月出版的，這樣，雜誌廣告的頻率就比電視、電台和報紙廣告低得多。它對於需要反覆展現的訊息和客戶的決策程序很短的購買情況不太適合。

較長的製作時間　發展和設置報紙廣告需要幾天的時間。而對於雜誌廣告來說，則需要幾個月的時間。準備雜誌廣告要花費相當長的時間，廣告配置的截止日期通常在雜誌出版的兩個月或兩個多月以前。這就意味著雜誌廣告更適合於較昂貴的項目（例如，度假包裝），以及業務量具有明顯的季節規律的服務。

相當昂貴　雜誌廣告比報紙廣告更昂貴。在某些情況下，成本甚至會超過最佳時間的電視商業廣告。

很難瞄準地理區劃的目標市場　雜誌的讀者在地理區域上是分散的，而且會給想要瞄準特定地區和城市的組織造成麻煩。其他的媒介可替代品對使用地理細分的廣告贊助組織會更有效。

不能根據一週內某幾天的因素來安排廣告設置　儘管一些雜誌每週發行一次，但大部分雜誌都是每月發行一次。因爲它們不像報紙、電台和電視那樣每天都可以設置廣告，所以它們沒有根據一週內某幾天的因素來安排廣告設置的機會。

三、電台

像電視一樣，電台廣告由於聯網的緣故可以在全國進行播送，也可以僅對當地播送。然而，大部分的電台廣告都是僅對當地播送的。電台的廣告贊助組織可以選擇購買節目的間歇時間做廣告，也可以選擇贊助某個節目，在節目之中播出自己的廣告。

1.電台廣告的優點

電台廣告的主要優點之一（除了它合理的價格外），就是它能根據節目的形式來瞄準特定的聽衆群體。每一種形式都會吸引某一特定的群體。

電台廣告有幾個主要的優點是：

相當低的成本　電台廣告是各種規模的組織都可以支付得起的媒介之一，它在所有的媒介可替代品中具有最低的每千人成本量（CPM）。

聽衆選擇性　正如你所看到的，根據節目的形式，電台可以爲廣告商提供一個細分的聽衆群體。因爲電台服務於明顯的地方區域，所以對進行地理細分的組織來說也很有效。相對於電視，大部分的電台服務於較小的地理區域，但卻可以更精密地瞄準地理市場。

較高的頻率　電台廣告與所有其他的媒介可替代品相比，重複播出的頻率更高。所以，儘管電台廣告不像電視廣告那樣具有較高的接觸面，但卻可以透過對每位聽衆更多的接觸頻率來彌補。

較短的製作時間　電台廣告在很短的時間內，經常是幾天就可以被製作出來。廣告商只要給電台一個商業廣告腳本或一份事先錄好的訊息就可以了。

能夠根據一週內幾天的因素和一天內不同時間的因素來安排廣告設置 電台廣告有很強的時間彈性，可以讓廣告商全面利用一週內幾天和一天內不同時間的因素。例如，飯店可以恰好在就餐時間之前播出廣告並刺激聽眾的食欲；吸引人的景點可以推出特別的週末折價入場券，並在週末前的一兩天透過電台廣告向聽眾傳達這一訊息。

2. 電台廣告的缺點

電台廣告似乎對那些具有低參與性的服務／產品的廣告商最爲適合。這些項目似乎更多的得益於電台重複性的播放。電台不是溝通詳細訊息的理想媒介，也不適合於那些得益於可視性展示的服務和旅遊目的地的促銷。電台廣告的主要缺點是：

沒有可視性的溝通 所有其他的媒介可替代品都向潛在客戶提供了可視性的訊息，電台卻不能。一些主要的刺激性因素，比如色彩和運動，無法在電台上運用，這樣就很難創造出一個想要的形象。

不能傳送複雜和詳細的訊息 電台不是一個溝通複雜和詳細訊息的好媒介，所以給相當昂貴（高參與）的服務，比如遊輪和度假包裝做電台廣告就並不是很有效。

較短的生命週期 電台商業廣告的生命週期只有一分鐘或少於一分鐘。如果只聽一次，電台廣告很容易就會被忘掉。要想讓聽眾注意到電台廣告，通常需要進行大量重複性的播出。

雜亂 儘管商業廣告的數量隨電台和節目形式的不同而不同，但通常電台也是一個相當雜亂的媒介。所以，它與報紙和雜誌具有這一相似的缺點。

分享的注意力 電台廣告的另一個缺點就是電台並不經常是聽眾注意力的集中點，它可能會與其他的一些活動（例如，開車、做家務或做飯）一起分享客戶的注意力。由於這一點，廣告贊助者的訊息很容易被忽略掉。

四、電視

無疑電視是今天最具勸導性的媒介可替代品。電視也可以讓廣告人使用各種可能的創新形式，包括生活片斷。對於像速食連鎖店這樣想要接觸全國市場的公司，電視廣告似乎是最佳的媒介可替代品。

與電台一樣，電視廣告贊助商可以從當地電視台，如果在美國，可以從四家電視網（ABC、CBS、NBC和FOX）購買商業廣告時間。每一個電視網都有地方電視台這樣的分支機構，它們向這些分支機構提供節目。這些分支機構使得網絡幾乎覆蓋了全國的範圍。由網絡所設置的廣告會在它們的節目中出現，所以，這些廣告就可以向全國播放。

1. 電視廣告的優點

潛在的高接觸性　北美95%的家庭至少有一台電視，許多家庭都有兩台或兩台以上的電視。電視網絡的商業廣告具有潛在的高接觸性，因爲它可以走入成百上千萬的家庭。儘管北美人每週花許多時間來看電視，但是讓每個人都看見才播出一次的商業廣告的可能性很低。所以，可以透過選擇許多高收視率的市場區域，並且在幾週的時間內於最佳時間重複播出商業廣告，來使接觸面最大化。有線電視廣告在八〇年代和九〇年代經歷了快速的增長，並且大部分的美國家庭都享受到了有線電視的服務。當網絡電視廣告的支出在1996年和1997年之間增長了1.3%時，有線電視廣告則一下子增長了46.4%。由旅遊業、旅館和娛樂中心所製作的有線電視廣告在同期以更高的速度（68.6%）遞增。

較好的勸導效果　電視商業廣告具有很強的勸導性，因爲它們能使用各種創新形式，並全面利用情感和幽默的因素來吸引觀衆的注意力，並能增添某種氣氛。電視也是證實服務／產品品質的一個經典的媒介。

一致地覆蓋全國的範圍　主要的全國性公司，比如麥當勞、漢堡王和溫蒂都喜歡用電視來做廣告，因爲他們的廣告可以很快覆蓋全國的範圍，而且電視商業廣告也被擔保可以在相同的時間（根據時區）內一致地向全國播放。這對於具有標準化服務和廣泛公衆吸引力的組織來說是一個有利的特徵。

可以根據一週內幾天的因素和一天內特定時間的因素來安排廣告設置

電視廣告可以被安排在一週內的特定日子和一天內的不同時間，這一優勢與電台廣告類似。

具有地理和人口資料的選擇性　電視可以使以「地理和人口統計資料」爲細分標準的廣告商，透過選擇電視台和節目形式來瞄準目標市場。然而，其他的媒介通常也可以提供同等的，甚至更高的瞄準目標市場的可能性。

2. 電視廣告的缺點

電視廣告與其他的媒介可替代品一樣，也有一些缺點。主要的缺點是：

較高的總成本　儘管電視廣告的每千人成本量相當合理，但是它的最小運作成本卻阻礙了許多小的和中等規模的企業來使用它。在電視廣告中有兩個重要的成本項目需要考慮——製作商業廣告的成本和從電視台購買廣告時間的成本。儘管製作成本的變化範圍很大，但是它們也很重要。例如，在1997年一個三十秒的全國性電視商業廣告的平均製作成本是22.2萬美元。儘管播放一個三十秒商業廣告的成本隨節目的選擇而變化，但黃金時間的播出通常要花費75萬多美元。有時在重大的事件發生時，比如奧運會，成本會達到上千萬美元。

較短的生命週期　電視商業廣告，就像那些在電台上播出的廣告一樣，生命週期是很短暫的——它們只能持續六十秒或更少。爲了達到效果，它們必須被重複播放幾次，這樣就會給廣告贊助商增加很多成本。

不能傳達詳細的訊息　由於它們較短的持續時間，所以電視廣告在向潛在客戶傳達詳細的訊息方面沒有太好的效果。其他的媒介可替代品，特別是直郵、雜誌和報紙在這方面卻可以做得更好。

雜亂　電視是一個高度雜亂的媒介，每小時都有大量的廣告相競爭以引起觀衆的注意力。許多人對電視商業廣告是如此厭煩，以至於他們會在商業廣告播出的時候改換頻道或離開房間去做一些其他的事情。電視商業廣告一定要足夠精彩，才能在這種雜亂中脫穎而出。

相當高的浪費因素 電視對於細分者來說並不是一個很精密的媒介。所以，它會導致相當高的浪費。

五、戶外廣告

有四個戶外廣告類別：(1)廣告板；(2)標誌印刷板；(3)「引人注目的展覽」；(4)路邊和建築物上的標誌。「引人注目的展覽」是一種大型的和昂貴的展示，經常用燈進行裝飾而且包含移動的部分。它們一般位於交通要衝。許多旅遊與飯店業組織使用其他的路邊和建築物上的標誌來標明它們的位置。另一個戶外廣告的變異形式也越來越流行，那就是運輸廣告（例如，公共汽車上的廣告）。

1. 戶外廣告的優點

戶外廣告在旅遊與飯店業中發揮著重要的作用。事實上，在美國一些主要的戶外廣告贊助組織來自於我們行業（麥當勞、假日旅館、飯店業特許系統和Delta航空公司）。吸引這些組織和其他組織的這種戶外媒介的主要優點是：

高接觸性和高頻率 儘管平均每個人接觸一個戶外廣告的時間很短，但戶外廣告卻具有高接觸和高頻率的潛在力。如果廣告板被設在一個人每天必經一次的路線上，那麼一個月中就會接觸到這個廣告幾十次（頻率）。

地理選擇性 戶外廣告的位置可以恰好被設定在贊助組織的地理目標市場內。例如，服務於當地市場的飯店可以在那個區域內設置廣告板和其他標誌。

不雜亂 與其他的媒介可替代品相比，特別是電視和電台，戶外廣告較少受到雜亂訊息的侵擾。儘管在高速公路的某一範圍可能散亂地設置著許多廣告板和其他標誌，但是其廣告訊息的數量通常要比客戶在其他媒介中接觸到的少很多。

較長的生命週期　戶外廣告比大部分的媒介可替代品都更持久。許多標誌的確是永久性的，或至少要持續幾年的時間。廣告板可以按月保留；較大的標誌印刷板一般是持久的，有時週期性地會轉移到其他的地方。

較大的規模　能夠對潛在客戶產生正面影響的可視性刺激因素之一就是廣告的規模。例如，全版的報紙和雜誌廣告比較小的廣告有更大的影響力。戶外標誌可能很大，它們宏偉的規模足以抓住過路者的注意力。廣告板將近有十二英尺長，十二英尺寬，而標誌印刷板則更大——四十八英尺長，十四英尺寬。

大部分戶外廣告都能溝通短小的而且易於記憶的訊息。這種廣告對低參與決策的服務，比如速食店、其他飯店和旅館的選擇決策特別有效。

2. 戶外廣告的局限性

除了在一些地區某種形式的戶外廣告受到高度的限制，甚至是違法的以外，戶外廣告還有其他的局限性，主要是：

高浪費因素，而且不能瞄準目標客戶　儘管戶外廣告可以瞄準地理細分市場，但對其他形式的細分卻不奏效。像報紙中的那些廣告一樣，戶外訊息可以被各種各樣的人看到，對於使用非地理細分依據的細分者來說就會產生較高的浪費。戶外廣告不如其他的媒介，特別是雜誌、直郵和電台那樣具有高瞄準的能力。

相當長的運作時間　大部分的廣告板和標誌印刷板都要花費相當長的時間來設計、印刷／塗漆和安置。這可能要有幾週或幾個月的時間。另外，對於廣告板和標誌印刷板的位置的供應小於需求，也就是說廣告贊助組織可能必須要等一段時間才能租到它們所選定的位置。

不能傳達複雜訊息或詳細訊息　戶外廣告能有效地溝通少數的詞彙。符號經常要代替言詞，訊息必須簡短而明確，製作工藝必須要有強烈的視覺吸引力，而且要醒目。所以，對於高參與購買決策來說，戶外廣告並不是一個合適的媒介。

缺乏威望　廣告板和標誌印刷板不像雜誌和電視那樣具有威望。事實上，許多人認為高速公路邊的廣告並不美，而且還破壞了周圍的自然風光。

創新形式的局限性　廣告商不能在戶外廣告上運用種種可行的創新形式，對於使用情感或幽默的因素，以及生活片斷形式不是很有效。事實上，許多戶外廣告純粹是來告知訊息的，而且不具有勸導性。

不能根據一週內幾天的因素和一天內不同時間的因素來安排廣告設置　除了一些標誌可以經常被改變以外，戶外廣告通常不能根據一週內幾天的因素和一天內不同時間的因素來安排廣告設置。它們的這一局限性與雜誌廣告類似。

六、直郵（DM）廣告

直郵廣告是「直接或直接響應的市場行銷」的一個要素。直接市場行銷意味著沒有使用中介，服務或產品的生產者直接向客戶促銷，進行預約，並直接「分銷」服務或產品。直接市場行銷主要包括直郵和電話市場行銷。其他直接市場行銷的形式包括在電視和電台上所做的「直接響應」廣告。隨著對資料庫市場行銷的進一步強調，直接市場行銷的效力也在不斷增長。進行資料庫市場行銷的國家中心將它定義為：「管理一個電腦化的資料數據庫，其中包含有關客戶的綜合的、時新的、相關的資料，可以查詢並進行預測，以確認那些最易購買服務的客戶。透過發展預測模型，可以使我們在恰當的時間以恰當的形式將需要的訊息傳達給恰當的人，這樣就可以發展一個高品質的、長期的『經常性客戶』業務關係。」資料庫市場行銷複雜性的增長（主要是透過電腦技術），增強了直郵廣告的優勢。

1. 直郵廣告的優點

在旅遊與飯店業中所使用的主要的直接市場行銷技巧是直郵廣告。由於直郵通常也都是一些印刷品，所以有許多與報紙和雜誌相同的特徵。它主要的優點是：

群體選擇性　直郵廣告是所有媒介中最具選擇性的媒介，因為它會讓細分者瞄準他們的目標市場而產生最小的浪費。這是它在旅遊與飯店業很流行的原因之一。它在地理細分中特別有效，當潛在客戶被分成像旅行代理、集會／會議計畫人或激勵性旅遊計畫人這樣的群體時，直郵廣告也很奏效。直郵目錄最主要的來源是一個組織所擁有的過去的客戶及查詢記錄，許多專門的地址目錄也可以從其他組織或從商業地址目錄經紀人那裡獲得。

較高的彈性　與其他的媒介可替代品相比，直郵廣告在物理上和時間上的約束不是很強。例如，所有的廣告設置都要在媒介公司的最後期限之前完成。印刷品和戶外廣告還必須符合規模大小的限制，廣播式的廣告也有明確的時間限定。儘管直郵也受到郵寄規則的控制，但相對它給了廣告贊助者更大的自由和彈性來設計和「安放」它們。

不雜亂　與其他的廣告可替代品相比，直郵是一個沒有雜亂的媒介。每一份直郵材料都是彼此相分離的，也有許多直郵廣告被設置在大部分的報紙和雜誌中。如果客戶收到太多的直郵廣告，雜亂也會發生。

高度的個性化　所有的其他媒介都是與個人無關的，而且無法一對一地與客戶進行有效的溝通。然而，直郵卻給廣告贊助者一個很好的機會來進行更個性化的溝通。直郵廣告越具個性化（例如，將郵票貼在封面，手寫的信件，並且開頭寒暄時使用這個人的名字），就越可能被打開並閱讀。

能夠測量「響應」程度　測量直郵廣告的影響力是比較容易的。發出者確切地知道被郵寄的直郵廣告數，而且能透過不同的方式來測量「響應」程度（例如，寄回的申請卡數量、收回贈券的數量）。而其他的媒介，特別是電視和電台，評估廣告效果就相當困難。

在旅遊與飯店業中一個增長的廣告部分就是「直接響應」類的廣告。這些直接響應的廣告，其目標通常就是發展資料庫或查詢地址名錄。一旦這些查詢產生，組織就可以透過免費電話，或郵寄的贈券卡，以及一些「伴隨」材料，比如《遊客指南》、小冊子、地圖或錄影帶來針對查詢進行解答並促銷。澳洲旅遊者協會在1997年於《旅行者》雜誌上刊載了廣告，透過使用免付費電話或寄回一張填好的贈券，讀者就可以得到一本一百三十六頁的旅行計畫書。澳洲旅遊協會正盡力以此方式建立一個相關的人口統計資料和旅遊喜好訊息的查詢資料庫。

有形性 直郵給了客戶一些可以觸摸、感覺、保留或傳遞給其他人的有形的東西。在這一方面，它與報紙和雜誌廣告類似。

較低的「最小成本」 儘管直郵通常被認爲是相當高成本的媒介（以每千人的成本爲計算依據），但它的「最小成本」卻相當低。對於報紙、雜誌、電視、電台和戶外廣告都有一個「最小成本」。有時這些媒介的「最小成本」對於較小的組織來說太高了，而有限的直郵低於100美元就可以進行，這對各種規模的組織來說都是可支付的。

較短的運作時間 直郵廣告在它們被郵寄後的幾天就可以接觸到潛在客戶。一旦發送者集合了被郵寄者的通訊錄，並準備好了郵寄材料，運作時間就會更短。

2. 直郵廣告的缺點

直郵廣告有幾個缺點，它們是：

「垃圾郵件」和較高的丟棄率 「垃圾郵件」是我們給大量生產的直郵廣告賦予的名稱，這種直郵廣告的稱呼通常是「親愛的住戶」等。人們對收到這種大量的直郵廣告很惱火，經常還沒打開或閱讀就把它扔掉了。不幸的是，這種抗拒心理擴散到所有的直郵廣告上，也就是說直郵廣告必須具有高度的個性化或獨特性，才不會被人當做垃圾扔掉。

總成本相當高 儘管直郵廣告的「最小成本」很低，但它以每千人的成本（CPM）爲依據，卻是一個相當昂貴的媒介。爲了避免「垃圾郵件」的外觀，使用一類郵費（所有直郵廣告郵費都分開來付）是很必要的。即便採用大宗郵費，與大衆媒體，特別是電視相比，它的CPM也是相當高的。

創新形式的局限性 儘管直郵廣告比報紙和雜誌廣告有較少的物理限制，但它僅是個視覺媒介。它不能使用生活片斷形式，情感或幽默的方法

也不能有效地被運用。

傳統的媒介可替代品已經討論過了，還有重要的一點你必須認識到，那就是技術的前進會產生幾種新的廣告形式。這些包括被稱作互動媒介（組合使用電視、電腦或電話線來獲得訊息或預訂旅遊與飯店業服務）的多種技巧。這些新的媒介可替代品預計會隨著客戶「在家購物」需求的增長而更具吸引力。例如，希爾頓飯店的房間和Club Med的度假可以透過家中的個人電腦來預訂。許多旅遊與飯店業組織也透過全球資訊網在Internet上製作可行的訊息。這些組織發展了網頁，包括電腦化的文本和圖像，可以被Internet的使用者所瀏覽。全球資訊網上的網頁由「超文本」（多文本編輯）構成，電腦的使用者選定了感興趣的主題後，就會自動轉換到有關這些主題的新網頁上。截至1995年末，許多旅遊目的地的市場行銷組織、旅館和娛樂中心、航空公司和其他旅遊公司都在全球資訊網上設置了網頁。在網絡和有線電視上有越來越多的旅遊節目，這些特別的節目正在給旅遊與飯店業的廣告商提供新的機會來製作直接響應的電視廣告。

第三節　廣告代理機構的作用

大部分的中型和大型旅遊與飯店業組織都使用廣告代理機構來發展並設置它們的廣告。廣告代理機構可以提供五種明顯的服務：

一、廣告計畫

大部分的廣告代理機構都會爲一個組織進行全面的廣告計畫，包括前面所描述的十個步驟。儘管存在這一服務，但是贊助組織通常應該自己執行第一到第四個步驟，並且給代理機構有關訊息觀念的指示。

二、製作服務

製作有效的廣告是一門藝術，廣告代理機構雇用了最有才智的人來提供這項服務。代理機構會發展文本綱要，決定訊息格式，並選擇廣告媒體。大部分組織都要求它們來做電視、電台、報紙和雜誌廣告，事實上，它們可以幫助組織做各種形式的廣告和促銷。廣告代理機構實際上不能直接製作廣告，但卻可以將這一功能交付其他專業公司來執行。

三、媒介服務

廣告代理機構選擇媒介並從媒介「購買」時間或空間。事實上，代理機構所賺得的大部分錢是來自於設置廣告的媒體支付的佣金。佣金率通常是廣告費用的15%。代理機構也要監督和控制媒體所進行的廣告活動。

四、研究服務

除了最小的代理機構以外，其他所有的代理機構都會提供市場行銷研究服務，特別是有關檢測廣告的研究服務。而且，研究通常是由與代理機構擬定合同的專業研究公司來做，研究工作要在代理機構的監督／指導下進行。

五、促銷和交易展示服務

許多代理機構提供製作促銷和交易展示材料的服務，因爲這些促銷經常是由特別的廣告運動支持的，所以這樣的安排很方便。

一個旅遊與飯店業組織在創造和協調它的廣告方面至少有四種選擇權：(1)由自身完成；(2)所有廣告都由一個廣告代理機構完成；(3)一些自己

做，一些由廣告代理機構完成；(4)使用一個以上的代理機構或其他的專家。

對於所有的旅遊與飯店業組織（除了很小的那些以外）來說，使用代理機構是一個明智之舉。使用代理機構的主要優點是：

(1)代理機構雇用了在廣告方面具有最好的創意思維的人才。
(2)代理機構累積了與各種各樣的客戶打交道的工作經驗，所以比客戶本身有更廣闊的眼界。它們是一個獨立的團體，所以對客戶存在的機會和問題更客觀。
(3)與廣告代理機構訂立合約實際上會節省贊助組織的資金投入。由自己來完成廣告而雇用全職的廣告專家，要比使用代理機構的工作人員昂貴。
(4)代理機構可能要比贊助組織更熟悉媒體。

本章概要

廣告是最具擴張性的促銷組合要素，被各種類型和規模的組織所使用。如果它被很好地研究、仔細地計畫和有創造力地執行，就可能具備極強的促銷功效。大部分的廣告媒體都是「雜亂」的，所以發展吸引人的、值得記憶的廣告就成了廣告人主要的挑戰。

廣告本身就是一個「小系統」，從設置廣告目標開始，以測量結果為結束。有效的廣告建立在研究、分析和決策（來自於狀況分析、市場行銷研究結果、市場行銷策略、定位方法和市場行銷目標）的基礎之上。廣告計畫是總體市場行銷計畫的一個部分。

本章複習

1.發展一個廣告計畫時所應遵循的十個步驟是什麼？

2.廣告目標的三個主要類別是什麼？應該在何時使用每一個類別？

3.客戶和貿易廣告的差別是什麼？對於客戶和貿易廣告來說，哪一個媒體是最恰當的？

4.一個訊息策略的成分是什麼？

5.廣告中所使用的最流行的創新形式是什麼？在使用這些形式方面所有的媒介可替代品都同樣有效嗎？

6.當選擇一個廣告媒介時，應該考慮哪七個因素？

7.主要的媒介可替代品的優點、缺點是什麼？

8.旅遊與飯店業使用一樣的媒介可替代品嗎？請解釋你的答案。

9.廣告代理機構通常會提供哪五項服務？使用代理機構的優點是什麼？

延伸思考

1.選擇一個你最感興趣的旅遊與飯店業組織，找出這個領域內的五家或六家領先的公司或組織。觀察或收集最近來自於每一個組織的廣告。仔細地研究這些廣告，並判斷贊助組織所使用的訊息觀念和創新方法是否類似？如果不的話，它們怎樣不同？你認為哪一個最有效，為什麼？所有的組織都使用相同種類的媒體嗎？

2.你是一個廣告代理機構的經理，專門為旅遊與飯店業組織做廣告。一個新的潛在客户（旅館或飯店連鎖店、航空公司、主題公園、政府旅遊部門或其他）向你徵求一些有關它該使用哪個媒體的建議。你將建議什麼選擇標準？根據這些標準你將怎樣評估每一個媒介可替代品？你將推薦哪一個特定的媒體？

3.在當地社區內一個小的旅遊與飯店業組織的業主要求你發展一個廣告計畫。你在發展這計畫的過程中，將遵循什麼步驟？在準備計畫中都涉及到誰？為計畫準備一個詳細的大綱，可能的話，建議一些特別的步驟（例如，所使用的媒介、訊息策略、時間設定、合作廣告的價值)。

4.本章強調了合作廣告的重要性。在全國範圍內或地區範圍內，或你所在的地區，選擇五個合作廣告的經典實例。與合作廣告項目中的參加者會談，看看他們對聯合促銷的感覺如何？這種廣告形式給他們帶來了怎樣的利益？它的局限性或問題是什麼？描述每一個廣告運動。你認為我們行業中應該有更多的組織進行合作廣告嗎？為什麼（不）？

經典案例：廣告——哥倫比亞旅遊部

「壯美、自然的哥倫比亞」一直是這幾年來哥倫比亞旅遊部、政府旅遊促銷實體和它的廣告代理機構所使用的主題（定位聲明)。這個廣告活動贏得了許多獎項，而且是第15章中所討論的有效廣告的一個經典實例。

到哥倫比亞的遊客通常年紀較大，受過良好的教育，並且較富有。根據這一描述，科塞特廣告代理機構和哥倫比亞旅遊部選擇在特別的消費者雜誌上投入了大量的廣告預算。第15章列示了六個主要的雜誌廣告的優點：(1)有形性；(2)高群眾選擇性；(3)高印刷品質；(4)較長的生命週期和較好的傳閱率；(5)威望和可信賴性；(6)能夠傳播詳細的訊息。科塞特廣告代理機構表示，「雜誌具有較長的生命週期，提供了卓越的四色印刷技術，所以我們能展示出我們產品的最優特色，並且緊密地配合我們所追求的目標市場。」

為了這一廣告目標，來哥倫比亞的遊客被進一步細分成觀光／城市遊客和野外／探險遊客。為接觸觀光／城市遊客而選擇的雜誌包括主要的消費者旅遊刊物，比如《旅遊與休閒》和《國家地理旅行者》；瞄準年齡較大的旅行者的刊物，比如《現代成年人》和《成年人展望》；以城市為導向的刊物，比如《洛杉磯》和《德克薩斯月刊》；還包括一些其他的刊物，比如《讀者文摘》、《日落》和《探索》等。為接觸以野外／探險為導向的遊客而選擇的雜誌包括《運動圖解》、《田野與河流》、《戶外》、

《山脈》和《先生》。接觸加拿大東部的遊客要透過飛機內的雜誌，以及像《時代》、《加拿大地理雜誌》和《春分／秋分》這樣的刊物。從以上你可以看出，哥倫比亞旅遊部進行的是多階段的細分，運用了不同的細分依據：地理的、人口統計資料、旅行目的、與產品相關以及生活方式。

哥倫比亞旅遊部所使用的廣告富含多樣的訊息，目標就是要讓遊客高度地感知到哥倫比亞作為一個旅遊目的地，所具有的秀美而旖旎的自然風光。

地方政府和它的廣告代理機構發現最有效的雜誌廣告一般包含一張「清晰而不雜亂」的照片、一個很明顯的標題，以及極小的一段文案。它們遵循了我們在第14章和第15章中所討論的觀念——儘可能地使廣告簡單！下述的廣告是這一理論的一個經典實例。「越來越多的美國人來到哥倫比亞旅遊觀光」這一標題很清晰，而且非常鮮明；只使用了一張照片，照片本身很簡單，也有極高的專業水準，展示了哥倫比亞海岸旅遊區旖旎的自然風光；文案很有限，被設置在廣告的頂部，以吸引最大量的讀者。這份廣告簡單而又獨特的特徵收到了預期的效果。同一廣告活動中其他的廣告也具有相似的特色：高水準的攝影照片和創新、醒目的標題。

對於野外／探險類的遊客，有一個「最近的車鳴聲在一百四十公里以外」的廣告，展現了一個釣魚的人在一條美麗的河中涉水並拋線釣魚的情景。對於滑雪愛好者，有一個「白色的開闊空間」的廣告，清晰地展示了這個省中的高山滑雪地區。另一個題為「鄉村度假、城市度假，只要穿過那座橋你就可以來到它身邊」的廣告強調了城市的多樣性和鄉村的迷人風光的組合魅力。當然，所有的廣告都清晰地表明了相同的主題，即：「壯美、自然的哥倫比亞」。

相同的表現方法也應用於哥倫比亞旅遊部的所有其他的促銷材料，這樣就使促銷活動具備了一致性的優點。

這些哥倫比亞旅遊部的廣告不僅是絕妙創制、瞄準目標市場、執行廣告目標的經典實例，而且它們也反應出在發展廣告之前必須做準備工作的重要性。哥倫比亞旅遊部是市場行銷研究的堅定信仰者，而且它們在對廣告訊息策略、媒介選擇和計畫作出決策前就在研究上投入了大量的資金。這一仔細研究和高品質廣告的非凡組合給這個省帶來了豐厚的收益——旅遊收入在過去的十五年中翻了一倍多。

討論

1.什麼因素使哥倫比亞旅遊局的旅遊廣告如此突出？

2.其他旅遊目的地的旅遊部門能從哥倫比亞旅遊部的廣告方法上學到和應用一些什麼東西？

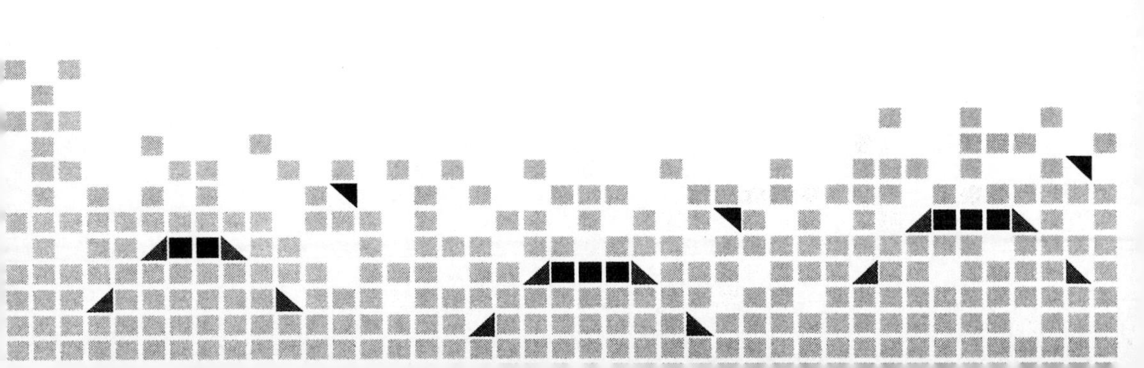

第16章
促銷和交易展示

促銷和交易展示是兩個相關的促銷組合要素，它們能對促銷產生極大的影響。這一章開始就定義了這兩個名詞，並解釋了它們所發揮的作用。再者，它強調了這兩個活動應該提前計畫，並且應該配合其他的促銷組合要素，特別是廣告。本章還描述了可行的促銷和交易展示、它們的作用和優點以及計畫和執行促銷的步驟。

作爲許多商品和服務的消費者，你可能比你認爲的更關注促銷和交易展示。當你逛本地的商城時，你被各種交易展示所包圍。在櫥窗內的展示、吸引人的海報，甚至是移動的物體，都被設計來吸引你的注意力。當你拿到一份報紙或者郵件，你將會發現許多贈券會提供特別的價格，項目從比薩到褲子。如果你經常去速食店的話，你就有機會大量地收集一些玻璃器皿、盤子和兒童玩具。這些都是促銷和交易展示的例子——促使你購買的可視性和材料誘因。

在美國，花在促銷和交易展示上的錢的增長速度比花在廣告媒介上的錢的增長速度快。根據1997年的調查顯示，1996年花在促銷上的費用總數是1400億美元，比同年廣告支出1260億美元還要多。爲何重點從廣告媒介轉到了促銷和交易展示上？專家表示有三個原因。首先，廣告媒介的成本增長很快，迫使公司尋找其他的方式來促銷它們的產品和服務。其次，在廣告上體現獨特性越來越難，這是由於許多廣告的雜亂性和高品質的要求所造成的。第三個原因就是促銷的結果是可以測量的，而廣告的有效性測量則相對困難。

第一節　促銷、交易展示和促銷組合

一、定義

促銷是不同於廣告、人員推銷及公共關係和宣傳的促銷方法，這種促銷方法可以給客戶一個短期的促動力，使其立刻作出購買行爲，其方法包括贈券、贈送免費樣品和舉辦活動等。交易展示或者賣點「廣告」包括店內爲了刺激銷售所使用的材料（例如，菜單、飲料單、招牌、商品陳列、海報和其他的賣點促銷項目）。

這兩個技巧是緊密關聯的，並且一些作者認爲交易展示是促銷的一個技巧。鑑於交易展示在「零售」的旅遊與飯店業服務中極大的重要性，本書就將這兩個促銷組合要素分開來講。

二、首先要計畫促銷組合

你應該立即意識到旅遊與飯店業組織並沒有總是將促銷和交易展示作爲廣告的可替代品。在一個仔細協調的促銷活動中，所有三個促銷組合要素都是其中的一部分。在一個「三力相合」極具力量的促銷中，它們可以協力合作。廣告創造了感知，交易展示喚起了客戶的記憶，促銷促動了購買。領先的速食連鎖店完美地結合了這三種方法。電視商業廣告使客戶注意到促銷（例如，減價的兒童玩具、買一贈一或其他的折價），外部的招牌、內部的陳列以及海報都會使客戶想起廣告，飯店內的折價又會促動購買。服務員的個人推銷又會進一步提高促銷的效果。

如果它們相一致，並被仔細地協調，就會在這些促銷組合要素中產生極大的協同作用。

這要做仔細的事先計畫，並且要設定時間。再者，它也意味著所有的促銷組合要素都不應該被獨立地計畫，而應該儘可能地彼此補充。

三、促銷和交易展示的作用

許多人都認爲促銷經常被誤用。經理們傾向於將它作爲「快速應對」某一狀況的方法，而事實上這一狀況可能需要作長期的解決。例如，一個旅遊和飯店業組織有了嚴重的市場行銷問題，比如不恰當的市場行銷策略、錯誤的定位方法或低劣的聲譽、無效的廣告或不充分的服務及服務種類。而促銷會產生快速、正面的效果，來掩蓋這些長期的問題。促銷無論是在什麼時候都能被快速地推出。當銷售擴大時，它們會使經理人在短期內顯得成績卓越。但如果每一個促銷都緊跟著前一個，那麼管理層就不會意識到還存在著嚴重的問題。當他們發現問題時，就可能太遲了而無法予以修正。

許多特定種類的促銷所使用的東西，特別是贈券，都是價格競爭的一種形式。以價格爲基礎的競爭經常會惡化成價格大戰，在這裡沒有贏家，它只會促使客戶不斷地期待折價。它侵蝕了客戶對特定公司或品牌的忠誠，鼓勵他們成爲折價的尋求者，讓他們總是轉向最低的價格供應品。

那麼促銷和交易展示最恰當的作用是什麼呢？答案就是用來宣傳公司最主要的優勢，以實現短期目標。促銷通常不能用來建立長期的公司或品牌忠誠。

也有使用這些法則的例外，因爲不是所有的促銷都相同。贈券或折價提供通常不會改變客戶對一個公司或它的品牌的基本態度，它們不能鼓勵對於這個組織的服務或產品的長期使用。但是給客戶免費的樣品（例如，品嚐新的菜單項目或葡萄酒、免費感受「升級」到新水準的服務）可能會改變他們的態度，並且他們最終可能會成爲忠誠的、長期的客戶。

促銷和交易展示應該在需要時才使用，而不該持續地進行。在這一方面，它們與廣告、人員推銷和公共關係不同，這些促銷方法都需要持續、長期的使用。促銷和交易展示應該週期性地被推出，以實現短期目標，比如：

1. 促使客戶嘗試一種新的服務或菜單項目

當旅遊與飯店業組織介紹新服務時，經常會將此作爲短期目標。美國航空公司向它的頭等艙乘客免費提供男女都適用的睡衣，作爲一種激勵品，鼓勵客戶嘗試夜間穿越大西洋的頭等艙飛行服務。肯德基使用一種包裝價格、廣告和店內的交易展示，來促銷它的14.99美元的家庭「大餐」中的上校雞塊。比薩店使用贈券來促銷它的新「比薩炸彈」。

2. 提高非高峰期的銷售量

這是促銷的第二個關鍵性的作用，它經常在旅遊與飯店業中被應用。聯合航空公司在1990年4月面對傳統的低營業量時期，推出了「起飛」遊戲（一種刮擦式的卡片遊戲）。四百萬張遊戲卡片被寄了出去，而且在這次遊戲中將免費贈出一萬五千個飛行旅程（時間從1990年的6月1日到12月5日）。此次促銷花費了聯合航空公司250萬美元，但卻取得了極大的成功。許多贏得這次旅行的人（單人）最終是帶著他們的家庭或伴侶一起飛行的。

3. 提高在重大事件、度假或特別時期的銷售量

每年都有幾個重要的事件和度假的時期，此時公司就會使用創造性的促銷和交易展示來擴大銷售，以超過平常的水準。想一想聖誕節吧！你將會很快意識到商店在這樣的節日中進行了特別的努力以從你荷包中賺錢。速食店也在特定的季節和假日中加強它們的促銷，特別是在聖誕節時。逐漸地，速食業開始將它的促銷與以孩子或家庭為導向的新電影的發行協調起來。例如，麥當勞與Paramount影業公司在1993年合作，以配合電影《反斗智多星II》和《阿達一族》的發行。作為1億美元聯合促銷的一部分，麥當勞客戶只要購買一個大三明治，就能購買兩張按折扣價5.98美元出售的電影票。這種聯合的廣告和促銷活動被限定了時間，以配合感恩節和聖誕節。

有時一場重要的體育賽事、一部新電影的發行，或者一個公司的週年紀念，都會成為一種時機。像冬季和夏季奧林匹克運動會、世界杯等等就是經常與促銷緊密結合在一起的重要的體育賽事。在1994年年末，電影《非洲的一個好男人》的發行，就得益於由格萊梅斯影業公司與旅行社合作進行的網際網路上的彩票促銷。

4. 鼓勵旅遊貿易中介進行特別的努力來銷售服務

貿易促銷經常將此作為它們的目標。航空公司、租車公司、遊輪公司和其他旅遊與飯店業組織會給旅行代理追加額外的佣金，提供免費的旅行，並贈予獎品，旨在讓旅行代理多為自己提供業務量或客戶。在第13章和第14章中，你已經讀到美國運通公司的彩票以及希爾頓的「鑲金蘿蔔」的贈品。你也很清楚地知道「受人歡迎的供應商」關係，在這樣的關係中旅行代理會從供應商那裡得到比平均水準更高的佣金率。

5. 有助於銷售代表從預期客戶那裡獲得業務量

特定種類的促銷有助於銷售代表「完成銷售」(得到客戶的預約)。公司經常會提供「贈品」，交給或郵寄給預期的客戶。這些被歸類爲「特製品廣告」(帶有贊助者名稱的不同種類的項目)。

6. 為中介進行銷售提供便利

承運人、供應商和旅行目的地區域向旅行社提供多種多樣的店內交易展示材料，以幫助它們銷售服務，這些包括小冊子、海報、各種陳列品和「特製品廣告」項目（例如，鋼筆、氣球、背包)。

第二節　促銷和交易展示計畫

與廣告一樣，一個書面的促銷和交易展示計畫應該被準備並包括在市場行銷計畫中。準備這樣的計畫的基本步驟與擬定廣告計畫所使用的步驟類似，它包括：

一、設置促銷和交易展示目標

每一個促銷和交易展示活動都應該建立在一個清晰的目標基礎之上。從前面的討論中你應該意識到，這些目標通常要比廣告目標簡短。促銷和交易展示也必須符合所有的市場行銷目標的四個基本標準，這些在第8章中已經討論過了。促銷和交易展示目標通常都具有勸導性，它們可以透過如下兩點在短期內促動銷售：

(1)說服新客戶嘗試服務及設施，說服旅行中介來推薦這些服務及設

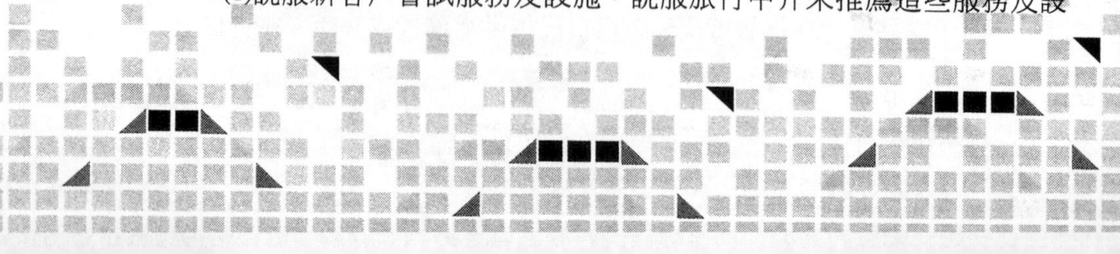

施。

(2)鼓勵目前的客戶和旅行中介更經常地使用服務及設施。

你應該意識到廣告、促銷、交易展示和人員推銷目標經常在一項「活動」中緊密地相互配合。換句話說，促銷和交易展示目標很少是獨立設置的，他們與較長期的廣告或人員推銷目標緊密相關。

二、選擇是否使用代理機構

每一個組織都必須決定是由自己來生產促銷和交易展示材料，還是使用外面的公司來發展和生產它們。大部分的中型和大型公司都會選擇外面的公司，他們會與廣告代理機構或其他促銷專家訂下合約。無論使用哪種方式都有其優點和缺點，這與廣告中所講的類似。

三、設置臨時的促銷和交易展示預算

應該從臨時性促銷的總預算中宏觀性地分配一部分給促銷和交易展示，起初設定的預算量應該被作爲選擇和設計促銷和交易展示活動的標準。這些活動的實際成本一經確認，臨時性的預算就可以被重新分配。

四、考慮合作的促銷

進行促銷和交易展示的下一個步驟就是要考慮潛在的合作方法。在旅遊與飯店業中有許多促銷的合作機會，就跟廣告促銷的合作機會一樣多。例如，「測試性的旅行」就是提供給旅行代理和旅遊批發商的免費或折價旅行，旨在鼓勵他們推薦或使用贊助組織或旅遊目的地的服務。這些旅行的成本經常由承運人、供應商和旅遊目的地的市場行銷組織分攤。

與旅遊與飯店業外的公司進行橫向的合作促銷也是可能的。你在這一章的前面已經讀到麥當勞與Paramount影業公司的合作促銷。另一個實例就是必勝客與非凡娛樂實體（漫畫的出版商）的合作促銷，由740萬美元的廣告活動支持，此次促銷涉及生產四種特別的必勝客出版物，它們是賣得最好的系列漫畫《X人類》。此次聯合的促銷瞄準三至十一歲的兒童，旨在鼓勵客戶經常來必勝客就餐，時間持續八週（每隔兩週發行一本刊物）。

五、選擇促銷和交易展示的方法

該考慮的下一個問題就是哪一種促銷和交易展示方法在達成目標方面是最有效的。有許多可行的替換方法，選擇恰當的促銷方法類似於在廣告中挑選最佳的訊息形式。

大部分的旅遊與飯店業組織既對客戶，又對貿易中介進行促銷。一些促銷活動和交易展示材料是直接針對客戶特製的，同時其他的一些則旨在瞄準旅遊貿易中介。對貿易中介的促銷經常被稱之爲「推進」銷售——中介再向客戶促銷。「拉動策略」是瞄準客戶的促銷——客戶透過分銷管道來拉動服務或產品的銷售。大部分的旅遊與飯店業組織似乎更喜歡推進策略，主要是因爲旅遊貿易中介的數量要比潛在客戶少得多。在特定的情況下，比如飯店，一般不使用中介，所以推進策略對它就不適合。在結束這個話題的討論之前，你應該意識到這不是一個簡單的「或者這個或者那個」的問題。一個組織可能會組合使用貿易（推進）和客戶（拉動）促銷。

一些旅遊與飯店業組織使用促銷來加強他們自己的銷售人員的人員推銷努力，這被歸類爲銷售隊伍的促進。

另一種促銷方法的分類是分成「嘗試」和「使用」型的促銷。例如，贈券和樣品在吸引新客戶嘗試一項服務或產品方面相當有效；而另一方面，彩票則在說服目前的客戶或貿易中介更經常地使用服務方面特別奏效。一個組織可能會決定使用一種「嘗試」和「使用」相結合的促銷方法。

在這本書中，我們要根據促銷和交易展示方法所固有的特徵進行分類。選擇這種方式進行分類，是因爲你將逐步明白，對貿易中介、客戶和銷售隊伍進行的促銷，其方法是相同的。

促銷和交易展示方法可以被分成兩類：特別的溝通方法和特別的提供品。第一類方法提供給促銷者與潛在客戶和旅遊貿易中介進行溝通的額外選擇權。

特別的提供品是給予客戶、旅遊貿易中介和銷售代表的短期誘因。使用特別提供品的客戶和貿易中介通常被要求進行購買或預約。如果不購買或預約，他們至少也必須採取某種確定的行動（例如，塡表並寄回一張塡好的贈券）。提供品有多種形式，包括折價券、禮品、免費旅行和餐飲，以及給予中介和銷售代表的額外的佣金。

1. 特別的溝通方法

特製品廣告　特製品廣告（有時也稱之爲「廣告特製品」）是針對潛在客戶或旅遊貿易中介的免費項目。這些項目經常列示著贊助者的名稱、標誌或廣告訊息，通常是一些辦公用品或獨特不尋常的禮品，包括鋼筆、鉛筆、茶杯、玻璃杯、紙鎭、火柴、信箋、煙灰缸、背包、氣球、T恤等。許多旅館房間內提供給客戶的舒適性用品（香皀、洗髮精、牙膏、針線包、浴帽）也屬於這一類；某些航空公司也爲乘客提供「舒適用品」。最有效的特製品廣告項目要滿足四項標準：

(1)它們是爲特定的目標市場或旅遊貿易中介所選擇，而且這些項目要麼有用，要麼能吸引這些人。
(2)它們建立在特定的促銷目標的基礎之上。
(3)它們與其他促銷組合要素緊密相連。
(4)它們被創新性地加以設計，對於接受者來說具有長期的價値或者可以長期使用。

由希爾頓旅館所做的創新性促銷證實了其特製品廣告項目是如何符合這四項標準的。在1996年，希爾頓組合使用了促銷、廣告和人員推銷來提高它的激勵性旅遊的銷售量。公司在激勵性旅遊和會議／集會計畫人常閱讀的貿易雜誌上做了廣告，廣告的標題是「一點小小的激勵品，請你開始計畫與希爾頓相關的激勵性旅遊項目」，這個廣告鼓勵那些感興趣的旅遊計畫人將塡好的贈券寄回希爾頓激勵性旅遊銷售辦公室，這樣他們就可以得到一個鑲嵌著23K金蘿蔔的紙鎭。這個活動有特定的目標市場（激勵性旅遊計畫人）、有明確的促銷目標（發展銷售代理），並與其他促銷組合要素緊密相連（廣告和人員推銷），還進行了創新性的設計（紙鎭中鑲嵌著23K金蘿蔔），而且接受者在辦公室中可以長期使用。紙鎭上還附帶著公司的總體定位聲明——「美國人的商務住址」。

特製品廣告項目的優點之一就是使用它們有很大的彈性，它們可以被贈給潛在客戶、旅遊貿易中介或銷售代表，它們可以在貿易或旅遊展示中被散發，也可以被郵寄，或者經由銷售代表傳遞給他人。

抽樣　抽樣意味著贈予免費的樣品以鼓勵銷售，或以某種形式安排人們來嘗試所有的或部分服務。這對於產品製造者來說相對容易得多，因爲他們所出售的東西是有形的，而且可以郵寄或散發。在第2章中我們曾講到，大部分的旅遊與飯店業服務是無形的，所以，它們不能被郵寄或散發。爲了對它們進行抽樣，旅遊與飯店業組織必須邀請客戶或旅遊貿易中介在免費或「沒有附加費用」的基礎上嘗試服務。

在我們行業中有一個例外，那就是經營餐飲的公司。飯店、酒吧等可以提供給客戶免費的菜單項目或飲料樣品（要服從於特定的法律規定）。這經常被用於推出新的菜單項目，或在特定的就餐時間擴大銷售量，或針對特定的食品和飲料種類（例如，早餐、餐後甜點、開胃食品、葡萄酒、雞尾酒）。

由旅行代理所進行的「測試性旅行」是抽樣的另一實例。還有一種抽樣技巧是「免費升級」，在此航空公司、租車公司或旅館公司會讓旅行者享受一種比他們所付的錢更高一級的服務。

貿易和旅遊展示　許多旅遊與飯店業組織都在旅遊貿易展示會或集會上作展覽。通常，這樣的時機會將這個行業的所有部分（供應商、承運人、中介和旅遊目的地的市場行銷組織）集合在一起。在北美每年都要舉辦一些主要的展示會：

(1)國家觀光旅行協會的觀光與旅遊交易會。
(2)美國公共汽車協會的交易市場。
(3)美國觀光營運人協會每年的會議和旅遊交易市場。
(4)美國旅行代理人協會的世界旅遊大會。
(5)激勵性旅遊和會議經理展示會。
(6)零售旅行代理人協會每年的遊輪會議。
(7)美國公共汽車所有人協會的公共汽車博覽會。
(8)美國協會經理人每年的會議和博覽會。

在國際上，主要的旅遊展示會是在英國的倫敦、德國的柏林和義大利的米蘭進行的，當然還有一些其他的博覽會。

在貿易展示會上的展示類似於集合一個「小的促銷組合」。一些展覽者向中介發出直接的郵件（廣告），邀請他們來拜訪自己的攤位。攤位的陳列（交易展示）形象地描繪了可行的服務並與目前的廣告活動緊密相連。在攤位工作的銷售代表散發小冊子和其他附帶的資料，而且他們要盡力發展銷售代理人（人員推銷）。他們可能也會無償提供特製品廣告項目（促銷）。當貿易展示會結束時，展覽者經常要緊跟著郵寄一些個性化的資料（直郵廣告），還要打一些銷售電話。

貿易展示相當昂貴，因爲它們涉及旅遊成本、註冊費和陳列品的生產成本等等。然而，貿易展示會又提供給展覽者一個相當專業化的目標群體，這樣就不必對成千上萬的預期客戶打銷售電話了。

在主要的城市也有許多私人營運的貿易展示會，並在北美擴展。亨利．戴維斯展示會就是這樣的一個例子。另外，旅遊與飯店業組織也可以在衆多的消費者旅遊、娛樂和運動展示會上作展覽。在此，他們可以直接面對客戶而不是中介促銷。這些展示會的範圍從在當地的商城舉行的小型展示會，到有成百上千個展覽者的私人組織的運動和娛樂展示會。

購買地的陳列和其他交易展示材料　你已經知道在我們行業中交易展

示的重要性。這種促銷技巧在購買地使用最爲有效，所以它也經常被稱爲購買地廣告。有多種形式的陳列品和工具可以使用，在餐飲業中，菜單、葡萄酒、其他飲品以及住宿卡都是很關鍵的工具。一些飯店和酒吧也將標誌貼在建築物的外部，或使用經常更新的標誌，以宣傳特別的促銷；其他的餐飲公司則贈予「小菜單」或將全版菜單公布在入口處。小冊子、海報以及窗口和站立的展示品在零售旅行代理機構非常普遍。旅館使用廣泛的交易展示技巧，包括客戶指南、客房服務清單、電梯和休息室內的展示，以及放小冊子的架子。

現場示範　由於服務的無形性，想在現場示範它們的使用效果相對要困難得多。而對產品進行這樣的示範就相當容易，你可能看到過許多銷售人員現場示範吸塵器的清潔能力或者蔬菜切割器的切割效果。那麼，你該怎樣有形地示範似乎無形的服務呢？越來越多的旅行社正在使用的一個方式就是在電視上播放旅遊促銷的影片。其他的方法，比如在飯店和酒吧示範烹飪手藝或調製雞尾酒也很奏效。

教學研究和培訓活動　旅遊與飯店業向這種類型的促銷投入了很多資金，旨在向旅遊貿易中介通告訊息和教授新知識。航空公司、遊輪公司、旅遊批發商和旅遊目的地的市場行銷經常贊助這種爲旅行代理人準備的研究會、討論會、招待會和培訓活動，其主要目的就在於傳達更詳細的訊息，並幫助旅行代理人向客戶銷售服務。就像貿易展示會一樣，這樣的事情經常在全國各地進行籌辦，成本相當高，但卻可以提供給贊助者目標集中而且頗具影響力的群體。這種活動的一個成功的實例就是在美國由斯堪地那維亞國家所贊助的系列研討會，它由斯堪地那維亞旅行者協會組織，得到來自於斯堪地那維亞航空公司、芬蘭航空公司、冰島航空公司以及斯堪地那維亞旅行代理人登記處的協同贊助，向旅行代理人提供免費的入場券。參加這種研討會的旅行代理人可以得到有關這五個國家的訊息和銷售幫助。

給予銷售代表可視性的幫助　旅遊與飯店業服務的無形性使外部的銷售代表面臨著困境。他們不能像大多數推銷產品的銷售人員那樣，爲預期的客戶進行服務示範。而可視性的幫助（促銷）則可以使預期的客戶更加了解他們組織服務的品質和多樣性，所使用的材料包括相片、幻燈片展示、錄影帶、直立的展示品和許多其他物品。

2. 特別的提供品

促銷技巧的第二大類就是特別的提供品——使客戶付諸某種行動（經常是購買）的一種短期促動品。這些提供品經常與媒介廣告活動結合在一起，並經常得到購買地交易展示的支持。

贈券　贈券是最流行的促銷技巧之一。它們在旅遊與飯店業中被廣泛地使用，特別是在飯店業中應用得最多。你將發現它們也是被誤用最多的促銷技巧。贈券是一種憑證或證明，可以賦予客戶或中介對於特定的服務進行折價購買的權利。贈券被認爲是繼抽樣之後的第二種有效的促銷工具，可以促動客戶嘗試服務或產品。

你和其他的北美人一樣被浸沒在贈券的海洋之中。它們可以透過直郵、報紙和雜誌的形式提供給你；它們也可能出現在廣告板上，甚至會隨你買的比薩來到你的身邊。根據調查顯示，1997年在美國散發的贈券高達二千九百八十五億份。這比1987年的數字高出了88%。客戶使用了六十八億份贈券，價值40億美元（平均票面價值59.5美分）。有相當比例的美國家庭至少每年使用一次贈券，根據1996年的一份調查表明這一比例高達99%。贈券在促動嘗試性使用方面位於「抽樣」之後，列居第二位，會有15%至20%的客戶在接受免費樣品後購買這項服務或產品。

正如你將在隨後所看到的，贈券的使用率會隨贈券的散發方式的不同而不同。由旅遊與飯店業所使用的贈券主要是「製造者贈券」，它們被製作並直接向客戶散發，並不透過旅遊貿易中介。散發這些贈券有四種主要的方法：

(1)直接向客戶散發（郵寄或逐門到戶的遞送）。

(2)媒介散發（報紙、雜誌、週末版）。

(3)隨商品散發（放在內部、貼在上面，或隨包裝一同被購買）。

(4)專業化散發。

為什麼贈券展示了如此驚人的增長和流行性？有兩方面的原因。首先，客戶比以前更關注價格和「金錢價值」。贈券以折價的形式傳遞了更大的價值。第二個原因就是製造業和服務業組織競爭性的增長，僅憑廣告是無法提供足夠的競爭力的。贈券對滿足下述三項促銷目標很有效：

(1)刺激客戶嘗試新介紹的服務。

(2)臨時提高銷售量。

(3)給媒體廣告增加興奮點和吸引力。

大部分的其他特別提供品促銷也都會很好地滿足這三個目標。另外，一些專家建議可以將贈券作為打擊競爭對手促銷的一種方式。確切地講，它不可以作為長期方法被使用，但是它能使競爭對手的廣告和促銷的鋒刃變鈍，將客戶從競爭對手那裡拉回來。在旅遊與飯店業中，這種方法的使用會導致在不同領域內的許多模仿性的促銷。幾乎所有的國內航空公司都有經常的飛行活動，大部分主要的旅館都提供經常的客戶獎勵，幾乎每一家比薩連鎖店都散發贈券，而且所有大型的漢堡連鎖店都以週期性的獎勵為特徵。競爭的壓力似乎迫使公司長期地使用這些方法，但是是否這些活動會給公司或這個行業的整體帶來長期的利益還並不為人所知。換句話說，公司如果不進行這樣的活動可能會獲得更大的經濟效益，然而，由於競爭對手持續進行這樣的活動，他們也就不得不繼續折價的策略。

贈券以許多不同的形式存在，至少有十四種由飯店所使用的贈券的變異形式：

(1)組合餐飲折價。

(2)雙份折價。

(3)買一贈一。

(4)對特定大小的食品進行折價。

(5)以小份的價錢買大份的食品。

(6)單項折價。

(7)對特定的購買量折價。

(8)老人和學生折價。

(9)購買一種項目，免費贈送另一種。

(10)兒童免費餐。

(11)免費項目。

(12)早到的客戶折價。

(13)特定時間贈券。

(14)回頭客贈券。

其中的一些需要做進一步的解釋。特定時間贈券指的是贈券只能在特定的日子、週或月中被使用。Taco Bell速食店在它的「與你相約在9月」的活動中就使用了這一方法，這種贈券可以在9月的四個星期內對不同的菜單項目提供折價。

回頭客贈券是一種促使客戶再次使用飯店或其他服務的特別提供品。這些贈券可以直接散發給客戶，也可以黏貼、裝訂或插在食品包裝裡。達美樂比薩店就是使用這種方法的一個全國性連鎖企業，它在比薩包裝盒的外部黏貼了回頭客贈券。

爲了產生最大的效果，贈券應該符合以下幾種標準：

(1)支持一個較大的廣告和促銷活動。

(2)使用一種可以產生最大使用率的散發方式。

(3)有明確的目標市場。

(4)影響使用者和非使用者。

(5)有明確的限期。

(6)使用前經過了測試。

降價　降價是單純的一種折價形式，並不涉及使用贈券。這些折價被限定於某種服務（菜單項目、航空路線、遊輪觀光）、目標市場（商務旅客、老年人、兒童)、地理區域或特定的時間段。降價如此流行，是因爲它幾乎立刻就可以被推出。

不幸的是，降價很快就會變成價格大戰，因爲每一個競爭對手都相繼降價，以推出最低的價格。降價不能單獨被使用，但可以作爲一個仔細架構的促銷組合活動的一部分。當推出新服務時，以及相隔很長一段時間後作短期使用時，降價發揮的功效最好。

獎勵 獎勵是一種隨某種服務或產品的購買而免費或折價提供的貨品。他們不同於特製品廣告，因爲在此客戶有明確的購買義務。有幾種獎勵的形式，包括自我償付（以成本價格售賣）以及免費獎勵（透過郵寄散發或放於包裝內）等。

最成功的獎勵可以促使客戶多次購買某項服務或產品，這種獎勵是「經常性」或「持續性」策略的應用。客戶必須進行一次以上的拜訪，或者必須出示幾次購買的證明，才能收集到「全套」的獎勵。獎勵必須與贊助者的形象（定位）和目標市場相一致，一個玩了幾分鐘後就散了的低品質玩具不能反映出大部分速食店所聲明的食品品質，相反，一個以經濟合算爲導向的組織給客戶提供高於水準的獎勵也並沒有什麼意義。

應該考慮將獎勵作爲另一種傳達組織定位方法的方式，並與所選擇的目標市場相聯繫。對於兒童玩具的使用應該與速食連鎖店給予兒童的吸引力和信任感相一致。簡而言之，獎勵必須具有恰當的品質和耐久性，吸引人，而且對於某個客戶群體具有較高的感知價值。

競賽、摸彩和遊戲 你和其他人一樣喜歡在遊戲或競賽中獲獎。參加競賽、摸彩或其他形式的遊戲是很令人興奮的，它會提升你對某項產品或服務的興趣。競賽是一種促銷活動，參加競賽者可以透過演示某種技巧來獲獎。摸彩也是一種促銷活動，它需要參加者提供他們的姓名和地址，參加者是憑機會，而非技藝中獎。遊戲是類似於摸彩的一種促銷活動，但是它們涉及使用遊戲「零件」，比如刮擦式的卡片。

對於競賽、摸彩和遊戲的使用可以提高閱讀廣告的讀者數量。它們在溝通核心的利益、獨特的銷售特點和其他訊息方面很有幫助；它們也擅長於提高感知，並使人們記起贊助者的服務。競賽、摸彩和遊戲都是指向客戶、旅遊貿易中介或銷售代表的。

有幾個不同的摸彩和遊戲的種類，包括：

(1)摸彩：

- 直線式（參加者郵寄或提交他們的名字和地址，獲勝者是從所有的參加者中隨機選出的）。
- 具備資格式（參加者必須讀一份廣告訊息，並回答特定的問題；或者參加者需要填寫一份贈券和一份參加表格）。

(2)遊戲：

- 配對並獲獎（參加者需要將一份遊戲卡與另一份相匹配）。
- 刮擦並獲獎（參加者得到一份刮擦式的遊戲卡，並在特定的部分刮擦，就可以看出是否獲獎）。

你怎樣才能促使更多的旅行代理讀你的廣告、強調核心的銷售訊息，並建立你的旅行社的地址名錄？前面所討論的Cathy Pacific航空公司的摸彩活動就是一個很好的實例。這個航空公司需要旅行代理人以廣告上提供的訊息爲基礎填一種縱橫填字字謎。填了縱橫填字字謎並確認了兩個核心詞語，即「Cathy Pacific」的旅行代理人需要將他們的答案郵寄給這個航空公司的加州辦公中心，才有獲得獎品的資格。這是一個使用「具備資格式」摸彩技巧的經典貿易促銷實例。

旅遊貿易的促動品　正如你從這本書中所看到的，旅遊貿易中介可以將供應商、承運人和旅遊目的地的市場行銷組織結合成一個強大的同盟。由於這一點，旅遊貿易中介被許多組織積極地追隨，而且爲了得到預約和確實的約定，許多組織時常提供給它們各種形式的「促動品」。

旅遊代理人、集會／會議計畫人和公司旅遊經理是被追隨的「最熱」的一群旅遊中介。

「受人歡迎的供應商關係」和高於平均線的佣金提供已經成爲供應商和承運人從特定的旅行社獲得業務量的一種流行的方式。集會／會議計畫人和公司旅遊經理經常有足夠的議價實力，可以使供應商、承運人和旅遊目的地的市場行銷組織爲了獲得業務量而提供折價或其他的「額外項目」。

你已經知道在貿易促銷中所使用的其他形式的「促動品」，它們包括特製品廣告項目、「測試性」旅行、摸彩和教育研討會。

表彰活動 表彰活動即對達成或提供某一水準的銷售量或業務量的旅遊貿易中介、銷售代表或客戶給予獎勵，獎勵可能涉及或不涉及現金。事實上，專家認爲非現金的獎勵通常是更好的促動品。換句話說，像免費旅行、獎品、掛在牆上的牌匾或將相片嵌入著名的日誌中這樣的項目，更能促使人們更頻繁地使用贊助者的服務或完成銷售目標。經常飛行和經常客人的獎勵活動就是爲客戶所進行的表彰活動。客戶的表彰活動的一個經典實例就是「優先俱樂部」，它是假日旅館的一個經常客人的活動，在旅館業中是首屈一指的。這個活動自從在八〇年代早期推出以來，就經歷了幾次變化。在1993年，跟隨由馬里奧特所首創的潮流，假日旅館也提供給它的優先俱樂部成員對於三家美國航空公司（Delta航空公司、西北航空公司和聯合航空公司）經常飛行的選擇權（每在假日旅館停留一次，就給予一定英里數的免費飛行）。

持續性活動 持續性活動是一種需要人們進行數次購買，有時要經歷一段很長時間的促銷活動。經常飛行和經常客人活動就是持續性的表彰活動。旅行者必須在一個旅館連鎖店停留幾次或乘坐某一航空公司的航班飛行一定的英里數，才能獲得獎勵。通常，一個持續性活動的目標要麼是爲了刺激更經常的消費，要麼是爲了建立客戶對一個公司或品牌的長期忠誠。它們被看做是建立長期業務量的最好的促銷方法之一。

禮品券 禮品券是由贊助組織選擇性地贈予或售賣給客戶的一種憑證或支票，客戶可以將它們作爲禮品贈給其他人。贈予式的禮品券鼓勵接受者嘗試服務，它們所發揮的功能類似於贈券。禮品券被飯店，特別是速食連鎖店廣泛地使用。禮品券可能也可能不以它的面值進行折價。

六、選擇促銷的分銷媒介

既然你已經知道有各種各樣的促銷技巧可以選擇，下一步就該考慮你所選擇的促銷材料該怎樣被分銷。你所選擇的分銷方法相當重要，因爲它會影響利用促銷的目標客戶的百分比。

贈券的使用率就可以解釋這個觀點。根據調查顯示，1998年在美國，使用率爲63.5%的贈券是週末日報的獨立插入版，如**表16-1**所示。第二位最流行的是放在包裝內或貼在包裝上的贈券，其使用率達到了19.2%。

七、決定促銷和交易展示的時間

如你所知，促銷和交易展示計畫通常都是短期的。它們經常在業務量較低的時期被使用，而且這似乎是它們最有效的應用時機。但是實際上存在兩個定時的問題：使用促銷的最佳時間是在何時？以及使用它們的頻率應該怎樣？過度地使用促銷會降低利潤率，而且會給組織樹立一個不良的形象。太頻繁地使用促銷的一些主要危險是：

(1)它們可能會暫時提高銷售量，掩蓋了有關其他市場行銷和促銷組合要素的長期問題。也就是說，它們是治標不治本的。

表16-1　1998年贈券趨勢——美國NCH促銷服務調查公司

分銷媒介		美國1997年各種類型的贈券的使用
印刷體媒介	獨立插入物	63.5%
	直郵	5%
	新聞報紙	0.8%
	雜誌	1.2%
銷售地媒介	包裝內或包裝上	19.2%
	店內分發	10.3%
	其他	0.1%

(2)特別提供品式的促銷（例如贈券和獎勵），事實上是一種價格競爭的形式（正如你在第19章中所要看到的）。關於價格競爭有兩個基本問題：(A)它是競爭對手很容易模仿的一種方法；(B)長期使用它會喪失其影響力。促銷能夠很快被推出，而且它們幾乎能立刻產生效果。由於這個原因，經常沒有充分地考慮促銷對於其他促銷和市場行銷組合要素的影響力，就匆忙地採用了這一技巧。

最好是將促銷作爲廣告和人員推銷的支持性工具。所以促銷的時間設定，應該聽命於廣告和人員推銷活動的時間安排。當市場行銷者懷有充分的信心，感覺促銷可以增加並提高達成銷售和廣告目標的可能性時，才應該使用這一技巧。

八、事前檢測促銷和交易展示

在推出促銷和交易展示材料之前，預先測試一下它們是很重要的。這應該透過使用市場行銷研究技巧（類似於第15章所描述的應用於廣告的那些技巧）來達成。

九、準備最後的促銷和交易展示的計畫和預算

預先測試一完成，就應該擬定出最後的促銷計畫和預算。促銷計畫應該包括促銷目標、研究結果、達成決策的假設、預算以及執行時間表。詳細的促銷成本應該與暫時的促銷預算相比較，必要時要做一定的修正。

十、測量和評定促銷和交易展示結果

因爲促銷結果是即刻和短期的，所以緊密地監督它們的執行情況相對更重要。市場行銷技巧，包括事後檢測，應該被用來判斷是否達成了促銷

的目標。

本章概要

促銷是一個力量強大，但又經常被誤用的促銷組合要素。它的實力就在於立刻就能提高銷售量，這在非高峰時期對企業特別有幫助。然而，過度地使用促銷，會帶來嚴重的危險，包括侵蝕客户的忠誠度和降低利潤率。

促銷應該被仔細地計畫，以與廣告和人員推銷相一致，並對其進行補充。它在對其他的促銷組合要素發揮支持性的作用時，才能實現其最大的功效。

本章複習

1.在這一章中，「促銷」和「交易展示」是怎樣破定義的？
2.促銷和交易展示在市場行銷旅遊與飯店業服務中發揮了哪六種作用？
3.促銷被最好地使用以支持廣告和人員推銷。這是一個準確的陳述嗎？請解釋你的答案。
4.特別的溝通和特別的提供品促銷有什麼不同？
5.對旅遊與飯店業市場行銷者來説，哪些促銷技巧是可行的？
6.每一個促銷技巧有何優缺點？
7.當發展促銷和交易展示計畫時，應遵循哪十個步驟？

延伸思考

1.選擇一個你最感興趣的旅遊與飯店業部分。經過幾週或幾個月的時間，追蹤這個領域的五到六個行業領導者的促銷和交易展示活動。

收集一些諸如贈券、獎勵和競賽/摸彩/遊戲的資料。所使用的技巧類似嗎?如果有所不同,相互之間有何差別?你感覺到你所選擇的公司有正在過度使用促銷的情況嗎?促銷是與廣告和人員推銷緊密結合的嗎?誰的促銷活動最有效?為什麼?

2.你為一個旅行社(旅館或娛樂中心、航空公司、遊輪公司、飯店或其他的旅遊與飯店業組織)負責市場行銷活動。傳統的低業務量時期就要到了,你決定使用促銷來擴大銷售量。你將選擇什麼技巧?為什麼?你將在計畫、執行和評估這些活動時遵循什麼步驟?為了產生最大的影響力,你將怎樣讓促銷與廣告和人員推銷緊密結合?

3.一個小的旅遊與飯店業的業主正在考慮使用贈券促銷,並且向你徵詢一些建議。你將與他們討論有關贈券的什麼優點與缺點?你將建議他們使用何種贈券?他們應該在何時、應該怎樣被使用?這些促銷的效果應該怎樣被測量和評定?

4.促銷能被分成兩類:(1)特別的溝通;(2)特別提供品。描述一下這兩種方法各自的優缺點。你將對一個以前從未使用過促銷的旅遊與飯店業組織建議哪一種方法?為了取得最大的效果,你將建議這些方法該怎樣被使用?

經典案例:促銷——雞寶寶速食連鎖店

哪一個公司是第一個推出無骨雞胸三明治和雞塊的?我們中的大部分人可能會說是麥當勞,但正確的答案卻是雞寶寶速食連鎖店,其總部在亞特蘭大。公司的創立者卡西在1946年亞特蘭大的城郊開始營運「矮房子餐廳」,並在1967年亞特蘭大的一個商城中創立了第一家雞寶寶速食店。截至1988年,連鎖店在三十一個州已經發展了三百六十五家,排在專營雞肉食品的公司中的前五位。

雞寶寶速食連鎖店的成功有三個原因:(1)與飯店營運人獨特的承包關係;(2)對品質的承諾;(3)對創造一個吸引並保留好客户的營業氛圍的承

諾。

一個重要的額外津貼就是公司週日關門的政策。這個公司發展的最獨特的特徵體現在新店開業方面。在經濟上只需5000美元的擔保，飯店的營運者就可以在他們自己的商店中開業了，這商店是他們向母公司租的。作為租賃和其他總部服務的回報，他們向雞寶寶速食連鎖店交付毛銷售額的15%以及營業利潤的50%。雞寶寶速食連鎖店的部分策略集中於地區內的商城發展，商城的顧客對餐飲設施十分感興趣。最近，公司開始成立專營速食的獨立速食店。

任何一個年銷售額增加40%的營運者都會得到一年免費使用福特汽車的權利。如果這個業績在第二年持續的話（比上一年增加40%的銷售額)，那麼他們就會得到這輛汽車的產權。營運者和他們的配偶還可以得到去奢華的遊樂勝地參加公司每年舉行的商務研討會，並且公司支付他們六天旅行的所有費用。雞寶寶速食連鎖店自從1973年以來，獎勵為本公司工作二年或二年以上、每週平均工作時間二十個小時的在校學生1000美元，到目前，累計發出的獎金額已達到1000萬美元。

公司取得傑出成就的另一個原因就是它的促銷在速食業領域中是最具攻勢和獨一無二的。不像速食業領導者那樣，這些領導者全都進行了全國性的廣告運動，而雞寶寶速食連鎖店卻將促銷的重點放在了當地的市場上。它的兩個最成功的促銷就是「抽樣」和「我們的客户名片」。雞寶寶速食連鎖店透過在商店中免費贈送雞塊樣品，鼓勵客户品嚐自己的速食食品。那些品嚐了樣品的客户有很高比例的人要麼直接前去購買，要麼又返回速食店來購買雞肉三明治和其他食品。公司的「我們的客户名片」是第16章中所討論的禮品券的一個實例。在雞寶寶速食店的案例中，商店的營運者和公司的經理免費贈送這些禮品券，旨在鼓勵接受者去品嚐雞肉三明治。一旦客户品嚐了雞肉三明治，他就可能會再來，而且會對其他人高興地談起本店的食品品質。

銷售額和速食店的快速增長，並不是雞寶寶速食店獨特的管理和促銷方法的唯一結果。

獨立的調查報告顯示公司的雞肉食品在競爭中很受人喜愛。由《飯店和協會》雜誌所做的「對連鎖店的消費者滿意度調查」顯示，雞寶寶速食店在過去的六年中有四年被消費者認為是首席的雞肉連鎖店。雞寶寶速食食品獨特的味道要歸功於公司的「秘訣」(麵糊中的調味品)。

討論

1.雞寶寶速食店的位置策略和促銷活動怎樣不同於它最近的競爭對手？

2.對雞寶寶速食店來說，「抽樣」是一種成功的促銷技巧。其他的旅遊與飯店業組織怎樣才能使用「抽樣」來提高它們的業務量？

3.特別的溝通在提高業務量方面比特別的提供品更有效嗎？在這一方面，這個案例提供了什麼建議？

第17章
人員推銷與銷售管理

由於人員推銷能促動銷售，所以許多人都認爲它是最具實力的促銷組合要素。本章以定義人員推銷爲開始，然後討論了人員推銷在促銷組合要素中所發揮的作用。人員推銷在不同部分的旅遊與飯店業中的重要性不同，本章解釋了這些差別的原因，以及推銷在特定的行業部分的作用。在人員推銷程序中所涉及的步驟也被加以討論。本章的結尾部分描述了銷售計畫和銷售管理。

你曾走入過一家商店，而出來時買了比你預期想買的更多的東西嗎？你最近在一位侍者的推薦下買了一份熱量很高的甜品嗎？你是否聽到這樣的問題，「你想要將它油炸一下嗎？」並且你是否經常屈從於這一誘惑？你的新車、立體音響或配備品是否要比你認爲的昂貴一些？如果你對這些問題的答案都是肯定的，那麼你就知道人員推銷的威力所在了。

廣告、促銷和交易展示都是非人員化的、「大衆」形式的溝通方式。無論使用這些行銷方式的公司如何努力，它們對於個體的你都無計可施。你可以在商業廣告播出的時候，將你的收音機或電視的音量調低。商業廣告時間很容易就變成你去冰箱拿零食或上廁所的方便時間。你可以將贈劵以及直郵廣告扔到垃圾桶裡，你甚至可以完全忽視那些別致的店內交易展示。但是如果你像我們中的許多人一樣，你就不可能很容易地拒絕另一個人對你的殷勤。人們購買了許多額外的甜品和法式油炸品，是因爲他們發現很難對展示這些食品並伴隨銷售評論的促銷人員說「不」。無論你遇到多少次這樣的問題，「我能幫你挑點什麼？」或者「你想要那樣東西嗎？」你都不可能眞的忽略這些訊息，因爲另一個人正在向你傳達這一訊息。這就是人員推銷的力量所在——能與客戶一對一地交流，並能發展一種和諧的個人關係。

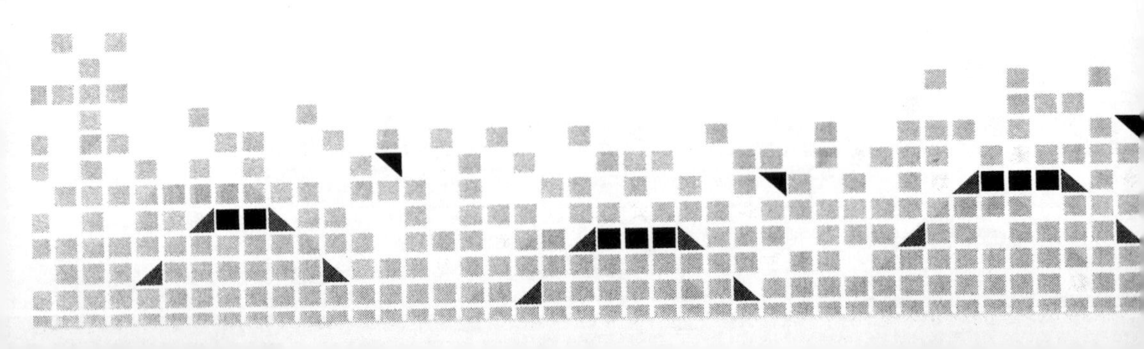

第一節　人員推銷與促銷組合

一、定義

人員推銷是銷售人員與預期客戶之間透過電話或面對面進行的口頭談話。不像廣告、促銷和交易展示那樣，這種促銷組合要素是一種人員的溝通形式，有一些獨特的優點和潛在的問題。

具有高度個性化的人員推銷通常比其他的大衆溝通方法每次接觸客戶的成本更大。市場行銷者必須判斷這一額外的支出是否合理，或者以團體的形式對客戶進行溝通是否可以達成市場行銷目標。正如你將在隨後所看到的，一些旅遊與飯店業組織相對於其他促銷形式更喜歡人員推銷。對於他們來說，使用人員推銷的潛在利益要超過額外的成本。換句話說，人員推銷的優點對一些組織來說比對其他的組織更重要。

二、首先計畫促銷組合

人員推銷並不是廣告、促銷、交易展示或公共關係的可替代品。相反，應該將所有的這些要素看成是一道好菜的配方。配方中的每個成分都會給菜餚增加特別的風味，變換成分的分量會改變菜餚的色、香、味和質感，忘掉某一個重要的成分可能會破壞了整個菜餚。選擇一個促銷組合就類似於做菜，一個組織可以選擇它自己的促銷要素的組合。就像一個裝飾品一樣，人員推銷爲促銷組合完成了「最後的修飾」。

第16章提到了廣告、促銷和交易展示的「三力組合」。這三個要素之間相互支持，如果再添上人員推銷，那麼在促進銷售方面就會更具實力。例如，許多遊輪公司使用雜誌和電視廣告的組合，以使潛在乘客意識到此次遊輪之旅。媒介廣告由不同形式的促銷和交易展示支持，包括小冊子、貿易展示會上的展覽、教育研討會、為旅行代理準備的「測試性」旅行以及零售旅行社的陳列品。最後的成分，也就是眞正「完成」遊輪銷售的是由零售旅行代理所做的人員推銷。這些具備專業知識的人能夠完整地解釋巡遊相對於其他形式的度假的優點，並且能夠使客戶對巡遊的形式感興趣。為了確保代理人具備豐富的訊息並充滿熱誠，遊輪公司都有自己的銷售代表，與全國的旅行社保持聯絡。無論是遊輪公司，還是一個想要盡力提高其葡萄酒銷售額的小的、獨立經營的飯店，最大的成功都來自於對廣告、促銷、交易展示、公共關係和人員推銷這些促銷組合要素精心的組織和仔細的事前計畫。

第二節　人員推銷的作用

人員推銷在旅遊與飯店業中有幾個重要的作用，它們是：

一、確認決策者、決策程序和符合資格的購買者

當組織瞄準公司、協會和其他的團體進行促銷時，經常很難確認符合資格的購買者（最可能的旅遊服務購買者）、核心的決策人（最後作旅遊決策的人）和所使用的決策程序（作旅遊決策時所涉及的步驟）。這些重要的訊息可以透過銷售代表所進行的查詢以及給公司／協會打銷售電話來有效地收集，這樣就可以避免高成本的失誤，比如在不恰當的時間（比如，在決策程序中時間太晚）與不恰當的人（非決策者）進行溝通，或者在銷售展示中表達一些不相關的需要。

二、向公司、旅遊貿易中介和其他團體促銷

許多組織發現人員推銷在向核心的旅遊決策人和具影響力的人物，比如公司旅遊經理、集會／會議計畫人、旅遊批發商／營運人以及零售旅行代理進行促銷時最爲有效。這些人的決策會影響許多個體旅行者的旅行計畫。他們的購買實力很強，足以彌補人員推銷的額外支出。

三、在購買地提高銷售量

如果人員推銷在購買地被有效地使用，就會極大地提高購買的可能性和客戶的消費量。在旅遊與飯店業中，「購買地」包括旅館的預約櫃台、租車公司的銷售桌、飯店的「一樓」以及旅行社的辦公室。另一個重要的「地點」就是電話查詢被回答和預約被接受的地方。銷售額的增加來自於恰當的服務培訓和具備人員推銷技巧的預約工作人員的努力。

四、向旅遊貿易中介提供詳細和最新的訊息

大部分形式的廣告（除了直郵廣告）和促銷只能呈現有限的訊息量。人員推銷不僅會使組織傳遞更詳細的訊息，還能立刻對預期客戶的顧慮和問題進行處理。這對於一個業務量部分或全部依賴於旅遊貿易中介的組織來說特別重要。對於旅遊貿易中介來說，只有全面地理解一個組織的服務，才能有效地與客戶進行溝通。

五、與主要的客戶保持良好的個人關係

在人員推銷中，一個組織的銷售代表和預約人員要與客戶進行面對面的溝通，這樣人員推銷就具有了某種「個性色彩」，而大眾媒介則不具備

這樣的特點。一個組織的銷售代表和預約人員代表了一個公司或政府機構的整體形象，所以他們必須反映出他們組織的品質水準和定位方法。

仔細地關注個體的需要和要求能在旅遊與飯店業的市場行銷中獲得成功。人員推銷是一種「人性化的市場行銷」。事實上關鍵性的客戶非常喜歡來自於專業銷售代表和預約人員對他們的個人關注，這通常會促進銷售額的增長和客戶對服務的重複性使用。

六、收集有關競爭對手促銷的訊息

銷售人員經常會碰到一些潛在客戶，他們也是競爭對手的目標客戶。許多銷售的預期客戶會自動地傳遞一些有關競爭性促銷的訊息，這樣，銷售隊伍就成爲得到「競爭對手訊息」的一個重要的來源。

第三節　人員推銷的種類

在旅遊與飯店業中有三種主要的人員推銷種類：外部推銷、電話推銷和內部推銷。

一、外部推銷

外部推銷是發生在旅遊與飯店業組織的營業場所之外的推銷，它也被稱作銷售請求。在外部推銷中，銷售代表要對預期客戶進行面對面的介紹。例如，旅行社的銷售代理，與集會／會議計畫人以及來自航空公司、遊輪公司、旅遊批發商和租車公司的銷售代表保持業務聯繫。外部推銷是一種最昂貴的人員推銷形式，因爲它涉及銷售人員的薪金和旅行成本，此外還包括爲銷售的輔助性資料（包括幻燈片展示、錄影帶以及相片等）所投入的額外資金。

二、電話推銷

電話推銷是借助於電話，直接或間接導向銷售的溝通形式。電話溝通在人員推銷的許多方面發揮著越來越重要的作用。電話是進行探測（確認預期客戶）和評定預期客戶（決定其潛在價值和級別）的一種有效途徑，它被用來安排約會、收集重要的背景訊息、追蹤已承諾的訊息，並確認預期客戶要求的細節。在某些情況下，特別是在一個組織不能彌補一個外部推銷的旅行和薪金成本時，它可以替代面對面的外部推銷。

在我們行業中，電話的另一個重要作用就是接受電話預約和處理查詢。儘管電話未被看成是一個銷售工具，但是電話以及電腦之間的溝通卻在分銷旅遊與飯店業業務方面發揮著巨大的作用。

三、內部推銷

內部推銷是爲了提高銷售的可能性或增加客戶平均消費量而在組織的業務發生地所進行的推銷。正如你在前面所看到的，很難將好的服務和有效的內部推銷區分開來。內部推銷最主要的形式是建議性推銷，員工對客戶推薦額外的或較高價格的項目。在購買地每一種「零售」的情況都爲這種形式的推銷提供了機會。

第四節　人員推銷策略

有幾個可選擇的人員推銷策略，主要包括：刺激響應策略、心理狀態策略、公式化策略、需要滿足策略和問題解決策略。

一、刺激響應或「灌製」的銷售展示

這一方法在內部和電話推銷中最常使用。銷售人員被要求記憶特定的問題或短語，或展示特定的行爲舉止。透過給予客戶某種刺激（問題、短語或行爲方式），來實現預期的響應。例如，飯店培訓服務人員向客戶提出問題：「您喜歡吃哪一類甜品？」或「你想要一份……嗎？」以期望這一提議可以刺激客戶預訂額外的菜單項目。同樣，旅行代理向客戶提出「你想要租車還是想預訂旅館房間？」這樣的問題，也是想要增加自己的佣金。

這種人員推銷策略忽略了客戶的個體差別，但它在我們的行業中仍然很奏效。「灌製」的銷售展示也能在外部推銷中被使用，以確保每一個銷售代表向預期客戶傳達相同的核心訊息。然而，在外部推銷中更需要一種彈性的方法，以適應個體客戶的需求。

二、心理狀態策略

使用這一方法的銷售代表假定客戶在做出購買前必須經歷連續的「心理狀態」。第4章和第14章稱之爲「購買程序階段」。心理狀態策略，即根據五個購買程序階段（需要感知、訊息調查、可替代品的評價、購買和購後評價）來對銷售請求和相繼的行動進行計畫和定時。這一策略主要應用於外部推銷，或購買量相當大，或購買對客戶非常重要的情況中（高參與決策）。例如，旅行代理幫助客戶計畫國外的度假，以及旅館的銷售代表想要吸引一個大型公司到旅館來召開年會，通常就會使用這一銷售策略。

三、公式化的推銷策略

這是心理狀態策略的一種變異形式，它假定客戶的決策和銷售程序要經歷預期的和連續的步驟。以這些步驟為基礎，銷售代表使用一種公式（事前計畫好的銷售程序）來推銷。銷售程序模型集中在銷售代表所必須遵循的步驟上。通常，有四個主要的步驟：接近、一個銷售展示或示範、處理客戶的問題和異議以及完成銷售。這一模型隨後將被詳細地加以討論。此時你應該清楚公式化的推銷是一個最適合於外部推銷和高參與購買決策的銷售策略。AIDA公式是另一個實例，它假定銷售代表必須做四件事，這四件事是：吸引預期客戶的注意力、刺激其對組織的服務的興趣、使其產生對這些服務的欲望，和使預期客戶採取行動、預約或購買這項服務。

A	I	D	A
關注	興趣	欲望	行動

AIDA公式是最適合於外部推銷和高參與決策的另一策略，銷售代表可以透過如下四項善加利用AIDA公式：

(1)在提出銷售請求前做仔細的接近工作（例如，詳細地調查預期客戶的背景訊息）。
(2)刺激興趣（例如，透過在銷售請求中所使用的銷售展示）。
(3)透過排除客戶的異議和示範他們的服務來使客戶產生欲望（例如，為預期客戶提供的「測試性」旅行）。
(4)使用幾種方法之一來完成銷售（例如，讓預期客戶作出某種形式的決策）。

四、需要滿足策略

前三個策略多多少少都假定預期客戶是類似的，而需要滿足策略則相對更為複雜，它要使銷售策略適用於每一個預期客戶的需求。它是一種低壓力、商議性的人員推銷形式。它對於那些向他們的客戶扮演諮詢人的旅遊與飯店業組織，比如旅行代理和激勵性旅遊計畫人特別適合。需要滿足策略在其他的情況（客戶要做大量的旅行前計畫）中也很奏效。這一推銷策略所涉及的四個步驟是：

(1)透過討論和提問判斷客戶的需要——概括所發現的需要。
(2)展示特製的服務以滿足需要。
(3)使客戶確信服務滿足了他們的需要——解釋殘留的顧慮或疑問。
(4)完成銷售——確保客戶的需要得到滿足。

你應該立刻就能意識到，它是一個市場行銷概念的「小模型」。所以，它是一個非常有效的銷售策略，但是它需要大量的時間和努力，以及對個體細節的關注。

五、問題解決策略

問題解決策略就像需要滿足策略一樣，假定每一個客戶的需要是獨特的。然而，這一推銷策略相對需要更多的時間和努力。銷售代表開始時先要證實預期客戶有一個問題，讓我們假定預期客戶是一個公司，問題可能就是公司在員工旅遊上或在特定的旅遊要素上，比如住宿、飛機票、租車或其他地面運輸，花費了不必要的資金。銷售代表可以透過比較，讓公司的旅遊決策人意識到這一問題。確認這樣的客戶問題經常需要做一些背景研究，還要與客戶進行幾次會面。這樣的推銷策略涉及五個步驟：

(1)發現、定義，並證實預期客戶的問題。
(2)確認解決問題的可替換方案。
(3)為選擇最佳的方案提出標準。
(4)根據標準來判斷可替換的方案，並推出一個方案。
(5)完成銷售——確保所購買的服務解決了客戶的問題。

你可能看出這一策略不同於需要滿足策略，因為預期客戶在接觸銷售代表之前並未意識到問題所在。在其他情況下，預期客戶通常會意識到問題，但他們卻沒有定義或研究這個問題。因爲銷售代表要研究和定義這個問題，所以這一推銷策略需要大量來自於預期客戶的合作。

你現在可能想知道五個人員推銷策略中哪一個是最好的，這應該依個體的情況來判斷。沒有適應於每一種情況的普遍性的人員推銷策略，一個組織和它的銷售代表必須在決定該使用哪一種策略前仔細地評估每一個銷售機會以及預期客戶。

最能影響推銷策略選擇的因素是旅遊與飯店業服務的種類、目標市場、購買的規模和複雜性。例如，速食店可能會使用最便宜而且最簡便的刺激響應策略，他們的菜單項目有廣泛的市場吸引力、相當便宜，而且經常被購買。而另一方面，公司旅遊經理經常會協調上億美元的旅遊資金預算，他們對該使用哪一種旅遊與飯店服務的決策是複雜的，而且涉及大量的金錢。在此，最昂貴和最消耗時間的需要滿足或問題解決策略會更適合於這種決策。同樣地，承運人、供應商和其他旅遊中介可能會發現這兩個更個性化的策略最適合於向旅行社推銷。

第五節　銷售程序

既然你已經知道在人員推銷中所使用的特定策略，那麼下一步就應該看看在外部推銷以及某些種類的電話推銷中所遵循的基本步驟。在此所描述的銷售程序通常要比內部銷售所需要的程序更爲複雜。銷售程序包括如下的步驟：

一、探測並評定預期客户

銷售程序的第一步類似於開採金礦——銷售代表必須做一些探測和研

究，以找到最可能的業務來源。探測或者確認預期客戶包括多種技巧，銷售代表可以使用它們來確定潛在客戶。一個潛在客戶必須符合下述三項標準，才能成爲一個銷售預期客戶：

(1)對服務存在或有潛在需要。
(2)能夠支付所要購買的產品／服務。
(3)被授權可以購買此項服務。

對於旅遊與飯店業組織來說，許多探測必須在他們自己的業務發生地之外（外部推銷）或透過電話進行。有幾個不同種類的探測方法，「盲視探測」涉及使用電話指南和其他出版物去尋找銷售預期客戶。「盲視」一詞意味著銷售代表對這些團體或個人缺乏了解，對他們是否是銷售預期客戶毫無把握。一個想從當地產生業務量的新建旅館、一個想從當地的俱樂部和組織獲得團體旅遊業務的旅行社，或者一個正在尋找對激勵性旅行感興趣的公司的激勵性旅行計畫人，經常會使用這種探測方法。

與此緊密相關的一個技巧是「奔走遊說」。如果你經常碰到推銷人員上門向你推銷東西，你就知道什麼是「奔走遊說」了。「奔走遊說」是一種外部的「盲視探測」。它並不是一個很井然有序的方法，但它經常會很奏效。銷售代表並不知道他們所拜訪的個體或組織是否會成爲銷售預期客戶。在此基本的假設就是，如果銷售代表拜訪了足夠多的具有類似潛在需求的人，那麼他們中的一些人就將成爲預期客戶。銷售「游擊戰」或「集中性的奔走遊說」，即幾個銷售代表在相同的、特定的地理區域上門推銷。銷售「游擊戰」通常是一次性的活動，不能經常被重複性地使用。

你可能想知道爲什麼像這樣一本系統化的書，卻在建議如此無序的一種探測方法。這難道不是第8章所講的無差別的市場行銷策略的一個小的翻版嗎？我們難道不是在使用一種「散彈獵槍」來進行市場行銷嗎？當然有更好的方法進行探測，但是「盲視探測」及「奔走遊說」更適合於某種特定的狀況。比如說此項旅遊與飯店業業務或服務是新的——組織和潛在客戶之間彼此不熟悉，或者潛在的購買量相對於組織目前的收入很大。還有一種狀況就是組織想盡力從一個全新的地理區域或「銷售領域」中獲得業務量。

做探測最令人滿意的途徑就是開始時手頭就有一些「準預期客戶」。一些人稱它為「有導向的探測」，即與有高度可能性成為銷售預期客戶的個體和組織進行接觸。有許多預期客戶的來源，如**表17-1**所示。

並不是所有的預期客戶都值得追求，那麼下一步——評定——就被用來縮小名單範圍，以找出最可能的購買者。因為通常的外部推銷成本會超過100美元，所以這一程序具有很大的經濟價值。評定意味著使用事先選擇的標準來確認最佳的預期客戶。評定預期客戶所使用的典型的標準和問題是：

(1)如果預期客戶是老客戶，那麼他們曾經提供了多少業務量？

表17-1　預期客戶的來源

1.被介紹的人（由目前的客户或對這項服務很熟悉的某個人所推薦的預期客户）
2.被連鎖介紹的人（銷售代表向預期客户或過去的客户徵詢可能會對服務感興趣的人）
3.介紹信和卡片（銷售代表讓過去的客户將組織的服務推薦給潛在客户，可以透過寫介紹信的方式，或者填寫事前印刷好的卡片）
4.朋友和熟人
5.指南（在出版的指南中的潛在客户的地址名錄）
6.貿易出版物（可以提供有關這個行業的組織和個人訊息的旅遊與飯店業貿易雜誌和週刊）
7.貿易與旅遊展示（在展示會上參觀展覽，並表示出對獲得更多訊息有極大興趣的人）
8.電話市場行銷（透過電話確認和評定的預期客户）、
9.直接響應廣告（透過電話、信件、傳真、電腦或面對面收到的對於廣告的查詢）
10.電腦化的資料數據庫（透過使用電腦上相關的資料庫而確認的預期客户）
11.「奔走遊說」（對大量的潛在客户進行突襲拜訪）
12.建立網狀系統（建立並保持大量可以接觸的人的資料，將來他們可能會給出有關預期客户的建議）
13.由非銷售人員所進行的預期（由非銷售人員所確認的預期客户）

(2)預期客戶有銷售代表的服務可以滿足的需要或問題嗎？

(3)預期客戶有權購買嗎？

(4)預期客戶有支付購買項目的經濟實力嗎？

(5)預期客戶是否與競爭對手簽訂了長期的合約或協議？

(6)預期客戶會產生多少銷售量？他們會給組織帶來多少盈利？

一個相當普遍的做法是對預期客戶和老客戶進行評級。例如，「A」級可能是會產生最高銷售量或利潤額的個人或組織，「B」級包括那些可以產生次一級水準的銷售量或利潤的個人或組織，以次類推。對每一級別所附加的指示通常決定了銷售人員追蹤的頻率，以及是使用外部推銷還是電話推銷。

你應該會意識到「評定」是市場細分的一個變異形式。銷售代表使用一個持續的研究規劃來確認他們的「目標市場」，以作未來銷售之用。對老客戶，主要是使用內部銷售量的記錄來進行評定；對於預期客戶，組織經常會組合地使用二級研究和人員調查（透過電話或面對面地進行）來進行評定。有許多關於公司、協會和非營利性組織的經典的出版訊息來源。**表17-2**展示了一張由Signature客棧所使用的收集「評定」資料的表格。透過二級和初級研究對預期客戶所收集的資料應該被記錄下來，而且要不斷地更新個體的預期客戶檔案。

二、在提出銷售請求前進行事先計畫

一個成功的銷售請求，無論是透過電話進行的，還是在業務發生地之外進行的，都需要進行事先計畫和準備。在這一方面，它類似於一個成功的工作會談，被接見者必須事先想好他所要說的話。事先計畫一個銷售請求有兩個階段：接近前階段和接近階段。在接近前階段，銷售代表應該仔細地閱讀每一個預期客戶的檔案和其他相關的訊息。如果不存在這樣的檔案，銷售代表就必須進行訊息收集。只有充分地了解預期客戶的狀況，才

表17-2　Signature客棧產生預期客戶的表格

SIGNATURE客棧

市場調查

一般性訊息：（貼在業務卡上）

姓名：________ 職位：________

公司：________ 決策人姓名：________

地址：________ 電話#：(　　)______ 分機號：____

________ 目前的價格：________

城市：________ 市場細分部分：________

州：________ 預期客户：________

電話#：(　　)______分機號：____ 姓名（親愛的）：________

傳眞#：(　　)______分機號：____ 由誰準備：______ 日期：______

市場調查／銷售訊息

(1)公司做些什麼？________

(2)其他的聯繫人：________

(3)每年在你的Signature旅館的住宿量（房間數×天數）：________

(4)每年在你的市場的住宿量：________

(5)每年Signature連鎖店的住宿量：________

(6)旅館目前的使用情況及價格：________

(7)Signature客棧存在的潛在城市：________

(8)選擇此旅館的重要因素：________

(9)喜歡怎樣的預約方法：___ 直接與旅館預約___ 免費800#電話___ 旅行社

(10)旅行社：________

(11)所接觸的旅行社：________

(12)電話#：（　　）________ 分機號：________

(13)10%佣金率或其他：________

(14)所使用的GDS系統：___Apollo___Sabre___System One___Worldspan

(15)合夥經營的旅行社：________

(16)其他旅行社的客户：________

(17)會議房間：________

(18)電話#：（　　）________分機號：________

(19)頻率：___天___週___月___季度___半年___年___其他

(20)平均團體規模：________

(21)停留時間：________

(22)所需要的帶會議室的客房：________

(23)進行銷售展示——特製的展示以符合他們的住宿和會議需要

註解／評論：

____

____

____

能在銷售請求中與客戶建立和諧的關係，並為銷售展示奠定基礎。

下一步就是接近客戶，包括安排與預期客戶或他們的秘書約會，在銷售請求的開始與客戶建立和諧、信賴的關係，以及在銷售展示前檢查一下準備細節。銷售代表在接近客戶時有三個主要的目標，你將看到後兩個目標是前面所提到的AIDA公式（關注、興趣、欲望、行動）中的前兩個步驟。

(1)建立與預期客戶和諧的關係。

(2)吸引一個人所有的注意力。

(3)使其對產品或服務產生興趣。

你應該認識到一些旅遊與飯店業組織沒有機會去做探測、評定和事前計畫。他們第一次碰到客戶時，客戶就已經走入了公司的大門。大部分的旅行代理都會遇到突然上門拜訪或打電話來的客戶。當預期客戶第一次向旅行代理徵詢訊息時，旅行代理就必須對其作出評定。旅行代理經過仔細的提問和探查，就能判斷出徵詢人的需要和他們進行預訂的可能性。在旅遊與飯店業中進行內部推銷需要較少的事前計畫，刺激響應、建議性的推銷策略通常很適合於內部推銷。

三、展示和示範服務

接近客戶之後，銷售請求的下兩個步驟就是銷售展示和示範。銷售代表展示一些事實及其他相關的訊息，以證明他們的服務可以滿足預期客戶的需要或解決他們的問題。由於旅遊與飯店業服務的無形性，示範服務的機會相對要有限得多。可視性的材料、「測試性」旅行和現場的參觀調查在解決這一無形性的問題上可以發揮主要的作用。

在銷售展示中，銷售代表將提供有關組織和服務的訊息，預期客戶的需要和問題將被討論和確認。銷售代表的仔細聆聽與談話一樣重要。銷售代表將用言辭向預期客戶展示服務會如何滿足他們的需要，銷售展示的目標就是勸導並促使預期客戶產生購買或預訂服務的欲望。對於銷售代表來說，成功的銷售請求和展示包括如下一些關鍵性的因素：

(1)事前計畫銷售請求和展示。
(2)每一個銷售請求都有一個特定的原因和目的。
(3)手頭有完整的進行銷售請求的訊息。
(4)清楚地自我介紹。
(5)正確地稱呼預期客戶。
(6)綜合地但又簡單地描述滿足預期客戶需要的服務。
(7)仔細聆聽，當預期客戶講話時不要打斷他們。

第一個步驟——事前計畫銷售請求和展示——是最重要的。計畫好的展示既節省了銷售代表的時間，又節省了預期客戶的時間，確保了展示的完整性，並幫助銷售代表預測可能的問題和異議，進而可以對解答這些問題及排除異議進行一定的練習。

銷售展示至少可以用五種不同的方式來做，包括：

(1)「灌製」的銷售展示（銷售代表事先記住他們將要說的話）。
(2)概述要點（銷售代表事先有一張關於他們所說的話的書面提綱）。
(3)做規劃（準備在逐步展示中所使用的相片或插圖等）。
(4)視聽性的展示（播放幻燈片、錄影帶）。
(5)多階段展示（經常在問題解決方法中使用；需要幾次銷售請求）。

四、處理異議和問題

當大部分的銷售展示完成時，預期客戶就會問一些問題並提出幾點異議。異議的表現形式是多種多樣的，甚至可以透過身體語言來表達。對於銷售代表來說，最好是能在事先計畫中預測到典型的異議，並在銷售展示中對此進行解釋；當然，有些異議和問題是無法預測到的，所以銷售代表就必須仔細地觀察並及時地處理客戶的異議，而不要忽略它們。預期客戶可能會提出各種各樣的問題，包括價格、特色或服務的時間以及目前的經濟壓力等等。

有幾個處理異議的有效途徑，一個就是重新陳述一下異議，並使用外交語言證實這一點似乎並不重要，另一個就是「同意並取消」的策略，也可以稱之爲「是的，但……」的策略。使用這種策略的銷售代表一開始先承認這個問題的存在，然後再向客戶表明此異議並不相關或並不是很準確。銷售代表無論使用哪一種策略，都必須面對面地解決客戶的異議。如果無法做到這一點，預期客戶就會從銷售人員的手邊溜走。聆聽是一個非常重要的銷售技巧，銷售代表要仔細聆聽客戶所講的話，還要認眞地觀察他們的身體語言。

五、完成銷售

如果異議和問題被有效地解決了，那麼銷售代表就應該盡力完成銷售。完成銷售意味著使預期客戶做出明確的購買或預約行爲。在一個多階段的銷售展示中，它可能涉及得到下一次約會或進行再一次討論的承諾。一個沒有完成銷售的銷售請求是不成功的。每一個銷售代表都必須「獲得業務量」，或者至少得到繼續下一次談話的承諾。然而，研究顯示，銷售人員經常懼怕「不」的回答，而且無法完成大多數的銷售請求。解決這個心理障礙對於人員推銷來說十分關鍵。

1. 完成銷售的訊號

知道何時和怎樣完成銷售是通向成功的關鍵，這需要仔細地關注預期客戶的言辭和身體語言。銷售代表必須仔細觀察可以表明客戶幾乎下定決心的語言和非語言訊號。這些包括：

完成銷售的語言訊號

(1)問題（「何時需要付款？」、「我們何時可以收到你的書面計畫？」、「你何時可以給我們這次預約的確認？」）。

(2)認可（「聽起來不錯」、「我們一直夢想著進行這樣的旅行」、「你們組織的服務很適合我們的需要」、「你們的價格在我們的預算之內」）。

(3)要求（「我們需要得到最低的團體價格」、「這要得到我們財務部的同意」、「啓程日要符合我們的度假日期」）。

完成銷售的非語言訊號

(1)點頭是表示接受和同意的姿勢。

(2)表明對所提供的服務更感興趣的姿勢變化（例如，身體前傾、更關注地在傾聽、手托下巴、其他更鬆弛的姿勢，比如敞開的雙腿、展開的手掌以及更完整地查看銷售說明書）。

2. 完成銷售的策略

銷售代表一注意到任何一種這樣的姿態，就應該使用七種完成銷售的策略之一，它們是：

嘗試性完成銷售　使用這種策略的銷售代表，透過提問來判斷預期客戶的購買意向或幫助他們作出明確的決策。嘗試性完成銷售也會促使預期客戶提出殘留的異議，例如，一個旅行代理會問：「我能幫你看看還有空位嗎？」一個旅館的銷售代表可能會說：「你需要我們安排一份夫婦二人的旅行計畫嗎？」

假設性完成銷售　它類似於嘗試性完成銷售。銷售代表會問一個假設預期客戶想要購買的問題，例如，「你想要用現金、支票還是信用卡付款？」或者「你想要我們將帳單寄給你嗎？」

簡述所提供的利益，並完成銷售　銷售代表會重述銷售展示的要點或提供給預期客戶的主要利益。簡述所提供的利益之後，銷售代表會緊跟著提出預約或購買的要求。

對完成銷售做出特別的「讓步」　銷售代表會向預期客戶提供特別的

促動品，以使他們更快地做出預約和購買。促動品通常都是進一步的折價或一種限定時間的價格。例如，在1995年末一個旅行代理可能會說：「如果我在1996年2月14日以前爲您預約，您的遊輪之旅就能省1600美元。」

消除最後一個異議或最後的顧慮，並完成銷售　儘管銷售代表盡了努力，但仍然還有一個重要的異議阻礙他們完成銷售，此時銷售代表就會問：「假如我們解決了這個問題，我們是否可以爲您預訂？」國際遊輪協會在它的「遊輪顧問培訓活動」中建議使用下述方法解決客戶有關價格的最後顧慮。

客戶：「我還是不太肯定是否應該在今年的度假上花這麼多的錢。」

顧問：「如果我們解決了您最後的這個問題，我們能爲您進行預訂嗎？」

有限的選擇，以完成銷售　銷售代表可以展示給預期客戶大量的可替代品（例如，度假包裝、起程時間、宴會餐飲）。當預期客戶表示出幾乎會做出某種承諾的姿態時，銷售代表就應該縮小選擇範圍，只剩下有限的可替代品，這樣就會使預期客戶更容易地作出決策。

直接完成銷售　這種策略沒有什麼神秘性，銷售代表只要坦率地要求客戶購買或者預訂就可以了。

六、售後追蹤

成功地完成銷售後，銷售程序還沒有結束，相反，這是再一次對預期客戶進行銷售的開始。銷售代表必須確保能爲已傳遞允諾了的服務而進行所有要求的步驟和安排。對於銷售代表來說，應該給予預期客戶某種形式的再保證，以除去在第4章中所討論的認識上的不一致。在大部分的情況下，向預期客戶發出一封簡單的致意信就可以充分地做到這一點。

售後活動還包括在預期客戶實際使用了服務以後，銷售代表對其進行的追蹤調查。許多旅行代理人透過給客戶打電話來調查他們是否喜歡此次旅行；一些旅館每個月都與主要的公司客戶聯絡，以確保這些客戶對旅館的服務滿意。另外建立一個客戶資料庫也很關鍵，這是另一種形式的探測。我們用一種比喻的方法，來幫助你理解這一觀點。一旦「探測者」發現了金礦的路線，他們就會遵循特定的步驟去開採它，直到挖出全部金礦。與過去的客戶保持親密的接觸與此很類似——越努力向前挖掘，就會得到越豐厚的獎勵。

第六節　銷售計畫和銷售管理

你已經看出為廣告和促銷設置單獨計畫的重要性。人員推銷也應該有一個計畫，即銷售計畫。銷售計畫是對人員推銷目標、銷售預測、銷售人員的責任、活動和預算的一個詳細的描述。銷售計畫除了是總體市場行銷計畫的一個重要組成部分以外，還是銷售管理（對銷售隊伍和人員推銷的管理，以達成想要的銷售目標）的一個核心工具。

通常，準備銷售計畫的任務是由銷售經理來承擔的，這些人所負責的銷售管理功能包括銷售人員的調配和管理、銷售計畫和銷售行為評估。正如你所看到的，銷售管理的工作要比準備銷售計畫的工作多得多。

一、銷售人員的調配和管理

1. 招收員工，選擇和培訓

銷售經理的第一項工作就是雇用合適的人員填補空位，在所有的行業中，基本上有三種銷售職位：

訂單獲取者　這些是你在本章中所接觸到的一些銷售代表，他們是負責剛剛所討論的銷售程序的人，他們探測並評定客戶、事先計畫銷售請求、展示並示範服務、處理異議和問題、完成銷售，以及進行售後追蹤。他們的核心工作之一就是具有說服力地促銷他們組織的服務。在旅遊與飯店業中，這些銷售代表把大部分的時間花費在外部推銷以及電話推銷上。

訂單接受者　訂單接受者是內部的銷售人員，在我們行業中可能在也可能不在銷售部門工作。例如，飯店中的侍者、速食店的服務人員、旅館中前台的職員、航空公司的票務代理以及旅行社、旅館、租車公司、遊輪公司和航空公司的預約者。他們的基本任務就是接受預約、訂單或查詢，並進行預約或提供所購買的服務。

儘管這些人不像銷售代表那樣得具備一定水準的說服能力，但是他們也應該得到有關內部銷售技巧（比如推薦性的提問）的良好培訓。

支持性的人員　第三類銷售人員包括「宣傳性的銷售人員」或「銷售技師」。他們由銷售部直接雇用。宣傳性的銷售人員的工作就是散發有關新服務的訊息，並描述新服務的特徵。他們不像銷售代表那樣進行銷售展示。「銷售技師」是具有特定專業技巧的才智性人員，需要的時候，將陪同銷售代表共同推銷。

旅遊與飯店業相對於其他行業，較少使用這些支持性人員。我們行業中的銷售代表經常去拜訪旅行社，並盡力轉變旅行代理的觀念，使其確信有更多的顧客使用他們的航空公司、租車公司、旅館、遊輪公司、包裝、吸引人的事物或其他的旅遊服務，這就類似於「宣傳性的工作人員」所做的工作。這些銷售代表通常不能完成銷售，儘管他們經常做一些銷售展示。與客戶預約或使其購買服務是旅行代理人的責任。

一個組織在哪兒可以找到這些銷售人員？新銷售員工的來源包括店內的人員、其他相關的組織（競爭對手、客戶、其他的供應商、承運人、旅遊貿易中介或旅遊目的地的市場行銷組織）、旅遊與飯店業學校、職業介紹諮詢人和職業介紹所以及自願的申請人。在旅遊與飯店業中，對於外部的銷售代表來說，很少有直接從大學中雇用的，大多都具有先期的銷售經驗。通常都是讓新手先做訂單接受者，然後再晉升爲銷售代表。從競爭對手和相關的外部組織中雇用銷售人員也是很普遍的。例如，許多拜訪旅行代理人的銷售代表本人就是前任的旅行代理人。現在有許多旅遊與飯店業組織雇用在其他行業具有銷售經驗的人員。

銷售培訓活動對於人員推銷的持續成功十分重要。對新的和老的銷售人員進行培訓活動，主要是爲了：

(1)減少銷售人員的人事變動頻率。
(2)增進與客戶和預期客戶的關係。
(3)增強士氣。
(4)產生更有效的時間管理技巧。
(5)提高對銷售人員的控制。

因爲外部推銷的高成本，所以最後的兩個目標在控制銷售成本方面發揮了核心的作用。

對於新員工所設定的銷售培訓課題通常包括這個組織的定位、它的行業和目標市場、對於所提供的服務的詳細描述以及管理的領域。培訓活動可能包括演講、討論、示範、角色扮演、錄影演示、在職指導或這六種方法的一些組合。

2. 成功銷售人員的特徵

成功的銷售人員應具備怎樣的特徵？許多年來，人們都認爲成功的銷售人員是天生的，所需要的銷售技巧後天無法學習。現在這種觀念已經發生了改變。有許多關於如何在人員推銷中取得成功的書籍，但下述的三項特徵應該是關鍵：

銷售才能　一個人完成一項給定的銷售工作的能力，包括：(1)智力（總體的智商水準、口頭表達技巧、推理能力、數學計算能力）；(2)個性（感染力強）。

技巧水準　有關人員溝通的技巧和服務的知識，透過下述兩種管道獲得：(1)銷售培訓；(2)以前的銷售和經營經驗。

人員特徵　(1)人口統計資料檔案，包括教育背景；(2)心理圖景和生活方式特徵；(3)外表和品性。

儘管這些因素通常會使一個人在人員推銷中具有潛在的成功性，但是研究表明，沒有一套體質特徵、心理機能和個性品質可以在任何一種狀況下都確保成功。銷售人員的成功更多地依賴於他們所承付的任務和他們所在的行業環境。例如，一個責任是「接受訂單」的銷售人員會工作得很出色，但是他若作爲一個外部推銷人員可能就不太成功。當一個外部推銷人員轉入內部推銷，也會發生同樣的情況。研究還表明，雇用一些配合客戶特徵的銷售人員也並不是很奏效。

3. 領導、促動和報償

就像其他任何一個經理一樣，銷售經理必須是一個有效率的領導者，必須得到銷售人員的尊敬和信任。銷售經理必須理解促動理論（比如在第4章中所討論的那些），並能夠提供經濟的和非經濟的激勵品，以使銷售人員的工作熱情保持在最高點。銷售人員的熱情很快就會傳遞給客戶和預期客戶。經濟上的激勵品包括薪水和佣金以及一些額外的利益，比如已付費的度假、保險和免費醫療等。非經濟的補償和促動品是表彰活動以及工作晉升的機會。

有幾種經濟補償是可行的。「基本工資」是不包含佣金的固定薪金給付。研究顯示，服務組織，包括旅遊與飯店業組織，最喜歡這種補償方法。因爲在我們行業中大量的外部推銷是針對旅遊貿易中介，而非最終的客戶，所以基本工資的補償方式似乎是合理的。這種方法也非常適合內部推銷。

第二種補償方式就是「佣金給付」，所付的佣金全部以銷售人員的銷售業績爲基礎。在旅遊與飯店業中這樣的例子很少。然而，有一些旅行代理機構使用「外部的銷售人員」，並以旅行社所賺得的預約金額爲基礎，付給這些銷售人員一定比例的佣金。「佣金給付」的補償方式特別適合於不能承擔一個銷售部門支出的較小的公司，以及只需要極小量的「宣傳性」推銷的情況。

第三種，也是最普遍的補償方式，就是基本工資加佣金和／或獎金的這種組合方式。佣金是直接與每一個銷售人員所創造的銷售額或利潤量相關的，獎金是在預定的銷售額和利潤量被達成時所要支付的。這第三種方法，對於那些將服務推銷給了最後一個預期客戶，並依靠自身的勸說努力而完成了預定的銷售量的銷售代表最爲適合。

另一種可以使用的促動品就是那些指向銷售人員的促銷。第16章指明，促銷對於達成短期目標十分奏效，但長期使用就會造成相反的結果。使用不同形式的競賽來促動銷售代表更努力地工作，這種做法很流行。當一個組織想要拴牢新客戶或旅遊貿易市場、提高對於特定服務的銷售量、使每次銷售請求產生更大的銷售量、提高淡季的低銷售量，以及介紹新的設施或服務時，就會頻繁地使用這種方法。

非經濟的補償在促動銷售人員方面也發揮著巨大的作用。通常，這些是證書、牌匾或獎杯，由銷售經理在銷售人員會議上頒發給傑出的銷售人員。

4. 監督和控制

對銷售人員，特別是那些外部的銷售人員進行監督和控制，對於銷售經理來說較爲困難。外部的銷售代表經常遠離辦公室和家庭四處旅行，他們具有高度的獨立性，而且持續地面臨著高工作壓力，因而使得銷售經理的監督工作相對更爲複雜。銷售人員濫用銷售費用以及銷售人員高水準的酒精中毒比率是兩個相當普遍的有待監督的問題。

銷售經理的監督活動包括週期性地與銷售人員進行面對面的會議或電話會談，查閱銷售請示報告和其他書面的通信，對與補償計畫（特別是有關佣金和獎金的計畫）、銷售領域、銷售份額、銷售費用以及銷售管理決算相關的內容進行適當的安排和決策。銷售會議和集會爲銷售人員提供了培訓的機會，銷售經理還可以在此與銷售人員做其他的溝通。

在我們結束有關銷售人員的調配和管理這一部分的討論前，你應該對銷售領域和銷售份額有所了解。銷售領域是特定的責任區域，通常也是一定的地理區域，由單獨一位銷售代表或分支的銷售部來承擔。領域是根據地理區域、客戶、服務／產品或這三種的組合爲依據進行劃分的。服務於當地市場的較小的組織，比如大部分的飯店和旅行社，通常不需要建立銷售領域。然而，服務於地區或全國市場的較大的公司，就要進行這一活動，因爲建立銷售領域有如下的利益：

(1)削減銷售成本。

(2)提高對銷售代表的監督、控制和評估。

(3)足夠地涵蓋潛在市場。

(4)提高與個體客戶的關係。

(5)提高銷售隊伍的士氣和效率。

(6)提高對銷售結果的研究和分析。

對銷售領域進行管理有兩個核心的好處：一個是可以精確地瞄準潛在客戶，另一個就是可以培養與潛在客戶的關係。一個有效率的銷售代表在他的銷售領域內停留足夠長的時間，就可以與客戶和旅遊貿易夥伴建立非常緊密的關係。北美的許多國家航空公司都以這種方式組織銷售人員。

另一個主要的優點就是銷售人員可以更有效地使用旅行費用。顯然，將一個人派往一個特定的區域要比派兩個或兩個以上的人省錢得多。

銷售份額是週期性地為單獨的銷售代表、分支銷售部或地區所設置的任務指標，它們有助於銷售經理促動、監督、控制和評價銷售人員。銷售份額是以銷售量、銷售活動（例如，一段時期內的銷售請求總數）、經濟結果（例如，所產生的毛利潤額或淨利潤額）、旅行支出與銷售額的比率或幾項的組合為基礎的。從銷售份額可以看出每個銷售代表所帶來的利益，銷售份額還反應了這樣一個事實，即並非所有的銷售領域都相似，也不能期望所有的銷售部門或銷售代表都能達到同一工作水準。

二、銷售計畫

銷售計畫是銷售經理每年從銷售人員那裡獲取訊息後所準備的書面計畫，它的內容類似於廣告、促銷／交易展示和公共關係計畫的那些內容。銷售計畫詳細地描述了人員推銷的目標、銷售活動以及銷售預算。銷售計畫與其他促銷計畫的不同之處體現在它有關於銷售人員的責任、銷售領域和銷售份額方面的描述。較大的組織幾乎將它們所有的廣告、促銷和公共關係活動都交付給外部的代理機構和顧問去執行，唯一「戶內的」、它們不得不考慮的促銷人員就是銷售部的銷售人員。

1. 準備一份銷售預測

人員推銷目標一般包括預計的銷售量或一些其他的經濟目標（例如，毛利潤額或淨利潤額）。事實上，預計的銷售量並不是唯一的人員推銷目標。非經濟的目標也同樣重要，比如銷售請求的數量、預期客戶轉變成客戶的數字等等。

預計的銷售量對銷售部門以外的其他人也很有用，事實上，它是整個組織的一個核心的計畫工具。預計的銷售水準會影響許多其他部門的人員和資金分配。

2. 發展銷售部門的資金預算

人員推銷的成本相當高，這一資金預算是整個銷售預算的核心部分。通常，銷售預算包含如下成分：

(1)銷售量預測：在未來一段時期內預計的銷售量或銷售金額。

(2)銷售支出預算：計畫支付給銷售隊伍的薪金、「額外利益」、佣金、獎金和旅行支出。

(3)銷售管理預算：銷售部門的辦公室人員的薪金、「額外利益」以及管理成本。

(4)廣告和促銷預算：對銷售隊伍進行獎勵的資金（例如，競賽、表彰活動）以及直接支持人員推銷的廣告成本。這些金額通常要在廣告和促銷預算中被確認。

3. 分配銷售領域和銷售份額

銷售領域和銷售份額在銷售計畫中發揮著重要的作用。銷售經理通常從所完成的銷售份額中獲得經濟利益。銷售經理組合地使用銷售領域過去的銷售業績和市場指數來爲每一個銷售領域分配銷售份額。

三、評價銷售業績

銷售管理的最後一項任務就是測量和評價銷售業績。銷售管理的審核功能在提高一個組織的人員推銷的效率方面尤爲重要。銷售管理審核是對銷售部門的政策、目標、活動人員和業績所進行的週期性分析，銷售分析是在業績評價方面最常使用的一個名詞。銷售分析可以透過考察總體的銷售量或每個銷售領域的銷售量、服務或設施的種類以及客戶群體來完成。對銷售業績進行評價的最重要的標準就是相對於預計銷售量及預算的實際發生額。

第七節　旅遊與飯店業中的人員推銷

人們經常提及旅遊與飯店業中的人員推銷。最後，我們將概括一下核心的幾點：

一、人員推銷的重要性有所變化

人員推銷並非對所有的旅遊與飯店業組織都同等重要。較小的、更地區化的經營單位傾向於將他們的銷售活動限制在內部推銷上，這是大部分飯店和旅行社所使用的種類。

人員推銷在促銷組合中的重要性，與組織的規模、其目標市場的地理範圍和它對旅遊貿易中介及影響團體旅遊行爲的決策人的依賴性有關。最可能擁有外部銷售代表隊伍的組織類型是：

(1)旅館、汽車旅館、勝地旅館、會議中心和其他旅館。

(2)集會和遊客管理局，以及集會／貿易展示中心。

(3)航空公司、遊輪公司、鐵路公司。

(4)租車公司。

(5)激勵性旅遊計畫公司。

(6)國家和州政府旅遊促銷機構。

另外，其他的組織也使用銷售隊伍，例如，一些旅行社、旅遊批發商和汽車觀光的營運人。

二、與服務水準緊密相關的內部推銷

在我們行業中，將服務品質與內部推銷區分開來相當困難。正如第11章所指明的，服務的品質通常決定了客戶的滿意度。儘管建議性的推銷（內部推銷）在促動銷售方面會產生很大的作用，但服務的品質在創造客戶的滿意度和產生經常性的客戶方面更重要。

三、對於銷售職位沒有普遍接受的評定標準

剛入飯店這一行通常做不了銷售，你必須學會經營和預約，才能成爲一名銷售代表。也就是說，你得在這個組織實際工作一段時間以後，才能更加了解你的「產品」、預期客戶以及老客戶。

我們行業所存在的一個嚴重問題就是，缺少普遍接受的雇用市場行銷和銷售人員的資格標準。同時，專門進行旅遊與飯店業銷售和市場行銷的教育活動也極少。此行業和它的貿易協會必須設置一個普遍接受的標準。

四、「宣傳性銷售」工作的重要性

第13章強調了由旅遊貿易中介所發揮的核心作用。你應該意識到一些旅遊貿易中介本身就是決策人，而其他的一些則是「決策的影響者」。例

如，決策人包括公司旅遊經理和集會／會議計畫人，「決策的影響人」包括零售旅行代理、旅遊批發商和激勵性旅遊計畫人。對於這兩類中介的推銷方法是不同的。使他們持續地得到最新的消息，這是「宣傳性銷售」所發揮的功能，它對「決策影響者」最為重要，而勸導性的推銷則更適合於「決策人」。隨著服務、費用、價格和設施快速的變化，「宣傳性的銷售」在我們行業中就更加重要了。

本章概要

什麼都不如執行良好的人員推銷會對銷售產生如此大的推動力。相對於在廣告或促銷中的非人員化的溝通訊息，人們對於人員的銷售展示更難說「不」。然而，人員推銷，特別是外部推銷，是相當昂貴的。對於人員推銷活動的仔細管理（銷售管理）是至關重要的。一個有效的銷售活動和銷售管理的核心是銷售計畫。

在銷售程序中遵循一定的步驟通常會產生最好的結果。這需要事前的計畫、有效的展示技巧和方法，還要進行售後追蹤。銷售技巧可以經過學習而掌握，他們不是某些具有天賦的銷售人員所固有的。

本章複習

1.本章對人員推銷和銷售管理是怎樣定義的？

2.人員推銷在旅遊與飯店業服務的市場行銷中發揮什麼樣的作用？

3.人員推銷有哪三類？

4.在人員推銷中可以使用哪五種策略？它們之間有何不同？

5.銷售程序的步驟是什麼？每一步所承擔的責任是什麼？

6.完成銷售可以使用哪七種策略？每一種策略都涉及一些什麼？

7.銷售管理的功能是什麼？

8.推銷技巧是天生的嗎？請解釋你的答案，並列舉成功的銷售人員的特徵。

9.銷售計畫的作用是什麼？它都包括什麼？

10.旅遊與飯店業中的人員推銷與其他行業的人員推銷有何不同？解釋你的答案，並說明此行業人員推銷的四個明顯的特徵。

延伸思考

1.找一位你所感興趣的旅遊與飯店業的外部推銷人員，跟隨他進行一天的工作。在這一天結束時，評價一下這個人的銷售業績。這個銷售代表遵循了銷售程序中的步驟嗎？這個人為達成他的目標做得怎麼樣？他是否完成了銷售？他使用了什麼策略來完成銷售？對此你有何評價？你能提升這個銷售人員的方法和技巧嗎？怎樣提升？

2.在旅行社、旅館或飯店待一天，觀察一下它的內部和電話推銷的步驟。在這一天結束的時候，評價一下這個組織在這兩個領域的銷售技巧。內部和電話推銷的機會是否儘可能地被使用或者這些領域內的銷售人員是否需要進一步的培訓？你將對管理層提出什麼樣的建議，以提高這兩個領域內的推銷技巧？

3.你被雇作一家旅遊與飯店業組織的新任銷售經理。寫一份你的取位描述，你將承擔什麼樣的責任？你將使用什麼步驟來進行銷售人員的調配和管理、銷售計畫、銷售業績的評價？請儘可能地明確。

4.你是一家旅遊與飯店業組織的銷售經理，請為外部的銷售代表準備一份書面指導，儘可能地明確一些。對探測和評定預期客户，你將採取一些什麼步驟？你將使用什麼廣告和促銷活動來支持你的銷售代表？

經典案例：人員推銷——「標誌」客棧

一個正在出現的、但不為人所知的旅館連鎖店怎樣才能與假日旅館和馬里奧特這樣的巨人企業相抗衡？「標誌」客棧是透過一種服務商務旅客的創新方法、一個廣泛的內部銷售／服務規劃，和在當地社區所進行的一種積極的人員推銷來實現這一點的。

第一個「標誌」客棧在1981年3月開業於印第安那波利斯市。截至1995年，公司在美國中西部的六個州中（伊利諾州、印第安那州、愛荷華州、肯塔基州、俄亥俄州和田納西州）已經擁有了二十四處資產。「標誌」客棧在九○年代中期賣掉了密西根州的一處資產。「標誌」客棧在這個行業中保持著高水準的經營，因為它對所有的旅館都可以直接進行控制，它沒有獨立經營的特許經營單位。幾乎所有的旅館都由附屬的合作者擁有，而並不是公司所有，這樣就能使公司的投資風險最小化。「標誌」客棧的主要業務來自於五個市場細分部分：(1)公司人員；(2)SMERF（社會團體、軍隊／政府、教育團體、宗教團體和各種協會）；(3)汽車觀光團體；(4)受特別事件吸引的人；(5)休閒度假的人。

提供給商務旅行者的特定設計包括每個客房中的一個照明優良、十二英尺的工作台、一個坐臥兩用椅、一份高級的免費歐陸式早餐、免費的晨報（週一到週五）、免費的當地電話和免費的含電影頻道的有線電視。客房中還有可以使用的打字機、電腦和私人的「電話工作中心」（可以進行一對一的會談）。每一個「標誌」客棧都可以提供五個會議房間。可以為預訂十五間或十五間以上客房的團體提供一個免費的會議室。旅館沒有飯店或酒吧設施，只有一個小的餐廳提供早餐。每一個旅館都安排相關的當地餐廳，在看到「標誌」客棧的客人所出示的房間鑰匙時，向其提供折價。

因為「標誌」客棧的房間價格適中，並且吸引著對價格較敏感的旅行者，所以它只進行了有限的折價，包括對老年人、持有三「A」信用卡的人和長期停留的客户提供折價。年齡十七歲或小於十七歲的與父母共享一個房間的小客人可以免費住宿。另外，公司的銷售部和市場行銷部代表每一家旅館和《財富》雜誌上列示的五百家受人喜愛的公司，和旅行社協會協商了一份特別的價格表。「標誌」旅館的價格總是處於中游，它經常經營一些價格較適中的服務種類。

據估算，吸引一個新客户的成本要比保留一個老客户的成本多出五倍。這樣，「標誌」客棧就設立了它的「傳奇式的服務」規劃（在服務中，多給客户帶來一份驚喜），這就需要總經理和客户服務人員每天多與目前的客户進行接觸（例如，感謝他們入住本客棧、稱呼他們的名字，並請其介紹其他的潛在客户等等）。公司認為有效的內部銷售和每天執行的服務規劃是積極的外部銷售的先決條件。

人員推銷主要集中在每個旅館的當地和周圍的社區。每個「標誌」客棧都有一個助理總經理，他要完成至少十五個外部銷售請求，每週還要寄發大量的促銷郵件。「標誌」客棧與當地各種規模的企業和其他的組織進行聯繫，不同種類的訊息來源（包括商會、當地的報紙和行業名錄等）可以被用來探測預期客户。例如，可以依據報紙上的訂婚和即將到來的婚禮通報，向準新娘（郎）寄發祝賀信，並鼓勵他們讓參加婚宴的城外客人住在「標誌」客棧。

助理總經理每月還有一個責任，就是對在上個月住宿客房數最高的十家組織進行服務銷售（打電話或面對面進行）。在1993年，公司在它的每一個旅館中都安裝了一個莫爾巴資產管理系統，客户的特徵和歷史資料在這個系統中被累積和保存起來。這個系統幫助旅館確認能夠產生最高客房住宿的客户，除此之外它還有別的功能。透過仔細分析這些資料，「標誌」客棧能夠寫出更精確的市場行銷和銷售計畫，以吸引有類似客户特徵並居住在公司主要地理區域，但卻並未成為「標誌」客棧客户的那些人。近來，一個自動的銷售和探測系統──「電子魔術」系統被應用，以更精確地管理「標誌」客棧的銷售程序。

每週，助理總經理都要進行一系列的調查，拜訪所有當地的競爭對手，並查找一下哪些組織要召開會議或執行其他的功能。客棧的總經理和助理總經理經常決定瞄準特定種類的組織（例如，當地的教堂、不動產公司等等），而且助理總經理要透過面對面的談話或電話來完成對這些組織的銷售。「商務夥伴信件」被郵寄給周圍社區的較小的組織，並附帶上小冊子和其他的促銷資料。「標誌」客棧要求每個親自拜訪的預期客户都說出一些他們知道的可能對使用「標誌」客棧的服務感興趣的其他人的名字(如表17-2「市場調查」表)。市場調查訊息然後就會進入「電子魔術」系統，以備後續的追蹤調查，甚至是店內的客户意見卡也被要求填寫類似的介紹訊息。

「標誌」客棧使用了多種不同的方法和工具來展示和證實它的服務。這些包括刊登彩色照片（描述了客棧的各個方面）的指南，以及吸引人的折疊夾子，其中包含小冊子、樓層計畫、價格卡和其他有關「標誌」客棧的印刷訊息。公司認為它最獨特的賣點就是它對客房獨特的設計和為商務旅行者提供的其他特別服務。證實這些特色的最好方法是什麼呢？「標誌」客棧想出了一條最有效的方法，就是邀請預期客户在總經理、助理總經理或客户服務經理的引導下親自參觀一下本客棧。

助理總經理在銷售請求中使用一個「五步的展示程序」，它非常類似於本章所描述的銷售過程：(1)準備；(2)面對面地交談；(3)市場調查；(4)展示；(5)完成銷售。當銷售代表處理異議和問題以及幫助完成銷售時，會使用一些容易記憶的短語。「標誌」客棧認為對客户進行售後追蹤是十分必要的。客户服務經理會在會議結束後對會議室的使用者進行追蹤調查，看看會議進行得是否順利，以及是否要對下一次會議進行預訂等。「標誌」客棧定期召開聚會，以鞏固與老客户的關係，並吸引新的客户。

對於公司客户，還要做一些額外的銷售工作，將銷售努力主要集中在連鎖性的公司和主要的貿易展示會上。單獨經營的資產也要做一些區域以外的促銷，主要是對旅行代理人和汽車觀光公司展開的。

高水準的專業性是所有「標誌」客棧共有的特徵，也是它迅速成長的原因。精心設計的資產、嚴格執行的維護和清潔規劃以及特別友好的工作人員，是此連鎖店的卓越之處。它的人員推銷程序也是非常優秀的，而且作為一個旅館資產，它還特別重視當地社區的利益。儘管就像其他公司一樣，「標誌」客棧也有廣泛的銷售指南，但是它最令人稱道的還是它與眾不同的銷售隊伍所進行的人員推銷。

討論

1.「標誌」客棧怎樣發展了一個獨特的內部和外部推銷方法？

2.這一方法怎樣幫助「標誌」客棧在當地與較大的旅館連鎖店相競爭？

3.其他的旅遊與飯店業組織可以從「標誌」客棧的人員推銷方法中學到並應用什麼？

第18章
公共關係及宣傳

旅遊與飯店業組織在一年中要接待各種各樣的團體和個人。因為它們提供的是無形的服務，並且非常依賴於口碑廣告，所以與所有這些組織以外的人保持良好的關係是相當重要的。本章開始就定義了公共關係及宣傳，然後解釋了它們在旅遊與飯店業中的重要性，並確認了公共關係及宣傳的目標市場──「公眾」。

本章描述了準備一份公共關係計畫所需要的程序，並解釋了公共關係及宣傳可以使用的技巧和媒介。本章還描述了媒介組織的結構以及怎樣與這些組織中的關鍵人物建立良好的關係，此外，也評論了使用公共關係諮詢人的作用和好處。

你曾經對你並不認識的某個人或者你並不特別喜歡的某個人表示過好感嗎？你為什麼會這樣做？為什麼煩心地去花費這樣的時間？你是否看出了與這些人保持良好關係所具有的長遠利益？你可能意識到，在將來的某個時間，你還會回到同一個地點，那麼跟這些人斷交就不是個明智的選擇。也許你還沒認識到，你這是在為自己進行公共關係活動。當你考慮如何與別人建立良好的關係時，你就成為了你自己的「外交官」。

你是否聽過這樣的說法，「那不過是公共關係罷了」或者「那只是一種自我宣傳」，你所聽到的是對於公共關係及宣傳活動的一種並不恭維的表述。似乎大部分的非市場行銷人員都會誤解公共關係的作用。他們幾乎將公共關係及宣傳看做是隱藏公司秘密或產品／服務的低品質的「煙霧彈」──一種愚弄媒介和公眾的促銷。

儘管這種看法非常普遍，但它卻是對於公共關係及宣傳的一種缺乏遠見和帶有誤導性的評論。公共關係是有價值的、重要的活動，有助於確保旅遊與飯店業組織的長期存活。

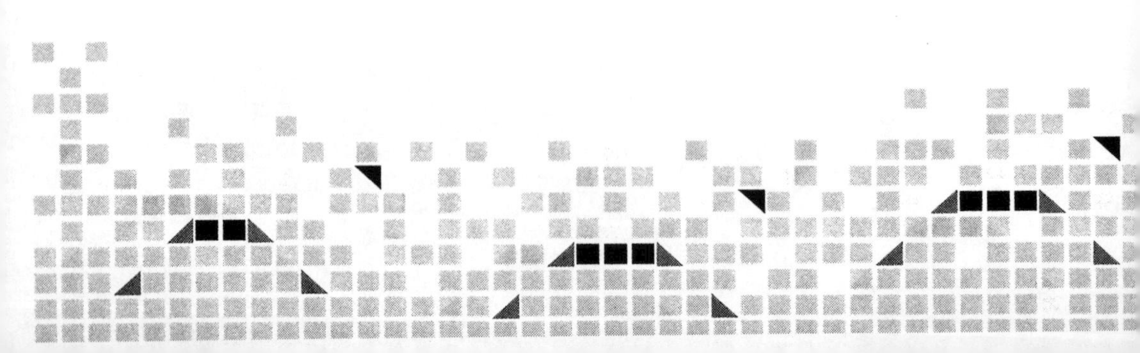

第一節　公共關係與促銷組合

一、定義

公共關係包括一個旅遊與飯店業組織所使用的，旨在保持或提高它與其他組織和個人關係的所有活動。宣傳是公共關係的一個技巧，涉及對一個組織的服務所進行的訊息溝通（例如，新聞發布和媒體會議）。

公共關係及宣傳不同於其他四個促銷組合要素，組織必須放棄對於這種促銷要素的控制權。公共關係及宣傳是一個低成本、任何一種規模的組織都可以支付的促銷工具，而且它的另一個主要優點就是具有勸說力，因爲人們並不認爲它們是「商業訊息」。

你從一開始就應該知道公共關係及宣傳並不是廣告、促銷、交易展示和人員推銷的替代品。從現代的觀點來看，公共關係並不是一種可有可無的市場行銷活動，而是每一個組織（不管它有多小）必須進行的活動。公共關係受其他四個促銷組合要素的影響，反之亦然，好的公共關係可以使廣告、促銷、交易展示和人員推銷更爲有效。所有的五個促銷組合要素都必須結合在一起做計畫，而不能彼此相互獨立。

二、公共關係及宣傳的作用

公共關係及宣傳在市場行銷和促銷組合中發揮著什麼樣的作用？你可能還記得服務和產品的三種差別，那就是服務的無形性、購買服務要涉及更多的情感因素，以及對於服務更強調心理意向。我們也強調了在旅遊與飯店業組織中口碑訊息的重要性，也就是說人們的評論對於選擇旅遊與飯店業服務的客戶有相當大的影響力（因爲客戶在購買服務之前不能嘗試這些服務)。朋友、親戚、商業夥伴、意見領袖和專業顧問比如旅行代理人,都是客戶可以信賴的「社會」訊息來源。公共關係活動就是要盡力確保這些「社會」訊息是對組織有利的。所以說,公共關係及宣傳在旅遊與飯店業中有三個最重要的作用是:

1. 保持一個正面的「公衆」形象

公共關係的主要功能就是與一個組織直接打交道的(例如,客戶、員工、其他的旅遊飯店業組織)和間接打交道的(例如,媒體、教育機構、當地的一般市民)個人和團體(包括所有的現在或在將來對組織的市場行銷成功有影響的個人和團體),建立並保持一種持續、正面的關係。

2. 處理反面的宣傳

不管一個組織怎樣盡力強調其正面形象,它都可能會碰到一次反面的宣傳。例如,一個飯店的食物中毒事件、一個旅館中的一次大火、使旅客坐不上交通工具的旅行代理人、一次飛機失事或者媒體對於一個組織服務品質低落的報導。由於口碑訊息的重要性,服務組織對於反面宣傳的抵抗力顯得十分脆弱。公共關係有兩面性──正面推動和反向抵制。當它發揮正面推動力時,能夠產生正面的公共關係。當面對反面的宣傳時,我們就要發揮公共關係反向抵制的能力了,其關鍵就是要建立一個應對系統來處理這些令人討厭的狀況,並考慮透過一些潛在的途徑來解決問題。

3. 提高其他促銷組合要素的效率

第17章將促銷組合比喻成一道佳餚的配方,必須具有恰當的成分及相應正確的比例。好的公共關係會從許多方面使其他四個促銷組合要素更「可口」。有效的公共關係使客戶更容易接受這些勸導訊息,這樣就爲廣告、促銷、交易展示和人員推銷鋪平了道路。它提高了這些勸導訊息越過客戶的感知壁壘的可能性。

三、旅遊與飯店業的公眾

公共關係涉及內部和外部的不同團體和個人之間的溝通和其他關係。

「公衆」是那些與一個組織相互作用的團體和個人。管理好與公衆的關係和溝通，對於有效的公共關係至關重要。旅遊與飯店業的公衆包括：

1. 員工和員工的家庭

與員工和他們的家人保持良好的關係，組織就會擁有一個個「邊走邊談的廣告板」。這些人將對組織的熱情傳達給了身邊的每一個人。好的人力資源管理不僅會使員工更滿意，而且還會提高市場行銷的效率。

2. 工會

旅遊與飯店業中的幾個要素是受工會管轄的，管理者必須儘量與這些員工組織建立和諧的關係。爲了證實這一點，請想一下工會與管理層之間的不愉快所造成的飛機停飛或者旅館被圍的事件。這樣的事件會對公司的業務造成災難性的短期影響，並會降低「客戶信賴」的等級。在1979年，聯合航空公司遭受到不幸的六十天的罷工（從4月開始）事件。在飛行服務重新開始的三週內，公司透過給每一位乘客從7月到12月的50%的折價券，得以在危機中痊癒。

3. 股東和所有者

公司必須關心與股東或其他合夥人的關係。這些人期望公司會給他們的投資帶來回報，但是他們也希望在與公司的交往中得到某種榮耀。對於非營利性組織和政府機構，情況會略有不同。非營利性組織，比如協會和委員會，需要與成員、捐助者建立良好的關係；政府機構則必須考慮它在市民和政客中的形象。

4. 客戶和潛在客戶

客戶和潛在客戶是進行市場行銷的前提，與他們保持良好的關係，不僅是必要的，而且十分關鍵。

5. 其他相關的旅遊與飯店業組織

在第13章中，你已經領會到了旅遊貿易中介對於供應商、承運人和旅遊目的地的市場行銷組織的重要性。旅遊貿易中介可以將供應商、承運人、旅遊目的地的市場行銷組織與客戶聯繫在一起，所以它也是大部分其他的旅遊與飯店業組織的一個重要促銷目標。從另一方面來看，作爲「客戶影響者」的中介，比如旅行代理人、激勵性旅遊計畫公司和旅遊批發商也必須與供應商、承運人和旅遊目的地的市場行銷組織建立良好的關係。所以說，這個行業本身的公共關係就是一個雙向的過程。

6. 競爭組織

爲什麼還要考慮競爭組織呢？他們難道不是你第一個想要盡力打敗的對手嗎？確實如此。然而，從長遠的觀點來看，合作要比頭碰頭的競爭更好一些。有時競爭性的組織必須聯合起來，以滿足特定客戶的需要（例如，需要幾家旅館客房的大型集會團體）；需要合作的努力和計畫，以解決對於所有競爭對手具有潛在負面影響的問題（例如，一個飛機場的關閉、一個重要的歷史建築物的損壞，或者一項新的稅收計畫）。總之，應該避免與競爭對手敵對的關係。與競爭對手的溝通管道也應該打開，以探測在未來可以互利互惠的領域。

7. 行業團體

旅遊與飯店業包括大量的貿易協會，其中大部分在第10章中都已經提到了。這些協會提供了許多重要的成員服務——遊說以反對有害的立法、提高專業技術、告知其他人有關這個行業的重要性，以及舉行週期性的集會和貿易展示。一個組織至少應該從屬於一個核心的貿易協會，從公共關係的角度來看，如果一個組織更活躍一些就更好了。例如，經理可以去做協會的公務人員或者研討會／集會的發言人。

8. 當地社區

許多旅遊與飯店業組織，包括大部分的旅行社和飯店，以及許多旅館，都高度地依賴於當地社區的客戶。其他的組織，比如集會和遊客管理局，必須得到強大的市民和政客的支持，才能取得成功。對於我們行業中的大部分組織來說，成爲一個活躍的、關注當地社區的成員是十分必要的。通常，這意味著旅遊與飯店業組織的管理者應該加入當地的俱樂部和協會，比如商會、集會／遊客管理局和服務俱樂部等。

9. 政府

不同級別的政府，包括市、郡、州和國家級的政府機構，會影響一個旅遊與飯店業組織的發展。對於一個旅遊與飯店業組織來說，遵從諸多法律和規定條款是非常必要的。透過持續地告知組織內部的發展訊息，來與核心的官員保持良好的關係也很重要。

10. 媒體

媒體——報紙、雜誌、電視和電台——是公共宣傳的主要目標，與他們進行開放熱誠的溝通是公共關係最重要的功能之一。在本章隨後的部分我們將詳細地討論有關與媒體關係的話題。

11. 金融機構

銀行、信託公司和其他借貸機構是大部分公司和許多非營利性組織的短期和長期的重要資金來源，與目前的貸款人和其他將來可能提供額外借款的人保持正面的關係是十分重要的。

12. 旅遊與飯店業學校

北美現在有五百多所學院、大學和私人學校，能提供專門的旅遊與飯店業的教育課程。範圍從培訓旅行社預約人的「所有人的」學校到設有博士班的大學。每年，旅遊與飯店業組織都要雇用在這一領域內經過正式培訓和教育的人員。

第二節　公共關係計畫

每一個旅遊與飯店業組織，無論它有多小，都應該有一個公共關係計畫。而且，組織必須週期性地準備新的公共關係計畫，至少應該是一年一次。由於缺少最後截止日期（比如在廣告中），以及公共關係並非特定的工作人員的責任這一事實，有關公共關係的計畫很有可能被漏掉。許多組織並不很重視公共關係，只是經常爲了反擊反面的宣傳而進行一些時有時無的公共關係活動。本章所要指明的要點之一就是不管一個組織是雇用一個內部的公共關係專家，還是使用一個外部的顧問（或者兩者都沒有），都必須保證公共關係活動是持續進行的。公共關係計畫的步驟是：

一、設置公共關係目標

開始做一項計畫，首先要設置一系列清晰的目標。你已經從第8章中得知總體的市場行銷目標是由目標市場決定的（假設一個組織使用細分的策略）。同樣，對於公共關係來說，最好是爲組織的每一類公衆都設定具體的目標。這樣就可以確保所有的「公衆」都能持續地被關注到。

公共關係目標通常都是富含訊息量的。它們可以提供有關一個組織對於一個或多個公衆群體的口頭的、書面的或者視聽性的訊息。它是一種「柔和」的促銷形式，旨在提高一個組織的形象。例如，一個飯店的公共關係目標可能就是要提高它在當地社區的形象。儘管將公共關係的目標量化是相當困難的，但最好還是要設置可以測量的公共關係目標。在執行公共關係計畫之前和之後都要進行測量。

二、決定是否使用代理機構

下一步的決策就是要考慮執行公共關係計畫的責任應該交付給誰。在旅遊與飯店業中可以使用許多可替代的方法：

(1)經理或所有人單獨承擔。
(2)將公共關係的責任交付給一個多部門的委員會。
(3)將公共關係的功能加到一位市場行銷部經理的身上（例如，市場行銷經理或銷售經理）。
(4)將一位全職的公共關係經理委派到市場行銷部。
(5)雇用一個外部的公共關係顧問或代理機構。
(6)結合(2)、(3)、(4)和／或(5)。

決定選擇哪一個方法主要依賴於組織的規模大小。較大的組織，更可能擁有一個全職的公共關係經理，而且會使用外部的專家。較小的組織通常使用前三種方法之一。

三、設置臨時的公共關係和宣傳預算

有一種相當普遍的誤解就是，公共關係及宣傳是完全免費的。然而，如果有一位全職的公共關係經理和輔助性的人員，就會涉及人員的成本；外面的公共關係專家也要對他們所提供的服務收取服務費。即便公共關係是由公司內的委員會或經理所執行的，對於他們來說，花費時間進行這些活動也要有一些人工費用。當一個組織主持某個媒體，籌辦不同的公共關係活動場面，以及準備出版物的發行時，都會發生一定的成本。例如，新旅館開業前的公共關係活動經常涉及幾十萬美元的花費。

最好是使用一個兩步驟的程序來編列公共關係及宣傳預算。首先，從總促銷預算中臨時性地分配出一定比例的公共關係預算，根據這個預算，設計出將來所要進行的所有公共關係活動。計畫設定好後，再將每一種活動的成本算出來，從而決定最後的公共關係及宣傳預算。

四、考慮合作的可能性

公共關係及宣傳的合作機會很多，應該在單獨進行活動前考慮一下合作的可能性。例如，某個特定區域的不同供應商和旅遊目的地的市場行銷組織聯合投資於一個大城市的媒體招待會。相關的旅遊與飯店業組織也可以結合起來，準備有關它們共同提供的新服務的出版物的發行。

五、選擇公共關係及宣傳技巧

對於旅遊與飯店業組織來說，有多種多樣的公共關係及宣傳技巧可供使用。它們可以被分成三個明顯的類型：(1)持續的活動；(2)事前計畫的短期活動；(3)未預測的短期活動。其具體內容如**表18-1**所示。

1. 持續的公共關係活動

公共關係活動必須持續地進行，不是當緊急情況或有報導價值的事情發生時才會出現。一個旅遊與飯店業組織必須持續地做好它的每一類公共關係，它必須持續地在公眾前「亮相」。例如，當一個有新聞價值的事件發生時才去拜訪媒體，這是不夠的。一個組織必須持續地與媒體保持接觸。

與公眾交往就類似於設立一個存款帳戶，如果你不往帳戶裡存錢，你就提不出錢來。同樣，如果一個組織不建立，並持續地與它的每一類公眾保持良好的關係，就不能期望收穫那些累積起來的「親切與誠意」。當你

表18-1　公共關係及宣傳技巧

持續的公共關係活動	・涉及當地的社區 ・涉及行業團體 ・時事通訊、新聞報紙和公司雜誌 ・與員工的關係 ・與媒體的關係 ・媒體所需的材料和相片 ・與股東、所有人和金融機構的關係 ・與旅遊與飯店業學校的關係 ・與補充性和競爭性組織的關係 ・與政府的關係 ・與客户的關係 ・廣告
事前計畫的短期活動	・新聞發布 ・媒體會議 ・慶典、開業和特別的事件 ・通報 ・特色故事 ・媒體和旅遊貿易研討會 ・市場行銷研究
未預測的短期活動	・處理反面的宣傳 ・媒體會談

定期往你的帳戶裡存錢時，你就知道你不僅能提出你所存入的錢，而且還能賺得利息。一個組織必須持續地並經常地與它的每一類公衆溝通，以建立「親切與誠意」，才能在需要他們時得到特別的恩惠。例如，一個旅館組織應該知道當地報紙、電視以及廣播電台的所有核心人物（編輯、記者和出版商），並透過週期性地請他們出來吃飯，來累積這種「親切與誠意」。每一個核心人物都應該時常收到組織的通報和「故事」，這樣他們就會知道旅館中所發生的最新消息。透過與媒體中的人建立這種開放持續的溝通管道，旅館就有更大的可能性進行它的新聞發布和通報。當然，付費的廣告也會有助於得到額外的「免費」宣傳。

一個旅遊與飯店業組織應該持續進行什麼樣的活動呢？主要的一些活動種類如下：

涉及當地的社區　每個旅遊與飯店業組織都要盡力成爲當地社區或它所服務的社區的模範「市民」。這意味著要對當地有價值的活動或慈善事業捐錢或提供免費服務，成爲當地俱樂部和協會（例如，商會）的一名活躍的成員，並提倡支持整個社區的利益（例如，經濟發展、社會或環境問題）。

涉及行業團體　加入核心的貿易協會也是必需的。回報也許不會立刻出現，但從長遠來看，這是相當重要的。一個組織可以用參加每年的集會、參加並支持專業發展和教育活動、在集會和研討會上演講，或者成爲有關重要的行業問題的演說者的方式加入貿易協會。

時事通訊、新聞報紙和公司雜誌　時事通訊是與員工和其他公衆保持持久溝通的一種非常好的方式。許多旅遊與飯店業組織都有自己的時事通訊或報紙，並定期地散發給員工。一些組織週期性地出版散發給客戶和其他外部公衆的時事通訊或雜誌，Royal Caribbean遊輪公司的《王冠和錨》就是以客戶爲導向的一個時事通訊的良好實例。它被週期性地散發給目前的和過去的客戶。飛機上的雜誌也是一個很好的實例，這些雜誌可以作爲航空公司的公共關係和廣告媒體。

與員工的關係　公司內的時事通訊和新聞報紙是在人力資源管理中所

使用的技巧之一，其他具有明確公共關係價值的技巧包括對員工的表彰活動、重要日子比如生日和週年紀念的卡片或禮物、激勵性的活動（例如，激勵性旅行、獎金和其他的特別獎勵）以及晉升。高興的員工就會提供更好的服務，這樣會產生更多滿意的客戶以及好的口碑廣告。

與媒體的關係　你已經知道與核心的媒體人物保持持續的關係的重要性了。從許多方面來看，這都類似於一個組織與重要的老客戶和預期客戶保持聯繫的系統。組織應該每隔一段時間就進行一次感情聯絡，這包括在媒體的辦公室或在組織的業務發生地所進行的面對面的會談。

媒體所需的材料和相片　對於一個組織來說，能夠預測出媒體所需要的訊息和相片，要比臨到最後一分鐘才把它們組合好從容許多。例如，對於旅館來說，媒體所需的材料應該包括如**表18-2**所展示的項目。儘管這些項目中的一些只需書寫一次，但是其他的項目則必須時常更新，以反映設施、服務和其他因素的變化。

與股東、所有人和金融機構的關係　由於法律上的稅收和金融管理上的原因，旅遊與飯店業組織必須準備一份年報和其他的財務報表。這些報告和報表也有明確的公共關係價值。另外，週期性地召開由核心的股東、所有人和目前及潛在的借貸者參加的會議，對建立正面的關係和開放的溝通管道也十分重要。

與旅遊與飯店業學校的關係　許多旅遊與飯店業組織都認識到與這些教育機構保持持續接觸的價值。在這些學校中樹立一種正面的形象具有短

表18-2　一個旅館對媒體所提供的資料內容

- 一個事實清單（例如，旅館的名稱、地址、電話號碼、總經理的名字、房間的數量、飯店、酒吧和大廳、會議室以及可以使用的特別設施）
- 總經理和其他核心管理人員的簡歷
- 一個以新聞發布的形式，對飯店、酒吧和大廳所進行的描寫
- 對旅館地理位置的描述
- 對於特別的特徵、設施和服務的描述
- 以前的新聞發布資料（如果仍然具有現時性並且比較精確）
- 所選擇的對於內部和外部的照片

期的回報（增添新的員工）和長期的利益（以前的學員會傳播有關組織正面的口碑訊息）。由於他們的行業知識，這些畢業生和教學人員經常是意見領袖，他們會對人們嘗試使用某種服務產生更大的影響力。

掌握了這一理念的一個組織給我們提供了一個經典實例，它就是迪士尼公司「迪士尼世界」週期性地在佛羅里達的奧蘭多召開教育研討會，並邀請來自於北美學校和海外的教學人員參加。

與相關性和競爭性組織的關係　對於供應商、承運人和旅遊目的地的市場行銷組織來說，保持與旅遊貿易中介的良好關係至關重要。正如你在最近這幾章中所看到的，這涉及在貿易雜誌上刊登廣告、執行以貿易中介爲導向的促銷，並進行人員推銷。然而，建立一個良好的、持續的關係還必須進行一系列的公共關係活動。它包括加入旅遊貿易協會，成爲協會的成員，在旅遊貿易集會上公開發表演說，向旅遊貿易組織郵寄時事通訊，並成爲旅遊貿易團體的擁護者。

與政府的關係　每一個旅遊與飯店業組織都必須遵守那些對它有影響的法律和規定，不遵守這些法律和規定就會導致反面的宣傳。然而，與政府建立良好的關係不僅僅表現在遵從法律和規定上，有許多政府機構現在都捲入了促銷和發展旅遊與飯店業的活動中。美國的每一個州和加拿大的每一個省都有一個旅遊促銷部門，支持這些機構的工作無疑會給旅遊與飯店業組織帶來直接的利益。一個組織可以服務於旅遊諮詢委員會，幫助這些機構宣傳旅遊與飯店業經濟的重要性，並且當這些機構需要提高預算時，可以給予道義／精神上的支持。

與客戶的關係　客戶是每一個組織的血液，提高與客戶的關係對於一個組織的長期存活十分重要。然而，很難在公共關係活動、廣告、促銷和人員推銷之間劃出一條清晰的界限。例如，如果一個銷售代表將節日卡片送給老客戶和預期客戶，那麼這是公共關係還是人員推銷的一部分？一個公司出版的雜誌，比如《Radisson新聞》，它是廣告的一種形式，還是公共關係的一種形式？一個強調菜單項目的營養成分的麥當勞廣告是一個純粹的廣告，還是具有公共關係的使命？

答案並不像「是」或「不」這樣簡單，但是它表明了勸導性的促銷本身並不能保證長期的成功；爲客戶做一些「小事情」，比如記得他們的生日，可能不會立即產生回報，卻是十分重要的。

廣告　你怎樣才能確保媒體以你想要的方式傳達你的公共關係訊息？答案就是製作一個付費的廣告。在1997年，美國航空公司在經歷了幾次致命性的飛機失事事件之後，進行了五次具有強烈公共關係色彩的廣告活動，來強調它飛行的安全性。本書幾次談到了麥當勞以營養爲導向的廣告活動。在加拿大的麥當勞公司使用了付費廣告來宣揚它的前任員工們成功的職業生涯。在1998年初，美國旅行代理人協會透過付費的廣告進行了一次重要的公共關係活動，以確保旅行者都了解新推出的航空公司的佣金「帽子」政策。

2. 事前計畫的短期活動

這些公共關係及宣傳活動也是提前計畫的，但它們是短期的，不能持續進行。一個新飯店、旅館或旅行代理機構的盛大的開業典禮，以及一個航空公司對於新航線的首次飛行的宣傳活動，都是這種活動的經典實例。另一個例子就是新聞發布。儘管組織應該持續進行這樣的宣傳，但是準備每一次的新聞發行都是一個短期的活動。

新聞發布　新聞發布要就一個組織事先擬定的一篇短文進行宣傳，旨在吸引媒體的注意力，以使媒體報導包含在文章中的材料訊息。它是一種公共宣傳的工具，可以使用它與公衆溝通，而不需要付費。準備新聞發布會可能是最流行和最廣泛的公共關係活動。

一個有效的新聞發布的內容被概括在下面的詩歌中：

我有六個忠實的僕人，
他們的服務令我滿意，
他們名字就叫誰，什麼，何時，
在哪裡，為什麼，和怎麼樣。

新聞發布應該以概述新聞「故事」的要點爲開始，或以「誰做了什麼、在什麼時間、什麼地點，以及爲什麼」作爲開頭。Red Lobster的新聞發布的標題爲「Red Lobster開始了保護環境的活動」，並展示出了這一方法是如何應用的。這裡的「誰」就是Red Lobster，「什麼」就是公司保護環境的活動，「何時」就是在1995年和1996年，「爲什麼」是Red Lobster認識到作爲一個飯店領導者的社會責任，「在哪裡」是在Red Lobster的所有店鋪和一些初級學校中。在概括性的段落結束後，新聞發布的文章應該解釋這個活動是「怎樣」被運作的。

新聞發布應具有的其他重要內容和細節是：

(1)必須具有新聞價值，包含具有新聞價值最新的訊息。
(2)必須包括日期。
(3)必須列出聯繫人和電話號碼。
(4)通常要標上「即時發布」。
(5)打字的行間距是兩行。
(6)應該有一個標題。
(7)應該印刷在一個特爲新聞發布所設計的稿件上。
(8)應該儘可能簡明扼要，通常不要超過兩頁。
(9)不能有語法和打字上的錯誤。
(10)應該實事求是，避免不必要的假設和華麗的詞藻。
(11)必須得到所有在新聞發布中所提到的人的同意。
(12)通常以某種「標誌」結束（例如，-30-、####、-0-，或者「結束」字樣）。

在新聞發布中所列出的聯繫人必須準備好回答來自於媒體的提問。新聞發布在傳達有關組織的訊息方面有多重要呢？據估計，有50%至75%的新聞「故事」來源於新聞發布。

媒體會議　媒體會議是一個集會，旨在向應邀而來的媒體人物做有準備的展示。這些會議不是經常召開的，只有當一個組織眞的感覺有必要向所有的媒體通報時，才會召開這樣的會議。媒體會議在開始公共關係前，以及當一個組織對它的設施和服務進行了大幅度的調整時，會發揮核心的作用。例如，一個旅館連鎖店宣布計畫在一個特定的城市中建一個新的旅館、一個吸引人的事物的所有者宣傳又設立了一個大的公園、一個遊輪公司講述有關它要建一艘新船的計畫，或者一個新的旅行社宣告一個分支機構的開業。

必須仔細挑選進行展示的人，這些人本身就應該吸引媒體的關注，這些人可能包括公司的總裁、市長、其他重要的政治人物、旅遊官員或者體育界／藝文界的明星。除有機會在正式的展示之後進行提問以外，還應該給媒體一個新聞「故事」的書面摘要。這可能是一個新聞發布的格式，或者也可能是一個事實清單。

精密地考慮一下，並計畫參加一個總統或首相的例行性媒體會議。你將很快意識到，這些特別的場合是怎樣被精妙地安排，並向媒體傳達了一致的訊息。

慶典、開業和特別的事件　當一艘新建的船隻下水起航、一個新的飯店開業，以及一個新的主題公園宣告落成時，會發生些什麼？如果你說是盛大的場面、香檳酒和剪綵，那麼你就對了。這些活動是介紹新的或擴展旅遊與飯店業服務／設施的傳統慶典的一部分，伴隨這些特別事件的所有「盛大的歡樂」都對創造一個正面的初次印象十分重要，它對建立感知也很重要。從這些樂隊和飄搖的彩旗中，我們可以看到一個很清晰的公共關係及宣傳目標——開始與所有的公眾建立正面的關係。

讓我們以一個新旅館開業前的公共關係活動爲例。應該進行一次周密計畫的、有連續步驟的活動，包括奠基典禮（當建造剛開始時）、落成典禮（當建築物完工時）、記者招待會、剪綵儀式（所有的媒體都被邀請）和開業慶典（實際營運後一個月）。從這個例子可以看出，在營運前的幾個月，有時是幾年就開始公共關係活動是很有必要的。從很多方面來看，這都類似於政治家在最終獲選前所採取的步驟。幾乎是以一種軍事上的精確度，他們進行演講並亮相，展開討論和其他活動，並隨著選舉日的接近，逐漸地加強這些活動。

通報　通報是簡短的新聞故事，經常是關於一個組織的一個或多個員工的。通報的典型事件通常是內部的晉升、新經理的雇用、獎勵，或者是管理層／員工的業績。通報通常包括所涉及的員工的照片，而且組織可能需要爲出版通報而向印刷媒體付費。除了有助於公共關係活動外，通報還在人力資源管理上發揮重要的作用。

特色故事　特色故事是人們感興趣的一些文章，可以娛樂、通告訊息，或教育讀者、觀衆或聽衆。它們較長，有較少的即時新聞價值（與新聞發布相比）。換句話說，它們不可能出現在新聞報紙的頭版或者電台／電視新聞廣播的開始，它們更可能被出版在新聞報紙的補充版上（例如，旅遊、食品或娛樂版）、雜誌上，或者作爲「背景」材料。

有兩種特色故事——由贊助組織提供的和由媒體挖掘的（贊助組織參與）。由媒體挖掘的特色故事的例子就是出現在如《旅遊與休閒》和《旅遊假日》等雜誌上的有關旅遊目的地區域的許多文章。贊助組織提供的特色故事具有多樣的表現形式，包括公司創立者的生平故事、公司的歷史和記述、有關有趣的或重要客戶的「背景」、對於重要的慈善會的持續捐贈以及其他獨特的組織故事和事件。

媒體和旅遊貿易研討會　這些是比媒體會議持續更長時間的會議，在此贊助組織要傳達更爲詳細的訊息。儘管旅遊貿易研討會是促銷的一種形式，但是它們也有公共關係價值。例如，當一個旅遊勝地旅館公司或旅遊批發商介紹一種新的度假包裝時，就有可能召開旅遊貿易研討會。

市場行銷研究　當一個組織想要表明公衆對它的觀點十分支持時，就會使用市場行銷研究來進行公共關係的宣傳。例如，一個航空公司橫越大西洋的飛行受到歐洲和中東地區恐怖主義的侵擾，這個航空公司可能會調查它的乘客，並向其他人表明他們的恐懼受到了誤導。一個飯店可以出版市場行銷的調查結果，以表明它所做的某一特定的食品是這個城鎮中最棒的。

3. 未預測到的短期活動

並非所有的公共關係活動都能被仔細地進行事前計畫，但是每一個組織都必須準備來處理這樣的活動。可以要求管理層與媒體做有關新聞事件或特色故事的面談。另外，無論一個組織怎樣盡力，令人討厭的公共關係及宣傳總是可能存在的。儘管這些事件的性質是不可預測的，一個組織也要提前進行計畫，並培訓它的人員來處理這些狀況。

處理反面的宣傳　處理反面宣傳的最佳方法是什麼？你是應該保持沉默，還是進行反擊並強烈地否認自己的責任？你可以從對政客的觀察及他們對反面宣傳的反應中得到訊息。他們的典型反應是承認傳聞或事件並且要做到以下幾點：

(1)說他們的人員正在調查此事。
(2)說他們已經成立了一個特別的委員會或責任隊伍來調查此事。
(3)由他們自己或其他人的協助來判斷傳聞或事件的準確性。

當然，政客們可以坦率地否認傳聞或者批評傳播它們的媒體和政敵。然而，立即採取反擊並不是最佳的方針。正如尼克森所經歷的，隱藏事實並沒有什麼好處。從長遠來看，說出眞相倒是明智之舉，如果事實尚未查清，那麼前面所列的三種方法之一就是最佳的方針。

旅遊與飯店業組織必須以「政治家的沉著」來應對反面宣傳。一些應該做的事情和不應該做的事情如下：

(1)說出眞相，不要對媒體撒謊。
(2)不要盡力掩蓋，否則媒體會越挖越深。
(3)將關於此「事件」的所有事實集合起來，並向媒體傳達它們。
(4)透過正確和完整地陳述事實來驅散傳聞。
(5)表示本組織願意採取行動來彌補事件的損失。

如果它們是不可預測的，你將怎樣提前計畫來應對這種狀況？到目前爲止，對負責公共關係的人來說，最佳的方法就是預測可能會遇到的反面宣傳的種類，並建構可能的反應方案。

媒體會談　儘管一些媒體會談是事前計畫公共關係活動的一個直接結

果，但許多卻不是。正如你剛才所知道的，一些會談是反面宣傳的結果，而其他的則是對組織的經理進行新聞採訪，以得到「專家評論」的結果。

媒體會談對某些人來說是對神經的折磨，特別是在亮閃閃的攝影燈光下，要想在會談中態度自然、說話清晰，就需要進行仔細的計畫和練習。它所涉及的步驟是：

(1)當你被要求進行會談時，要儘可能地多知道一些有關會談形式、採訪人和所要問的問題的一些細節。它是一個現場的還是錄製的會談？它會出現在報紙的哪一版中？爲什麼選你來進行會談？
(2)準備進行會談所需要的所有事實資料，並在會談中將這些資料放在你的手邊。
(3)準備對你所預料到的問題進行回答。使你的答案簡短，而且要實事求是，避免離題。
(4)讓其他人扮演記者，來練習回答問題，並做必要的修正。
(5)確保你的外表整潔。
(6)在會談開始之前與記者建立一種親切信賴的關係。

六、選擇公共關係及宣傳媒體

正如廣告一樣，許多媒體都可以向公眾傳達訊息，它們包括廣播媒體（收音機、網路和有線電視）、新聞報紙（日報、週報和商務報紙）、雜誌（消費者和貿易雜誌）和不同的內部媒體（公司的時事通訊、新聞報紙、雜誌、影片、幻燈片展示和錄影帶）。第15章向你展示出這些媒體中的大部分的優缺點。而且，從它們中進行選擇應該建立在目標公眾和公共關係目標的基礎之上。例如，如果你想要在當地的社區接觸幾類公眾，日報的廣泛涵蓋性可能是最好的。在另一方面，如果目標是旅遊貿易中介，那麼貿易雜誌，比如《每週旅遊》和《旅遊代理人》就是最恰當的選擇。如果你想要與所有的員工溝通，那麼由公司本身所發行的時事通訊可能就是最佳的途徑。

刊登廣告所存在的經濟壓力，不會存在於選擇公共關係及宣傳的媒體中。例如，將新聞發布的材料設在一本雜誌上，要比在同一本刊物上刊登廣告的成本少許多。這就意味著贊助組織選擇宣傳媒體不必像選擇廣告媒體那樣精挑細選。

你現在已經知道與媒體建立長期的關係，並總是提供給它們誠實、實事求是的訊息的重要性了。與媒體保持良好關係的另一個重點就是不要對任何一家電台／電視台、新聞報紙或雜誌表示出偏好。當一個組織進行一次新聞發布或宣告其他的「故事」時，通常應該同時送交所有的媒體。至於媒體何時、怎樣報導這個「故事」，就是它們的特權了。有一些情況可以允許由一家報紙、電台／電視台或雜誌進行獨家報導，此時所選擇的媒體必須最適合於一個組織所瞄準的公衆。

應該如何與不同的媒體組織接觸？你需要更加了解媒體組織的結構，才能回答這個問題。

1. 報紙

主要的國家級報紙，比如《紐約時報》和《今日美國》具有很廣泛的編輯人員。這些人包括編輯、助理編輯、管理編輯、新聞編輯、週日編輯、城市編輯、助理城市編輯和電報編輯。通常一份新聞報紙有幾個「部門」，每一個都有它自己的編輯。例如，可能會有食品及娛樂編輯、旅遊編輯、運動編輯、商務編輯、婦女版編輯、家庭／生活方式編輯和其他類型的編輯。這些「部門」編輯通常負責插入新聞報紙中的特別補充版。另外，新聞報紙都有一些特色專欄作家，定期寫一些具有相同主題的特色故事，例如當地的食品或葡萄酒評論。

在你開始與他們接觸之前，了解一下不同編輯的作用是很重要的。城市編輯對於報導即時性的國家、地區或當地的新聞負有總體責任。如果一個旅遊與飯店業組織具有一個即時性新聞價值的「故事」，就應該先與城市編輯接觸，而並不是與爲他們工作的記者聯絡。例如，當重要的國家級人物或娛樂明星在使用這個組織的服務，並且這些人允許發布這一訊息時，組織就可以與城市編輯溝通此事。

然而大部分由我們行業所產生的「故事」，都不具備上頭版新聞的價值。它們更適合於專業的旅遊、食品、娛樂、週末或生活方式版。既然這樣，最恰當的部門編輯就應該是所要接觸的第一個人了。

關於先接觸誰的決策也要受到新聞報紙的種類和規模的影響。如果它是一個小鎮的報紙，那麼總編輯可能負有派遣所有新聞記者的責任。對於一個大城市的日報來說，正確的程序就是要接觸剛才所討論過的城市編輯。

2. 電視

在一個新聞節目結束後你要轉換頻道前，看一眼字幕，你應該可以看到製作人、執行製作、新聞導播、編輯和新聞記者的名字。為了使組織的訊息能夠在電視上進行報導，核心的接觸人物應該是責任編輯。他們可以安排新聞「故事」，調配記者和製作的全體工作人員。這一工作經常可以被分成兩組人——早班編輯和晚班編輯。

讓電視台報導一個特別的事件，比如媒體會議，就意味著要直接與電視台接觸，或者把這一特別的事件列在《有線服務日誌》上。這是一種電傳打字的新聞摘要，所有的新聞導播和責任編輯都要經常查看它。

3. 收音機

電台的核心人物是電台的經理和新聞編導。由於設置和播送電台新聞的即時性，電台成了由電視、新聞報紙所進行的隨後報導的「供應之源」。電台的有線服務，在播送全國關注的新聞「故事」方面發揮著核心作用。對於報導當地的新聞，應該與電台經理或新聞編導直接接觸。

4. 雜誌

正如你所知道的，雜誌不像新聞報紙、電視和電台那樣包含很多的即時性新聞，它們所刊載的訊息大部分是特色「故事」。一些國家級的週刊雜誌，比如《時代》和《每週新聞》，就比其他的月刊、雙月刊或季刊雜誌有更多的即時新聞。幾種貿易雜誌，包括《每週旅遊》、《旅遊代理人》和《國家飯店新聞》，每週都會出版，而且包含更多的即時新聞。

在旅遊與飯店業中，有許多消費者和貿易雜誌。每一本雜誌的結構都有所不同，但通常你會在每一本的前幾頁中找到聯繫人的名字和頭銜。大部分雜誌都有一個出版商、一個主編或資深編輯、一個管理編輯和幾個部門編輯。例如，《旅行代理人》雜誌就有專門從事航空公司、遊輪業、旅館、租車公司、佛羅里達／加勒比海／巴哈馬群島／百慕達／拉丁美洲、美洲觀光、國際觀光、休閒旅遊和商務旅遊的編輯。選擇初次接觸的恰當人選要依賴於雜誌的規模和它的編輯部門。

七、決定公共關係的時間

從前面的討論中，你可以看出並非所有的公共關係活動都能提前進行精密的計畫。一些狀況是始料不及的，但是必須即時地對它們進行處理。公共關係活動必須持續地進行，包括出版每個月的員工時事通訊、與媒體保持聯絡，以及參加定期的協會和俱樂部會議這樣的活動。在未預測和持續的活動之間的是事前計畫的短期活動，比如新聞發布、媒體會議、通報和有特色的故事。所以，一個公共關係計畫必須包括一個明確的時間表（針對持續進行和事前計畫的短期活動），它也必須包括一個「處理偶發事件」的計畫，以解決未預料到的問題。

另外重要的一點就是一個組織對於公共宣傳的時間，不像對於媒體廣告那樣，有很緊密的控制力。例如，當一個新聞發布資料郵寄出去後，查詢可能立刻就會發生或者幾週後才出現。媒體會控制時間、涵蓋量、新聞的位置以及特色。正如你在前面所看到的，這是公共宣傳與廣告相比的一個缺點，但是由於組織沒有爲這一報導付費，所以不管怎樣都必須接受它的安排。

八、準備最後的公共關係計畫和預算

既然活動和媒體已經被選好，那麼一個組織就能擬定出最後的計畫和預算了。透過分配特定的人和資金來處理不可預測的事情，對於一個組織來說是十分必要的。

九、測量和評估公共關係的效果

寫完計畫的最後一頁並不是公共關係計畫過程的最後一步。我們組織所改進的每一個公衆形象或觀念，是很穩定地存在著，還是受到了侵害？有多少並且哪一份新聞報紙、雜誌、電台和電視台報導了我們的新聞稿和特色故事？這些雜誌和新聞報紙的發行量如何，並且有多少人看／聽了這個電視台／電台的節目？這些作爲測量和評估步驟的一部分，是幾個必須回答的典型問題。有至少六個不同的方式可以對公共關係進行評估：

1. 責任評估

這項評估是建立在公共關係經理、委員會或代理人的看法和判斷的基礎之上的。這一方法不能單獨使用，因爲供給消息的人對於提供正面的評估具有很明顯的利益。然而，它可以與其他五個方法中的一項或多項結合使用。

2. 可見性

組織可以測量它們所得到的公共宣傳的數量（例如，所發行和涵蓋的出版物、其他正面的描述）。這一標準也是很不足的，因爲它僅集中在公共關係宣傳部分，而且還忽視了反面宣傳的反作用力的效果。它不應該單獨被使用，但可以與其他方法結合使用。

3. 組織上的工作效益

當反面宣傳或其他危機狀況出現時，公共關係人員的可利用性和準備狀況如何？對一個組織來說，讓它的公共關係隊伍總是在現場待命，並準備好解決緊急事件，是至關重要的。他們解決未預料事件的能力是評價標準的重點。

4. 技術標準

公共關係隊伍遵循了由公共關係專家所普遍接受的原理程序和常規

嗎？如果一個準備好的新聞稿沒有刊登上任何一種媒體，該怎麼辦？如果一個媒體會議，由於一個具有國家級意義的競爭性新聞故事的出現，而只吸引了極少數的媒體，該怎麼辦？換句話說，一個組織可能遵循了所有正確的步驟，但是由於事情的發展超出了它的控制力，所以這種努力的有效性不如預期的那樣大。因此，評估不僅要看公共關係隊伍是否遵從了技術標準，還要看他們是怎樣處理每一項活動的。

5. 觀念、態度和形象的改變

這種形式的評估包括在執行了公共關係計畫或活動之前和之後的公衆投票。市場行銷研究，經常是以調查表的形式，用來判斷人們對組織及其服務的觀念、態度以及組織自身形象的改變。這是一個特別有價值的測量和評估方法，尤其與下面的一個方法結合使用，會更有效。

6. 目標評估

計畫的執行是否達成了它的預期目標？這是測量公共關係計畫效果的最佳方式。正如本書通篇所強調的，所有的目標都應該被定量，而且應該制定測量標準來評估執行的效果。我們想要在多大程度上提高人們對我們組織的態度？運用我們的公共關係計畫，我們是否達成了這一改變量？正如你所看到的，公共關係評估最好是使用5和6的組合方法。使用其他的四項方法，僅僅是作爲這兩個方法的補充。

第三節　公共關係諮詢人

公共關係諮詢人執行類似於廣告代理機構的作用。他們雇用具有專業技術而且經驗豐富的公共關係及宣傳專家。這些公共關係專家大部分都從屬於美國的公共關係委員會，並遵從「公共關係業務的職業標準法規」。

就像廣告代理機構一樣，公關公司承擔選擇、發展和執行一個組織的所有或一些公關活動的責任。因爲他們的規模、薪金水準和專業化程序，所以他們吸引和雇用了這個國家中一些最好的公共關係專家。一些公關公司是廣告代理機構的分部。

這些外部的專家幫助旅遊與飯店業組織計畫公共關係及宣傳活動。他們透過下述幾項來做到這一點：

(1)幫助定義公共關係目標。
(2)選擇公共關係活動和媒體。
(3)與媒體接觸，以報導他們客戶的訊息。
(4)提供創新性的服務，以發展不同的資料、活動和特別的事件（例如，新聞稿、媒體會議、特色故事）。
(5)進行研究，以測量和評估公共關係活動的有效性，以及一個組織在它的公眾中的形象的不同方面。
(6)在與特定的公眾打交道方面提供專業化的幫助（例如，準備一個員工的時事通訊、與媒體保持聯繫、處理與政府機構的關係，並且為股東準備報告）。

一個旅遊與飯店業組織應該雇用一個公共關係諮詢公司嗎？答案與是否使用廣告代理機構的答案類似——如果組織能支付公司的費用，就應該使用它們的服務。你應該意識到許多較大的組織都有它們自己的公共關係部門，而且有全職的公共關係經理，但是它們仍然使用外部的專家來執行這項工作。組織進行這樣的選擇，是因為專業化的機構相對於內部的公共關係部門有更強的客觀性、更大的媒體接觸面和更豐富的經驗。

本章概要

公共關係活動比其他的促銷組合要素有更廣泛的集中性。它們涉及一個組織與它的所有公眾的關係，不僅僅包含客户和旅遊貿易中介。從長期來看，一個組織所聯絡的所有個人和團體都會對它未來的成功產生影響。

制定一個計畫來指導公共關係活動是必要的。它應該包括三種類型的活動——持續的活動、事前計畫的短期活動和未預測到的短期活動。為應對反面宣傳和其他未預測到的狀況而做的「意外事故」計畫，也應該被包括進去。

建立與媒體的正面關係是得到恰當宣傳的關鍵，一個外部公共關係機構的服務可以幫助建立良好的媒體關係。

本章複習

1.「公共關係」及「宣傳」在本章中是怎樣被定義的？
2.公共關係及宣傳在旅遊與飯店業市場行銷中的作用是什麼？
3.公共關係及宣傳對旅遊與飯店業組織的重要性如何？請解釋你的答案。
4.旅遊與飯店業所涉及的十二類公眾是什麼？
5.發展一個公共關係計畫所遵循的九個步驟是什麼？
6.在一個公共關係計畫中所包含的三類活動是什麼？
7.應該使用哪些技巧來保持與公眾的正面關係？
8.進行公共關係活動可以使用哪些媒體，應該與這些媒體中什麼樣的人進行交往？
9.一個旅遊與飯店業組織怎樣才能發展好的媒體關係？
10.使用公共關係代理機構和諮詢人的作用和好處是什麼？

延伸思考

1.與你們當地的一家旅遊與飯店業組織的所有人或經理會談，讓這個人來定義一下公共關係及宣傳。與這本書的定義相比較有何差別？這個組織從事了什麼公共關係活動、使用了什麼技巧和媒介？這個組織有公共關係計畫嗎？誰負責公共關係？以會面為基礎，你能推薦一些技巧來提高這個組織的公共關係及宣傳方法嗎？如果可以的話，你的建議是什麼？

2.你被要求為我們行業中一個計畫在某個區域內介紹新服務的組織設立一個公共關係計畫（例如，開辦一個新的旅館、飯店、旅行社或租車公司；或者介紹一個新的航空路線或遊輪之旅）。你將在計畫中包含什麼要素，並且你將遵循什麼樣的步驟？將涉及哪一類公眾？你將怎樣處理與媒體的關係？如果可能的話，你將使用什麼特別事件來宣傳新的服務或設施？你將怎樣評價這個計畫的效果？

3.選擇旅遊與飯店業的一個部分，並檢驗其中三個領導性組織的公共關係活動。它們有公共關係部門嗎？它們是怎樣組織以發揮公共關係功能的？使用了外部的機構或諮詢人嗎？使用了什麼公共關係技巧和媒體？有組織最近處理了反面性的宣傳嗎？它們是怎樣處理的？你在它們所使用的方法中看到了類似性嗎？還是它們各不相同？哪一個團體的公共關係做得最好？為什麼？

4.本章建議一個組織必須對處理反面宣傳提前進行計畫。假定你是我們行業中一個特定組織的公共關係經理，什麼樣的情況可能會給你的組織帶來反面的宣傳？儘可能明確一些。為每一種情況寫出一系列的應對程序，描述出你和你們組織的其他人應該怎樣處理這些情況。

經典案例：公共關係——麥當勞公司（羅納德·麥當勞之家）

羅納德·麥當勞之家的活動是我們行業中由主要公司所支持的、持續進行的公共關係活動的最好實例之一。它的公共關係活動主要涉及當地的社區，並受到麥當勞公司和它的特許經營單位的積極支持。這一著名的活動開始於1974年，此時第一個羅納德·麥當勞之家在費城創立，並得到費城雄鷹足球隊的幫助。這個主意是由前任費城雄鷹隊的教練Fred Hill在得到Elkman廣告機構（麥當勞特許經營單位在費城的廣告代理機構）的創新性幫助下想出來的。Fred Hill的女兒Kim曾由於白血病住院治療，於是Fred

想要幫助與他有類似情況的家庭。當地的特許經營公司透過一個「酢漿草（愛爾蘭的國花）的震顫」的宣傳活動，募集了4萬美元，開辦了第一個羅納德．麥當勞之家。第二個羅納德．麥當勞之家創立於1977年，坐落在麥當勞的故鄉——芝加哥。資金的大部分是透過當地的麥當勞特許經營公司所進行的「橙黃色的震顫」的宣傳活動所募集的，橙黃色是芝加哥金熊足球隊的顏色之一。芝加哥金熊足球隊對宣傳活動給予了熱情的幫助。截至1998年，有多於一百六十五個羅納德．麥當勞之家在美國、加拿大、英國、澳洲、紐西蘭、香港、巴西、法國、德國、奧地利、瑞典和瑞士成立。

這一活動的價值所在就是病重的孩子需要延伸的醫療照顧以及他們家人的關心。羅納德．麥當勞之家是當孩子們接受治療時，為患病的孩子和其他家庭成員準備的「離家在外的休憩地」。當許多人意識到羅納德．麥當勞之家的理念，以及它所提供的服務時，大部分人都會對它的創新形式讚歎不已。

羅納德．麥當勞之家是由當地的非營利性組織的自願團體計畫、發展和營運的。這些組織有資格接受來自於羅納德．麥當勞兒童慈善會（RMCC）的啓動資金。RMCC是在1984年為紀念Ray Kroc而設立的。RMCC將基金授予在健康護理和醫療研究（包括羅納德．麥當勞之家）、教育和藝術以及城市及社會服務方面使孩子們受益的團體。在1984年到1998年之間，RMCC和它的一百一十個在北美和海外的分會共獎勵給服務於兒童的非營利性組織1億美元的獎金。為了對在羅納德．麥當勞之家活動中的資金投放進行評定，申請團體必須符合下述標準：

第一，羅納德．麥當勞之家必須有來自於當地醫院的醫療顧問，並且可以為住家遠離醫療中心的病患家屬提供過夜的住宿條件。

第二，它必須是個社區的自願組織，通常由患兒的父母或在附近醫院進行過這種疾病治療的人組成。組織也應該有其他來自於社區組織、當地的商業公司或城市中的自願者的加入。

第三，計畫必須得到當地麥當勞特許經營公司的支持。一百六十五個羅納德．麥當勞之家，坐落於十三個不同的國家，總共包括二千五百多間臥房。最大的羅納德．麥當勞之家是在紐約，有八十四間臥房，最小的在俄亥俄州的Youngstown，只有五間臥房。每一個羅納德．麥當勞之家都離主要的醫療設施很近。自從1974年以來，麥當勞之家已經服務了二百多萬家庭成員。麥當勞的特許經營公司和它們的客户對大部分的這些有價值的項目都做出了極大的貢獻，在1974年到1998年之間，募集了約4000萬美元來支持它們。

為了管理日常的營運，當地的非營利性團體雇用了一個麥當勞之家的經理。使用設施的家庭每月可以交付5至20美元（如果他們支付得起的話），所交付的這些錢和其他捐贈會被用於麥當勞之家的維護和擴建，或作為抵押之用。患兒的家庭成員也被期望可以做「臨時的自願工作者」，分擔一下清潔、洗衣、做飯和到超市購物的責任。

麥當勞公司認為羅納德．麥當勞之家的活動是「回饋社區」的經營理念的反映。無疑，羅納德．麥當勞之家的理念是我們行業中涉及社區的公共關係活動的最佳實例。當公司和它的特許經營者完全意識到正面的公共關係的正面影響力時，一定要記住羅納德．麥當勞之家的理念就是「首先要考慮別人」。

討論

1.羅納德．麥當勞之家的公益活動會為麥當勞帶來怎樣的宣傳效應？

2.你認為還有哪些公益活動既符合時代的需要，又能為組織帶來良好的公共宣傳效果？

第19章
定價

定價是市場行銷組合的最後一個要素。本章開始就解釋了定價不僅是利潤的直接決定因素，而且是一個很有實力的促銷工具。本章也確認了價格的雙重性所固有的矛盾。

服務的價格與客戶所感覺到的他們所得到的貨幣價值之間有一定的差別，貨幣價值的概念在本章被加以描述。本章還說明了旅遊與飯店業所使用的簡單的和複雜的定價方法，所推薦的成本定價方法也將加以討論。本章以評論在旅遊與飯店業不同部分的一些特定的定價常規作爲結尾。

你曾經看過猜價格的遊戲嗎？競賽選手盡力猜出不同產品的價格，產品範圍從食品雜貨到昂貴的汽車。每一次遊戲都有幾個獲勝者，有些人的猜測驚人地準確，而其他人的猜測則與實際價格相差很遠。當旅遊與飯店業服務的價格在這樣的遊戲中被降低時，那麼現在的定價可能就是不正確的。定價必須經過仔細的研究，一個組織不僅要考慮價格對收入和利潤的影響，還要考慮它對其他市場行銷組合要素的影響。

在我們行業中存在著一些明顯很好和很差的定價方法。我們在講到航空公司、遊輪公司和旅館的定價時，你會聽到「價格大戰」這一名詞。就像戰爭中所有其他參與者一樣，一些公司倒閉了，其他的一些受了傷，還有一些倖免於難，甚至也有一些無辜的旁觀者在這樣的戰火中受到了嚴重的傷害。例如，隨著航空公司和供應商折價的越演越烈，旅行代理人發現他們的佣金也越來越少。然而，你在隨後將看到，如果每一方都詳細了解了它的成本和潛在的利潤，那麼折價活動就不會將情況變得如此糟糕。

第一節　價格的雙重作用

價格的內在問題之一就是它所發揮的兩個作用有時相互矛盾。如果你學過基礎會計或經濟方面的課程，你就會知道，當業務發生的成本和數量一定時，價格就成爲利潤的直接決定因素。價格的另一個作用就是，它是一個暗含的促銷組合要素。從某種意義上來說，價格就像一塊磁石——吸引了一些客戶，同時又拒絕了另外一些客戶。人們傾向於部分地依賴價格來感知服務和產品。組織所提供的價格會在廣告活動或促銷中發揮核心的作用（例如，買一送一的促銷就是一種變相的打五折的價格活動）。

一些學者認爲定價既是一種「交易」，又是一種「溝通」的方法。一個服務的價格提供給了銷售代表進行交易的標準。慣例上認爲價格越低，可能賣出的服務就越多。你所上過的經濟學課程可能將這一關係描述成一條「向下傾斜的需求曲線」。如**圖19-1**所示，需求量會隨著價格的提高而下降，也會隨著價格的下降而提高（圖A)。圖19-1中曲線的傾斜度會隨著服務的需求彈性而變化。需求彈性會測量出當價格變化時，客戶對服務的需求敏感度。在一個缺乏彈性的需求狀況中，客戶不會對價格敏感，所以需求曲線的傾斜度就非常陡。而另一方面，當需求有彈性時，客戶就會對價格非常敏感，它們的需求曲線就相對平緩一些（圖C)。

圖19-1中的曲線是建立在很大的假設基礎上的。首先，假設客戶對所有的旅館、飯店、遊輪公司、旅遊包裝、旅遊目的地，或另一種旅遊與飯店業服務有完整的訊息。儘管這可能對許多專家來說是眞實的，比如旅行代理人，但大部分的客戶卻無法對相競爭的提供品完全了解。第二個假設就是，客戶沒有考慮每一種競爭價格而收集了訊息。換句話說，假設價格就是價格，它沒有暗示出其他有關服務品質和特色的訊息。但這並不是事實，客戶會從相競爭的項目價格中「讀」到很多東西。高價格通常與高品質相連，而低價格就會有相反的涵義。

想像一下你正在計畫一次歐洲之旅，並試著選擇一家旅館，以便在倫敦停留一段時間。除了一長串的旅館地址、客房數量和房間費用，你並不能得到每一家旅館所提供的服務的完整訊息（品質和種類)。你將範圍縮小到五個旅館，它們離你所停留的地方最近。你不能以每一個旅館的客房數爲基礎對這五個旅館進行判斷，你從它們所在街區的位置也得不到什麼訊息。那麼你該怎麼辦呢？正如你所猜到的，可以從每個旅館的價格中獲得訊息。

有一家旅館每晚的客房費用是150美元，有三家是80至90美元，而另

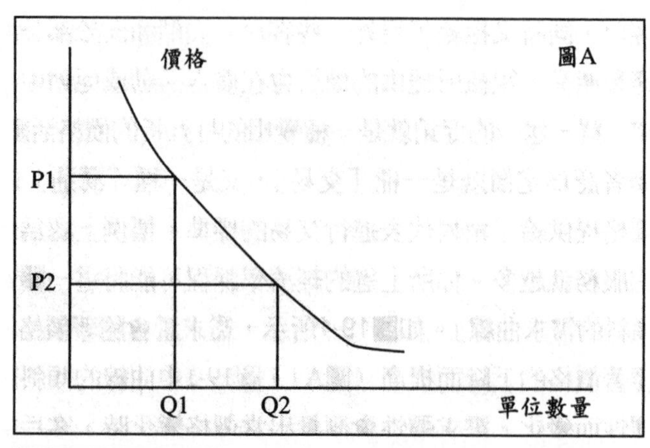

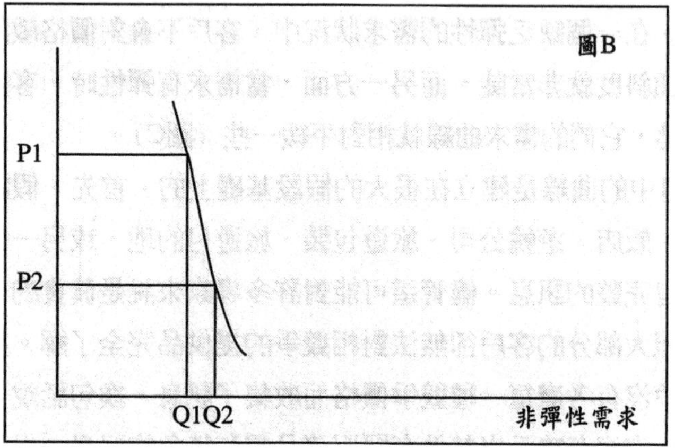

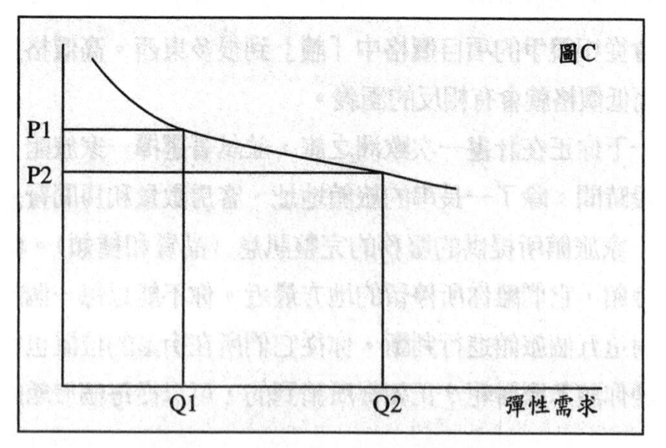

圖19-1　價格與需求量的關係

一個是35美元。你會從150美元和35美元的價格中推斷出什麼？你認為它們會提供同等品質和同等種類的服務及設施嗎？那些費用在80至90美元的旅館又怎樣呢？你認為它們所提供的服務和設施有很大的不同嗎？

關於這個假設實例的答案會使你明白，價格在溝通訊息方面的作用，以及價格作為暗含的促銷組合要素所發揮的功能。在訊息不足的情況下，你只能使用價格來評估每一個資產的品質。讓我們看看你是怎樣做的。你是不是認為價格為150美元的旅館更奢華、具有更高品質的服務和多樣化的設施？你是不是感覺價格最低的旅館，服務品質最低，而且很少有最昂貴的旅館所提供的那種「附加項目」？你是不是無法區別出價格在80至90美元的三家旅館之間的差別？

研究再一次表明客戶傾向於將較高的價格與較高品質的服務及設施聯繫在一起。當如下情況出現時，這一點表現得特別明顯：

(1)客戶沒有足夠的訊息或先期的經驗，來比較相競爭的提供品的特徵。正如選擇旅館的這一實例，客戶不得不使用價格作為比較的基礎。

(2)當感覺此項服務較為複雜，而且具有較高的決策風險。或許你還記得這是前面的章節中所提到的高參與決策，我們剛才所舉的實例就屬於這一種。對我們大部分人來說，到倫敦和歐洲其他地區的旅行都是較為複雜的決策，有相當高的決策風險（選擇了不令人滿意的住宿條件，情況會很糟）。

(3)此項服務是你身分的某種象徵，並能給你帶來某種威望。你認為人們購買一些產品是因為它的牌子，而非內在的品質嗎？你對勞斯萊斯、寶馬這樣的名車感覺如何？可能你會想起鱷魚牌的運動衫或者勞力士手錶。在我們剛才的實例中，對名望比較敏感的旅行者可能會選擇最昂貴的每夜150美元的旅館。

有些競爭性的服務之間的價格差別是很小的。既然這樣的話，客戶可能會選擇價格最高的服務，因為感覺它提供了額外的品質保證。在我們剛才所提到的實例中，你會在80至90美元的範圍中選擇一個價格最高的旅館。

圖19-1中的曲線表明了較高的價格總是導致較低的需求量，而較低的價格則會提高銷售量。這就是價格在商品交易中的特性。但希望你現在能夠看出，因爲價格具有溝通訊息的作用，所以這也並非總是事實。具有名望的產品和服務的需求曲線看起來更像圖19-2所展示的那一種。隨著價格的提升，需求會跟著增長到某一點。價格越高，服務或產品在特定的客戶群體前所體現的排外性和威望性就越大。

價格的兩方面特性不僅反應了它在產品／服務交易和溝通訊息方面的作用，而且也引起了旅遊與飯店業組織內部的衝突。價格在獲得額外的業務量方面是一個強有力的促銷工具，但業務量更多，並不一定會增加利潤額。換句話說，賣出去的產品／服務並不總是可以獲利的。美國航空公司在1979年模仿聯合航空公司實行50%的折價，結果那一年它損失了5000萬美元。聯合航空公司被迫採取這一促銷工具，是因爲長期的勞工抗爭。然而，美國航空公司卻不存在這一問題。美國航空公司最終取消了它的折價

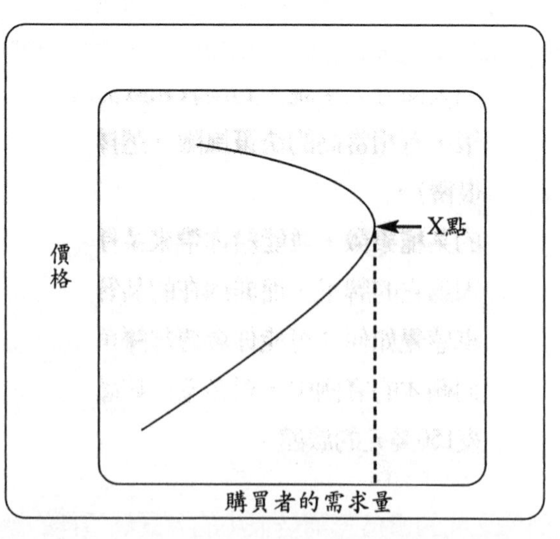

圖19-2　以奢華為定位的旅遊與飯店業服務的需求曲線

贈券活動，並首次推出了航空業領域的「經常飛行者活動」。

旅遊與飯店業經理經常對空了一半的旅館、飯店、遊輪或飛機感到焦慮。從某些方面來看，他們的擔心確實不無道理。正如我們從第2章中所學到的，旅遊與飯店業服務是不能儲藏的，它們幾乎立刻就會「死亡」。所以，對於經理和銷售代表來說，以任一價格把這些空的座位或房間賣掉都比喪失掉對它們的銷售強。這種想法對嗎？讓我們再回顧一下市場行銷的定義，以幫助你回答這個問題。市場行銷活動，包括定價，是被用來滿足客戶的需要和它們組織的市場行銷目標的。對於許多組織來說，最基本的目標就是盈利。所以，「以任意價格賣出空位」的想法，是與市場行銷目標相逆的，它體現了以銷售而非市場行銷爲導向。保留一些「空位」要比提供太大的價格折扣更有盈利性。

我們行業中的許多權威專家都認爲旅行者越來越關注是否「物有所值」。他們想要得到與他們所付出的貨幣等同的價值。什麼是貨幣價值呢？它就是客戶將他們所支付的貨幣量與他們所感知的設施和服務的品質相比較的一種方式。對於有價值的東西來說，在商談交易中總有一個底價。價值只與當事人相關，一些服務對某些特定的人有較高的感知價值，而對其他人則不會產生這種效果。例如，有一些人爲以豪華爲導向的旅遊服務付出高價，並感覺從他們所花的錢中得到了額外的價值。其他人則認爲削價的旅遊服務更有價值。

那麼這與定價是如何相關的呢？答案很簡單，價格必須與客戶所感覺的貨幣價值相符，必須使他們確信他們所得到的服務和設施品質與他們所支付的貨幣量相一致。如果兩者不相一致，客戶就會有很多的不滿。

第二節　定價的目標

你怎麼知道何種價格是正確的？從第8章本書就在強調設定目標，以及在這些目標的基礎上爲每一個市場行銷組合要素擬定計畫的重要性。所以，正確的定價方法開始於一系列清晰的定價目標。大部分的定價目標可以被分成三類：利潤導向、銷售導向和現狀導向。

一、利潤導向的定價目標

價格可以被設置以達到特定的目標利潤（目標定價）或者產生最大的利潤額（利潤最大化）。目標價格通常被表示成對投資的特定百分比的回報率。在隨後的章節中你將學到稱之爲Hubbart公式的一個旅館定價方法，它將投資的目標回報率作爲定價的標準。目標定價是可行的且是最好的定價方法之一。在利潤最大化的策略下，公司在對成本和客戶需求的預知基礎上所設置的價格可以產生最高的利潤。利潤最大化的策略更多是在短期內被使用，而目標定價則更適合於長期的應用。

二、銷售導向的定價目標

銷售導向的定價強調銷售量而非利潤。公司將價格作爲一種工具，來使銷售量最大化或達到目標量或占據較大的市場份額。本章已經提醒你這一事實，即以銷售爲導向的定價不一定就會提高利潤額。儘管要對這種定價方法的使用小心謹慎一些，但事實證明對某些公司來說，幾年來使用以銷售爲導向的定價是很成功的。一個例子就是提供有限服務的食品雜貨店，它們大量地購進商品，並以很大的折扣售出。西南航空公司是我們行業中以銷售爲定價目標的另一實例。由於它的低費用和「無花邊」的政策，西南航空公司成爲九〇年代初期幾家獲利的美國國內航空公司之一。以銷售爲導向的定價目標可能是長期的也可能是短期的。在汽車旅館的實例中，低價格就是它們長期定價方法的一部分。短期的應用包括第16章所討論的那些促銷活動。例如，贈券通常意味著爲了提高銷售量而在短期實行折價。對於許多旅遊與飯店業服務來說，季節性的需求模式也迫使許多公司將價格作爲非高峰期的促動品。

三、現狀導向的定價目標

以保持現狀爲目標的公司，會盡力避免大的銷售擺動，並保持它目前相對於競爭對手和旅遊貿易中介的地位。使用這種定價方法的公司會盡力與競爭對手的價格靠近（競爭定價的方法）。在我們行業中的特定部分，市場份額較小的公司會調整它們的價格以更接近市場領導者（例如，漢堡王、溫蒂和哈迪跟隨麥當勞的價格變化——跟隨市場領導者的方法）。

第三節　價格的影響因素

一、客户的特徵

客戶的特徵應該在決定價格方面發揮核心的作用。一些客戶對價格較爲敏感，微小的價格變化就會使他們立刻進行反應（還記得彈性需求嗎）。而其他人則不會改變購買習慣，即便是在較大的價格調整之後（非彈性需求）。你可能還記得有關高參與和低參與購買決策的討論。爲那些高參與的客戶設置高的價格，並且進行較大的「提價」是比較容易的，因爲它們對價格不太敏感。

對所服務的不同的目標市場，可以使用有差別的定價。在此，可以設置兩個或多個價格，來吸引不同的目標市場。經濟艙、商務艙和頭等艙的飛行費用，以及大部分大旅館所提供的一系列不同的價格（例如，對一般客戶、商務人士、旅行團體、政府官員和航空工作人員提供不同的價格）都屬於這樣的實例。「收入管理」就是差別定價的一種應用。航空公司、旅館、遊輪公司、租車公司和其他組織使用收入管理方法，透過控制價格和容量來使銷售量最大化。簡單地說，收入管理意味著在恰當的時間，以恰當的價格，將恰當數量的「存貨」(座位、房間以及床位等)，賣給恰當的客戶。

二、公司目標

因爲價格是利潤的直接決定因素，所以定價通常不只是市場行銷經理一個人的責任。價格應該依據總體的公司目標來設置，例如，這些目標可能會說明利潤水準、市場份額或者目標市場的銷售量。

三、公司形象和定位

價格應該與公司的總體形象和定位相一致。例如，一個以奢華定位的旅館或者遊輪公司，應該將價格設置在平均水準以上。另一方面，一個強調經濟合算的旅遊與飯店業組織則應該採取相反的策略。

四、客戶需求量

大部分旅遊與飯店業服務的需求量都隨著季節、月、週、天甚至是一天的不同時間擺動很大。經理所承受的額外壓力就是填補非高峰期的空白。隨時間不同的差別定價策略是我們行業爲了平展需求量而使用最多的一種工具。例如，飯店對「早起者」的特別價格提供、城市旅館中特別的週末價格、非高峰期的飛行費用、淡季的遊輪價格，以及削價的週末租車價格。

五、成本

成本是設定價格的另一個重要因素，這在隨後將詳細討論。大部分簡單定價方法的弱點就是缺乏對潛在成本的考慮。對可能的成本進行研究是有效定價的必要條件。

六、競爭

儘管我們不提倡單獨使用競爭性的定價方法，但是沒有一個公司設定價格時不考慮競爭者的價格水準。在旅遊與飯店業的所有部分的競爭都會越演越烈，客戶對價值也越來越關注。對一個公司來說，使用「先行一步」的策略，預測一下它們組織的價格變化將如何影響那些競爭對手，會更加有效。

七、分銷管道

當爲透過旅遊貿易中介售賣的服務設定價格時，必須將佣金考慮進去。透過旅行代理人的銷售所實現的實際收入要比客戶所看到和所支付的價格低一定的百分比。例如，國內航空公司在上了稅，並交付9.9%的代理人費用後，會得到90%的價格收入。

八、相關的服務和設施

一項產品／服務的價格是怎樣影響其他項目的售賣的？這是另一個需要愼重考慮的問題，因爲我們行業中大部分的公司都以不同的價格售賣不同種類的服務和設施（例如，不同的航空路線、遊輪目的地、旅館資產的「品牌」、菜單項目、汽車的品種、觀光和度假包裝）。一種典型的顧慮就是，對一種項目削價太多，可能會使產生較高利潤的服務的銷售量下降。換句話說，公司必須採取「一攬子的定價方法」，不能只對一個項目單獨定價而忽視它對其他項目的潛在影響。

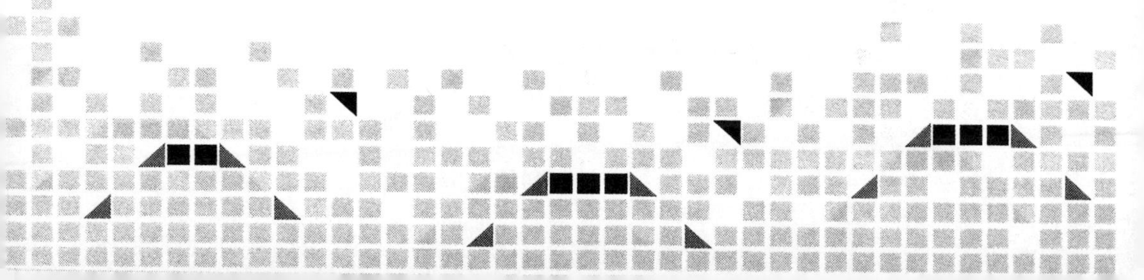

九、與市場行銷組合要素和策略相一致

你還記得傳統的四個市場行銷組合要素：產品、價格、分銷和促銷嗎？本書通篇都在強調要確保這四個市場行銷組合要素儘可能地相一致。例如，如果一個公司提供的是一種高級或特級的服務，那麼就應該訂立一個較高的價格。較便宜的價格更適合於基礎性的服務。

第四節　定價方法的選擇

定價方法可以被分成三類：簡單的、複雜的以及多階段的定價方法。

一、簡單的定價方法

這一類的方法不是很複雜，因爲它們比較不依賴於研究，也很少進行成本考慮，而更多地靠的是經理的直覺與洞察力。我們並不建議使用這種方法，但在此也要討論一下，因爲它們畢竟存在於我們行業之中。

1. 競爭方法

正如你已經看到的，這是一種維持現狀的定價方法——公司以競爭對手的價格爲基礎來設定自己的價格。它是一種「等著看」的方法，因爲價格是隨著競爭對手的價格變化而上升或下降的。在今天高度競爭的旅遊與飯店業市場中，定價時考慮一下競爭對手的價格是很重要的，但這並不能作爲唯一的考慮因素。每一個組織都有不同的成本／利潤結構和客戶基礎。一個特定的價格水準可能會使某個公司產生較大的利潤，但卻可能使另一個公司沒有利潤或者虧損。

2. 跟隨領導者的方法

這也是一種「等著看」的而非事前計畫的方法，它主要是由占市場份

額較小的公司來使用的。較小的公司會等待市場領導者推出新的價格，然後根據這些價格來訂立自己的價格。通常，價格變化會遵循較大的公司的變化方向（上升或下降）。因爲大部分較小組織的邊際利潤都要比那些市場領導者（享受規模效益）小，所以盲目地跟從市場領導者是很危險的。市場領導者由於大量地購貨，所以能從它的上游廠商得到很大的折扣，它們提高一點價格就會獲利很多。

3. 利用直覺的方法

這是一種最不科學的方法，因爲它既不研究成本、競爭者的價格，也不研究客戶的期望。一些人稱它爲「腹中的盤算」，因爲它大部分依賴於經理的直覺。你已經知道市場行銷研究對有效的市場行銷決策有多重要，所以說這不是一個好的定價方法。

4. 傳統的或「拇指法則」方法

經歷了一段時間的營運之後，在旅遊與飯店業的不同部分發展了一種傳統的定價方法。有時這些方法被稱之爲「拇指法則」。在住宿業領域，人們認爲每投資1000美元的旅館應該收取1美元的費用（七〇年代）。例如，一個旅館每個房間的成本是10萬美元，那麼它就應該收取100美元的房間費用。另一個旅館每個房間的投資是15萬美元，那麼它的房間費就應該是150美元。現在許多人都認爲這一「拇指法則」已經過時了，因爲旅館的建造成本升級很快，同時激烈的競爭又使得旅館價格逐步下降。由於在七〇年代，飯店中的食品成本通常是40%，將食品成本乘以2.5也是一種普遍使用的「拇指法則」。這一方法的原理都是類似的——找出相應的「拇指法則」，再將你自己的數字塡進去。然而，這種方法沒有對客戶的期望和競爭者的價格進行研究或考慮。

所有這四種簡單的方法都有某種共同的特徵。首先，它們很少以研究爲基礎；第二，它們只考慮一個影響價格的因素，那就是競爭者的收費標準；第三，它們沒有考慮組織的獨特成本／利潤結構或者客戶的期望和偏好。

二、複雜的定價方法

你現在知道只看一個因素是不夠的（比如競爭性的定價），一個好的定價要全面並且平衡地考慮所有的影響因素。一個公司只有仔細地研究了定價決策的影響力以後，才會使用一個更爲複雜的定價方法。

1. 目標定價

目標定價是一種以利潤爲導向的定價方法。目標就是一個公司想要達到的投資報酬率。在某些情況下，目標可能會以銷售百分比來表示。在旅館業中，一個比較流行的目標定價方法就是Hubbart公式。它被用來設定房間價格，並涉及建立一個收入報表，以決定可以達到預期投資報酬率的房間價格。**表19-1**展示出怎樣使用Hubbart公式來計算房間價格。這樣計算出來的房間價格不包括旅行代理人的費用和提供給特定目標市場的折價。在最後的通報價格被估測出來前，必須考慮這兩個項目。**表19-2**提供了這種計算的一個假設實例。

目標定價方法（比如Hubbart公式）是非常有效的，因爲它考慮了定價的幾個影響因素，包括：

(1)對成本和利潤水準的詳細預測（成本）。

(2)對需求的估計（客戶的需求量）。

(3)考慮單獨的目標市場的價格偏好（客戶特徵）。

(4)經濟目標的詳細說明（公司目標）。

(5)對旅遊貿易中介支付的佣金估算（分銷管道）。

目標價格被計算出來以後，還可以根據競爭對手的價格或者爲了更適合於公司的形象／定位，而進行輕微的價格調整。

2. 價格折扣和差別定價

折扣是在旅遊與飯店業特定部分所使用的一個很普遍的策略。簡單地說，它意味著提供低於通報的費用、費率或價格。差別定價是折價的一種

表19-1　目標定價的實例：利用Hubbart公式以決定房間的費用

	稅後的投資回報（期望達到的目標）
加	
	收入稅
	利息費用
	保險費
	資產稅
	折舊
	管理和一般性的支出
	市場行銷費用
	能源成本
	資產營運和維護費
減	
	食品和飲料支出
	電話費用
	其他部門的支出
等於	
	所需要的房間利潤
加	
	房間費用
等於	
	所需要的房間收入
除以	
	預計所能賣出的房間數
等於	
	平均每個房間的費用（扣掉折扣和佣金）

表19-2 利用Hubbart公式確定折扣和費用：一個旅館的假設實例

步驟一：

所要的房間收入	$555,476
預計一年居住的房間數＝（總房間數×365／年）×居住率（0.65）	11863
每晚每個房間的淨平均費用＝	$46.83

步驟二：計算每個目標市場的特定房間費用

目標市場	年居住房間數	百分率	提供的折扣	每間房的人數
經常性的商務人員	593.13	5%	5.0%	1
商務辦公用房	593.13	5%	12.5%	1
集會／會議團體	4745.00	40%	20.0%	1.5
汽車觀光團體	1779.38	15%	25.0%	2
快樂旅行者	4151.88	35%	15.0%	2.5
總計	11862.50	100%		1.5

折扣前的平均價格等於**$64.70**

每個目標市場	折扣前平均價格	減折扣	平均價格	單人房價	雙人房價的平均價格
經常性的商務人員	$64.70	5%	$61.46	$61.46	—
商務辦公用房	$64.70	13%	$56.61	$56.61	—
集會／會議團體	$64.70	20%	$51.76	$49.26	$54.26
汽車觀光團體	$64.70	25%	$48.52	—	$48.52
休閒旅行者	$64.70	15%	$54.99	—	$54.99

目標市場	每年居住的房間數 ×	平均價格 ＝	收入
經常性的商務人員	593.125	$61.46	$36456
商務辦公用房	593.125	$56.61	$33578
集會／會議團體（單人房）	2372.5	$49.26	$116868
集會／會議團體（雙人房）	2372.5	$54.26	$128731
汽車觀光團體	1779.375	$48.52	$86343
休閒旅行者	4151.875	$54.99	$228331
總房間收入	11862.5	$53.13	$630307

形式。在普遍意義上的差別定價和折價中，服務以較低的價格賣給了某些客戶。然而，價格的差距並沒有眞實地反映所提供的服務的成本差別。這裡有幾個例子：

(1)許多速食連鎖店向老年人提供折價（需要客戶出示年齡證明或老年人的身分卡片）。

(2)幾個主要的國家航空公司和旅館連鎖店爲年紀較大的旅行者設立了俱樂部。付了會員費後，這些旅行者就會得到航空費的折價和相關的供應商服務（例如，旅館和租車）。聯合航空公司的「銀色飛行」旅行俱樂部提供給六十歲和六十歲以上的人折價的飛機票。天天客棧的「九月的天天俱樂部」對五十歲和五十歲以上的客戶的房間、餐飲、觀光和主題公園的費用進行折價。其他的旅館連鎖店，比如馬里奧特，也向年紀較大的旅行者提供類似的折價活動。

(3)大部分主要的租車公司都有「公司價格」計畫。加入這些計畫的商務旅行者會自動得到折價的租車價格。

(4)幾乎所有的旅館和勝地中心都有多系列的價格。公司和「商務團體」價格至今爲止是最普遍的折價價格，它的運作極類似於租車公司所使用的活動。其他低於水準的價格也經常提供給政府人員、航空公司的飛行人員、觀光團體、集會／會議客人和老年人。

折價和差別定價是以四個不同的標準爲基礎的，它們包括目標市場、所提供的服務形式、地點和時間。

(1)目標市場：你已經讀到有關這種定價的幾個例子，例如，一些老年人和商務旅行者的目標市場。

(2)所提供的服務形式：有幾種「附加」的服務沒有提供，但是所提供的折扣部分要比所刪除的服務成本多很多。

(3)地點：價格會根據設施／服務的地理位置而發生變化。例如，勝地旅館可能會對面向海灘的房間收取更多的費用，而其他的房間價格則較低。

(4)時間：由於服務的「易腐性」，所以根據時間來提供折價成為我們行業中一個很普遍的慣例。現在由大部分的城市旅館所提供的週末包裝就是一個很好的實例。傳統上旅館在週末的業務量要低於平時，所以對房間的費用打折可以吸引週末的休閒旅行者。飯店對「早來者」所提供的折價是另一個實例——在尖峰的時間前就餐的客戶可以得到一定的價格折扣。

由航空公司所創立的、對於收入管理的使用，是以前幾個標準為基礎的差別定價的一個實例。九○年代中期在美國，提前預訂和不返還的付費十分流行。據估計，1995年在美國售賣的飛機票的80%都有某種預訂的規定。除了標準的三種艙等（經濟艙、商務艙和頭等艙）以外，典型的規定還包括起程日、最短的停留時間以及能否修改或取消旅行計畫等。

公司所提供的折價並非是對競爭對手的價格變化所進行的即刻反應的降價策略。折價是經過仔細研究和事前計畫以達成特定目標的定價活動，而且它是以透徹地考察其對成本和利潤的影響為基礎的。公司經常在幾個月或幾年前就開始計畫某項折價活動了。

在設置折價活動中使用最多的一個技巧就是盈虧平衡分析。必須繪出一個圖表，來展示成本、客戶需求量和利潤的關係。這些圖表會幫助經理判斷哪一個特定的價格或客戶需求量會涵蓋所有的固定成本和可變成本，這樣的點就被稱之為「盈虧平衡點」。固定成本不隨銷售量的變化而變化（例如，對建築物的資產稅、設備的利息費用）。可變成本直接隨銷售量的變化而變化（例如，銷售量提高10%，可變成本也提高10%）。在「生產」過程中的勞動力成本和材料成本通常就是可變成本，例如飯店餐飲中的食物成本就是可變成本。

圖19-3展示出一個假設狀況的盈虧平衡表。正如你所看到的，橫軸表示總購買量，縱軸表示成本和收入。盈虧平衡點就是總收入線與總成本線（固定加可變）相交的點。圖19-3假定：

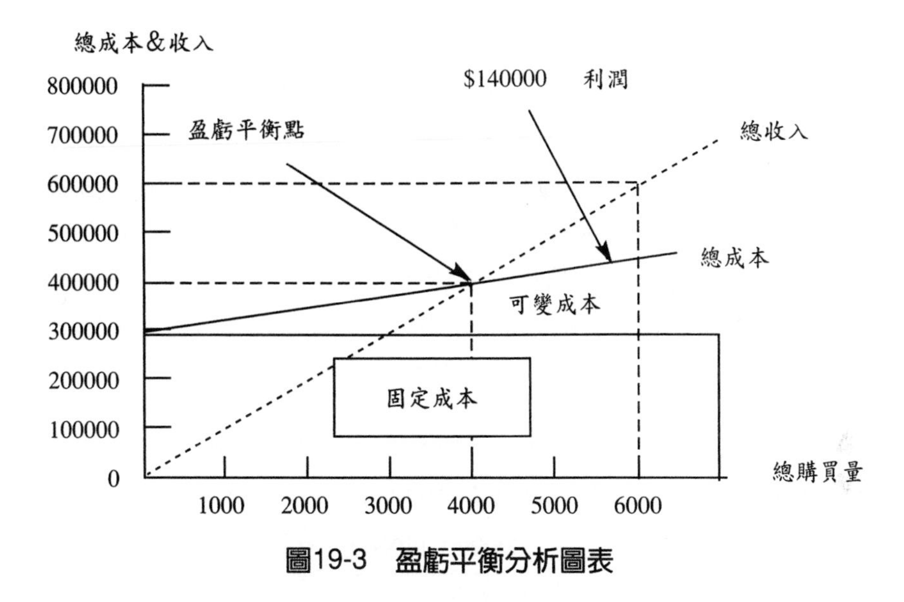

圖19-3　盈虧平衡分析圖表

(1)每單位的可變成本是30美元。

(2)每單位售價100美元。

(3)邊際收益（售價和可變成本的差值）是70美元。

(4)總固定成本28萬美元。

計算盈虧平衡點的公式是：

$$盈虧平衡點=\frac{總固定成本}{邊際收益}$$

$$=\frac{總固定成本}{每單位銷售價格-每單位可變成本}$$

在圖19-3的實例中，盈虧平衡點是四千個單位。「四千」這一數字是經過如下公式計算出來的：

$$盈虧平衡點=\frac{280000}{100-30}=4000$$

如果圖19-3中的售價低到了65美元會怎麼樣？正如你可能猜到的，盈虧平衡點的單位數會上升。事實上，它會從四千成倍地增加到八千，即280000 / (65－30)。

除了可以幫助確認盈虧平衡點以外，也可以使用這個圖表進行目標定價。如果一個公司知道它需要多少利潤，才能達成預期的銷售 / 投資報酬率，它就能決定出想要的銷售量。再看一下圖19-3，你就會看出它是怎樣運作的。一個公司想要得到14萬美元的利潤，以達到對投資的目標回報率。可以使用下述的公式來確定盈利時的銷售量：

$$\text{盈利時的銷售量（達成14萬美元的利潤）} = \frac{\text{總固定成本}+\text{目標利潤}}{\text{每單位銷售價格}-\text{每單位可變成本}}$$

$$= \frac{280000+140000}{100-30}$$

$$= \frac{420000}{70}$$

$$= 6000\text{單位}$$

要想達到利潤目標14萬美元，銷售額需要達到60萬美元，即6000×100美元。

盈虧平衡點分析有一些限制，你對此應該有所認識。首先，這一分析假設售賣的每單位可變成本在每一銷售量水準上都是相等的。但是，經常有一些成本項目不直接隨銷售量的變化而變化（例如，銷售量提高100％，而成本只提高60％，並不是100％）。第二，盈虧平衡分析假設固定成本在任一生產量下都保持不變。這也並不總是事實，因爲固定成本在某一銷售量水準下會提高（例如，需要更多的設備，公司要借錢來購買，利息費用就會提高）。還有一個不可靠的假設就是，價格對市場需求沒有影響。儘管有這些不足之處，盈虧平衡分析仍然是一個分析成本、價格、客戶需求量和利潤之間的關係的一個很有用的工具。

3. 促銷定價

促銷定價涉及短期內進行價格下調，以刺激臨時的銷售增長。許多種類的促銷就屬於這一類（比如買一送一的促銷活動）。

4. 成本定價

這種定價是指在實際的或預測的服務成本上附加一定的金額或百分比，以形成最後的價格。這一金額或百分比代表想要達成的邊際利潤。在特定的行業部分，使用傳統的「拇指法則」進行利潤附加，這種做法我們並不提倡。另外，單獨使用成本加價的定價方法也不是很理想。結合成本加價和其他的技巧，比如盈虧平衡分析，還要考慮其他的八個定價因素（除成本），這樣進行定價才會更有效。

5. 新產品定價

許多組織都根據它們的服務和設施的生命週期的不同，而改變服務／設施的價格。第8章確認了四個推出新服務的策略：快速撇油、緩慢撇油、快速滲透和緩慢滲透。在撇油的價格策略中，組織會人爲地將價格調高，因爲它們知道有一些客戶能支付得起（這些客戶是服務的第一批使用者）。撇油的價格是人爲的，因爲公司知道它最終必須削價。滲透性定價使用相反的方法——用低價介紹新的服務，以快速地占領大部分的市場。前面所討論的西南航空公司的案例就是一個很好的例子。這個公司提供較低的價格，以搶奪大份額的國內航空旅行市場。使用滲透定價方法的公司可能會也可能不會長期持續使用這種方法。

6. 心理定價

這是一種「最後調整」的定價方法，在此，可以對設定好的價格略微地調整一下，以提供額外的吸引力。基本的策略就是避免以整數來設置價格，比如10美元、100美元或1000美元。心理定價意味著使用略低的價格，以使客戶感覺得到了額外的價值。一般的價格都是有零頭的，比如44.90美元和69.00美元。你將注意到許多價格都使用一些奇數（例如，價格以45美分、49美分、95美分、99美分或99美元結尾）。這些數字的設定是建立在奇數要比整數（諸如55美分、1美元或100美元）會促動更大的銷售量這一理念的基礎上的。

7. 特價品定價

特價品定價是促銷定價的一種形式，在此，一個公司在短期內以低於實際成本的價格，提供一項或多項服務／產品。這些項目通常被稱之為「損失特價品」。特價品定價是由一些旅遊與餐廳業所使用的定價，在零售店中非常普遍。例如，一些比薩店對購買比薩的客戶提供免費的可樂（可樂就是「損失特價品」）。降價項目的作用就是促動對公司所提供的其他項目（在這個例子中就是比薩）的銷售。

三、多階段的定價方法

本章描述了多種多樣的定價方法，一些很簡單，而其他的在技術上會更精確一些。你知道在定價時應該仔細考慮九個因素（競爭者、客戶的特徵、客戶需求量、成本、分銷管道、公司目標、公司形象和定位、相關的服務和設施，以及與市場行銷組合要素和策略相一致）。所以，對於有效定價來說，需要一個多階段的定價方法，包括如下的步驟：

(1)確定公司目標和特定的定價目標（公司目標）。
(2)確認和分析目標市場（客戶特徵）。
(3)考慮公司的形象和與目標市場相關的定位方法（公司形象和定位）。
(4)預測在不同價格水準下的服務需求量（客戶需求量）。
(5)確定所提供的服務成本（成本）。
(6)評價可替代價格可能形成的競爭反應（競爭對手）。
(7)考慮價格對旅遊貿易中介的影響（分銷管道）。
(8)考慮價格對相關服務或設施的影響（相關的服務和設施）。
(9)考慮價格對其他市場行銷組合要素以及市場行銷策略其他方面的影響（與市場行銷組合要素和策略相一致）。

(10)選擇和使用達成最後價格的定價方法。

使用多階段的定價方法會幫助組織決定哪一個定價方法和特定的價格水準是最恰當的。當每一個階段結束的時候，潛在的價格和定價方法的範圍就會縮小，使得定價決策相對更容易一些。

第五節　定價的評估

所選擇的定價方法如何影響銷售？這是定價計畫三步驟中的最後一步，但並非不如前兩個重要。當價格和銷售變化可以測量時，單獨透過定價很難識別出它對銷售的影響力。其他因素，比如組織的非價格促銷、客戶消費模式的變化、競爭、當地行業的活動模式，甚至是氣候也會對銷售產生影響。所以，在測量定價效果的時候考察一下這些其他的因素，特別是競爭對手的價格，並估計一下它們對銷售量的影響，也是非常重要的。例如，在第15章到第18章，你學到了一些測量和評價每一個促銷組合要素的方法。

評價定價的最好方法是透過市場行銷研究。研究可以被設計來確定新客戶是否會受價格的吸引，或者是否其他的因素更重要一些。可以調查那些沒有成爲客戶的人，以找出新的定價方法不能吸引他們的原因。不管選擇什麼樣的研究設計，研究和分析都要執行得徹底一些，以支持對價格和銷售變化的測量。

本章概要

為旅遊與飯店業服務設定恰當的價格，對市場行銷和盈利是很重要的。在旅遊與飯店業中可以使用簡單的和複雜的定價方法。

最有效的定價來自於多階段的定價方法，它會考慮九個因素（公司目

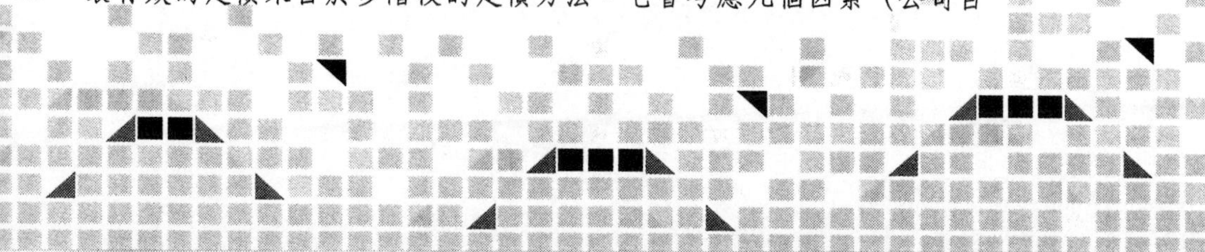

標、客户特徵、公司形象和定位、客户需求量、成本、競爭對手、分銷管道、相關的服務和設施以及與市場行銷組合要素和策略保持一致)。貨幣價值是另一個重要的概念，它在達成最佳價格中可以被評定。

本章複習

1.定價的兩個主要的作用是什麼？這兩個作用之間的固有衝突是什麼？

2.價格作為暗含的促銷要素，怎樣發揮了它的作用？

3.簡單的定價方法是什麼，為什麼我們不建議使用這種方法？

4.一些較為複雜的方法是什麼，它們為什麼更高級一些？

5.目標定價是什麼？

6.盈虧平衡分析是什麼，它在定價中是怎樣被使用的？

7.介紹新服務時，可以使用不同的定價方法嗎？如果有，那麼它們是什麼？

8.多階段的定價方法有哪些步驟？都要考慮什麼因素？

9.貨幣價值的理念是怎樣影響價格的？

延伸思考

1.拜訪一個當地的旅遊與飯店業組織，並與它的經理或業主會談。讓這個人描述一下組織所使用的定價方法。是簡單還是複雜的定價方法？考慮了定價的九個因素中的哪幾個？使用了多階段的定價方法嗎？使用了折價、目標定價或盈虧平衡分析嗎？你將建議管理層如何提升他們的定價方法？

2.你是一個市場行銷經理，負責一個剛營運的旅遊與飯店業服務（例如，旅館、飯店、航空路線、旅行社或其他服務)。你將採取什麼步驟來為此項營運設定初始價格？你將考慮什麼特定的因素？你的價格是什麼？你將怎樣向高級管理層證實它們的合理性？

3. 選擇一個你最感興趣的旅遊與飯店業部分。分析所使用的定價方法是簡單還是複雜的定價方法？使用了哪一種特定的方法？九個因素中的哪些看起來會對價格水準產生最大的影響？對於使用不同定價方法的想要進入這個行業的其他組織來說，還有空位嗎？請解釋你的答案。

4. 在我們行業中選擇一個組織，展示一下它是如何使用目標定價或盈虧平衡分析來作更有效的定價決策的。用數字實例來證實你的建議。你怎樣向業主「推銷」你的提議？

經典案例：定價——Rent-A-Wreck公司

第19章提到了一些旅遊與飯店業組織開始營運時，就想要永遠採取低價政策的實例。Rent-A-Wreck公司就是一個成功應用這一長期、低價方法的經典實例。

在Rent-A-Wreck公司，租用小汽車、貨車、旅行車和卡車只需繳交其他租車公司50%至75%的費用。它是怎樣承擔對客户的這一讓利呢？答案就是它購買並且向外出租使用過的汽車。這些汽車通常已經使用了二至四年，但車的使用性能還很良好。它們當然沒有破損（wreck），不像公司的名字所表述的那樣。此公司的定位聲明是「不要讓名字欺騙了你」，以確保客户沒有對公司產生錯誤的印象。

Rent-A-Wreck最初的觀念是由David Schwartz在七〇年代早期於西部的洛杉磯開創的。Schwartz先生有一個有趣的經商背景，他透過UCLA（一個汽車協會）為他的朋友們買賣汽車。他在公司中保留了一個車隊，並在洛杉磯持續地成功經營了一個特許公司。在1978年此公司推出了一個特許經營活動，公司以特許經營的方式，現在在美國、澳洲、加拿大、荷蘭、挪威、紐西蘭和沙烏地阿拉伯已經擁有了四百多家分公司。公司的股份公開上市交易。

在1998年，Rent-A-Wreck公司每天的租車價格從25美元到30美元，每週的價格從119美元到149美元。而其他主要的租車公司每天的價格都在40美元以上。這個公司的定價方法背後的基本理念是很簡單的。Lori-Shaffron（市場行銷的副總裁）認為：「每一個人在家裡開的都是一輛已經使用過的車，所以當你在旅行的時候為什麼不也開一輛使用過的車呢？這樣，你每週可以省100美元。事實上，你從『主要的』租車公司中所租的車也是使用過的——我們的車可能比他們的使用時間多了一倍，但是我們的車很清潔而且維護得很好，跑起來也很棒。」

Rent-A-Wreck公司有兩個明顯的目標市場。第一個是為商務、休閒或個人的原因而旅行的人。他們是本書集中強調的旅行者。Rent-A-Wreck公司也服務於當地的市場，為那些沒有車、搬家和其他原因的人提供短期和長期的租車服務。這個公司表示，在美國平均租車時間是三・五天，而Rent-A-Wreck公司的平均租車時間則是九天。顯然，這個公司吸引了許多對價格較敏感的租車人，以及需要租車時間更長的人。

傳統上，Rent-A-Wreck公司的辦公室不在飛機場，而在特許經營單位的業務發生地，許多特許經營公司都是使用過的車和新車的交易商。而且，這會幫助公司保持經常費用不變，所以它的租車價格就可以很低。

Rent-A-Wreck公司是旅遊與飯店業中使用銷售為導向的定價方法，透過保持較低的營運成本，來進行廉價競爭的一個經典實例。

討論

1.Rent-A-Wreck公司的定價方法與它的大部分競爭對手相比，有何獨特性和不同點？

2.使用這種定價方法，此公司最會吸引何種客戶？

3.其他哪一個旅遊與飯店業公司也使用低價的方法，它們是怎樣出售這些服務的？

第20章
市場行銷管理、評估和控制

本章討論了對市場行銷活動的管理（簡稱爲市場行銷管理），並確認了有效市場行銷管理的利益所在。它強調了光有市場行銷計畫還不夠，即便是世界上最好的市場行銷計畫也要爲適應未預料到的情況而進行一定的調整。市場行銷管理的五個成分（研究、計畫、執行、控制和評估）也被加以強調。

本章描述了組織一個市場行銷部門的可替代的方法，並討論了如何對人員進行調配和監督。它也描述了設定市場行銷預算的不同方法，並建議了其中最好的一種。

你是否以一系列的新年計畫開始你新的一年，堅持了幾週或幾個月，但最終卻放棄了它們？你是否感覺很困窘？其實這很平常，我們其他的人也會遇到這樣的問題。你是否在一年結束的時候，仍然有一個或幾個計畫沒完成？你該怎樣解決這樣的問題？它可能需要很強的自律性，其中一些來自他人的鼓勵，以及對你的目標的恆久的關注。你可能必須刻意地訓練一下自己以修正你的行爲——不要吃得太多、要更經常地運動、停止吸煙，或者每天要學習幾個小時。另外，你可能必須計畫並「預算」你的時間、金錢和其他的資源。總之，你要比以前有更大的決心和自律性，你必須要「管理」好自己。

那麼，這與市場行銷和市場行銷管理有何關係呢？一個人的新年計畫與一個組織的市場行銷目標和計畫十分類似。它們是工整地書寫在紙上的，並經過仔細的考慮和研究。但這樣的計畫執行起來經常會中途夭折，因爲我們通常在擬定完目標和計畫後，就漸漸鬆懈下來。發展這些計畫已經消耗了我們如此多的精力，以至於眞要執行它們時我們已經筋疲力盡了。然而，在市場行銷計畫中，「管理市場行銷計畫」與擬定計畫是同等重要的。成功的市場行銷管理涉及預算、促動、培訓和改變人們的行爲，還要進行經常的檢查，以確保目標總是清晰可見的。我們設計市場行銷管理活動來幫助達成目標，如有必要的話，還要對市場行銷計畫進行調整，以適應改變的環境。市場行銷管理活動是組織確保達成目標的一個途徑，它可以幫助回答這個問題——「我們怎樣才能到達那裡？」

第一節　行銷管理的定義

市場行銷管理包括一個旅遊與飯店業組織進行計畫、研究、執行、控制和評估市場行銷努力所需要的所有活動。第4章到第19章討論了前三個功能——計畫、研究和執行。這些功能會產生市場行銷策略和計畫。然而，發展和執行市場行銷策略和計畫涉及組織、調配和管理市場行銷部門、它的員工，以及外部的顧問（例如，廣告代理機構、公關顧問等）。市場行銷經理也對控制和評估市場行銷活動負有責任，以確保策略和計畫以想要的方式被執行，以及有效地測量計畫的執行結果。

有效的市場行銷管理不僅能爲一個組織提供豐厚的利益，還是市場行銷的一個關鍵的組成部分。好的市場行銷管理的主要利益是：

(1)市場行銷活動以一種計畫好的、有系統的方式來執行。

(2)能產生足夠的市場行銷研究和其他市場行銷訊息。

(3)能及時發現市場行銷活動的弱點並加以修正。

(4)能儘可能有效地使用市場行銷資金和人力資源。

(5)市場行銷活動總是在仔細的檢查之下，所以能充分利用每一個可以改善的機會。

(6)組織會在適應客戶、競爭和行業內的變化中處於更加有利的位置。

(7)使市場行銷活動更能與組織的其他活動和它的不同部門相協調。

(8)更能促動市場行銷人員和其他的工作人員，以達成市場行銷目標。

(9)會對市場行銷結果（成功或者失敗，以及成功或失敗的原因）更好地進行分析。

(10)有進行市場行銷的明確的義務。

第二節　行銷管理組織

爲了確保成功地達成目標和策略，有一個基本的要求，那就是有一個恰當的市場行銷組織結構。有幾種方法可以幫助達成這一點，對這些方法的選擇使用主要依賴於組織所提供的服務，以及它的規模和地理範圍。可以使用下述的五個標準之一來建立市場行銷組織或者部門。

一、市場行銷和促銷組合要素

第10章到第13章以及第15章到第19章給你提供了每一個市場行銷和促銷組合要素的訊息，爲什麼不以每一個要素爲標準將一個組織的市場行銷專家進行分類？例如，你可以有單獨負責產品發展和合作（第10章）、服務和服務品質（第11章）、包裝和特別規劃（第12章）、分銷組合和旅遊貿易（第13章）、廣告（第15章）、促銷和交易展示（第16章）、人員推銷（第17章）、公共關係和宣傳（第18章）以及定價（第19章）的經理。在旅遊與飯店業中的許多市場行銷部門都是以這種方式建立的（特別是較小的組織和只有一個經營單位的組織）。一些多單位的連鎖企業以這種方式組建了一個總的市場行銷部門，分部的經理再向總部的經理彙報。

儘管這是一條分割市場行銷活動的合乎邏輯且簡便的方法，但它也有缺點。首先，正如前幾章所提到的，所有的市場行銷與促銷組合要素都是相互關聯的，如果它們是一起被計畫的，就會合作得更好一些。一些人稱這爲整合的市場行銷（對所有的或幾個市場行銷促銷組合要素進行「一攬子」計畫）。當一個組織將市場行銷責任分配給不同的經理和他們的團隊時，這些不同的部門就有很大的可能性「去做他們自己的事」，而無法儘可能有效地進行合作。其次，許多較大的公司不僅只有一項「產品」，或者可能是不同的品牌（比如，許多的旅館連鎖店），或者可能是完全不同的旅遊與飯店業業務（例如，一個航空公司、一個旅館公司和一個租車公司）。母公司中的不同「產品」可能需要不同的市場行銷方法，所以就應該有相應的、不同的市場行銷組織。

二、設施或服務

第二種方法就是透過「品牌」或分部來建立市場行銷組織，每一個都代表一種特定的設施或服務。這種方法對較大的公司更爲適合，包括那些具有幾個品牌的（例如，大的旅館和飯店連鎖店）和多樣化的旅遊與飯店業組織。

與第一種方法相比較，這種方法的優點是對每一個品牌或分部都能進行專門的和綜合性的市場行銷活動。潛在的缺點就是從一個總公司的角度來看，單獨的品牌和分部無法儘可能全面地對合作的市場行銷機會進行投資。

三、地理狀況

第三種方法就是按地理狀況將市場行銷隊伍進行分割，這對於具有多個營運部門的旅遊與飯店業組織來說特別重要。例如，許多國家級的政府旅遊機構，比如美國旅遊和觀光管理委員會、加拿大旅遊協會、英國旅遊局和澳洲旅遊協會，它們中的每一個組織都在幾個不同的國家有市場行銷辦公室。在這樣的情況下，就要爲具有旅遊辦公室的每一個國家和負責臨近國家旅遊的專門性旅遊辦公室設置單獨的市場行銷策略和計畫。

正如在第17章中所說的，旅遊與飯店業組織可以依據地理狀況來組織銷售隊伍，每一個銷售代表都被分配到特定的銷售領域進行人員推銷。

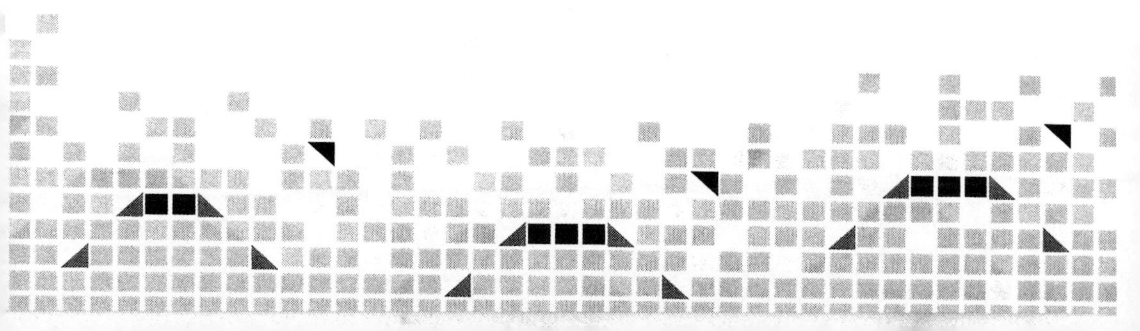

四、客户團體

第四個將市場行銷人員進行分割的方法就是分派他們負責不同的目標市場。本書強調了要爲選擇細分策略的組織的每一個目標市場準備單獨的市場行銷活動。將市場行銷組織以這種方式進行分割，是確保對每一個目標市場給予單獨關注的最佳途徑之一。例如，幾個較大的旅館資產透過集會／會議團體的不同種類（例如，國家協會和州的協會）來分派它的銷售人員。

五、組合式的方法

在許多情況下，要使用這四種方法的組合方式來分派市場行銷人員。最典型的安排之一就是透過客戶團體、促銷組合要素或者「產品」來組織市場行銷部門，但是要有透過地理區域劃分的銷售隊伍。

另一種需要組合方法的情況就是，母公司的經營涉及特許經營方式。特許經營在許多旅遊與飯店業中，特別是在飯店、旅館設施、旅遊機構和租車公司中非常普遍。這些公司通常有一個由市場行銷總部準備的國家級的市場行銷計畫，以及個體單位的市場行銷計畫。另外，特許經營單位的團體可能會在城市或地區的水準上結合起來，並爲它們各自的地理區域發展市場行銷計畫。

無論選擇哪種組織方法，都必須遵循一條原則——市場行銷組織應該對所有的市場行銷和促銷組合要素承擔所有的，或者至少是部分的責任。這一基本原則在我們行業中的某些部分沒有得以貫徹，例如，一些旅館資產有單獨的銷售部和公共關係部或經理。本書建議將所有的促銷組合要素設置在一個分部或部門中，僅在一個經理的指導下進行。

第三節　行銷管理人員

市場行銷管理的另一個功能就是雇用並保留合適的市場行銷人員。旅遊與飯店業組織在哪兒才能找到這樣的人員呢？不幸的是，答案並不是很清晰，因爲我們對這個課題沒有進行過多少研究。但是，可以進行一些概括性的評論。

此行業有一個很強的傾向，就是需要具有先期經驗的銷售和市場行銷人員。換句話說，這就意味著銷售和市場行銷工作不是一開始就能做的。因爲此行業的快速擴大，一些組織從不相關的行業中雇用了有經驗的銷售和市場行銷人員。在旅遊與飯店業的市場行銷中幾乎沒有專業化的稱號，儘管一些學校和專業化協會正在朝這個方向努力。由於在旅遊與飯店業中做市場行銷不能進行專業化的評級，所以人們更願意擔當操作性的角色。

旅遊與飯店業在接受市場行銷和市場行銷理念方面落後於其他行業。在其他行業中，擁有市場行銷學位的畢業生通常可以直接進入到組織的市場行銷部門，而不需要什麼先期的經驗。在我們行業中，做到這一點改變需要耗費幾年甚至是幾十年的時間。事實表明，人們更重視操作性的知識和技巧，而不是市場行銷的知識和技巧。

因爲這並非一本有關監督和人力資源管理的書，所以詳細地討論這樣的課題並不是很恰當。然而，我們還是要說明一點，那就是不同級別的市場行銷經理，從副總裁到銷售經理，不僅必須要挑選和雇用恰當的人選，還必須促動、協調並與他們進行有效的溝通。他們必須明智地分派責任，並建立起團隊合作精神，以達成市場行銷目標。這在旅遊與飯店業中特別重要，因爲我們行業的人員在向客戶提供服務時，自身的涉入性很強。擅於促動和與員工溝通的組織通常就是那些提供卓越服務的組織。

第四節　行銷活動預算

市場行銷管理的另一個重要的功能就是編預算——分配人力資源和資金，以執行市場行銷計畫。第19章提到了有複雜的和簡單的定價方法，編列預算也與定價類似。

一、簡單的方法

1. 任意的和可支付的方法

這些是涉及市場行銷經理或業主個人判斷的預算方法。許多較小的企業使用可支付的預算方法，只花費一些它們認爲可以支付得起的資金進行市場行銷。任意的預算方法通常意味著分配一定的市場行銷資金，其規模等同於前些年的市場行銷資金量。

2. 銷售百分比或「拇指法則」方法

使用這種方法，可以將市場行銷預算設定成去年的總銷售量或明年的預期總銷售量的百分比的形式。這些建議使用的百分比普遍上以某種範圍來表達。例如，旅館資產通常應該在市場行銷方面花費總銷售額的2.5%到5%。在食品服務業中，所給定的範圍經常是1%到8%。通常，這些「拇指法則」是建立在公開的統計數據上的，這些數據代表了行業細分部分的平均值。正如你從統計數據中所了解到的，平均值可能有很強的誤導性，並經常由於很高或很低的個體數字而無法眞實地反應行業的整體狀況。

3. 競爭—平衡的方法

這個程序是很直接的——找出離你最近的競爭對手在市場行銷方面的花費，並以同一水準設定你的資金預算。你怎樣才能找到這一訊息？年報是這種統計數據的一個很好的來源，其他的來源包括關於競爭組織的文章。

使用這三種預算方法的優點是什麼？答案就是它們較爲簡單，而且可以快速地作出決策。它們不需要太多的研究或由市場行銷經理做出許多其他的努力。你能找出使用它們的一些問題嗎？如果你不能立刻找出來，就讓我們先回到第8章（談論市場行銷目標）。從那一章起，本書就表明市場行銷目標是市場行銷計畫的基礎，寫市場行銷計畫的目的就是要達成市場行銷目標。現在再看一看，所有這三個簡單的預算方法的不足之處是什麼？它們中沒有一個考慮了市場行銷目標，而我們所需要的是一個建立在市場行銷目標基礎上的資金預算程序。

你現在可能正在探究競爭對手的花費水準和市場行銷的「可支付性」的重要性。組織應該完全忽視競爭對手正在做的事情嗎？它們應該只考慮市場行銷的資金花費而不管組織內的其他資金使用嗎？答案顯然都是否定的。當設定市場行銷預算時，必須要考慮競爭對手的資金預算量和組織內的總體資源。然而，它們不是唯一達成預算量的基礎。

二、複雜的方法

複雜的方法將市場行銷目標作爲設置資金預算的最主要的基礎，但也考慮競爭和可支付性。事實上，最好的資金預算方法使用類似於圖20-1所描述的一種「砌磚牆」的程序。這一程序所涉及的步驟是：

(1)爲市場行銷和市場行銷部門分配一個暫時性的、全面的資金預算。
(2)確定市場行銷目標。
(3)在總體市場行銷目標的基礎上，爲每一個促銷組合要素設置目標。
(4)臨時性地將總體的預算分成溝通、管理和其他的市場行銷費用。
(5)將臨時性的溝通預算分成廣告、促銷、人員推銷和公共關係及宣傳預算。
(6)發展市場行銷計畫，詳細說明廣告、促銷、人員推銷以及公共關係及宣傳所需要的所有活動和責任。

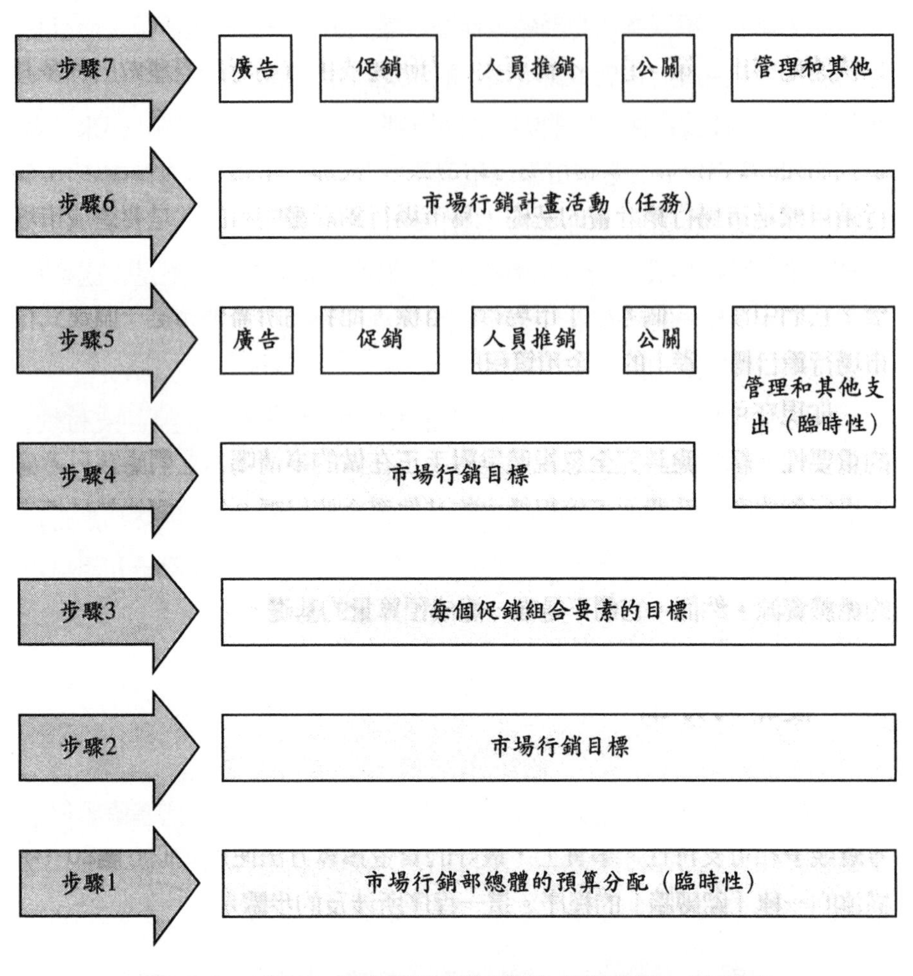

圖20-1　發展一個市場行銷預算的「砌磚牆」的程序

(7)以市場行銷計畫所包括的活動爲基礎，爲廣告、促銷、人員推銷、公共關係及宣傳、管理以及其他要素確定最後的預算分配。

正如你所看到的，設置市場行銷預算需要精心的研究和仔細的計畫，以及逐步發展的程序。請再看一下圖20-1，它就像一個磚牆。正如你所知道的，砌牆的人是從下向上來砌一個牆的，他必須在每一層磚之間仔細地抹上水泥。設置市場行銷預算跟砌一座牆很相似——每一步都緊接著前面的一步，並使用所需要的訊息和準則來分配資金量。漏掉某個步驟就類似於砌牆的人漏掉了一些磚頭，或在某些層上沒有抹上水泥。結果很明顯——牆最終將會倒塌。所描述的「砌牆程序」部分地反應了對複雜的預算方法的使用，這種預算方法被稱之為目標—責任方法。

1. 目標—責任方法

組織設定目標，並描述出達成這些目標所必須做的事情（任務），然後估計出完成這些任務（或活動）的成本。第15章到第18章使用了這三步的方法，來設定最後的廣告、促銷、人員推銷和公共關係及宣傳的資金預算。這是本書所建議使用的資金預算方法。

2. 零基礎的資金預算方法

此行業有一種傾向性，那就是重複進行前幾年所進行的活動，而不評估它們的價值所在。這樣做的原因就是它簡便易行——組織害怕不繼續進行曾對組織的成功有貢獻的活動，會使企業的業績水準降低。這經常會延長那些無效的活動的使用期限。零基礎的預算方法挑戰了這一習慣，它要對未來一段時期的每一個市場行銷計畫活動進行重新審核。換句話說，市場行銷預算是從零開始的。以前的市場行銷計畫中的任何一項活動，都未必能持續地進行。這種方法的優越之處就在於，它會迫使經理評估以前的活動，並考慮可替代的方法，以產生更有效的結果。

你可能想知道目標—責任方法和零基礎的方法是否可以組合使用。答案是肯定的。事實上，目標—責任方法是零基礎方法的一種應用，市場行銷者從一頁白紙開始，並選擇特別設計，以符合所選定目標的市場行銷活動。

3. 其他方法

你應該能夠意識到，還有其他複雜的預算方法，比如邊際經濟方法（一種理想的預算方法，贊助者在促銷組合要素上花費一定的資金，這一資金量最後的1美元恰好可以帶來1美元的銷售額）。這一方法來源於一般性的經濟理論。儘管它在技術上被認為是最正確的方法，但卻很難在實際中應用。目標－責任方法是一個可以接受的替代品，而且它很容易被使用。

一些專家建議使用不同數量的統計模型，以達成最後的預算。這些模型在考慮不同假設的影響力方面很有效，但我們並不建議單獨使用它們。

你應該能意識到，有效的資金預算就像定價一樣，使用簡單的和複雜的定價方法。單獨使用一個技巧是不夠的，應該考慮的關鍵因素是市場行銷目標、市場行銷計畫活動、可支付性（一個組織實際上可以分配到的市場行銷資金量）和競爭對手的支出水準。

第五節　行銷控制和評估

市場行銷控制包括一個組織監督和調整市場行銷計畫所經歷的所有步驟，以及它所選擇的按計畫來執行的程序。市場行銷評估涉及分析結果，以確定一個市場行銷計畫是否成功。市場行銷控制要幫助回答這樣的問題，即「我們怎樣確保能到達那裡？」而市場行銷評估則是要回答「我們怎樣知道是否到了那裡？」這個問題。

此行業的市場行銷有一個普遍性的問題，這可以被描述成「80－20法則」，也就是說投入80%的努力或資源，卻只得到20%的總銷售量。換句話說，就是企業投入了太多的努力和資金量以吸引特定種類的客戶，卻對其他的客戶投入太少。儘管實際的百分比可能不是80%和20%，但重要的一點就是我們行業中的許多組織都會犯這樣的錯誤。市場行銷努力經常遠離了那些能夠產生較高或較低利潤的服務和客戶。

有些人也把它稱之爲「冰山效應」，意思是說經理經常以表面的訊息爲基礎來作出決策（他們只看到了冰山的「尖」）。每一個船長都知道，冰山的較大部分在水下，能夠撞沉一艘船；同樣，一個經理必須深入地考察廣泛的訊息，才能確保市場行銷活動的有效性。怎樣才能避免「80－20法則」或者「冰山效應」呢？透過仔細地控制和綜合性地評估市場行銷計畫的結果，就能避免它們的發生。

一、市場行銷控制

本書強調了市場行銷管理的兩個主要的功能——研究和計畫。控制一個組織正在進行的活動是另一個核心的管理功能。基本上，所有的控制系統都包括三個步驟：(1)以計畫爲基礎訂定標準；(2)測量所進行的活動是否符合標準；(3)修正偏離計畫和標準的部分。在大部分的組織中，控制是爲生產、存貨、產品／服務品質和資金管理所設計的。第2章表明由於服務的易腐性和無形性，以及在提供服務中人的巨大作用，服務的存貨和品質控制在我們行業中實行起來較爲困難。

那麼，經理該怎樣控制市場行銷計畫呢？他們的標準是什麼？兩個核心的管理工具是市場行銷目標和資金預算。市場行銷預算有助於對市場行銷計畫進行資金上的控制。組織可以進行週期性的檢查，以確定預算是否是根據計畫來使用的。另外，可以對市場行銷結果進行週期性的檢驗，以確定活動是否正朝著市場行銷目標（以數字表示）的方向前進。

正如你可能意識到的，一個市場行銷計畫的成功不僅要依賴於資金預算量和它的分配方式，還要依靠組織內許多工作人員的努力。這些人中的一些是直接爲市場行銷而雇用的（例如，銷售代表和公共關係人員），其他的則是「一線」人員，直接向客戶提供服務。正如你在第11章中所看到的，控制所有員工的努力，要比告訴他們該做些什麼更難，但它卻是有效的市場行銷的關鍵。

要想達成市場行銷目標，就應該建立起「團隊精神」。挑選和雇用恰當的人選是十分重要的，這必須透過有效的領導、促動、定位、培訓以及溝通來達成。必須制定不同的政策來支持市場行銷計畫的各個方面，其範圍從員工穿什麼制服到稱呼客戶的方式。對細節的關注是在此行業取得卓越成績的關鍵。市場行銷人員可能不直接對推行這些標準和規則負責，但是他們必須確保這樣的系統存在，而且要對它們進行週期性的檢查。

市場行銷部透過銷售經理負責監督和控制銷售代表的銷售活動。這經常是透過銷售配額系統來完成的，並且可以透過銷售請求報告和其他由銷售代表所做的銷售報告進行測量。而且，如果對銷售人員進行了恰當的定位和培訓，那麼控制他們的行爲就會相對容易一些。

由於這個行業和競爭對手的不可預知的特性，任何一個市場行銷計畫都不可能恰好按著想要的方式進行。控制計畫的執行情況可以爲組織提供一個早期的「警報」系統，並突出問題區域和其他偏離計畫的地方。如果這樣的問題早一些發現，就可以即時採取修正活動。

二、市場行銷評估

市場行銷評估技巧可以在市場行銷期滿後被使用。它的兩個主要目標就是分析達成市場行銷目標的程度，以及更廣泛地評估一下整個組織的市場行銷活動。

1. 銷售分析

市場行銷目標經常用美元或銷售量的單位數來表示。所以，最明顯的評估技巧就是將實際的銷售量和預期的目標相比較。銷售分析可以展示出實際的和想要的銷售結果之間的偏離程度，並能解釋出偏離的原因。分析越詳細越好，例如，較大的公司通常以目標市場、「品牌」或分部、服務或設施的種類，以及銷售領域爲單位來確定其銷售量。

2. 市場份額分析

市場份額是一個組織的銷售量占此行業的總銷售量的百分比，它表示了組織在此行業中的營運狀況。例如，市場份額的下降表示此行業的總體營運狀況超過了組織的營運狀況，反之亦然。除了它的總體市場份額以外，一個組織通常也要關心它相對於特定競爭對手（例如，行業的領導者）的營運狀況。

3. 市場行銷成本和利潤分析

銷售和市場份額分析只提供了所需的部分訊息。一個組織必須評估與它的市場行銷計畫的不同部分相聯繫的成本和利潤。只有這樣，才能發現「80－20」的問題，並即時修正它。一個公司對收入報表進行分析，以確定目標市場、銷售領域、銷售代表、分銷管道、旅遊貿易中介、設施或服務的種類、促銷組合要素和其他市場行銷費用領域的銷售量、成本和利潤。

收入報表並不是按正規設計的，所以這些數據能很容易地被抽取出來。市場行銷成本和利潤分析是一個很仔細的，並且很耗時的資金分配過程，但這樣做卻是很值得的。這些分析可以幫助組織將那些毫無效用的服務或設施、目標市場、分銷管道或特定的旅遊中介刪去。它也可能會告訴你，需要重新分配促銷支出、重新分化銷售領域，或重新培訓銷售代表。

4. 效率分析

效率分析是市場行銷經理所使用的統計測量方法，以評估組織在使用促銷和分銷組合要素方面的效率。**表20-1**提供了一系列需要分析的效率因素，它們在評估過程中可以被用作評估工具。

在旅遊與飯店業的廣告中，最流行的效率分析之一就是計算一個特定廣告或系列廣告的轉換率。直接響應廣告給了客戶贊助組織的地址和電話號碼，這樣組織就可以追蹤到客戶的查詢數量。直接響應廣告的轉換率就是實際購買並使用贊助組織所宣傳的旅遊與飯店業服務的查詢客戶的百分比。每次查詢的「轉換」成本也可以被計算出來。贊助組織通常必須做一些特別的研究（被稱之爲轉換研究），來計算轉換率。

同樣，對特定的促銷，比如贈券，也可以透過追蹤使用率來測量其有效性。其他的促銷就不太容易被測量。對於旅遊貿易和消費者旅遊展示來說，一些人推薦使用像計算直接響應廣告的轉換率那樣的程序。在此，一個組織追蹤在攤位或展示會上所收到的查詢數量，然後調查出最終導致預訂和銷售的查詢百分比。每次查詢的貿易／消費者旅遊展示的成本也可以被計算出來，即將展示的總成本除以在組織的攤位上所收到的查詢總數。每次查詢的轉換成本，即將總展示成本除以已轉換的攤位查詢數量。

5. 市場行銷有效性的評估

這是對一個組織的經理所做的內部調查，但它並不僅限於市場行銷

表20-1　一系列需要分析的效率因素

銷售隊伍的效率	・每天每個銷售代表的平均銷售請求次數 ・平均每次接觸時的銷售請求時間 ・每次銷售請求的平均收入 ・每次銷售請求的平均成本 ・銷售隊伍的成本占總銷售量的成本比例
廣告效率	・每次廣告所產生的查詢數量 ・轉換率 ・每次查詢的成本 ・每接觸一千人的成本 ・測量人們在廣告前和廣告後對服務的態度
促銷的效率	・贈券使用的百分比 ・每次促銷所產生的查詢數量 ・每次查詢的成本
公共關係及宣傳的效率	・組織利用出版界發布訊息的次數 ・平面和廣播媒體提及本組織的次數
分銷的效率	・透過不同管道的銷售百分比 ・由特定種類的中介所產生的銷售百分比

部。可以考察一下經理對客戶理念、完整的市場行銷組織、充足的市場行銷訊息、策略導向以及營運效率這五個因素（反映組織的市場行銷導向）的看法。對其看法進行評級（可給出1、3、5三個等級的分數），我們就可以算出總分來。這一評估工具在獲得其他部門關於市場行銷的優缺點的看法方面也很奏效。對於市場行銷有效性的評估每年都要進行，這樣就可以將市場行銷的弱點暴露出來，並即時地加以修正。

6. 市場行銷審核

前四個評估方法是針對市場行銷計畫的，透過進行全面的市場行銷審核，我們可以將評估工作更深入一步。市場行銷審核是一個系統化的、綜合性的，對一個組織的整個市場行銷功能（包括它的市場行銷目標、策略和執行情況）所進行的週期性的評估。

表20-2表明了在市場行銷審核中所需要考慮的課題。你可能注意到在市場行銷審核和狀況分析之間有一些驚人的相似點。事實上，我們行業中的一些人相互轉換地使用這兩個名詞。儘管狀況分析中的所有課題都包括在市場行銷審核中，但是市場行銷審核較為昂貴，而且由於需要更高程度的努力，所以它不可能每年都執行。

一個好的市場行銷審核過程的主要特徵是綜合性強、系統化、具有獨立性和週期性。一個有效的審核會分析一個組織的市場行銷努力的所有方面，包括計畫和策略設置、組織、市場行銷管理、執行以及控制和評估程序。換句話說，此過程類似於將整個旅遊與飯店業的市場行銷系統放置在一個顯微鏡下。市場行銷審核是系統化的，當它檢驗市場行銷的各個方面

表20-2　市場行銷審核的組成成分

第一部分：市場行銷環境審核	第三部分：市場行銷組織的審核
宏觀環境	1.形式上的結構
1.人口統計狀況	2.功能發揮的效率
2.經濟狀況	3.相互接觸的效率
3.社會生態狀況	第四部分：市場行銷系統審核
4.技術狀況	1.市場行銷訊息系統
5.政治狀況	2.市場行銷計畫系統
6.文化狀況	3.市場行銷控制系統
商業環境	4.新產品發展系統
1.市場	第五部分：市場行銷生產率審核
2.客戶	1.利潤率分析
3.競爭對手	2.成本效率分析
4.分銷和推銷商	第六部分：市場行銷功能審核
5.供應商	1.產品
6.市場行銷公司	2.價格
7.公眾	3.分銷
第二部分：市場行銷策略審核	4.廣告、促銷和宣傳
1.經營目標	5.銷售隊伍
2.市場行銷目標	
3.策略	

時，就要使用本書中所描述的逐步發展的過程。

大部分的專家都認爲站在外圍，獨立地、客觀地看待一個組織的市場行銷的優缺點會更好一些。如果由市場行銷部門自己進行審核，就會在審核結果中摻入偏見。由獨立的管理諮詢公司、另一個部門或內部的責任隊伍來進行審核，通常會產生更客觀的結果。

事實上，許多組織都在遭遇到嚴重的問題時，才進行市場行銷審核。我們並不建議你這樣做，因爲即便一切都進展順利，也總有可以提升的地方。因爲市場行銷審核比狀況分析更昂貴、更耗時，所以它們不能經常進行。然而，由於旅遊與飯店業的快速發展，本書建議應該每隔三至五年進行一次審核，如果出現了嚴重的市場行銷問題，就應該更常進行審核。

第六節　市場行銷的未來

旅遊與飯店業市場行銷的前景如何？首先，正如本書所強調的，市場行銷將成爲本行業二十一世紀最重要的管理功能。隨著競爭的加劇，市場行銷預算將持續地上升，更多具有市場行銷背景的人會成爲我們行業中的領袖。市場行銷專家協會的規模將擴大，能力將提高，我們甚至可以看到由主要教育機構所提供的旅遊與飯店業市場行銷專業的四年制學位。毫無疑問，本行業將在其市場行銷實踐中變得更爲複雜，並具有創造性。

第二個主要的趨勢就是，使用新技術來與客戶溝通訊息。在第14章和第15章中，你知道了進行廣告的一些傳統方法。儘管這些媒介仍然十分重要，但是以電子爲基礎的溝通方法將會更快速地發展。例如，使用影音工具來補充書面的溝通將會越來越普遍；互動的影音設施將會非常流行；客戶將從他們的個人電腦上接受訊息，並透過網路或電話進行預訂或預約。Prodigy、America Online和CompuServe是美國目前最大的三個網路系統。客戶只要支付很小的一筆預約費再加上上網的時間費用，就可以自己預訂飛機、旅館和租車服務。你可能聽說過「訊息高速公路」這一名詞，並想確切地知道它的涵義。訊息高速公路指的是多種新技術，也經常被稱之為「互動媒介」，可以使客戶接受電子化的訊息，並透過家用電腦的數據機或電話來購買產品和服務。專家預計在家中購買服務和產品會越來越流行，家庭購物的電視頻道和「商業訊息溝通」（長期的廣告，具有直接響應的技術裝置，比如免費的電話號碼）的數目會逐漸增長。電視上有好幾個旅遊頻道，旅遊與飯店業組織所使用的「商業訊息溝通」的形式也很多。

旅遊與飯店業的廣告商已經開始使用「訊息高速公路」。目的地的市場行銷組織，包括佛羅里達的旅遊部，透過Internet向個人電腦的使用者發送訊息。旅館和勝地中心，比如Club Med和海特旅館也設置了網頁，透過Internet和多文本編輯方式下的全球資訊網可以找到這些網頁。

技術進步在旅遊貿易中將持續進行，而且會影響中介向客戶提供訊息的方式。例如，旅行代理人將能夠在他們的彩色螢幕上顯示旅館的內部和外部結構，而不必只依賴於小冊子上的照片和目錄化的描述。

第三個趨勢是旅遊與飯店業服務的市場會更加破碎化。正如第7章所表明的，是社會性的因素以及行業對此的反映結合在一起，使市場細分的範圍不斷擴大。

第四個趨勢就是旅遊與飯店業對電腦的使用越來越多，特別是在資料庫的市場行銷和市場行銷研究中使用得最廣泛。正如本書所講的，越來越多的市場行銷者已經認識到，保持一個詳細的關於過去的和潛在客戶的資料庫是十分重要的。在使用直接市場行銷活動時，這些資料庫會提供旅遊與飯店業市場行銷者一個更有效的達成目標的方法。在研究中，對電腦和攝錄影技術的使用，使市場行銷者使用起這些研究資料更加簡便和容易。

變化是必然的，透過對市場行銷活動的管理、控制和評估，一個組織可以更好地適應未來的變化。

本章概要

具有一個市場行銷計畫並不是通向成功的良方。儘管市場行銷計畫是至關重要的，但也有幾個其他的市場行銷管理任務需要得到關注，包括組織、調配、監督、預算、控制和評估。一個考慮了所有這些任務的市場行銷管理過程在今天的競爭環境中顯得尤為關鍵。

一個市場行銷計畫必須在執行過程中被仔細地檢驗，如有必要應該立即採取修正行為。控制的核心工具之一就是市場行銷預算，它應該以諸如目標—責任方法和零基礎的方法為基礎來發展。市場行銷目標以可測量的數據來表達，也發揮了核心的作用。

一個組織的市場行銷活動應該經常被認真地加以評估。在現代的市場行銷中應該永遠前進、永不滿足。有幾個有效的評估技巧可以使用，最好的一個就是市場行銷審核，它能夠幫助一個組織提高它在未末的市場行銷水準。

本章複習

1.本書是如何定義市場行銷管理的？
2.市場行銷管理的五個成分是什麼？
3.市場行銷管理是一個可選擇的活動，還是必須要進行的活動？有效的市場行銷管理的好處是什麼？
4.組織一個市場行銷部門的五個不同的途徑是什麼？各適應於哪種狀況？
5.旅遊與飯店業組織是怎樣挑選市場行銷人員的？它們的方法與其他行業相比是落後還是先進？
6.管理和監督市場行銷人員所涉及的步驟和程序是什麼？
7.發展市場行銷預算的最好方法是什麼？透過描述簡單的和複雜的預算方法來解釋你的答案。
8.市場行銷控制和市場行銷評估在本書中是怎樣被定義的？
9.對市場行銷計畫的控制涉及一些什麼步驟？市場行銷計畫和預算發揮了怎樣的作用？

10.市場行銷評估對一個組織未來的成功的重要性如何？透過展示所使用的六個評估技巧來解釋你的答案。

延伸思考

1.訪問一個你所選擇的旅遊與飯店業組織，並與負責市場行銷的人員進行一下面談。儘可能地了解這個組織是如何進行它的市場行銷管理的。市場行銷是怎樣來組織的？市場行銷人員是怎樣被挑選的？應該做些什麼來對他們進行定位、培訓和促動？應該使用什麼程序來管理和控制市場行銷和「一線」工作人員所提供的服務品質？他們對市場行銷計畫的控制有效嗎？如果有效的話，他們是怎樣被執行的？這個組織怎樣評估它的市場行銷努力？將你的結論寫成一篇報告，交給這個組織的高級管理層，其中包括目前這個組織正在使用的程序，和你提出的有關提升市場行銷管理有效性的建議。

2.選擇你最感興趣的三個旅遊與飯店業組織。它們有市場行銷部嗎？它們是怎樣組織市場行銷活動的？你認為它們為什麼以這種方式來組織？它們各自所使用的方法的優缺點是什麼？哪一種方法最好？你將怎樣改善組織的結構，以提高市場行銷的效率？

3.本地的旅遊與飯店業組織要求你協助發展一個市場行銷預算。你將建議使用什麼方法？在發展預算中你將涉及到誰？在發展預算中，你將使用什麼訊息來源？以你的分析和發現為基礎來發展一個大致的預算。

4.假設你被雇作一個旅遊與飯店業組織的顧問，來提高市場行銷活動的有效性。解釋你將推薦使用的旅遊與飯店市場行銷系統的五步程序。對組織該如何控制和評估市場行銷，提出詳細的建議。描述出組織從執行你的建議中所能得到的好處。

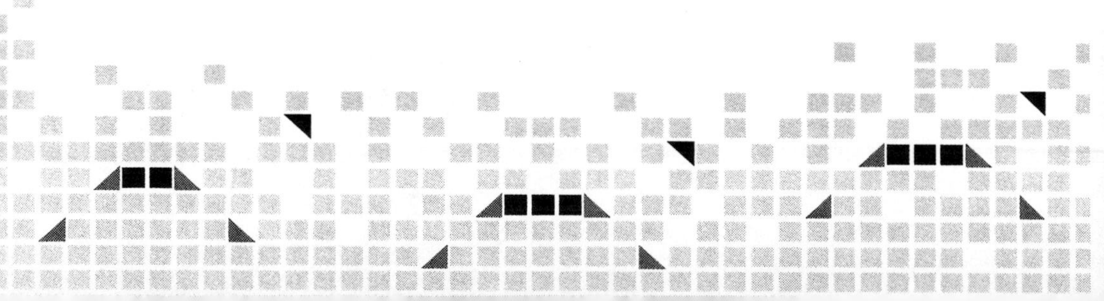

餐旅叢書

服務業行銷管理

編 著 者／李力．章蓓蓓
出 版 者／揚智文化事業股份有限公司
發 行 人／葉忠賢
總 編 輯／林新倫
執行編輯／晏華璞
登 記 證／局版北市業字第1117號
地　　址／台北市新生南路三段88號5樓之6
電　　話／(02)2366-0309
傳　　眞／(02)2366-0310
E-mail／book3@ycrc.com.tw
網　　址／http://www.ycrc.com.tw
郵撥帳號／14534976
戶　　名／揚智文化事業股份有限公司
印　　刷／鼎易印刷事業股份有限公司
法律顧問／北辰著作權事務所　蕭雄淋律師
初版一刷／2003年2月
定　　價／新台幣600元
I S B N／957-818-465-4

國家圖書館出版品預行編目資料

服務業行銷管理 / 李力, 章蓓蓓編著. -- 初版. -- 台北
市：揚智文化, 2003[民92]
面； 公分. --（餐旅叢書）

ISBN 957-818-465-4（平裝）

1. 服務業 2. 市場學

489.1 91021896